U0296610

土壤污染修复丛书

丛书主编　朱永官

土壤污染溯源方法与实践

——以经济快速发展区场地为例

苏贵金　王铁宇　等　著

科学出版社

北京

内 容 简 介

本书是一本全面阐述场地土壤污染源解析方法与应用成果的专著，阐明了经济快速发展区的场地特性，概述了溯源传统方法及新技术，针对不同尺度、不同场景、不同污染物研发了特异性的源解析手段并开展了案例分析，延伸了农药新污染物筛查与风险以及土壤-地下水的污染诊断方法，突出了研究成果的系统性、创新性和实用性。该书提出的场地土壤污染溯源方法体系可以支持土壤污染责任认定，减少污染物向土壤持续输入，实现土壤污染精准防控，进而为场地修复及再利用提供技术支撑。

本书可供环境科学、土壤学、地理学、生态学等相关专业技术人员、管理人员、教师和研究生参考。

图书在版编目（CIP）数据

土壤污染溯源方法与实践：以经济快速发展区场地为例 / 苏贵金等著. —北京：科学出版社，2024.6

（土壤污染修复丛书 / 朱永官主编）

ISBN 978-7-03-078223-6

Ⅰ. ①土…　Ⅱ. ①苏…　Ⅲ. ①土壤污染-污染源调查-中国　Ⅳ. ①X53

中国国家版本馆 CIP 数据核字(2024)第 057831 号

责任编辑：郭勇斌　冷　玥 / 责任校对：任云峰

责任印制：徐晓晨 / 封面设计：义和文创

科学出版社出版

北京东黄城根北街 16 号

邮政编码：100717

http://www.sciencep.com

北京华宇信诺印刷有限公司印刷

科学出版社发行　各地新华书店经销

*

2024 年 6 月第　一　版　开本：787×1092　1/16

2025 年 1 月第二次印刷　印张：14 3/4

字数：330 000

定价：118.00 元

（如有印装质量问题，我社负责调换）

“土壤污染修复丛书”编委会

本书编委会

主　编　苏贵金　王铁宇

编　委（按姓氏汉语拼音排序）

代伶文　侯静涛　胡　健　李倩倩　吕志江

孟　晶　乔　敏　丘锦荣　史　斌　陶雨枫

涂书新　万小铭　尹光彩　于　勇　曾令藻

张江江　张琦凡　赵　旭　张　苹

丛 书 序

土壤是地球的皮肤，是地球表层生态系统的重要组成部分。除了支撑植物生长，土壤在水质净化和储存、物质循环、污染物消纳、生物多样性保护等方面也具有不可替代的作用。此外，土壤微生物代谢能产生大量具有活性的次生代谢物，这些代谢产物可以用于开发抗菌和抗癌药物。总之，土壤对维持地球生态系统功能和保障人类健康至关重要。

长期以来，工业发展、城市化和农业集约化快速发展导致土壤受到不同程度的污染。与大气和水体相比，土壤污染具有隐蔽性、不可逆性和严重的滞后性。土壤污染物主要包括：重金属、放射性物质、工农业生产活动中使用或产生的各类污染物（如农药、多环芳烃和卤化物等）、塑料、人兽药物、个人护理品等。除了种类繁多的化学污染物，具有抗生素耐药性的病原微生物及其携带的致病毒力因子等生物污染物也已成为颇受关注的一类新污染物，土壤则是这类污染物的重要储库。土壤污染通过影响作物产量、食品安全、水体质量等途径影响人类健康，成为各级政府和公众普遍关注的生态环境问题。

我国开展土壤污染研究已有五十多年。20 世纪 60 年代初期进行了土壤放射性水平调查，探讨放射性同位素在土壤-植物系统中的行为与污染防治。1967 年开始，中国科学院相关研究所进行了除草剂等化学农药对土壤的污染及其解毒研究。60 年代后期、70 年代初期，陆续开展了以土壤污染物分析方法、土壤元素背景值、污水灌溉调查等为中心的研究工作。随着经济的快速发展，土壤污染问题逐渐为人们所重视。80 年代起，许多科研机构和大专院校建立了与土壤环境保护有关的专业，积极开展相关研究，为“六五”“七五”期间土壤环境背景值和环境容量等科技攻关任务的顺利开展打下了良好基础。

习近平总书记在党的二十大报告中明确指出：中国式现代化是人与自然和谐共生的现代化。必须牢固树立和践行绿水青山就是金山银山的理念，站在人与自然和谐共生的高度谋划发展。

土壤环境保护已经成为深入打好污染防治攻坚战的重要内容。为有效遏制土壤污染，保障生态系统和人类健康，我们必须遵循“源头控污-过程减污-末端治污”一体化的土壤污染控制与修复的系统思维。

由于全国各地地理、气候等各种生态环境特征不同，土壤污染成因、污染类型、修复技术及方法均具有明显的地域特色，研究成果也颇为丰富，但多年来只是零散地发表在国内外刊物上，尚未进行系统性总结。在这样的背景下，科学出版社组织策划的“土壤污染修复丛书”应运而生。丛书全面、系统地总结了土壤污染修复的研究进展，在前沿性、科学性、实用性等方面都具有突出的优势，可为土壤污染修复领域的后续研究提供可靠、系统、规范的科学数据，也可为进一步的深化研究和产业创新应用提供指引。

从内容来看，丛书主要包括土壤污染过程、土壤污染修复、土壤环境风险等多个方面，从土壤污染的基础理论到污染修复材料的制备，再到环境污染的风险控制，乃至未来土壤健康的延伸，读者都能在丛书中获得一些启示。尽管如此，从地域来看，丛书暂时并不涵盖我国大部分区域，而是从西南部的相关研究成果出发，抓住特色，随着丛书相关研究的进展逐渐面向全国。

丛书的编委，以及各分册作者都是在领域内精耕细作多年的资深学者，他们对土壤修复的认识都是深刻、活跃且经过时间沉淀的，其成果具有较强的代表性，相信能为土壤污染修复研究提供有价值的参考。

与当前日新月异、百花齐放的学术研究环境异曲同工，“土壤污染修复丛书”的推进也是动态的、开放的，旨在通过系统、精练的内容，向读者展示土壤修复领域的重点研究成果，希望这套丛书能为我国打赢污染防治攻坚战、实施生态文明建设战略、实现从科技大国走向科技强国的转变添砖加瓦。

朱永官

朱永官　中国科学院院士

2023 年 4 月

序

土壤是生态系统的基本要素之一，是人类赖以生存和发展的物质基础，同时也极易受到人类活动造成的污染影响。和大气污染、水污染相比，土壤污染更具隐蔽性、累积性和不可逆性等特点，土壤污染防治是建设美丽中国的重要命题。近年来，我国土壤污染的总体形势不容乐观，工业活动引起的土壤污染问题日益凸显，严重威胁粮食安全、人居环境安全和生态安全。我国土壤类型多样，工业类别齐全，土壤污染严重，呈现区域差异化分布，同时随着行业发展、工艺调整，不断涌现多种新污染物，整体表现出传统污染物与新污染物并存、无机物与有机物复合污染的局面，给生态环境保护带来巨大挑战。京津冀、珠三角和长江经济带是我国人口聚集最多、工业化程度最高、综合实力最强的城市群。伴随着经济的快速发展，这三大经济快速发展区面临的土壤污染问题也更加严峻。

为了切实加强土壤污染防治，逐步改善土壤环境质量，国务院于2016年5月28日印发了《土壤污染防治行动计划》，明确总体要求是以改善土壤环境质量为核心，以保障农产品质量和人居环境安全为出发点，坚持预防为主、保护优先、风险管控，突出重点区域、行业和污染物，实施分类别、分用途、分阶段治理，促进土壤资源永续利用。2018年8月31日，第十三届全国人民代表大会常务委员会第五次会议通过了《中华人民共和国土壤污染防治法》，自2019年1月1日起施行。加强土壤污染防治是深入贯彻中国式现代化建设的重要举措，是构建国家生态安全体系的重要部分，是实现农产品质量安全的重要保障。现阶段我国整体土壤污染状况已基本被掌握，污染精准溯源成为土壤污染防治的关键。开展场地土壤污染源解析工作的研究与落地应用，探明场地土壤污染来源及贡献，可为场地污染的风险防控和可持续开发利用提供决策依据。

在城市产业结构优化升级的背景下，落后工艺被淘汰，原有的工业用地在拆迁后会产生大量废弃物，导致土壤环境持续受到污染。然而，由于我国早期的工业企业管理不够规范，一方面污染处置设施落后导致污染物外漏，另一方面缺乏系统的运行记录使得溯源困难。此外，我国拥有门类齐全的现代工业体系，快速城市化推动工业发展从单工厂分散模式向集中园区模式转变，使得当前面临的土壤污染更加复杂、控制更加困难。针对在产园区，及时掌握污染状况，解析污染来源，阻断排放传输，显得更加迫切。面对目前复杂的土壤污染形势，我们需要更加强调科技攻关，攻克溯源难题。基于此，2018年科技部启动了国家重点研发计划“场地土壤污染成因与治理技术”重点专项，围绕国家场地土壤污染防治的重大科技需求，部署了场地土壤污染形成机制、监测预警、风险管控等一系列项目。

《土壤污染溯源方法与实践——以经济快速发展区场地为例》是国家重点研发计划项目“经济快速发展区场地土壤污染源识别与源-汇关系”针对场地土壤污染溯源方法的成果集成，并在京津冀、珠三角、长江经济带等经济快速发展区开展了大量的实例验证，能够为经济快速发展区场地土壤污染风险管控与治理提供基础信息与方法学。土壤污染源解析的研究方法主要有源清单法、受体模型法和扩散模型法。由于场地兼具来自企业工艺节点的“点源”和来自园区生产单元“多源”叠加特性，传统溯源方法已经不能满足精细化溯源及排放主体贡献率的解析。因此该书创造性地建立了“场地-园区-区域”多尺度、多目标、多场景的场地土壤污染溯源方法体系，能够为相关从业者开展“因地制宜、因物制宜”的土壤污染防治和科学管控提供有效方法和科学依据。

该书是一本全面阐述场地土壤污染源解析方法与应用成果的专著，阐明了经济快速发展区的场地特性，概述了溯源传统方法及新技术，针对不同尺度、不同场景、不同污染物研发了特异性的源解析手段并开展了案例分析，延伸了农药新污染物筛查与风险以及土壤-地下水的污染诊断方法，突出了研究成果的系统性、创新性和实用性。该书提出的场地土壤污染溯源方法体系可以支持土壤污染责任认定，减少污染物向土壤持续输入，实现土壤污染精准防控，进而为场地修复及再利用提供技术支撑。

朱永官

2023 年 10 月

前　　言

经济快速发展区的高强度开发使得区域资源与环境质量日益恶化，随着产业结构调整与转型，出现了大量废弃、闲置、未充分利用以及在产的污染场地。场地污染已成为制约城市可持续发展，影响场地周边人群健康的科学难题。自20世纪70年代，发达国家逐渐开始重视对污染场地的研究与管控，围绕污染地块的场地特性、成因分析、风险评估和治理技术等方面开展了大量研究。为切实加强土壤污染防治，逐步改善土壤环境质量，我国于2016年5月28日，由国务院印发《土壤污染防治行动计划》，其中明确提出“严控工矿污染”。为打好土壤污染防治攻坚战，2018年，科技部发布了首批“场地土壤污染成因与治理技术”重点专项，内容涉及“场地土壤污染成因与源解析理论与方法”“场地土壤污染调查监测与风险监管技术与设备”“矿区和油田场地土壤污染源头控制与治理技术”“城市污染场地土壤风险管控与地下水协同修复技术”和“场地土壤污染治理与再开发利用技术综合集成示范”，共5大类，33个研究方向，为打赢污染防治攻坚战提供科技支撑。

《土壤污染溯源方法与实践——以经济快速发展区场地为例》依托于2018年“场地土壤污染成因与治理技术”重点专项中“经济快速发展区场地土壤污染源识别与源-汇关系”项目，针对京津冀、珠三角和长江经济带三大经济快速发展区，聚焦焦化、石化、农药化工和电镀四个重点行业，围绕重金属、多环芳烃、挥发性有机物等特征污染物，历时4年，调查了大量场地，构建了不同尺度场地土壤污染溯源方法，并开展了案例研究。本书是该项目的系统集成，为场地土壤污染风险管控与治理提供了基础信息和方法学。

全书共8章。第1章经济快速发展区场地特性，由于勇、李倩倩、乔敏、吕志江、涂书新、丘锦荣、张莘等撰写；第2章经济快速发展区场地土壤污染的溯源方法，由王铁宇、苏贵金、侯静涛、曾令藻、尹光彩、万小铭等撰写；第3章经济快速发展区场地土壤重金属污染溯源，由王铁宇、孟晶、尹光彩、万小铭、侯静涛、胡健等撰写；第4章经济快速发展区场地土壤多环芳烃污染溯源，由苏贵金、史斌、孟晶、张琦凡、侯静涛等撰写；第5章经济快速发展区场地土壤挥发性有机物污染溯源，由孟晶、苏贵金、赵旭、代伶文等撰写；第6章经济快速发展区场地土壤农药污染诊断与评估，由吕志江、陶雨枫、苏贵金、李倩倩等撰写；第7章经济快速发展区场地土壤-地下水污染精准诊断方法，由张江江、曾令藻、王铁宇、史斌等撰写；第8章为结论与展望，由苏贵金、王铁宇等撰写。

本书是项目研究团队集体付出的成果，感谢项目成员的协作与努力，以及各单位包括中国科学院生态环境研究中心、浙江大学、华中农业大学、生态环境部华南环境科学研究所、生态环境部环境规划院、中国环境监测总站、中国科学院地理科学与资源研究所、重庆大学、广东工业大学、中国科学院南京土壤研究所和汕头大学的支持。

本书是在 2018 年度“场地土壤污染成因与治理技术”重点专项支持下完成的，感谢中国 21 世纪议程管理中心对本项目的资助，感谢项目跟踪专家朱利中院士、朱永官院士和陈同斌研究员的指导，感谢整体项目组专家的支持。

由于撰写人员能力有限，且场地土壤污染精准溯源研究尚处于探索之中，书中难免有不足和疏漏之处，敬请读者批评指正。

作　者

2023 年 8 月

目　　录

第1章　经济快速发展区场地特性

1.1　经济快速发展区场地自然特性

1.1.1　气候特征

1. 京津冀

京津冀地区位于华北平原，由北京市、天津市、河北省三个省级行政单位构成，所辖面积达216 000km^2，容纳人口约1.1亿。从整体经济情况来看，京津冀地区是我国北方经济最具活力、规模最大的核心地区，2021年地区生产总值为9.6万亿元，约占全国GDP的十分之一，经济实力雄厚。

京津冀地区为暖温带半湿润半干旱大陆性季风性气候，四季分明。由于京津冀地区地理位置处于中纬度欧亚大陆东岸，一年内分别受蒙古大陆性气团、海洋性气团、西伯利亚大陆性气团影响，春季干旱，蒸发量大，多风少雨；夏季气温高，空气湿润，降雨集中；秋季凉爽，降雨较少；冬季寒冷干燥，降水少。

京津冀地区光照资源丰富，年日照时数为2400～3100h，年辐射总量达5000～5800MJ/m^2，无霜期大于200d，平均年蒸发量在1100～2000mm。年平均气温为2.1～14.5℃，1月温度相对最低，在-17.3～-0.5℃，7月温度相对最高，在18.7～27.4℃。

京津冀地区年降水量为338.4～688.9mm，总的空间分布是东南部多于西北部。该地区降水量分布不均匀，平原区与高海拔区年际降水量相差较大，其中平原区年均降水量在338.5～689mm，近几年呈增长趋势，而西部和北部山区受山体影响降水量有所减少，年均降水量在511mm左右。整体而言，京津冀地区1月的累年月平均降水量最低，在1～4.6mm；7月的累年月平均降水量最高，在78.8～219.9mm，月平均降水量极端最低为0mm，极端最高可达到610.9mm。该区域全年降水主要集中于夏季（6～8月），占全年总降水量的75%左右，而冬、春季少雨，降雨量空间、年际差别大，容易产生旱涝灾害。受到降水量的影响，京津冀地区的年平均相对湿度呈现自东南向西北递减的趋势，年平均相对湿度在47%～70%。

受地理位置影响，京津冀地区最多风向为静风，占月平均最多风向的63.0%，除静风以外则以南风为主，占月平均最多风向的11.6%，该区月平均风速最高为5.2m/s，最低为0.5m/s，且大风多集中于春季（3～5月）。

2. 珠三角

珠三角位于中国广东省中南部，范围包括广州、佛山、肇庆、深圳、东莞、惠州、珠海、中山、江门九个城市。珠三角9市总面积5.6万km^2，占广东省面积不到1/3，集聚了GDP连续多年全国第一的经济大省广东的53.35%的人口、79.67%的经济总量。

珠三角是我国改革开放的先行地区，也是我国重要的经济中心区域，在全国经济社会发展和改革开放大局中具有突出的带动作用和举足轻重的战略地位。

珠三角地处南亚热带，属南亚热带湿润季风气候，雨量充沛，热量充足，雨热同季。年日照时数为2000h，四季分布比较均匀。年平均气温约为21～22℃，最高气温一般在7月或8月，最低气温在1月或2月。年温差小，一般在10℃以下。全年实际有霜日期在3d以下，属于无霜期气候区。

珠三角地区的降水量丰沛，年降水量为1600～2000mm，降水季节性分布明显。每年4～9月为雨季，降水量约占全年的80%。降水年变化呈双峰型，最高峰在6月，次高峰在8月。珠三角地区位于南海和珠江三角洲交会处，是一个水网纵横的区域，水系发达，区域水热季节配合好，各大支流汛期错开，但夏秋多台风，珠江等河流水位易涨，洪涝威胁大。

3. 长江经济带

长江经济带覆盖上海、江苏、浙江、安徽、江西、湖北、湖南、重庆、四川、云南、贵州等11个省（市），面积约205万km^2，占全国的21%。2016年9月，《长江经济带发展规划纲要》正式印发，确立了长江经济带“一轴、两翼、三极、多点”的发展新格局：“一轴”是以长江黄金水道为依托，发挥上海、武汉、重庆的核心作用，“两翼”分别指沪瑞和沪蓉南北两大运输通道，“三极”指的是长三角、长江中游和成渝三个城市群，“多点”是指发挥三大城市群以外地级城市的支撑作用。2021年，长江经济带生产总值为530 228亿元，约占全国GDP的46.4%。

长江经济带大部分区域是亚热带季风气候，少部分位于青藏高原的区域属于高原山地气候，气温受太阳辐射能量、东亚大气环流、青藏高原和北太平洋大地形以及各地区不同的地形条件影响。长江经济带的纬度位置比较低，获得太阳辐射量比较大。长江经济带的东部和中部地区太阳年辐射总量达到4190～5016MJ/m^2，四川盆地和云贵高原北部地区为3344～4190MJ/m^2。长江经济带年日照时数为1000～2500h。长江经济带年平均气温大致呈西低东高、北低南高的分布趋势。同时长江中下游地区年平均气温高于上游地区，长江以南地区高于长江以北地区。长江经济带年平均气温在16～18℃。

长江经济带是我国降水充沛区，降水量大、雨日多，年平均降水量约为1100mm，比全国高出300mm左右。总体上来看，东南部地区年降水量比较多。以南昌市为例，历年平均年降水量约为1600mm，其中4～6月降水量约占全年降水量的一半。西北部降水量稍小一些，一般在800～1000mm。由于受地形影响，河谷地区降水量比较小，例如汉水谷地只有700mm，山地迎风坡降水量大，鄱阳湖南部山地可达1860mm，四川盆地的乐山和雅安间的西缘山地年降水量为1500～1800mm。时间分配上来看，12月到次年2月降水量最少。长江经济带的西部地区在5～9月的月均降水量大于100mm，东部地区3～8月的月均降水量大于100mm。

长江经济带地处季风区，冬季盛行偏北风，夏季盛行偏南风，风向相对比较稳定，由于受地形和位置的影响，风速的地区分布存在一定的差异。长江经济带东部地区年平均风速可达5.0m/s以上，中西部地区年平均风速在6～7m/s，山地区域年平均风速能达到 8m/s 以上。

1.1.2　土壤性质

1. 京津冀

京津冀地区土壤类型较多，土壤分区为内蒙古高原栗钙土黄绵土区、华北山地棕壤褐土区和海河平原黄垆土潮土盐土区三个区域。根据全国土壤七级分类系统，共包括 8 个土壤纲，包含了 12 个土壤亚纲 22 个土壤类别。按照传统“土壤发生分类”系统，京津冀地区土壤共有 22 个土壤类型 51 个亚类，表 1-1 为京津冀地区土壤类型及面积占比。统计结果表明，京津冀地区以褐土与潮土分布为主，占比分别约为 33.13%、31.49%；面积占比较多的土壤类型包括棕壤、栗钙土、粗骨土、栗褐土、石质土，其余的土壤类型占比较小，均不超过 1%。

表 1-1　京津冀地区土壤类型及面积占比

土壤类型	面积占比/%	土壤类型	面积占比/%
棕壤	11.730	粗骨土	4.740
褐土	33.130	草甸土	0.536
灰褐土	0.840	砂姜黑土	0.455
灰色森林土	0.789	山地草甸土	0.162
黑钙土	0.010	潮土	31.490
栗钙土	6.740	沼泽土	0.546
栗褐土	3.880	盐土	0.111
黄绵土	0.243	滨海盐土	1.000
新积土	0.627	碱土	0.003
风沙土	0.729	水稻土	0.293
石质土	1.470	灌淤土	0.476

2. 珠三角

珠三角地区主要的土壤类型为赤红壤和水稻土，分别占陆域面积的 44.8%和 40.2%。赤红壤主要分布在丘陵台地地区，在南亚热带湿润季风气候和生物因子的长期作用下，红色风化壳深厚，土壤呈酸性，缺乏盐基物质，脱硅富铝化作用明显。母岩以酸性侵入岩为主，此外还有碳酸盐岩、砂页岩和片（板）岩等；水稻土主要分布在冲积平原区和河流两岸，成土母质主要为第四纪沉积物、酸性侵入岩类风化物和陆源碎屑岩类风化物，土层深厚肥沃。

珠三角地区典型土壤亚类为潴育水稻土、盐渍水稻土、赤红壤、人工堆叠土、滨海盐土和滨海砂土，其中潴育水稻土是广东省水稻土类中最大的一个亚类，也是珠三角地区的主要水稻土类型；盐渍水稻土是沿海岸带围垦种植后形成的土壤类型，面积不大；赤红壤多分布在低丘台地，在珠三角分布的面积仅次于潴育水稻土；人工堆叠土是河流冲积物和三角洲沉积物经人工堆叠而成的一种特殊土壤类型；滨海盐土和滨海砂土都是海岸带土壤，前者属于海陆过渡带的海涂土壤，后者是海岸沙质堆积物发育而成的土壤。土地利用方式有水田、菜地、果园和林草地等。

3. 长江经济带

长江经济带分布最广的土壤类型为水稻土、红壤、紫色土和黄壤。由于长江经济带跨度和面积都比较大，各省（市）的主要土壤类型也有较大差别，如表 1-2 所示。西部地区的青藏高原东西部和横断山区等高原、高山地区，相对高差大，土壤垂直变化明显，谷底分布着红壤、黄壤、黄棕壤等亚热带土壤。随着地势增高，相应地分布着黄褐土、山地棕土等温带土壤和山地灰化土、亚高山草甸土等寒温带土壤以及高山草甸土、高山冻原土、高山寒漠土等寒冻土壤。东南部地区的中、低山区也存在土壤分布的垂直变化，中亚热带山地自下而上为红壤、黄壤、山地黄棕壤和山地草甸土，北亚热带山地则为黄棕壤、山地棕壤、山地暗棕壤和山地草甸土。此外受成土母质、地下水和人为耕作的影响，形成多种非地带性土壤，如四川盆地和江南丘陵、盆地等的紫色土，中下游平原和江南一些河谷平原的潮土，江源地区和长江中下游湖区的沼泽土，长江中下游和四川盆地的水稻土以及石灰土、泥炭土、盐渍土等。

表 1-2　长江经济带各省（市）的主要土壤类型及所占比例

省（市）名称	土壤类型	占所在省（市）比例/%	土壤类型	占所在省（市）比例/%
上海市	水稻土	74	潮土	20
安徽省	水稻土	28	砂姜黑土	15
贵州省	黄壤	42	石灰土	25
湖北省	黄棕壤	33	水稻土	25
湖南省	红壤	46	水稻土	23
江苏省	水稻土	39	潮土	34
江西省	红壤	66	水稻土	23
四川省	紫色土	20	黑毡土	15
重庆市	紫色土	32	黄壤	28
云南省	红壤	31	赤红壤	14
浙江省	红壤	46	水稻土	25

1.1.3　水文地质

1. 京津冀

海河流域内的三大水系中，诸多河流流经京津冀地区。京津冀地区的河流主要由滦河水系和海河水系组成，两大水系从北面、西面、西南面三个方位包围成一个扇形的区域。滦河发源自河北省丰宁县西部，自丰宁县流入河北省后于河北省乐亭县注入渤海，干流河长 888km，有河长 20km 以上的支流 33 条。海河是中国七大江河之一，以太行山卫河为源，沿线汇集漳卫南运河、子牙河、大清河、永定河、潮白河、北运河等河流于大沽口注入渤海，水系呈扇形分布，干流河长 1050km，有河长 20km 以上的支流 367 条。漳河、卫河于河北省馆陶县南部大名泛区汇流，卫运河、漳卫新河沿河北、山东边界向下游流动，子牙河水系滹沱河上游发源自山西于石家庄市西部流入河北省，大清河水系除唐河上游自山西发源流入河北省外，其余河流均位于京津冀地区；永定河水系上游桑干河流经册田水库经阳原县进入河北省，洋河流经友谊水库后进入河北境内，永定河汇入海河入海；潮白河水系上游有两支河流，分别为潮河发源于丰宁县，白河发源于沽源县，两支至密云汇流后，始称潮白河，经密云水库汇流后至宁车沽闸入永定新河入海；北运河水系发源于北京市昌平区及海淀区一带，向南流入通州区，在通州区北关上游称作温榆河，然后流经河北省香河县、天津市武清区，在天津市大红桥汇入海河。

自京津冀地区发展以来上游水库拦蓄、降水量逐年降低，区域内大部分河流处于常年干涸或汛期短时过流的情况，且大多数河流成为工业用水及城市用水的排污河。此外，人工渠系和蓄洪区在京津冀地区较为普遍，在燕山和太行山山前冲洪积扇的前缘自北而南分布着宝坻洼、文安洼、白洋淀、宁晋泊、大陆泽等地表水的汇流洼地。

从地理区位来看，京津冀地区是东北亚的重要区域，位于我国华北平原北部和环渤海中心地带，地处 113°27′E～119°50′E，36°05′N～42°40′N，北面紧靠燕山山脉，南面紧接华北平原，西攘太行山山脉，东邻渤海海湾。从交通区位来看，京津冀地区处于地形平坦的平原地带，是连通我国东北地区和中原地区的交通要塞，具有重要的交通战略地位。从经济区位来看，京津冀地区位于我国北方经济的重要核心区和首都经济圈辐射范围内，也是我国重要的高新技术和工业基地。

京津冀地区在大地构造分区中隶属一级构造单元中朝准地台的次一级构造单元——燕山台褶带和华北断拗带。其中该区域内又分布着冀中拗陷、黄骅拗陷、济阳拗陷、临清拗陷、埕宁隆起、沧州隆起、内黄隆起等次一级构造单元，以及沧东断裂、沧西断裂、埕西断裂等断裂带。

京津冀地区地处中纬度沿海与内陆交接地带，地势表现为西北高、东南低的走向，由西北向的燕山—太行山山系构造过渡为东南向的平原。区域内地貌类型齐全，包括了高原、山地、丘陵、盆地和平原，从西北向东南方向依次为坝上高原、燕山和太行山山地、河北平原三大地貌单元。其中，平原海拔由山麓平原区域的 100m 降至冲积平原区域的 50m 以下，面积约占区域内总面积的 44%；山地海拔由燕山—太行山山系的 800～1000m 降至山麓平原区域的 100m，面积约占区域内总面积的 48%；高原海拔达到 1200m 以上，面积约占区域内总面积的 8%。区域内海拔 2000m 以上的山峰有 10 余座，最高峰为张家口小五台山，海拔 2882m。

京津冀地区主要包括了燕山南麓冲洪积倾斜平原水文地质区，地下水主要赋存于第四系孔隙地下含水岩系中，由冲洪积扇、湖相沉积物组成。根据沉积物岩性和地下水循环交替特点，以及其埋藏特征、沉积年代、含水层和隔水层分布及水动力条件，可将第四系孔隙地下含水岩系在平面上划分为单层结构区和多层结构区。其中，单层结构区主要分布于山前平原的顶部，岩性颗粒较粗，黏性土多以透镜状分布，含水层上下水力联系较好，构成单层水文地质结构；多层结构区分布于山前平原下部、中部平原、滨海平原，砂层和黏性土层相间展布，构成多层水文地质结构，在多层结构区自上而下划分为 4 个含水层组（Ⅰ～Ⅳ），分别对应于全新世到更新世地层（Q4～Q1）。区域内第四系孔隙地下含水岩系特征如表 1-3 所示。

表 1-3　区域内第四系孔隙地下含水岩系特征表

组别		底层埋深	水文地质单元	含水层主要岩性
单层结构区		100～300m	山前平原顶部	砾卵石、中粗砂含砾、中粗砂、中细砂
多层结构区	第Ⅰ含水层组	10～50m	山前平原下部	砾卵石、中粗砂含砾、中粗砂、中细砂
			中部平原	中细砂和粉砂细砂、粉细砂
			滨海平原	粉砂为主
	第Ⅱ含水层组	120～210m	山前平原下部	砾卵石、中粗砂
			中部平原	中细砂和粉砂
			滨海平原	粉砂为主
	第Ⅲ含水层组	250～310m	山前平原下部	砾卵石、中粗砂
			中部平原	中细砂和细砂
			滨海平原	粉细砂和粉砂
	第Ⅳ含水层组	350m 以下	山前平原下部	砾卵石、中粗砂
			中部平原	中细砂和细砂
			滨海平原	粉细砂和粉砂

北京市平原水文地质区含水层的形成原因主要为河流的冲洪积作用，地下水类型主要为潜水，地下水资源量多于山区，是北京市的地下水主要开采区。而山区地下水类型根据含水介质的差别分为碳酸盐类岩溶及裂隙地下水、碎屑岩裂隙地下水、岩浆岩和变质岩风化裂隙地下水。天津市地下水的类型根据地质构造、地貌和水文地质条件的不同，可以分为山区岩溶裂隙水、孔隙水、浅层孔隙水、基岩岩溶裂隙水。平原区的地下水含水量远大于山区，可开采资源量约 0.91 亿 m^3，而年开采资源量为 0.27 亿 m^3，由此可见地下水由于时空分布不均匀、水位埋深较大，地下水资源利用率不高。河北省的地下水类型可分为平原松散岩类孔隙地下水、碳酸盐岩类岩溶地下水、基岩类（包括变质岩类、岩浆岩类、碎屑岩类及玄武岩类）及裂隙地下水。松散岩类孔隙地下水主要分布在东部平原地区、坝上高原的波状平原地区；碳酸盐岩类岩溶地下水主要分布在燕山南部、太行山东部；基岩类及裂隙地下水主要分布在山区、冀西北盆地北部及坝上高原的丘陵地区。

2. 珠三角

珠江三角洲位于珠江下游。珠江包括西江、北江、东江和珠江三角洲诸河四大水系，流域面积 45 万 km^2。河网区面积 9750km^2，河网密度 0.8km/km^2，主要河道有 100 多条、长度约 1700km，水道纵横交错，相互贯通。密集的河网带来丰富的水资源，水资源总量 3742 亿 m^3，承接西江、北江、东江的过境水量合计为 2941 亿 m^3。珠江流经虎门、蕉门、洪奇门、横门、磨刀门、鸡鸣门、虎跳门和崖门等八大口门，注入南中国海（亦称南海）。

珠三角地区以珠江三角洲平原为主体，其西、北、东三面环山，南面临南海。其西、北、东分别被古兜山、天露山（海拔 1251m）、罗浮山（海拔 1281m）等断续的山地和丘陵环绕。由于西江、北江、东江夹带的泥沙在湾内不断地堆积，逐渐形成了现今的珠江三角洲平原。其北部有不少的台地，另有残丘散布，南部除台地外，还有山地、丘陵散布，珠江三角洲河口地段河道众多，水系纷繁，构成了平原上稠密的水网。海岸类型珠江口以东为沉降山地原岩冲蚀海岸，珠江三角洲为河道平原堆积海岸，珠江崖门口以西为粉砂淤泥质平原海岸，大陆岸线长达 1059km，近岸岛屿众多，星罗散布，共有 477 个，几乎全为基岩岛屿，面积 516.04km^2，岛屿岸线长 1103.4km。

（1）侵蚀-构造地形

①中山、低山

中山是区内最高一级的地形，不连续地分布在东、北、西部边界地带。东部有沿惠东县南侧分布的莲花山脉；北部有沿从化东北侧分布的天堂顶、三角顶、桂峰山、通天蜡烛，以及博罗县西侧的罗浮山脉；西部有位于开平西侧的天露山，肇庆东北的鼎湖山等。肇庆市广宁县罗壳山（海拔 1339m）是区内最高山峰。低山分布广泛，但不连续，除岛屿外在陆地的东、北、西和南部，乃至中部都有分布。

②丘陵

高丘陵较广泛地分布于陆地和岛屿，多环绕和毗连低山分布，或突兀于低残丘、台地之上，或独立于平原和海面上。低丘陵多分布在山地、高丘近平原的边缘，或独立于平原之中，或点缀于海岛之上。另外，佛山南海区西侧可见火山丘陵西樵山，丘坡陡峭，突兀于平原之上。纵观上述山地、丘陵地形，其山顶普遍具等高性，构成阶梯状平台，代表多级地貌类型、多级夷平面和多层地貌组合。据野外观察和山顶高度的统计，海拔有 900～1000m、700～800m、500～650m、400～450m、300～350m、200～250m 和 100～150m 七级夷平面。

（2）剥蚀-侵蚀地形之台地

台地主要分布于西部和中部，东部及岛屿上也有零星分布，主要由花岗岩、混合岩和砂页岩等构成，是长期遭受侵蚀的基准面，后因地壳间歇性抬升，复经侵蚀切割而成。台地地面总体呈舒缓波状起伏，由一些高度大致相等、稀疏突兀、顶平的山丘台地组成。随着台地级数变大，地面起伏加大，丘陵化越发明显，至四级台地，其形态与低丘陵差别不大。

（3）堆积地貌之三角洲平原

珠江三角洲是该区平原的主体，是最大的堆积地形。其东、西、北三面都有山丘围绕，南面濒海，构成一个马蹄形的港湾形态。珠江三角洲外围的平原以多河道及积水洼地为特色。珠江三角洲以放射状网河汊道发育和众多山丘突起为特征。珠江三角洲放射状网河汊道是河流进入受水盆地后因射流作用而形成的。众多的山丘是过去的海岛，在岛丘上发现多处海蚀遗迹，另可见山前洪积平原、湖积平原等河谷平原地形，以及潮间浅滩、海积平原、海积阶地、潟湖平原、沙堤等海相地貌。

珠三角地区地层发育较为完全，区内出露了自中元古代到第四纪在内的所有地层，其中以第四纪为主，其次为南华纪、震旦纪、寒武纪、泥盆纪、石炭纪、侏罗纪等地层，中元古代、奥陶纪、二叠纪、古近纪地层零星分布。区域内岩性分布以第四纪沉积物为主，其次为酸性侵入岩和陆源碎屑岩，碳酸盐岩和变质岩少量出露。

西江流域主要为泥盆纪的碳酸盐岩和低级变质岩，尤其是西江上游分布了大量的碳酸盐岩，分布总面积约占整个珠江流域面积的40%，西江流域除碳酸盐岩分布广泛外，也分布着重要成矿区（带），如南丹-河池成矿带（丹池成矿带）、云浮矿区、信宜-廉江地球化学区等，区内Cu、Cr、Ti、Ni、Hg呈高背景或局部高背景异常分布。北江流经地区主要为燕山期花岗岩及寒武系、泥盆系、石炭系地层，分布着不同岩石类型，同时也分布着广东省重要成矿区（带），如凡口铅锌矿床、英德红岩大型硫铁矿床、大宝山多金属矿区、曲江一六大型砷矿等，区内地层及矿区As、Pb、Zn、W、Au、Hg、Fe显著富集。东江流域主要地质背景为侏罗纪地层及侵入岩。

3. 长江经济带

长江经济带以长江为核心，拥有发达的水系。长江有数以千计的大小支流，其中流域面积超过1000km^{2}的支流有437条，超过1万km^{2}的有49条，主要有嘉陵江、汉水，岷江、雅砻江、湘江、沅江、乌江、赣江、资江和沱江。总长1000km以上的支流有汉江、嘉陵江、雅砻江、沅江和乌江。流域面积5万km^{2}的支流为嘉陵江、汉江、岷江、雅砻江、湘江、沅江、乌江和赣江。年平均径流量超过500亿m^{3}的有岷江、湘江、嘉陵江、沅江、赣江、雅砻江、汉江和乌江。汉江是长江最长的支流，长1577km，发源于陕西省秦岭南麓，于武汉汉口注入长江，多年平均径流量为577亿m^3；雅砻江是长江第二长支流，全长1571km，流域内水量丰沛，落差集中，其总落差4420m；嘉陵江是长江第三长支流，全长1119km，是长江水系中流域面积最大的支流，多年平均径流量为659亿m^3；沅江是长江的第四大支流，干流全长1060km，流经贵州和湖南，属于洞庭湖水系，是湖南省的第二大河流，年均径流量为393.3亿m^3；乌江为长江的第五大支流，全长1037km，也是流经贵州省最大的河流，于重庆涪陵区汇入长江，乌江总落差达到2123.5m；湘江为长江的第六大支流，全长836km，是湖南省境内最大的河流，年均径流量为722亿m^3；赣江是长江的第七大支流，全长744km，江西省最大的河流，年均径流量为687亿m^3。岷江是长江的第八大支流，全长735km，年均径流量有868亿m^3；沱江是长江的第九大支流，全长712km；资江为长江的第十大支流，发源于资源县，是湖南“四水”之一，干流全长653km，多年平均径流量为250亿m^3。

长江经济带由西向东贯穿青藏高原东南缘、云贵高原、江南丘陵以及四川盆地、两湖平原、鄱阳湖平原和长江中下游平原。构造上跨越了川滇藏造山系、扬子陆块区和武夷—云开—台湾造山系（又称华南造山带或褶皱带），包括多个不同演化历史的次级构造块体。因此，该区不仅具有独特的地貌特征，而且具有复杂的地质构造与断裂体系。

长江经济带地势西高东低，地貌、地层、地质构造、水文地质和工程地质情况复杂且多变，上中下游差异明显，资源环境条件和重大地质问题与地貌及地质背景密切相关。长江经济带地貌可划分出东部低山平原、东南低中山地、西南中高山地和青藏高原四个地貌区，从空间分布来看，大致以十堰—邵阳一线为界，西部主要为山地地貌、东部主要为平原台地地貌。西部大致以广元—丽江一线为界，以西主要为极高山—高山地貌，以东主要为中山地貌。东部地区大致以邵阳—南京一线为界，往南以低山地貌为主，往北以平原为主间夹台地地貌。

长江经济带地层发育齐全，自太古界至新生界第四系均有出露。长江经济带在大地构造上，主体部分为北北东方向分布的稳定地块——扬子陆块，在其四周为一系列活动性强的造山系围限，西缘为羌塘—三江造山系，北缘为华北陆块（南缘）、秦—祁—昆造山系（东段），南缘为江绍—萍乡—郴州对接带和华夏造山系。各陆块和造山系沉积环境、岩浆作用、变质作用和构造作用均各不相同。

长江经济带地质构造演化历史复杂，太古宙至古元古代为陆块基底形成时期，中元古代至新元古代中期为超大陆裂解—三大洋形成发展—大陆边缘多岛弧盆系形成—转化为造山系时期，新元古代晚期至中三叠世为华北陆块和扬子陆块等陆块陆缘增生及其彼此之间聚合时期，晚三叠世以来主要受到西南印度板块与欧亚板块陆陆碰撞造山导致的青藏高原物质向东挤出和东部太平洋板块向西俯冲的双重影响。

长江经济带水文地质和工程地质条件复杂。地下水类型较全，包括孔隙水、岩溶水、裂隙水和孔隙裂隙水等。碎屑岩类裂隙-孔隙水主要分布于四川盆地，基岩裂隙水分布于广大丘陵山区，岩溶裂隙溶洞水主要分布于西部的云贵高原，松散岩类孔隙潜水及承压水主要分布于长江三角洲平原、鄱阳湖平原及江汉和洞庭湖平原的第四系含水层中。岩土体按介质和结构特征划分，主要有完整坚硬的基岩类、半胶结的岩类、松散土类以及特殊土等。

1.2　经济快速发展区场地及污染源排放分布特征

1.2.1　典型场地分布

通过搜集 2020 年在产企业及污染地块信息，初步完成了经济快速发展区重点行业污染地块区域特征分析。经济快速发展区石化行业在产企业、污染地块分布情况及企业数量情况如图 1-1 所示。在京津冀、珠三角①和长江经济带三大经济区中，石化行业在产企业分别占全国的 15.07%、3.40%和 15.43%，合计占全国的 33.9%，主要分布在京津冀地区和长江经济带地区。停产企业污染地块分别占全国的 12.37%、1.03%和 36.07%，合计占全国的 49.47%，主要分布在长江经济带和京津冀地区。

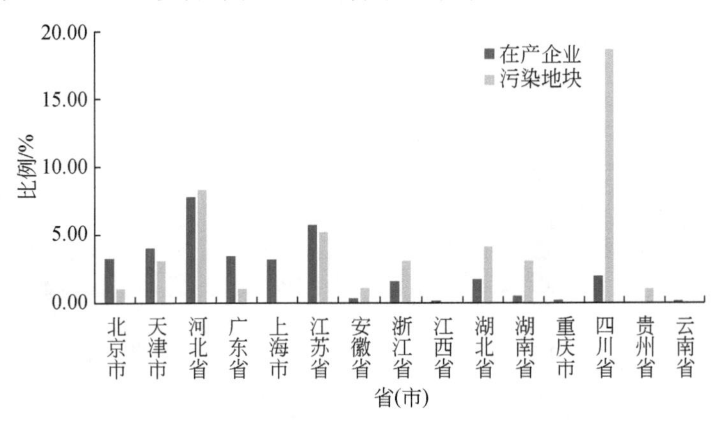

① 因所统计的广东省在产企业及污染地块绝大部分在珠三角，故本书以广东省相关数据指代珠三角相关数据。

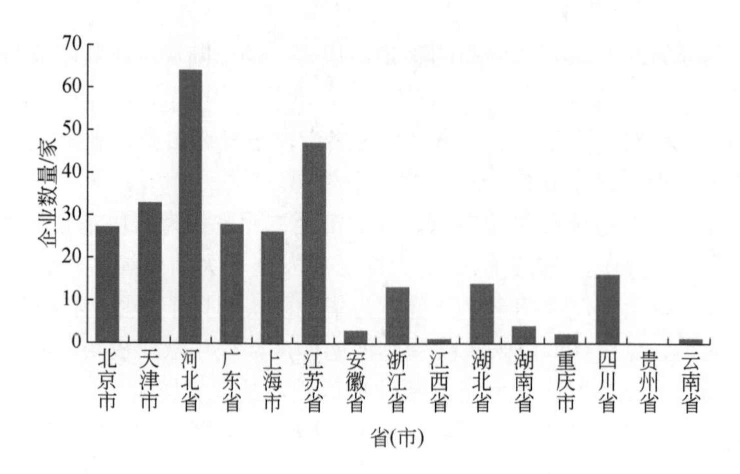

图 1-1 经济快速发展区石化行业在产企业、污染地块分布情况及企业数量情况

经济快速发展区焦化行业在产企业、污染地块分布情况及企业数量情况如图 1-2 所示。京津冀、珠三角和长江经济带的焦化行业在产企业分别占全国的 11.00%、0.20% 和 12.20%，合计占全国的 25.20%，主要分布在京津冀和长江经济带。污染地块分别占全国的 15.35%、0.00%和 38.64%，合计占全国的 53.99%，主要分布在长江经济带和京津冀。

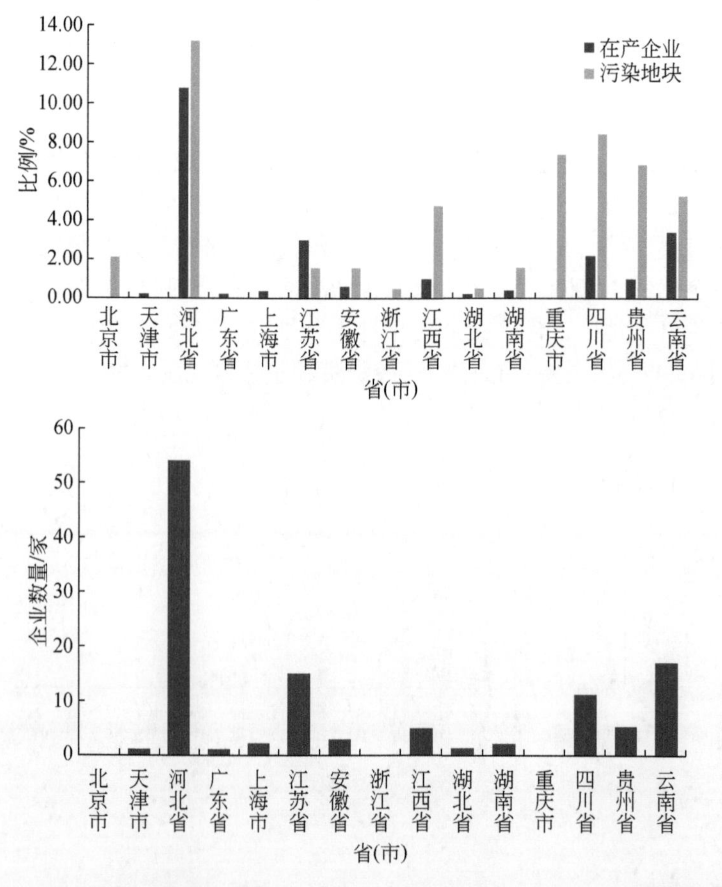

图 1-2 经济快速发展区焦化行业在产企业、污染地块分布情况及企业数量情况

经济快速发展区农药化工行业在产企业、污染地块分布情况及企业数量情况如图 1-3 所示。京津冀、珠三角和长江经济带的农药化工行业在产企业分别占全国的 7.56%、3.14% 和 41.45%，合计占全国的 52.15%，污染地块分别占全国的 10.05%、1.51%和 49.27%，合计占全国的 60.83%，在产企业和污染地块均集中分布在长江经济带地区。

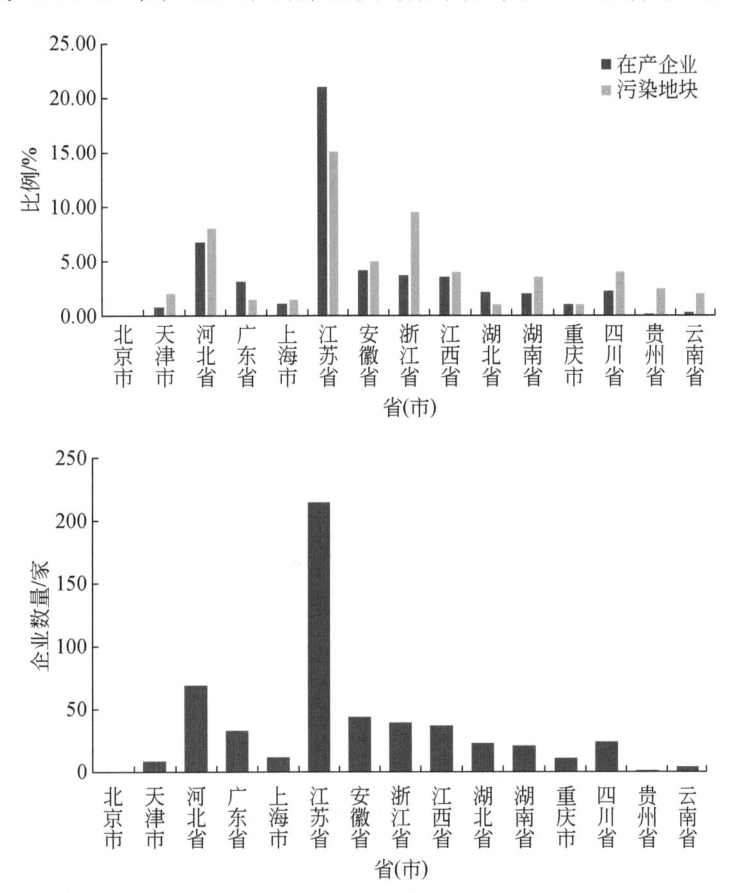

图 1-3　经济快速发展区农药化工行业在产企业、污染地块分布情况及企业数量情况

经济快速发展区电镀行业在产企业、污染地块分布情况及企业数量情况如图 1-4 所示。京津冀、珠三角和长江经济带的电镀行业在产企业分别占全国的 8.93%、26.84%和 50.00%，合计占全国的 85.77%，主要分布在长江经济带和珠三角。污染地块分别占全国的 10.31%、10.18%和 64.18%，合计占全国的 84.67%，主要分布在长江经济带。

1. 焦化行业场地分布

中国作为世界上最大的焦炭生产国，国家统计局数据显示，2021 年全年中国焦炭累计产量达到 4.71 亿 t，其中常规焦炉 4.24 亿 t，半焦炉 3300 万 t，热回收焦炉 1400 万 t；累计焦炭产能 6.52 亿 t，其中常规焦炉 5.72 亿 t，占 87.7%，半焦炉 6500 万 t，占 10%，热回收焦炉 1500 万 t，占 2.3%。焦化行业主要的生产产品有焦炭、煤焦油、兰炭等。其中焦炭是钢铁工业重要的基础原材料，兰炭是半焦产品，煤焦油可分离的化工产品有二百余种，主要用于制防腐剂、塑料助剂、染料、溶剂、香料及橡胶助剂等。通过查询

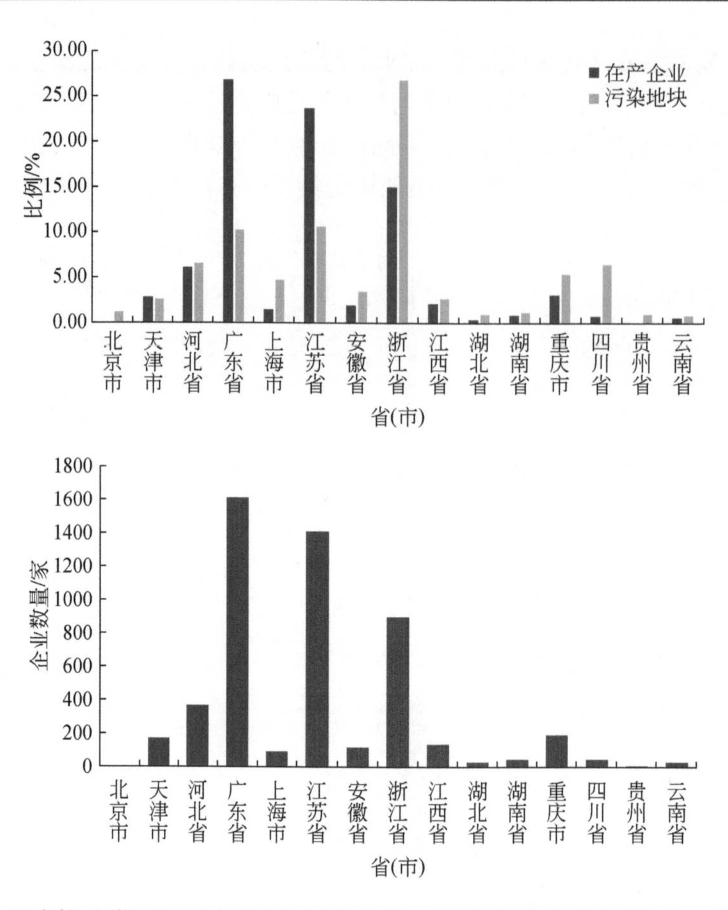

图 1-4　经济快速发展区电镀行业在产企业、污染地块分布情况及企业数量情况

2019 年企业信息，将焦化企业分为在产焦化企业和已关停焦化企业。并结合北京市企业事业单位环境信息公开平台、天津市污染源监测数据管理与信息共享平台、河北省生态环境厅数据中心三大平台公布的污染排放重点监管企业名单，筛选出京津冀地区在产焦化企业中的重点监管企业（图 1-5）。通过筛选后的企业数据可以发现，京津冀地区共有在产焦化企业约 90 家，主要集中在河北省的唐山市和邯郸市，其中唐山市和邯郸市各有在产焦化企业约 30 家，占京津冀地区在产焦化企业数量的 67%。重点监管的焦化企业中，京津冀地区共计 50 家焦化企业处于重点监管的行列，其中唐山 19 家、邯郸 19 家，唐山和邯郸的焦化重点监管企业占在产焦化企业的比例约为 76%。唐山和邯郸是京津冀地区焦化企业分布较多且较集中的两个城市，应该加以重视。

根据 2007 年企业迁出统计，北京市 2001～2007 年共 166 家搬迁工业企业，其中共有 12 家焦化相关企业迁出。随着北京焦化厂、首钢焦化厂（首钢股份有限公司焦化厂）等重要工业企业搬迁至河北唐山，现今京津冀地区的焦化厂分布多居于河北省，河北省作为京津冀地区最重要的工业城市，其焦炭需求量极大，焦化产能、产量均位居全国第二位。随着化工产品深加工技术的日益成熟，河北省逐步形成了焦油制炭黑、粗苯制环己酮、焦炉煤气制甲醇、焦炉煤气制天然气等产业链条。河北省作为高污染高耗能行业集中度较高的省份，焦化行业产能过剩、装备水平过低、产业集中度过于松散，节能减

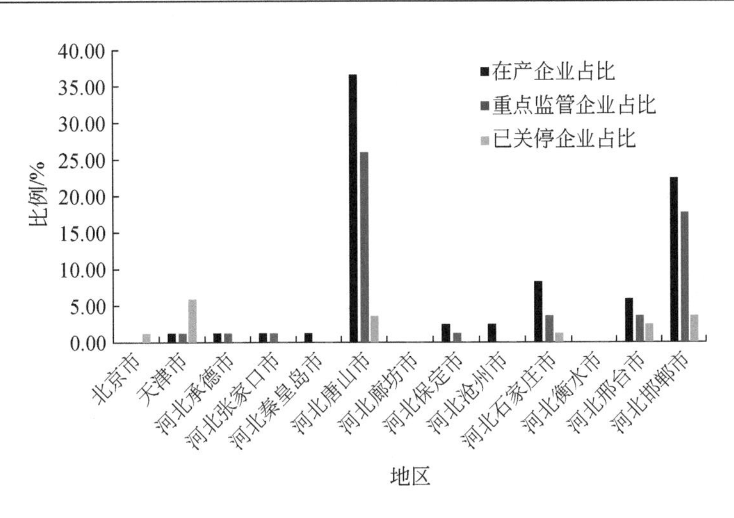

图 1-5　京津冀地区焦化企业（在产、关停、重点监管）分布

排形势严峻。根据河北省“焦化”关键词搜索，2020 年河北省焦炭生产企业以及有着焦化生产工艺的钢铁企业有 60 家左右，焦炉 200 座左右，停产或关闭搬迁企业约 44 家，分布在邯郸市、唐山市、石家庄市、邢台市、廊坊市、沧州市、承德市和张家口市，其中邯郸、唐山、石家庄 3 个城市为焦化企业的主要分布地，2020 年在产企业为 53 家，关闭搬迁企业 38 家。河北省的焦炭生产企业主要分为两大类，一类是独立焦化企业，另一类是联合钢铁厂生产企业。其中具有焦化工序钢焦联合焦化的企业主要有新兴铸管股份有限公司、邢台钢铁有限责任公司、唐山港陆钢铁有限公司、唐山国义特种钢铁有限公司等，共有焦炉 66 座，设计产能为 3255 万 t/a，分别占全省焦炉总数和产能的比例为 30.6%和 36.2%左右，独立焦化企业共 50 家左右，焦炉 150 座左右，设计产能为 5745 万 t/a，分别占全省焦炉总数和产能的比例为 69.4%和 63.8%左右。此外在河北省焦化行业中，大多数焦化企业属于中小企业，它们的规模比较小，布局比较分散，生产年限主要在 5～15 年；而大型在产焦化企业有 16 家，普遍生产年限在 15～30 年。相对煤焦联营和钢厂自建焦化厂来说，独立焦化企业的产业链难以实现延伸，在炼焦生产的过程中，不能对产生的副产品进行深加工，综合利用原料的水平比较低，从而在一定程度上造成能源、资源的严重浪费。

本书选取了“中国工业企业污染排放数据库”中在产焦化企业的工业废气排放量作为污染排放的指标进行对比计算。部分焦化企业排污数据如表 1-4 所示。京津冀在产焦化企业中，主要高废气排放量企业集中分布在唐山市和张家口市，与企业数量集中于唐山市和邯郸市存在一定的差异。该结果进一步说明唐山焦化企业在京津冀区域占比较大。其中，唐山首钢京唐钢铁联合有限责任公司和宣化钢铁集团有限责任公司是主要的大排放量企业。

表 1-4　焦化企业排污数据（部分数据样例）

企业名称	工业总产值/万元	工业废气排放总量/万 N m^3	烟粉尘排放量/kg
首钢京唐钢铁联合有限责任公司	2 000 000	14 000 000	2 296 000
宣化钢铁集团有限责任公司	2 890 010	5 692 356	11 120

续表

企业名称	工业总产值/万元	工业废气排放总量/万 N m^3	烟粉尘排放量/kg
唐山市古冶国义炼焦制气有限公司	51 831.9	584 501	282.76
河北常恒能源技术开发有限公司	103 532	474 722	354.54
平山县敬业焦酸有限公司	73 828	449 540	407.33
河北鑫跃焦化有限公司	313 192	385 139	308
唐山市滦宏炼焦制气厂	59 373	233 992	171.18
河北汇源炼焦制气集团有限公司	68 305	221 776	137.26
石家庄新世纪煤化实业集团有限公司	99 632	215 754	193.9
河北新晶焦化有限责任公司	45 756	107 677	126.93
唐山市春兴炼焦制气有限公司	40 096	67 394.9	98.6
唐山市汇丰炼焦制气有限公司	93 246	63 947.8	350.16
石家庄市藁城区金鑫焦化有限公司	23 136	40 554	4.5
唐山赤也焦化有限公司	153 502	33 362.9	37.54
天津天铁炼焦化工有限公司	155 669	23 914	109
辛集市化二化工有限公司	2 100	4 852.28	5.76

2. 电镀行业场地分布

电镀是国民经济重要基础工业的通用工序，在钢铁、机械、电子、精密仪器、兵器、航空、航天、船舶和日用品等各个领域具有广泛的应用。我国民用电镀企业主要分布在华南、华东和沿海地区及工业制造业比较发达的地区，其中广东、浙江、江苏、福建、山东、上海、天津、重庆等是我国电镀行业较强的省（市）。根据 2012 年环境保护部（现生态环境部）环监局统计数据，全国[①]在产电镀企业（电镀车间、集中园区内电镀企业和完全独立电镀企业）共 4242 家。其中，江苏、浙江和广东三省电镀企业数量有 2739 家，占全国电镀企业总量的 64.6%，其他省市的电镀企业数量为 1503 家，占全国电镀企业总量的 35.4%。

随着我国工业的发展，电镀产业飞速发展，电镀企业量大面广。近年来，我国各地政府为了加强电镀行业规划和集约化管理，不少地区建立和筹划建立电镀园区和电镀集中区，将过去零散的电镀企业集中在一个区域内，实行电镀生产的合理分工与协作，同时对产生的废水、废渣和废镀液进行统一收集，集中处理与处置。2010 年后各地蓬勃兴建电镀园区和电镀集中区。截至 2018 年 5 月，全国建有电镀园区和电镀集中区超过 100 家（包括已建成、在建、通过环评批复），主要分布在广东、江苏、浙江等地，国内部分电镀园区分布情况如表 1-5 所示。

① 本书涉及“全国”的数据均不包含港澳台。

表 1-5　国内电镀园区分布情况一览表（部分）

序号	省（市）	电镀园区名称
1	广东省	汕尾：海丰县合泰电镀工业园； 惠州：惠州博罗县龙溪电镀基地，汤泉侨兴电镀工业园区； 清远：石角七星洋影电镀城，清远龙湾电镀定点园区； 广州：萝岗区电镀城，增城田桥电镀城； 东莞：长安锦厦河东电镀城，麻涌镇电镀城，东莞电镀工业园； 深圳：深圳电镀工业园； 珠海：富山工业区专门电镀区； 中山：三角镇高平工业区电镀工业城，小榄电镀城； 佛山：三水区白坭西岸电镀城； 顺德：华口电镀城； 肇庆：四会南江工业园电镀城，四会市龙浦镇电镀工业园； 江门：白沙工业区，江门市崖门电镀基地； 云浮：天创（罗定）电镀环保工业基地； 揭阳：揭阳市表面处理生态工业园
2	江苏省	无锡：张泾电镀集中区，杨市电镀集中区，无锡金属表面处理科技工业园； 徐州：电镀工业园； 苏州：昆山千灯电路板工业区，吴江同里金属表面工业区，昆山希兵电镀专营区；胜浦电镀专业区； 镇江：镇江华科电镀工业园
3	浙江省	宁波：镇海蛟川工业园电镀城，北仑江南电镀中心，慈溪联诚电镀园； 温州：金乡镇电镀工业园，龙湾区电镀基地，鹿城仰义后京电镀基地
4	辽宁省	辽阳：庆阳电镀工业园； 大连：经济技术开发区电镀工业园，甘井子电镀园区
5	河北省	廊坊：大城阜草电镀工业园区
6	北京市	昌平：昌平创业工业园
7	山东省	青岛：开发区电镀工业园，胶州电镀工业园，丛林电镀工业园，平度秀水表面处理中心，即墨宏泰表面处理中心
8	天津市	三环乐喜电镀中心，滨港电镀产业基地
9	陕西省	西安：户县沣京工业园表面精饰基地
10	安徽省	合肥：华清·合肥表面处理基地
11	重庆市	重润表面工程科技园，重庆巨科环保电镀园

注：资料来源于《〈污染源源强核算技术指南　电镀（征求意见稿）〉编制说明》。

广东省是我国电镀大省，2020 年电镀企业 1600 多家，年电镀加工能力 3.3 亿 m^2。近几十年来，广东电镀工业充分利用地缘和人力资源优势，通过管理提高、技术改进、设备更新和环境治理，使电镀的加工品质、生产效率、服务水平和应变能力都得到了大幅提高，在与国外同行的竞争中不断发展和壮大。电镀工业已融入广东省工业经济的各个方面，广东电镀业已成为广东制造业出口产品的重要支撑力量，同时广东省也是国内电镀工业最活跃的地区之一。根据广东省生态环境厅网站上公布的 5437 家国控以上电镀企业（金属表面处理及热处理加工工业）数据分析，珠三角电镀企业空间分布如图 1-6 所示，主要集中分布在广州、深圳、佛山、东莞、惠州、江门等市。其中，超过50%的电镀厂为小规模电镀厂，主要分布在惠州、佛山、江门、广州、深圳、东莞等市；大规模电镀厂有42家，主要分布在深圳、广州、珠海、东莞等市；中规模电镀厂有73家，主要分布在中山、珠海、深圳、肇庆、东莞等市；最早的电镀厂可以追溯到1980年惠州博罗县石湾志恒五金电镀厂，是一家小规模电镀企业，截至成书仍在产。

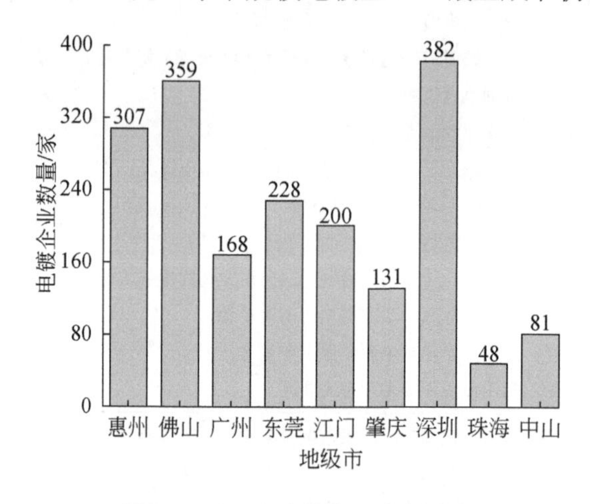

图1-6　珠三角电镀企业空间分布

目前，珠三角电镀工业的镀种较为齐全，工艺品种多，常见的有铜、镍、铬、镍铁-铬、多层镍铬、镀锌、印制电路板（PCB）镀铜、可焊性镀锡铅、贵金属电镀、铜及铜合金着色、铝合金及锌合金电镀、铝型材氧化及电泳、塑料电镀、玻璃钢电镀等。

珠三角电镀行业部分工艺，如装饰性三价铬镀铬工艺、镀锌三价铬钝化工艺等，几乎与国外同步。首饰电镀方面有低氰镀金工艺、低氰镀银工艺、低氰无镉镀金合金工艺、脉冲电流镀金工艺、替代金镀层的镀钯工艺。在解决通信器件的细孔、深孔电镀方面，珠三角电镀技术在镀层性能要求方面已处于国内领先。在电镀生产设备方面，有统计表明：国内自动化或半自动化的生产线，平均每个电镀企业仅为0.14条，而珠三角电镀行业的自动化程度则远远高于全国平均水平，有28%的企业实现了全自动化生产，22%的企业自动化生产线数目多于手动生产线数目。珠三角企业自行研发的、配套有可编程控制器（PLC）自动控制功能的铬镀液及其废液的净化回收装置，可使铬酸回用率达到95%以上，属于国际先进水平。“挂滚程控式全自动电镀生产线”达到国家清洁生产的要求。这些先进的技术和设备为珠三角电镀行业的转型升级打下了坚实的基础。

3. 农药化工行业场地分布

通过由农业农村部农药检定所支撑的中国农药信息网，查询获得了长三角地区农药生产企业的农药登记情况。截至2020年4月，全国共有农药生产企业1670家，长三角地区442家，其中原药生产企业224家，制剂生产企业165家，卫生用药制剂生产企业53家；共登记农药10 025种，其中安徽1618种、江苏6019种、上海668种、浙江1720种。登记种类以除草剂、杀虫剂、杀菌剂为主，分别为3495种、2994种、2284种（表1-6）。登记剂型以原药、乳油、可湿性粉末、悬浮剂、水剂、水分散粒等为主，分别为1989种、1797种、1771种、1307种、587种和579种。吡虫啉、毒死蜱、高效氯氟氰菊酯、戊唑醇、草甘膦异丙胺盐、草铵膦、嘧菌酯、草甘膦铵盐、啶虫脒、阿维菌素为登记次数前十的农药（表 1-7）。

表 1-6　长三角地区农药登记种类　（单位：种）

地区	农药登记种类数量				
	除草剂	杀虫剂	杀菌剂	其他	总计
安徽	814	460	259	85	1 618
江苏	1 974	1 918	1 372	755	6 019
上海	125	216	218	109	668
浙江	582	400	435	303	1 720
总计	3 495	2 994	2 284	1 252	10 025

表 1-7　长三角地区生产登记次数前十的农药　（单位：次）

农药	农药登记次数				
	安徽	江苏	上海	浙江	总计
吡虫啉	30	175	20	26	251
毒死蜱	27	89	11	29	156
高效氯氟氰菊酯	17	99	7	12	135
戊唑醇	15	77	16	19	127
草甘膦异丙胺盐	21	66	9	23	119
草铵膦	17	63	6	26	112
嘧菌酯	17	67	5	22	111
草甘膦铵盐	28	42	11	25	106
啶虫脒	13	74	9	9	105
阿维菌素	23	44	14	20	101

4. 石化行业场地分布

通过全国排污许可证管理信息平台、文献数据库、政府和企业官网等渠道收集了长江经济带 11 个省（市）近 5000 家石化行业企业的所在地、企业类型等相关信息（图 1-7）。

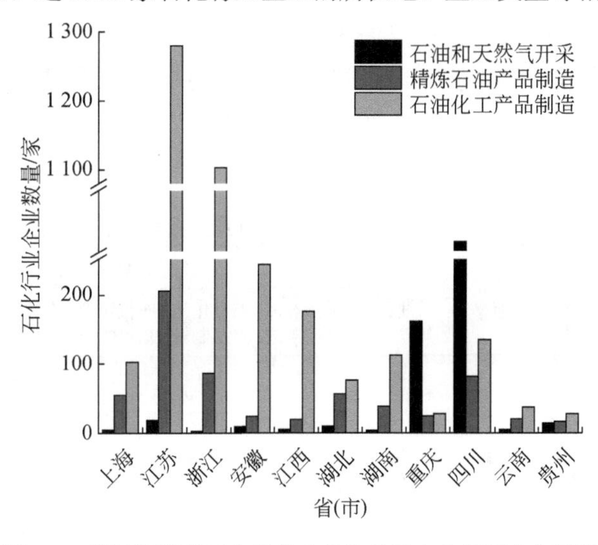

图 1-7　长江经济带石化行业企业数量及企业类型分布情况

将所统计的企业分为油气开发类（石油和天然气开采）、石油炼制类（精炼石油产品制造）、石油化工类（石油化工产品制造，包含有机化学原料制造、合成纤维制造、合成树脂制造、合成橡胶制造）三大类进行分析（图 1-8）。石油炼制类一般生产燃料油（汽油、煤油、柴油等）、润滑油、液化石油气、石油焦炭、石蜡、沥青等石油产品。而石油化工类则更为复杂，生产石油化工产品的第一步是对原料油和气进行裂解，生成烯烃、芳香烃等基本化工原料，第二步是用基本化工原料生产多种有机化学原料和合成树脂、合成纤维、合成橡胶等合成材料。

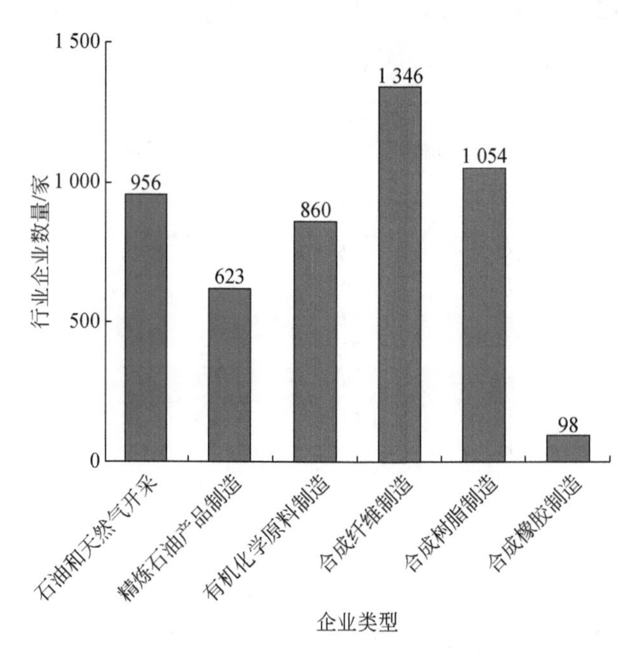

图 1-8　长江经济带各类石化行业企业数量分布情况

已有数据显示（表 1-8），长江经济带石油化工类企业数量最大，在企业总数量中的占比高达 68.0%，其次为油气开发类，占比为 19.4%，石油炼制类相对较少，占比为 12.6%；其中石油化工类以合成纤维制造、合成树脂制造最为突出，分别占到了石油化工类企业的 40.1%和 31.4%，在长江经济带石化行业中具有明显代表性，其次为有机化学原料制造，合成橡胶制造企业数量很少。

表 1-8　长江经济带石化行业企业数量统计数据　　（单位：家）

省（市）	企业总体数量	在产企业数量	关闭企业数量	不同类型企业数量						
				石油和天然气开采	精炼石油产品制造	石油化工产品制造	有机化学原料制造	合成纤维制造	合成树脂制造	合成橡胶制造
上海	161	160	1	4	55	103	30	14	57	6
江苏	1 501	1 497	4	18	204	1 279	301	600	341	35
浙江	1 191	1 188	3	2	85	1 103	143	623	301	37
安徽	275	275	0	9	23	243	75	31	134	3
江西	199	199	0	5	19	175	96	16	60	3
湖北	141	139	2	9	56	76	39	11	22	4

续表

省（市）	企业总体数量	在产企业数量	关闭企业数量	不同类型企业数量						
				石油和天然气开采	精炼石油产品制造	石油化工产品制造	有机化学原料制造	合成纤维制造	合成树脂制造	合成橡胶制造
湖南	152	147	5	3	38	112	63	11	35	3
重庆	252	247	5	161	24	67	33	6	25	2
四川	943	941	2	727	82	134	40	30	59	5
云南	62	56	6	5	20	37	27	1	9	0
贵州	57	56	1	13	16	28	14	3	11	0
合计	4 934	4 905	29	956	623	3 357	860	1 346	1 054	98

注：部分企业涉及多个企业类型。

长江经济带石化行业的在产企业数量占比达到 99.4%，远远高于关闭企业，这对相关行业在产企业（污染源）的环境污染防治和管理能力提出了更高的要求，而未来大量在产企业关停退役后产生的污染场地的治理和修复也是一项巨大的挑战。

长江经济带的关闭企业中，石油炼制类数量较多，石油化工类数量次之，其中石油化工类关闭企业以合成树脂制造类最为突出，其次为有机化学原料制造类（表 1-9）。由此可见，合成纤维制造类和合成树脂制造类是长江经济带区域需要重点关注和研究的对象。

表 1-9　长江经济带石化行业关闭企业数量统计数据　（单位：家）

地区	关闭企业数量	不同类型企业关闭数量						
		石油和天然气开采	精炼石油产品制造	石油化工产品制造	有机化学原料制造	合成纤维制造	合成树脂制造	合成橡胶制造
长江经济带	29	1	18	11	4	1	6	0

注：部分企业涉及多个企业类型。

长江经济带的石化行业企业数量及类型分布情况如图 1-7 所示，以四川、江苏、浙江较突出，其次为重庆、安徽，总体上主要分布在上游和下游地区。上游地区中，四川、重庆以油气开发类企业为主，其次为石油化工类企业；云南、贵州则主要为石油化工类和石油炼制类企业；中游地区的 3 个省份均以石油化工类企业为主，其次为石油炼制类企业，其中湖北的石油炼制类企业占比较高；下游地区的 4 个省（市）均以石油化工类企业为主，其次为石油炼制类企业，其中上海的石油炼制类企业占比较高。

长江经济带油气开发类和石油炼制类企业数量分布如图 1-9 所示，其中油气开发类企业数量以四川最为突出，其次为重庆，同时江苏也存在一定数量的油气开发类企业。石油炼制类企业以江苏地区最为集中，其次是浙江、四川，总体而言下游地区相对较为集中。

相比而言，长江经济带石油化工类企业数量主要集中在江苏、浙江等下游地区，其次为安徽、江西、四川、湖南等地（图 1-10）。

对石油化工类企业进一步细分至小类（图 1-11），发现以有机化学原料制造为主要行业类型的地区有云南、贵州、重庆、湖北、湖南、江西等中上游地区，中上游地区的次要行业类型基本都是合成树脂制造类，合成纤维制造类仅四川的占比相对较高。下游地区的行业小类以合成纤维制造和合成树脂制造为主，江苏、浙江的合成纤维制造类比例较高，安

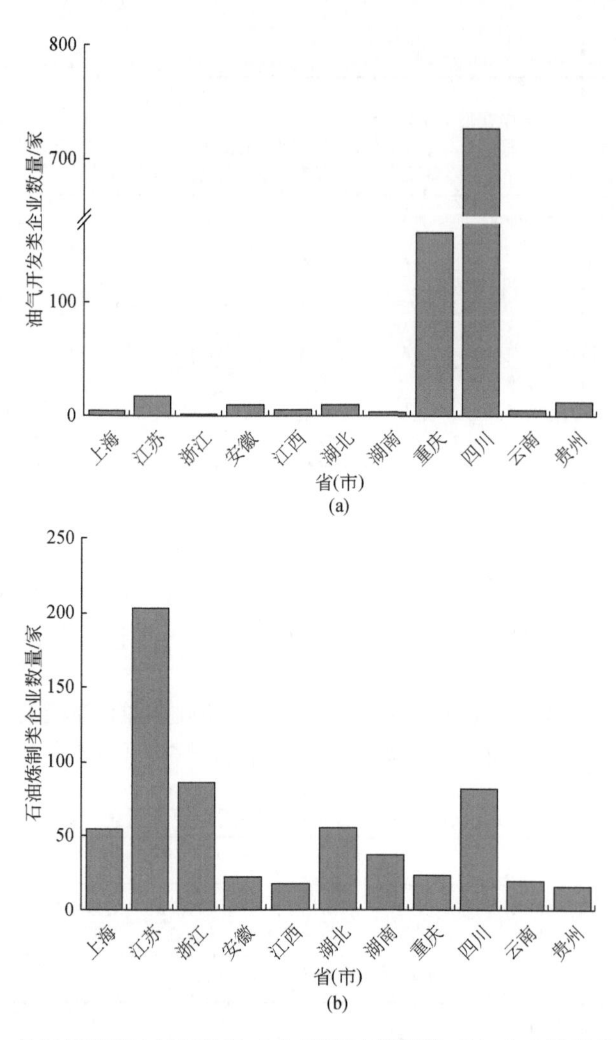

图 1-9　长江经济带油气开发类（a）和石油炼制类（b）企业数量分布情况

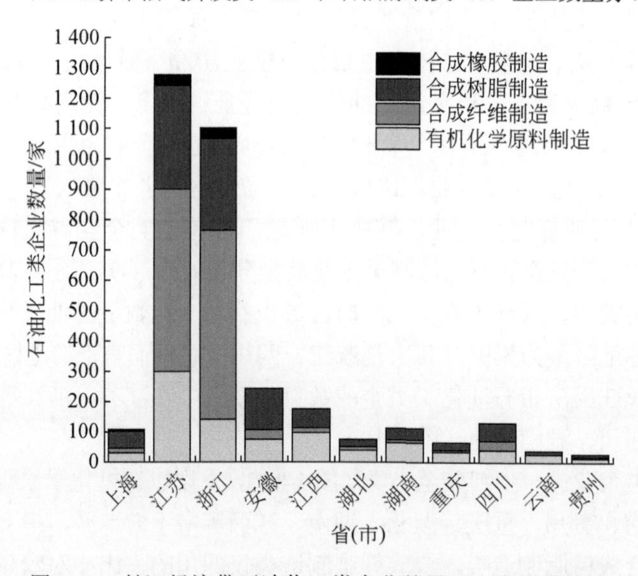

图 1-10　长江经济带石油化工类企业数量及小类分布情况

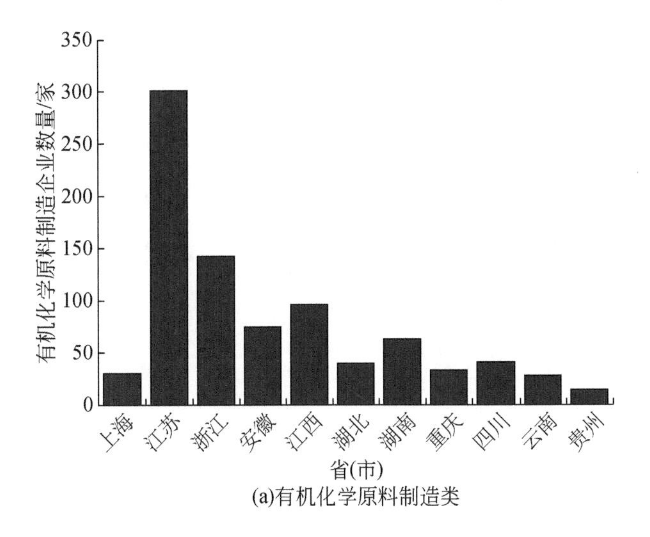

(a)有机化学原料制造类

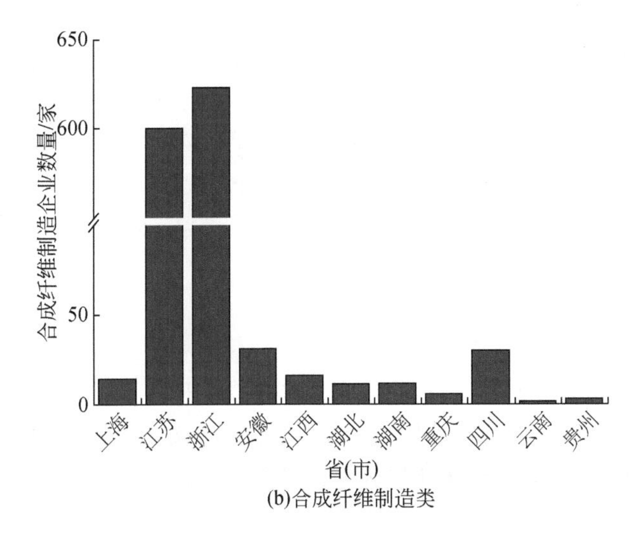

(b)合成纤维制造类

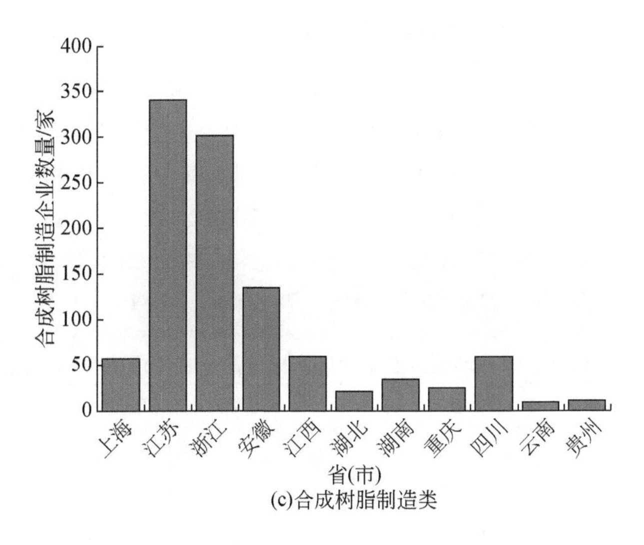

(c)合成树脂制造类

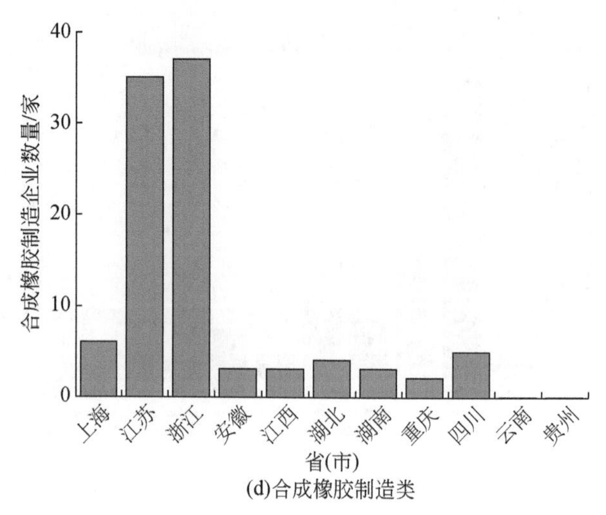

图 1-11　长江经济带石油化工类 4 个小类的企业数量分布情况

徽、上海的合成树脂制造类比例较高，下游各地区的有机化学原料制造类分布比例相对较均衡。有机化学原料制造类、合成纤维制造类、合成树脂制造类、合成橡胶制造类 4 个石油化工小类企业都主要集中在下游地区的江苏和浙江。下游各个地区中部分小类企业的占比并不突出，但 4 个小类企业在企业数量上均远高于其他地区，关键原因在于下游地区的企业发展整体上要优于中上游地区。

1.2.2　场地污染源排放特征

根据“十二五”“十三五”环境统计数据，本书主要开展了经济快速发展区的 2011～2019 年的工业企业主要污染特征分析，并针对废水中污染物总体排放情况和主要指标进行了单指标的变化分析，以 2019 年度为例，开展了经济快速发展区的污染排放强度对比分析。

1. 京津冀地区主要工业企业污染物排放特征

如表 1-10 和表 1-11 所示，京津冀地区工业企业废水排放量、主要污染物排放量以及废水中重金属的排放量呈现出稳步下降的趋势，至“十三五”末期（2019 年），与“十二五”初期（2011 年）相比，污染物减排力度十分可观。其中，废水排放总量减少 57.36%，废水中石油类污染物和氰化物排放量分别减少了 80.46%和 77.30%。京津冀地区废水中的重金属以铅和镉排放量减少幅度最大（表 1-11），达到 85.26%和 97.57%，其他重金属总铬、六价铬和砷[①]排放量依次减少 27.31%、78.56%、74.81%。

表 1-10　京津冀地区工业企业废水排放量及主要污染物排放量

年份	废水排放量/亿 t	石油类污染物排放量/t	氰化物排放量/t
2011	13.65	1 571.48	16.83
2012	13.77	1 164.93	12.97

① 砷是类金属元素，但毒性和重金属相似，因此在论及重金属污染问题时，重金属包括砷。

续表

年份	废水排放量/亿 t	石油类污染物排放量/t	氰化物排放量/t
2013	12.43	1 056.01	9.68
2014	12.48	1 063.78	11.61
2015	11.09	1 157.89	13.67
2016	8.16	613.49	6.78
2017	6.18	420.27	6.14
2018	5.49	373.95	5.15
2019	5.82	307.05	3.82

表 1-11 京津冀地区主要工业企业废水中重金属排放量 （单位：kg）

年份	重金属排放量					
	砷	铅	镉	汞	总铬	六价铬
2011	79.8	1 962.2	17.7	1.4	9 160.0	3 581.0
2012	61.5	1 317.9	11.4	4.9	6 796.6	3 364.7
2013	78.3	370.2	6.7	5.7	6 129.7	3 040.9
2014	50.2	386.9	3.2	5.7	6 183.2	2 842.7
2015	70.1	380.1	4.0	1.1	6 790.4	2 815.7
2016	21.8	372.52	1.08	8.48	5 031.34	2 191.86
2017	3.67	314.61	2.05	6.29	9 387.44	2 119.28
2018	6.33	228.61	1.11	6.53	7 304.85	870.66
2019	20.1	289.24	0.43	6.77	6 658.77	767.73

2019 年京津冀地区工业企业各污染物排放强度如图 1-12 所示，可以看出电镀行业（金属表面处理及热处理加工业）石油类污染物、总铬、六价铬排放强度最高，有色金属业（有色金属冶炼和压延加工业和有色金属矿采选业）排放的砷、铅、镉强度高，而化学原料和化学制品制造业排放的氰化物及汞强度高。

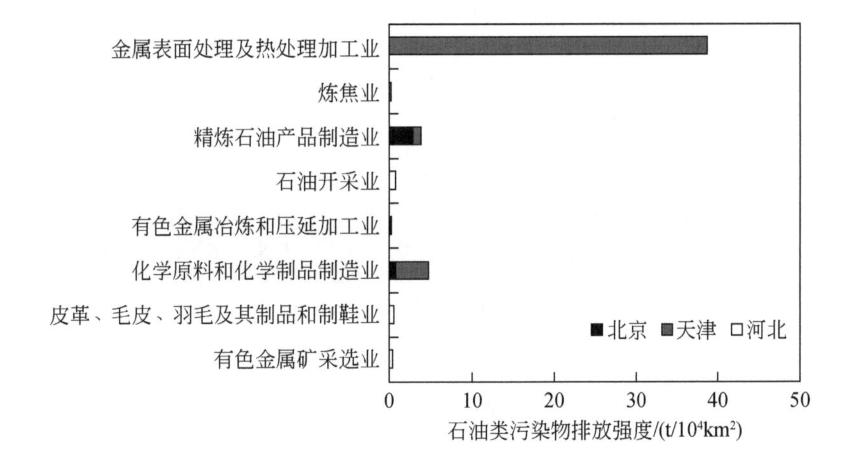

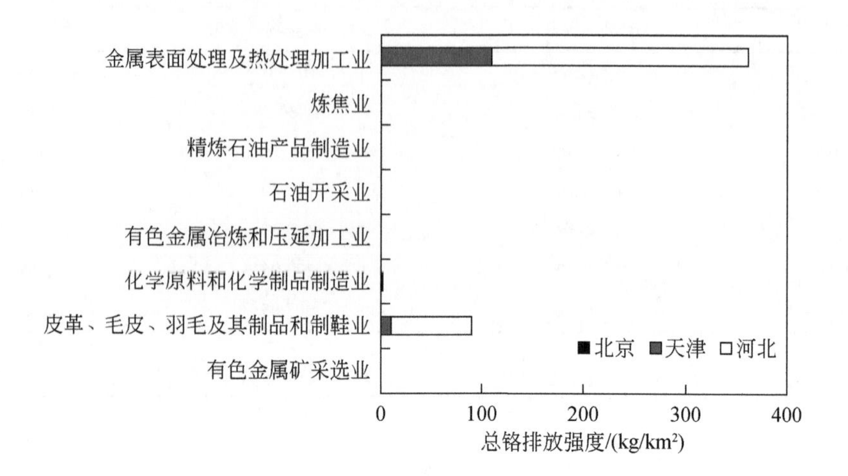
金属表面处理及热处理加工业
炼焦业
精炼石油产品制造业
石油开采业
有色金属冶炼和压延加工业
化学原料和化学制品制造业
皮革、毛皮、羽毛及其制品和制鞋业
有色金属矿采选业
■北京 ■天津 □河北
0
100
200
300
400
总铬排放强度/(kg/km²)

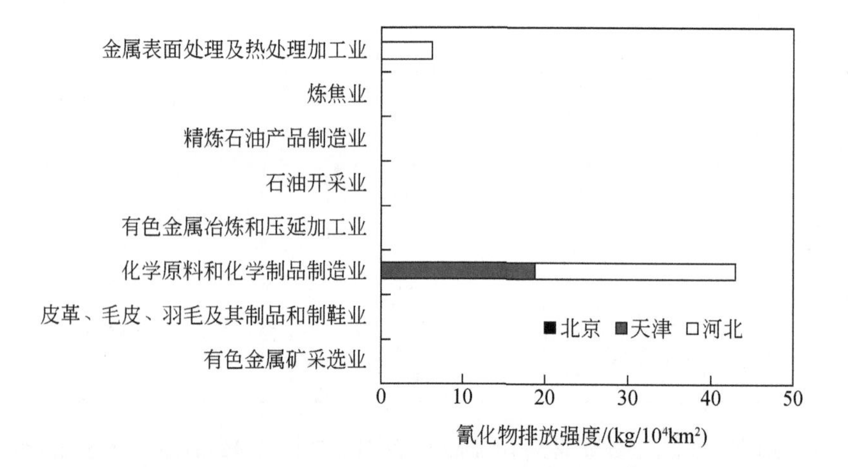
金属表面处理及热处理加工业
炼焦业
精炼石油产品制造业
石油开采业
有色金属冶炼和压延加工业
化学原料和化学制品制造业
皮革、毛皮、羽毛及其制品和制鞋业
有色金属矿采选业
■北京 ■天津 □河北
0
10
20
30
40
50
氰化物排放强度/(kg/10⁴km²)

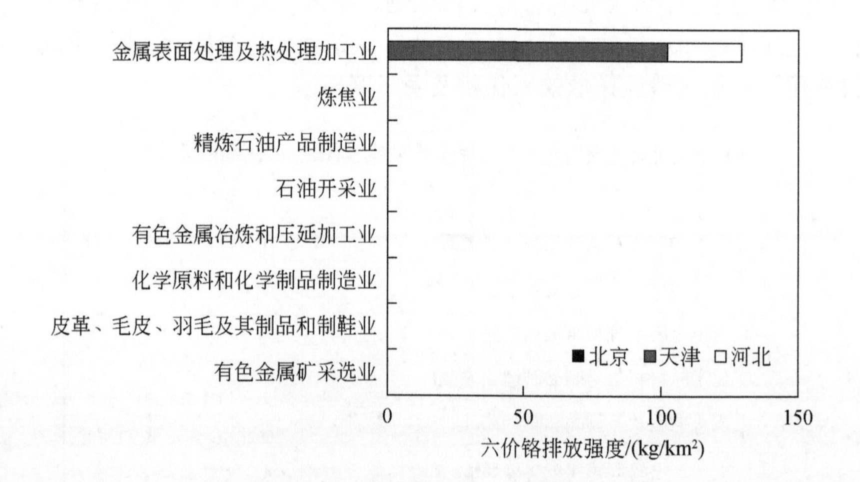
金属表面处理及热处理加工业
炼焦业
精炼石油产品制造业
石油开采业
有色金属冶炼和压延加工业
化学原料和化学制品制造业
皮革、毛皮、羽毛及其制品和制鞋业
有色金属矿采选业
■北京 ■天津 □河北
0
50
100
150
六价铬排放强度/(kg/km²)

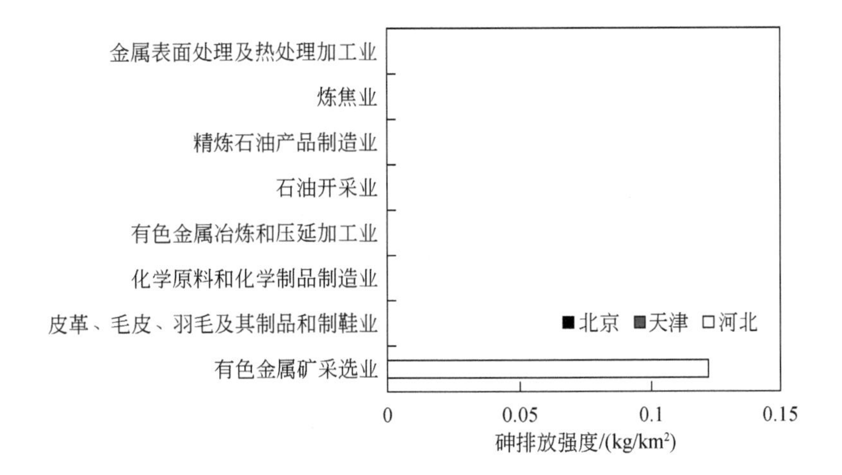
金属表面处理及热处理加工业
炼焦业
精炼石油产品制造业
石油开采业
有色金属冶炼和压延加工业
化学原料和化学制品制造业
皮革、毛皮、羽毛及其制品和制鞋业
有色金属矿采选业
■北京 ■天津 □河北
0
0.05
0.1
0.15
砷排放强度/(kg/km²)

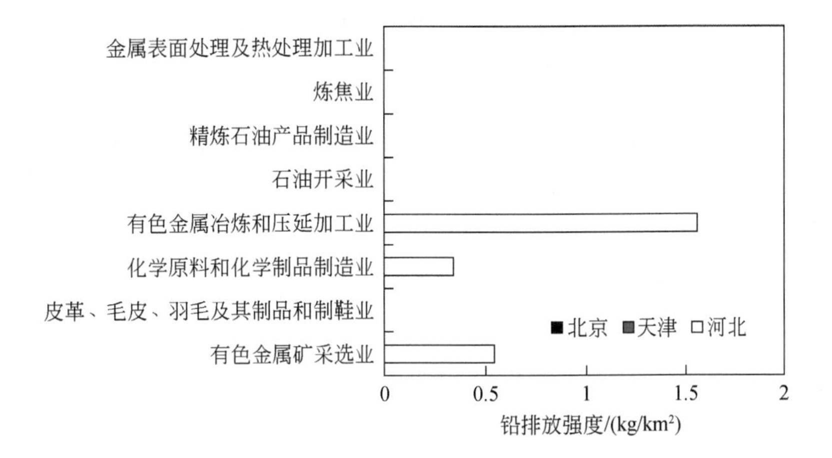
金属表面处理及热处理加工业
炼焦业
精炼石油产品制造业
石油开采业
有色金属冶炼和压延加工业
化学原料和化学制品制造业
皮革、毛皮、羽毛及其制品和制鞋业
有色金属矿采选业
■北京 ■天津 □河北
0
0.5
1
1.5
2
铅排放强度/(kg/km²)

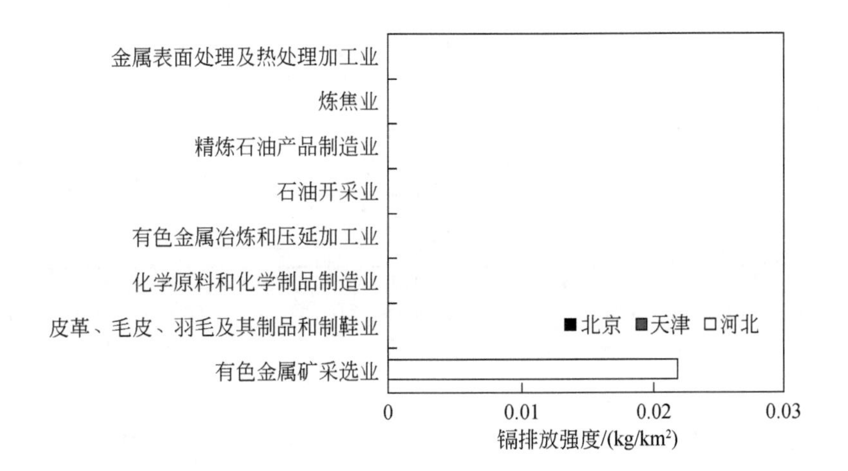
金属表面处理及热处理加工业
炼焦业
精炼石油产品制造业
石油开采业
有色金属冶炼和压延加工业
化学原料和化学制品制造业
皮革、毛皮、羽毛及其制品和制鞋业
有色金属矿采选业
■北京 ■天津 □河北
0
0.01
0.02
0.03
镉排放强度/(kg/km²)

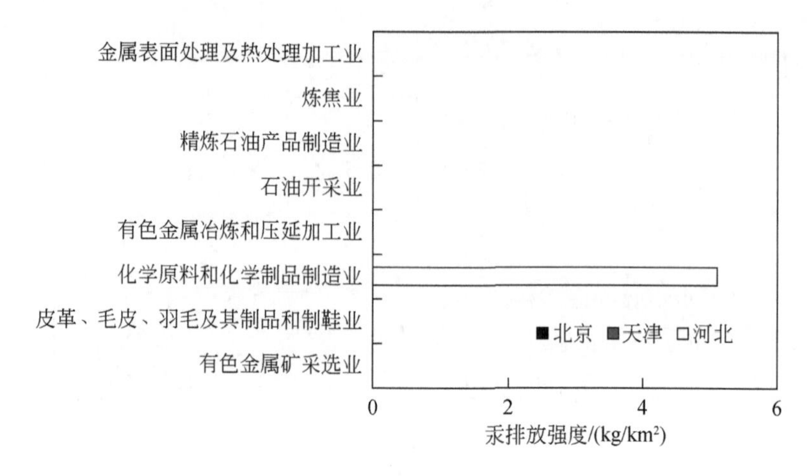

图 1-12　2019 年京津冀地区工业企业污染物排放强度

2. 长江经济带主要工业企业污染物排放特征

如表 1-12 和表 1-13 所示，长江经济带中上游地区工业企业废水排放总量、主要污染物排放量以及重金属排放量均有所减少，至“十三五”末期（2019 年），与“十二五”初期（2011 年）相比，污染物减排力度十分可观。其中，工业废水排放量减少 46.49%，废水中石油类污染物和氰化物排放量分别减少了 72.36%和 54.50%。长江经济带中上游地区废水中重金属排放量均取得较大减排效果，其中镉、铅和砷的排放量减幅依次为 89.41%、83.55%、82.81%，其他重金属汞、六价铬和总铬的排放量减幅为 73.27%、63.66%、47.81%。

表 1-12　长江经济带中上游地区主要工业企业废水排放总量及主要污染物排放量

年份	工业废水排放总量/亿 t	石油类污染物排放量/t	氰化物排放量/t
2011	91.68	8 836.72	84.03
2012	86.76	7 194.29	64.10
2013	82.62	7 503.04	61.04
2014	79.15	6 660.21	51.02
2015	80.34	6 434.57	45.37
2016	64.42	3 795.64	28.34
2017	50.22	2 385.85	41.61
2018	50.43	1 757.51	31.86
2019	49.06	2 442.57	38.23

表 1-13　长江经济带中上游地区主要工业企业废水中重金属排放量　（单位：kg）

年份	重金属排放量					
	砷	铅	镉	汞	总铬	六价铬
2011	107 054.65	91 165.59	22 709.01	810.00	119 624.54	60 505.35
2012	92 351.33	63 337.08	18 474.02	728.47	88 897.69	49 098.12
2013	73 914.97	42 840.90	10 765.27	363.43	71 327.90	42 329.03
2014	67 520.81	42 644.15	10 724.63	289.05	57 756.23	22 850.93
2015	66 270.66	43 036.81	8 911.80	371.49	40 824.89	14 366.69
2016	28 891.47	32 157.88	7 417.96	321.84	24 026.01	8 758.75
2017	23 176.13	21 089.21	4 458.35	415.47	63 945.56	20 896.66
2018	17 267.85	15 675.08	4 319.89	440.34	54 976.69	19 437.38
2019	18 402.45	14 996.00	2 404.20	216.50	62 434.79	2 1985.54

从 2019 年长江经济带中上游工业企业各污染物排放强度来看（图 1-13），有色金属业、精炼石油产品制造业、化学原料和化学制品制造业及电镀行业石油类污染物排放强度最高，电镀行业氰化物、总铬、六价铬排放强度高，化学原料和化学制品制造业、有色金属业排放的砷、铅、镉、汞强度高。

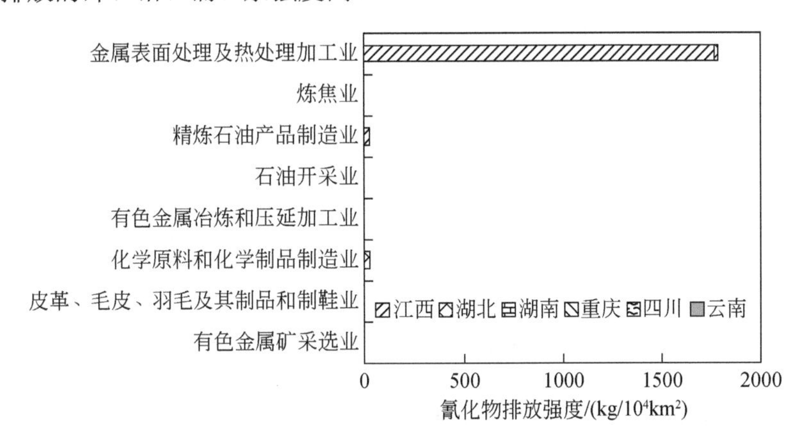

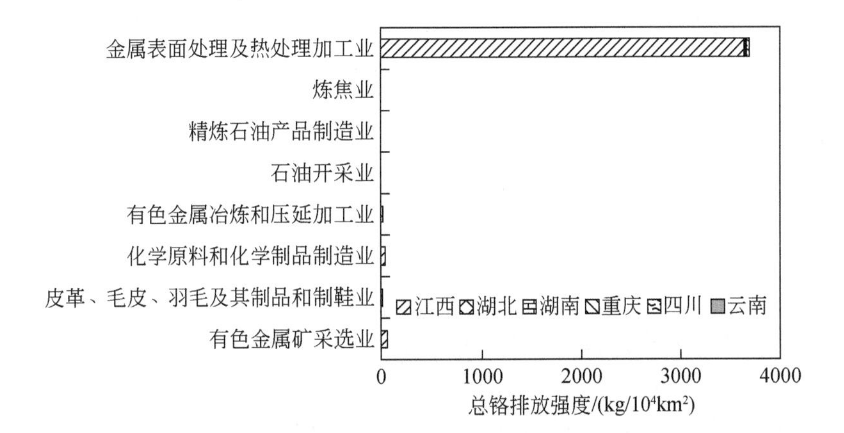

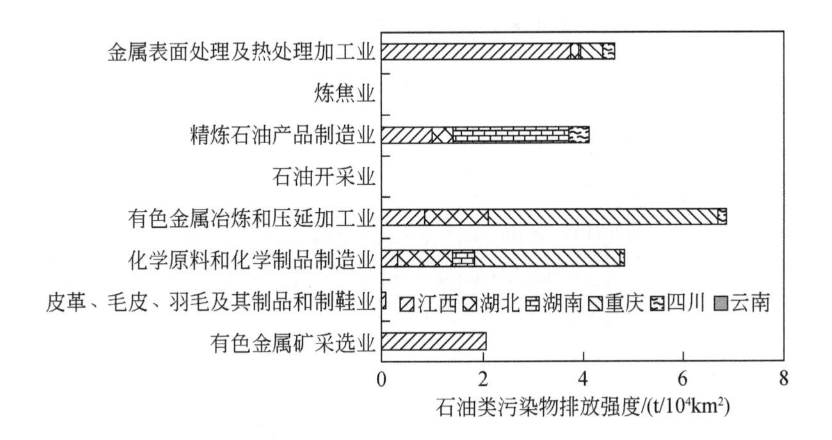

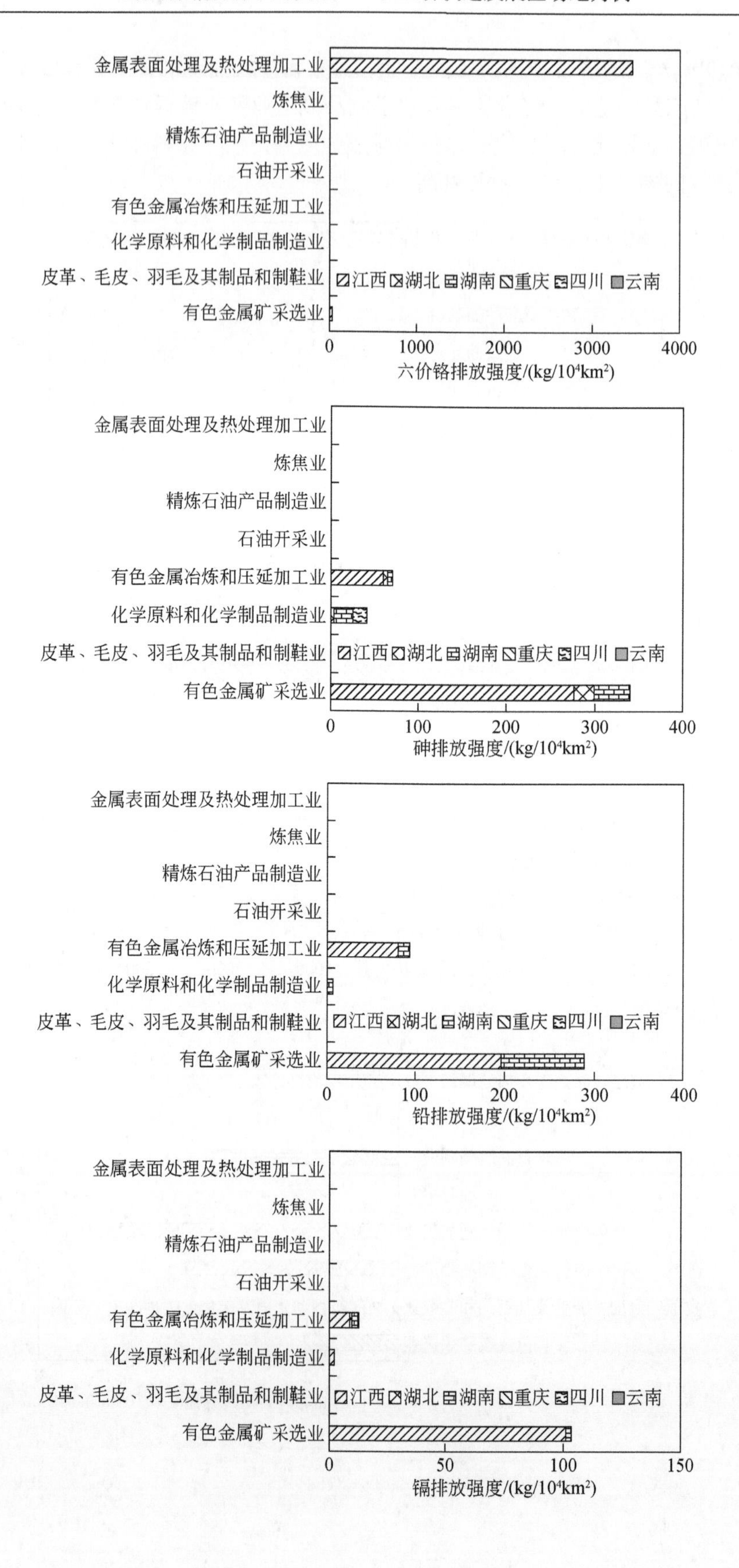
金属表面处理及热处理加工业
炼焦业
精炼石油产品制造业
石油开采业
有色金属冶炼和压延加工业
化学原料和化学制品制造业
皮革、毛皮、羽毛及其制品和制鞋业
有色金属矿采选业
江西 湖北 湖南 重庆 四川 云南
0 1000 2000 3000 4000
六价铬排放强度/(kg/10⁴km²)
0 100 200 300 400
砷排放强度/(kg/10⁴km²)
0 100 200 300 400
铅排放强度/(kg/10⁴km²)
0 50 100 150
镉排放强度/(kg/10⁴km²)

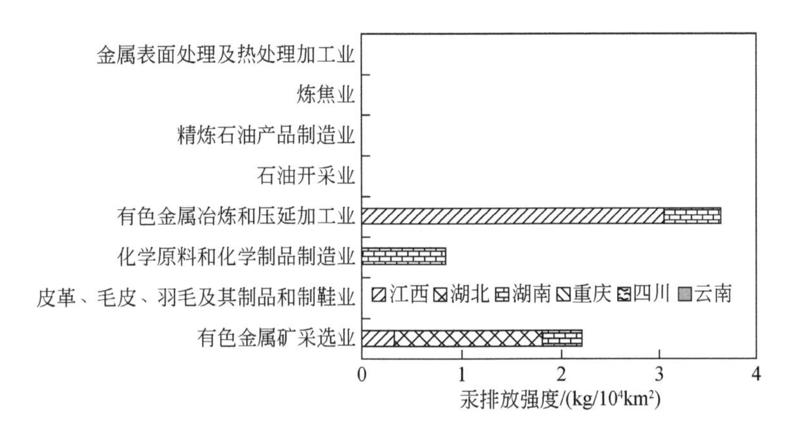

图 1-13　2019 年长江经济带工业企业污染物排放强度

如表 1-14 和表 1-15 所示，长江经济带下游地区，即长三角，工业企业废水排放总量、主要污染物排放量以及重金属排放量呈现出稳步下降的趋势，至“十三五”末期（2019 年），与“十二五”初期（2011 年）相比，污染物减排幅度明显。其中，废水排放总量减少 40.06%，废水中石油类污染物和氰化物排放量分别减少了 75.79%和 63.72%。长三角地区废水中重金属排放量均取得较大减排效果，其中汞、砷排放量减幅均超过 70%，分别为 84.98%、84.22%，废水中镉、六价铬、铅、总铬的排放量减幅分别为 73.76%、64.98%、54.30%和 31.94%。

表 1-14　长三角地区工业企业废水排放总量及主要污染物排放量

年份	工业废水排放总量/亿 t	石油类污染物排放量/t	氰化物排放量/t
2011	49.32	4 099.65	37.65
2012	47.62	3 253.93	31.57
2013	45.01	3 425.87	31.30
2014	42.00	3 014.00	26.52
2015	41.99	2 635.11	23.28
2016	34.64	1 755.34	17.52
2017	30.55	1 245.05	19.14
2018	29.23	1 056.21	14.64
2019	29.56	992.65	13.66

表 1-15　长三角地区主要工业企业废水中重金属排放量　（单位：kg）

年份	重金属排放量					
	砷	铅	镉	汞	总铬	六价铬
2011	8 030.36	6 924.18	1 135.05	98.98	43 164.89	22 130.71
2012	5 763.68	4 473.50	319.44	108.69	36 962.06	17 178.17
2013	5 318.17	2 992.95	314.54	14.30	30 441.66	14 112.36
2014	2 744.38	2 914.00	374.86	13.67	25 705.71	9 573.66
2015	2 763.87	3 088.11	395.21	36.54	24 497.62	8 128.64
2016	1 959.08	2 215.99	140.11	96.04	16 158.39	5 051.33
2017	766.19	1 392.55	127.07	53.24	42 427.46	10 523.14
2018	1 102.97	1 133.95	106.32	5.89	34 277.66	5 531.76
2019	1 267.45	3 164.20	297.84	14.87	29 377.44	7749.70

2019 年长三角地区工业企业各污染物排放强度如图 1-14 所示，精炼石油产品制造行业及化学原料和化学制品制造业石油类排放强度最高，电镀行业氰化物、总铬、六价铬排放强度高，化学原料与化学制品制造业、精炼石油产品制造业、有色金属业排放的砷、铅、镉、汞强度高。

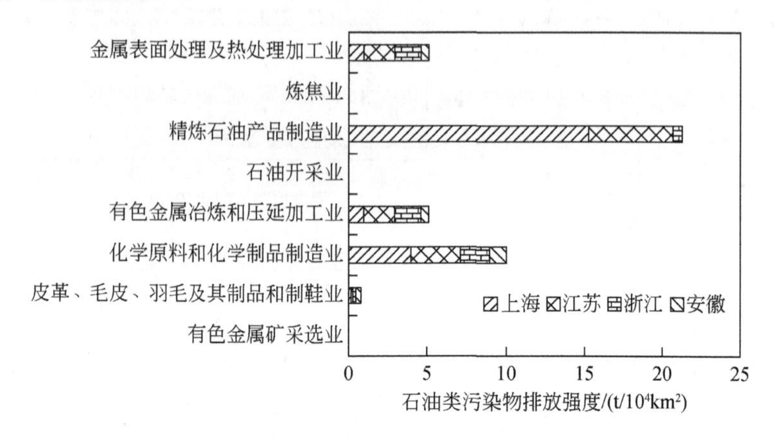

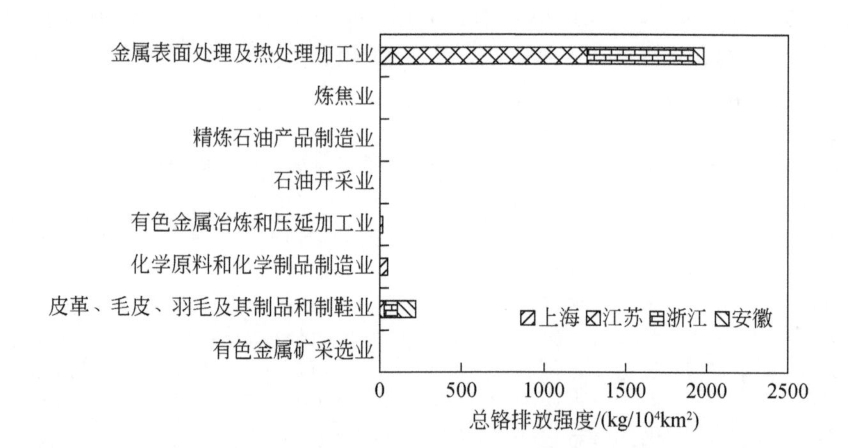

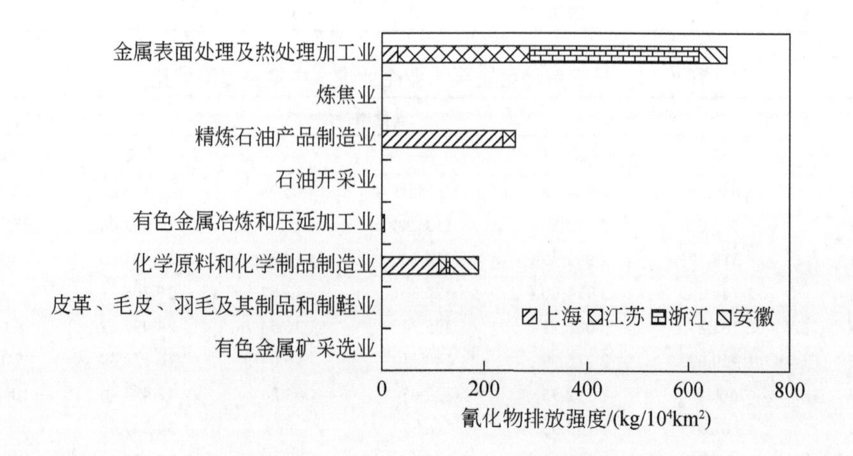

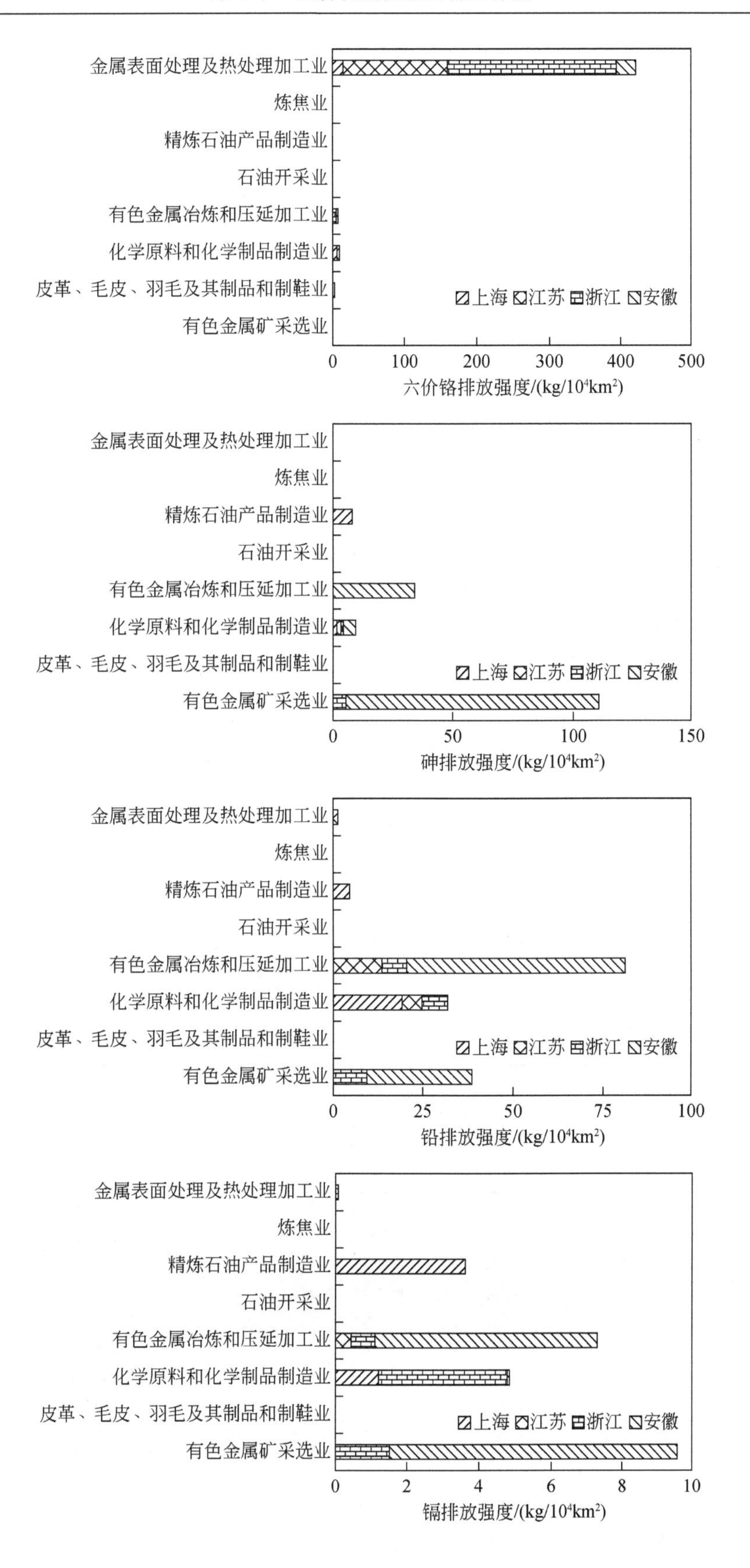
金属表面处理及热处理加工业
炼焦业
精炼石油产品制造业
石油开采业
有色金属冶炼和压延加工业
化学原料和化学制品制造业
皮革、毛皮、羽毛及其制品和制鞋业
有色金属矿采选业
上海 江苏 浙江 安徽
0 100 200 300 400 500
六价铬排放强度/(kg/10⁴km²)
0 50 100 150
砷排放强度/(kg/10⁴km²)
0 25 50 75 100
铅排放强度/(kg/10⁴km²)
0 2 4 6 8 10
镉排放强度/(kg/10⁴km²)

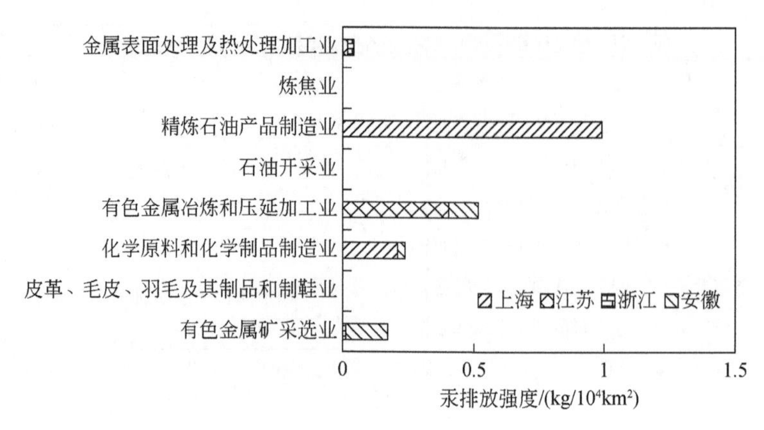

图 1-14　2019 年长三角地区工业企业污染物排放强度

3. 珠三角地区主要工业企业污染物排放特征

珠三角地区工业企业废水排放量及主要污染物排放量呈现波动趋势（表 1-16）。2019 年废水中石油类污染物和氰化物排放量较 2011 年分别减少了 91.55%和 91.04%。珠三角地区废水中重金属排放量均取得较大减排效果，总体呈现稳步下降趋势（表 1-17），砷、铅、镉、总铬、六价铬排放量分别减少了 95.04%、93.68%、89.60%、97.31%和 98.98%。废水中汞排放呈现波动趋势。

表 1-16　珠三角地区工业企业废水排放量及主要污染物排放量

年份	废水排放量/万 t	石油类污染物排放量/t	氰化物排放量/kg
2011	16 657.50	392.54	11.27
2012	35 038.23	1 819.74	7.71
2013	31 874.58	203.51	7.57
2014	30 220.79	156.51	5.49
2015	27 704.50	184.39	2.80
2016	11 979.33	87.18	2.70
2017	10 635.67	53.65	1.14
2018	11 197.78	51.80	1.31
2019	10 543.40	33.18	1.01

表 1-17　珠三角地区主要工业企业废水中重金属排放量　　（单位：kg）

年份	重金属排放量					
	砷	铅	镉	汞	总铬	六价铬
2011	82.93	1 146.03	97.20	0.76	56 358.06	25 808.34
2012	142.47	837.96	170.36	0.26	21 369.43	7 580.90
2013	102.28	413.42	81.37	1.71	16 015.01	4 052.06
2014	41.06	339.66	81.75	1.99	8 630.18	2 415.32
2015	160.97	322.02	61.93	7.07	7 093.75	1 787.54
2016	74.73	252.08	23.99	21.96	2 487.11	354.54
2017	26.17	208.32	31.46	10.98	3 100.80	320.68
2018	17.83	47.07	17.93	0.82	2 462.83	404.11
2019	4.11	72.38	10.11	6.42	1 513.88	262.96

从 2019 年珠三角地区工业企业各污染物排放强度来看（图 1-15），电镀行业各类污染物排放强度均较高。

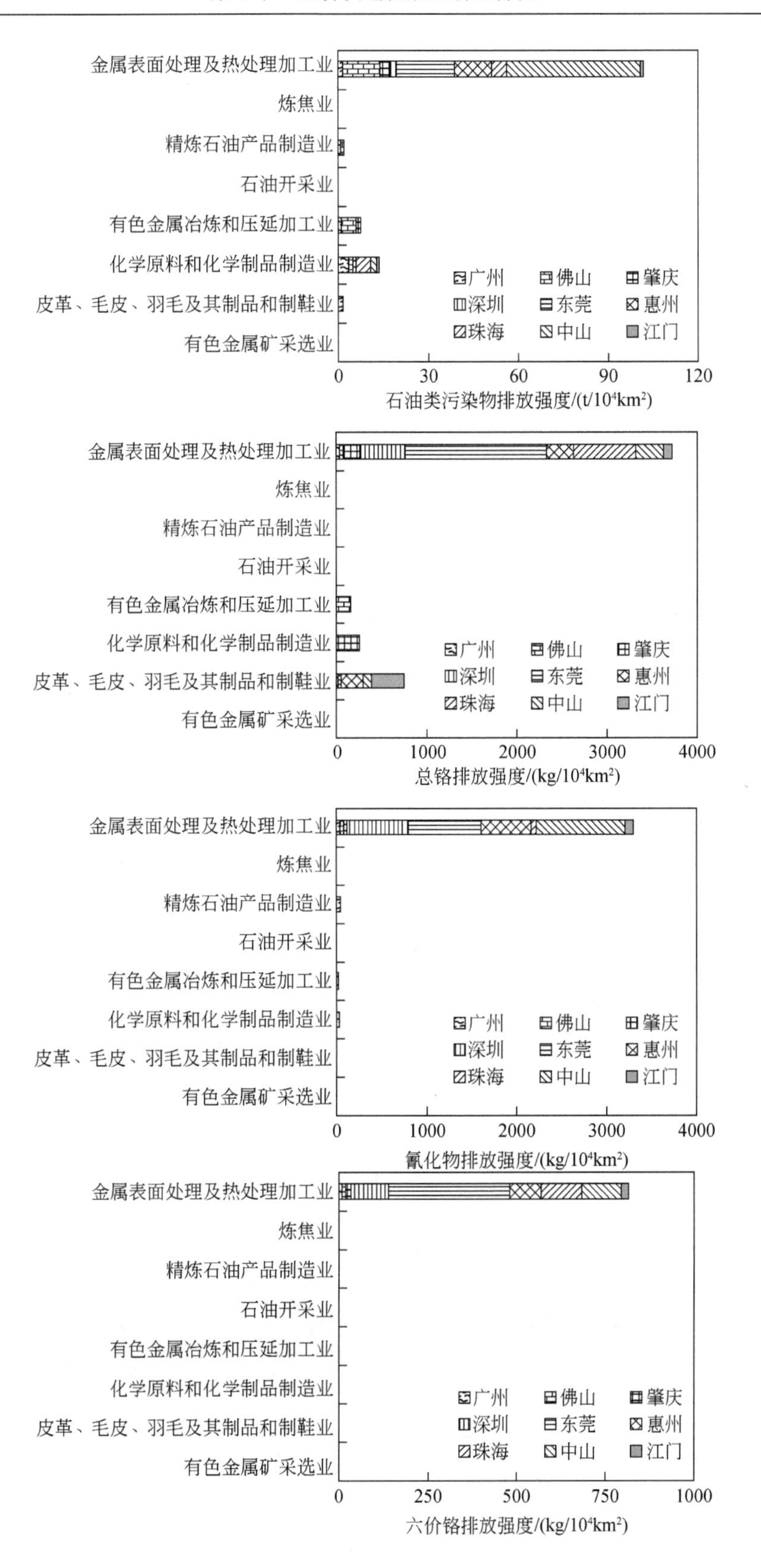
金属表面处理及热处理加工业
炼焦业
精炼石油产品制造业
石油开采业
有色金属冶炼和压延加工业
化学原料和化学制品制造业
皮革、毛皮、羽毛及其制品和制鞋业
有色金属矿采选业
广州
佛山
肇庆
深圳
东莞
惠州
珠海
中山
江门
0
30
60
90
120
石油类污染物排放强度/(t/10⁴km²)
0
1000
2000
3000
4000
总铬排放强度/(kg/10⁴km²)
氰化物排放强度/(kg/10⁴km²)
0
250
500
750
1000
六价铬排放强度/(kg/10⁴km²)

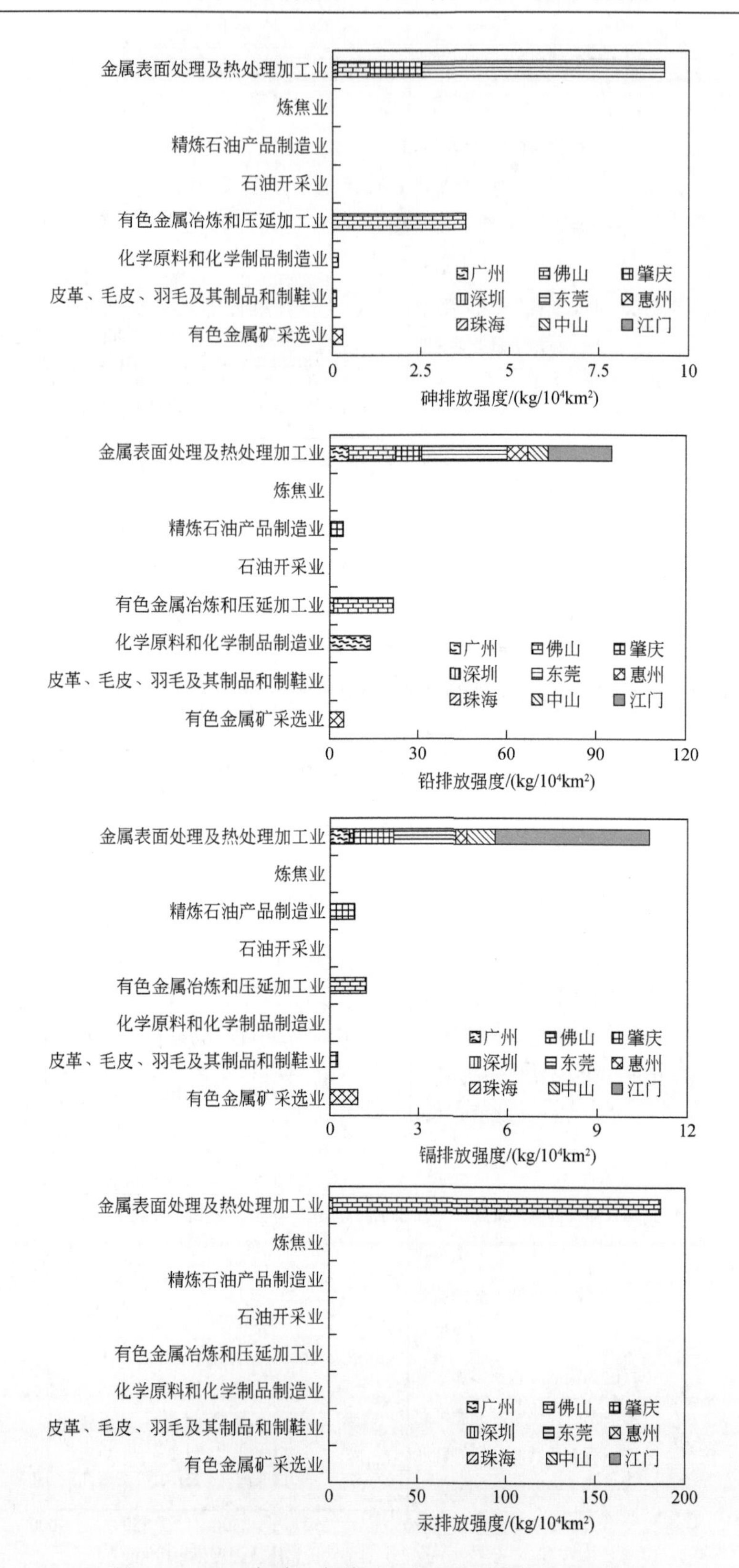

图 1-15　2019 年珠三角地区工业企业污染物排放强度

1.3　经济快速发展区场地土壤污染状况

1.3.1　京津冀土壤污染状况

京津冀地区发展过程中由于城市化进程的不断加快，地区内工业结构偏重，高能耗、高污染、高排放的企业较多，地区内依赖煤炭资源的钢铁、水泥、电力等工业排放了大量的污染物，导致了地区内的空气、土壤、地下水存在污染等问题。场地污染因为种类复杂性、难降解性、污染物累积性和生物危害性引起了不断的关注，根据京津冀建设用地土壤污染风险管控和修复名录，京津冀地区中化工污染场地占比高达44.1%，是主要的土壤和地下水污染源。京津冀污染场地土壤、地下水中主要污染物包括苯系物、氯代烃、石油烃、有机溶剂、多环芳烃（PAHs）、甲基叔丁基醚（MTBE）、重金属（铬、砷、铅）等，以上污染物均出现了不同程度的超标现象。土壤中主要污染物占比居前三的分别是苯系物、卤代有机物和PAHs。

以北京市部分化学污染场地为例。根据对北京市部分污染场地的调查，部分污染场地情况如表1-18所示，从污染类型来看，挥发/半挥发性有机物污染场地11个，农药污染场地3个，重金属污染场地3个，复合污染场地9个，主要污染物类型为挥发/半挥发性有机物（氯代烃、苯系物和PAHs）、农药（六六六和滴滴涕）和重金属（铬、铅、汞、铜、镍和锑等）。从修复介质来看，涉及土壤修复的场地有25个，涉及地下水修复的场地有3个，有两块污染场地土壤、地下水同时进行修复。

京津冀地区作为我国的经济快速发展区，其焦炭产量较大，人口较为密集。焦化企业的生产过程造成的场地污染是京津冀重点关注的一类场地污染。在产焦化企业排放的重金属会经过大气沉降进入到土壤中，进而通过摄入进入人体中，或者通过呼吸和皮肤接触进入到人体中，造成一定的土壤潜在生态危害和人体健康危害。

表1-18　北京市部分污染场地情况

编号	历史用途	规划用途	修复介质	主要污染物
S1	化工厂	住宅用地	土壤	氯仿、氯乙烯、1,1,2-三氯乙烷和四氯化碳等
S2	化工厂	住宅用地	土壤	1,2-二氯乙烯、1,1,2-三氯乙烷、三氯乙烯和苯等
S3	化工厂	住宅用地	土壤	砷、汞和镉
S4	化工厂	住宅用地	土壤	砷、三氯苯和六氯苯
S5	化工厂	工业用地	土壤	砷、总石油烃、氯乙烯、1,2-二氯乙烷、氯仿和苯胺
S6	化工厂	住宅用地	土壤	四丁基锡、邻苯二甲酸二辛酯、滴滴涕、铅和铬
S7	化工厂	暂无规划	土壤	炭黑
S8	煤化工	商业用地	土壤	酚、硫化物和PAHs
S9	农药厂	住宅用地和商用地	土壤	烯烃、六六六和滴滴涕
S10	农药厂和涂料厂	商业用地	土壤	六六六和滴滴涕

续表

编号	历史用途	规划用途	修复介质	主要污染物
S11	电镀厂	住宅用地	土壤	铜
S12	煤气厂	住宅用地	土壤	PAHs
S13	机械厂	住宅用地	土壤	PAHs
S14	化工厂	市政交通	土壤	六六六、滴滴涕、苯并[a]芘、砷、总石油烃和苯
S15	煤焦化厂	住宅用地	土壤	PAHs
S16	化工厂	暂无规划	土壤	氯乙烯、氯仿、1,2-二氯乙烷和总石油烃等
S17	农药厂和油漆厂	住宅用地	土壤	六六六和滴滴涕
S18	化工厂	住宅用地	土壤	邻苯二甲酸二辛酯、滴滴涕、四丁基锡、铅和铬等
S19	染料厂	住宅用地	土壤	三氯苯、六氯苯和重金属
S20	化工厂	住宅用地	土壤及地下水	氯仿、二氯甲烷和苯
S21	涂料厂	交通枢纽	土壤	二甲苯
S22	农药厂、油漆厂和涂料厂	交通枢纽	土壤	六六六和滴滴涕等
S23	电镀厂和阀门厂	学校	土壤	汞、铜、镍、铅、六价铬和锑
S24	化工厂	住宅用地	地下水	1,2-二氯乙烷、氯仿和氯乙烯等
S25	化工厂	住宅用地	土壤	1,2-二氯乙烷、氯仿和氯乙烯等
S26	焦化厂	住宅用地	土壤及地下水	PAHs 和苯

焦化厂所释放的重金属污染来源可分为两类：一类是煤焦运输、破碎和筛选等过程中产生的煤焦粉尘、洗选废水和煤矸石等污染物，不仅污染物本身含有重金属，且其在风化、淋溶、下渗等作用下可进一步释放重金属元素，主要是非化学过程；另一类是焦炉内煤炭高温热解等反应，以及后续焦化产品回收加工等过程中均会释放一定量的重金属元素，主要是化学过程。焦化厂生产车间众多，生产工艺复杂多样，其主要生产环节包括：备煤运输、炼焦生产、煤气净化以及化工品回收。备煤运输环节一般包括煤的运输、装卸、分选、破碎和配煤等，主要生产车间有煤场、洗煤池、粉碎塔和配煤塔等。原煤与焦炭等物料的配备中会扬起大量的煤灰粉尘，而原煤本身含有多种重金属元素，如 Ag、As、Cd、Co、Cu、Cr、Hg、Mn、Mo、Ni、Pb、Sb 和 Zn。而大多数原煤在炼焦使用前需经过洗选进行脱灰和脱硫。原煤洗选过程中不仅会产生煤矸石，还能洗下原煤碎屑和原煤中的溶解性重金属。而且不同地区、不同种类的煤和煤矸石所含重金属元素的种类和含量不同，这些重金属元素可以通过风化、淋溶等作用对周围环境造成污染。通过企业调查发现在河北省的在产焦化企业中，60 家焦化企业重点区域存在未硬化地面或者硬化地面有裂隙，厂区内有工业废水的地下输送管线或储存池；15 家焦化企业重点区域地下储罐、管线、储水池等设施无防渗措施，近三分之一的焦化企业出现土壤颜色、气味异常、油渍等污染现象。

目前国内外有关焦化厂土壤重金属污染的研究多集中于土壤较浅深度内（≤1m），有关深层土壤（>1m）及地下水的研究较少，且污染程度普遍较低。我国开展的焦化厂土壤重金属污染研究主要研究对象多是《土壤环境质量 农用地土壤污染风险管控标准

（试行）》（GB 15618—2018）中所提及的 Cd、Hg、As、Cu、Pb、Cr、Zn、Ni 共 8 种生物毒性强烈的常见重金属，而国外相关研究除以上 8 种常见重金属元素外，还多涉及 Be、Co、Sb 等对人体造成危害的非常见重金属元素。

通过对京津冀地区的土壤重金属含量进行文献收集和数据分析，可以看出京津冀地区土壤重金属浓度在不同元素间和不同区域具有明显差异（表 1-19）。京津冀地区 As 污染以北京和河北较为严重；Cu 和 Ni 污染以河北唐山较为严重；Cr 污染主要出现北京、天津、河北石家庄和河北邯郸。区域内 Ni 污染较为轻微，As 和 Cu 污染程度较高。

在已发布的调查报告《支撑服务京津冀协同发展地质调查报告》中也表明京津冀地区已调查的 8347 万亩[①]耕地中，99.2%为无重金属污染或超标的清洁耕地，高于全国 91.8%的平均水平，京津冀地区的耕地污染轻微。重金属污染或超标耕地面积为 65 万亩，仅占调查耕地面积的 0.8%，低于全国 8.2%的平均水平，且主要分布在老工业区和城镇区周边，进一步证明了工业场地容易造成其周边土壤的重金属污染。而京津冀地区在产焦化企业，在生产过程中排放出煤炭中的重金属，经过大气沉降造成周边土壤污染的问题，具有研究的必要性。

京津冀地区作为经济快速发展区，其区域内也包含较多的高污染企业，焦化企业便是其中较为主要的污染企业种类之一，其污染也具有一定的行业特点。同时，京津冀地区在仅占我国 2%的国土面积情况下，人口占我国总人口的 8%，焦化产量更是占我国焦化总产量的 15%，相比多数区域的焦化污染潜在危害程度更为严重。通过利用 ArcGIS 的“值提取至点”提取工具，获得焦化企业对应插值重金属的数值，利用 SPSS 的交叉表格分析法分析其与焦化企业排放重金属的相关性，可以获得焦化企业排放重金属浓度与土壤质量的相关关系数据表（表 1-20）。土壤质量中 8 种重金属浓度与土壤质量对应的 sig 值大于 0.05，phi 值和克拉默相关系数（Cramer's V）值均大于 0.1，说明焦化企业排放重金属浓度与土壤质量之间存在紧密关系。通过对比可以发现土壤重金属浓度较高的区域，也分布着较多的焦化企业，进一步证明了京津冀地区在产焦化企业排放的重金属对京津冀地区的土壤质量存在一定影响。

除了重金属，京津冀地区焦化场地在不同的生产工段会产生不同的有机污染物，通过烟囱的直接排放和生产泄漏等方式造成大气污染，通过地表径流和大气沉降等方式造成地表水污染，以及通过沉降、泄漏、淋溶等过程进入土壤，造成土壤污染。焦化行业是 PAHs 的主要来源。研究表明土壤中 PAHs 浓度在 100 年来不断增加，土壤是 PAHs 累积、迁移和危害人体健康的重要环境介质，通过土壤进入人体的 PAHs 远高于其他途径。有报道称城市局部地区也存在 PAHs 致癌风险，对人体健康有着极大威胁。

通过文献资料的查阅整理，汇总了 2006～2018 年部分年份京津冀地区土壤中 PAHs 的浓度及分布（表 1-21）。冯嫣等（2009）发现北京某废弃焦化厂，其总 PAHs 的残留量浓度范围为 672.8～144814.3ng/g，四环至六环的 PAHs 贡献率更高。朱媛媛等（2014）发现天津市土壤中 16 种 PAHs 的总浓度（∑PAHs）范围为 142～1.49×10^3ng/g，平均浓度 765ng/g，苯并[a]芘（BaP）浓度范围为 7.06～118ng/g，平均浓度 37.6ng/g。∑PAHs 浓度均值呈工业区大于近郊区大于城区大于远郊区趋势。其中西青、津南、北辰、汉沽、

① 1 亩≈666.6667m^2。

表 1-19　京津冀部分地区土壤重金属浓度汇总

（单位：mg/kg）

地点			北京	北京	北京	天津	河北石家庄	河北唐山	河北唐山	河北保定	河北邯郸	河北邢台	河北雄安新区
场地类型			城市	矿区	城市	填埋场	城市	城市	工业园	城市	冶炼厂	铁矿区	城市
年份			2016	2017	2020	2018	2016	2011	2010	2023	2022	2022	2021
重金属含量	As	最大值	41.60	—	26.00	25.30	23.25	9.02	—	37.90	219.38	35.20	44.80
		最小值	2.37	—	1.00	1.40	5.18	4.76	—	8.07	1.97	0.17	3.90
		中值	10.49	—	11.97	6.90	9.42	6.79	—	16.90	30.18	10.44	11.20
	Cd	最大值	1.490	0.90	0.87	1.23	5.22	0.31	0.63	2.84	2.52	0.50	2.73
		最小值	0.02	0.14	0. 17	0.19	0.13	0.06	0.21	0.10	0.45	0.02	0.06
		中值	0.15	0.29	0.49	0.46	0.28	0.10	0.38	0.53	1.06	0.12	0.23
	Cr	最大值	232.0	74.90	489.00	273.00	457.70	65.30	7.51	86.20	629.40	102.00	107.00
		最小值	5.30	20.72	20.60	51.00	54.90	32.50	2.38	33.50	14.99	5.94	47.90
		中值	58.50	48.56	63.57	97.00	71.91	46.20	5.56	50.70	125.41	38.15	69.70
	Cu	最大值	107.0	145.00	90.90	209.00	55.40	38.30	242.93	546.00	183.89	172.00	156.00
		最小值	9.60	17.60	14.70	31.00	18.70	14.80	34.19	19.90	1.96	2.44	11.60
		中值	29.60	39.26	35.49	61.00	27.39	20.97	147.76	58.50	27.27	27.65	31.10
	Ni	最大值	80.3	56.07	39.40	83.00	99.00	25.60	160.06	61.30	151.29	44.70	58.90
		最小值	10.10	18.90	18.20	17.00	20.20	9.70	38.00	22.40	1.10	2.76	13.50
		中值	26.50	30.98	27. 12	42.00	28.20	17.33	97.16	36.20	36.05	19.01	32.90
	Pb	最大值	79.6	152.65	92.40	73.00	85.10	42.50	9.06	235.00	70.90	105.00	198.00
		最小值	3.50	16.60	7.70	6.00	16.70	18.00	5.45	13.90	3.63	1.24	8.90
		中值	29.10	55.35	36.43	35.00	31.00	25.08	7.61	42.50	28.76	15.81	27.80
	Zn	最大值	317.0	153.00	288.00	436.00	813.90	129.10	21.93	662.00	2375.97	176.00	329.00
		最小值	38.80	52.39	69.20	122.00	54.00	37.40	12.49	70.20	26.81	10.50	33.80
		中值	81.70	87.29	145.68	235.00	104.49	63.38	15.72	157.00	344.34	53.53	82.90
参考文献			a	b	c	d	e	f	g	h	i	j	k

注：a，Chen et al.，2016；b，Li et al.，2017；c，Liu et al.，2020；d，Han et al.，2018； e，崔邢涛等，2016； f，崔邢涛等，2011； g，李君等，2010；h，Zheng et al.，2023；i，蔡昂祖，2022；j，赵恒谦等，2022；k，郭志娟等，2021。

塘沽和大港采样点超过荷兰土壤标准规定的 10 种 PAHs 的 BaP 毒性当量浓度（TEQBap10）限值 33ng/g，说明天津近郊区和工业区土壤已受到 PAHs 的污染，存在潜在的生态风险。Qiao 等（2010）2007 年采集京津冀表层土壤，测定的 16 种 PAHs 总浓度在 322.6～23244.7ng/g，源解析表明煤、生物质等的不完全燃烧导致的热解源仍是主要的污染来源。陈雨等（2019）通过对河北省已开展场地环境调查报告、污染场地风险评估工作的 13 个行业，122 家企业的土壤环境污染物调查，发现其中近一半场地不同程度地检出 PAHs 类污染物质，同时绝大部分出现在河北省较突出的化工、制药及焦化项目中。

表 1-20　焦化企业排放重金属浓度与土壤质量的相关关系数据表

调查土壤重金属	相关关系数据		
	sig 值	phi 值	Cramer's V 值
As	0.252	8.367	1.000
Cd	0.364	4.243	1.000
Cr	0.252	8.367	1.000
Cu	0.367	4.123	1.000
Hg	0.367	4.123	1.000
Ni	0.252	8.367	1.000
Pb	0.283	7.141	1.000
Zn	0.367	4.123	1.000

注：sig 值表示显著性，phi 值表示相关性。

表 1-21　京津冀地区土壤中 PAHs 浓度及分布

采样时间	场地类型	浓度/（ng/g）			参考文献
		最小值	最大值	平均值	
2006.9～2006.10	天津滨海工业区	68.7	5 991.7	1 148.1	李静等，2008
2008	南开城区	1.61	65.7	24.03	朱媛媛等，2014
2008	西青近邻区	3.54	236	90.05	
2008	津南近邻区	3.07	92.5	47.19	朱媛媛等，2014
2008	北辰近邻区	3.95	133	56.51	
2008	东丽近邻区	1.68	102	43.67	
2008	汉沽工业区	4.04	291	84.78	
2008	塘沽工业区	2.94	163	73.03	
2008	大港工业区	1.58	67.5	29.33	
2008	静海远郊区	2.03	19.6	10.13	
2008	蓟县远郊区	1.98	57.5	25.45	
2009.11	天津市西青区西部四镇不同功能区	67.6	1 274.7	422.8	王迪等，2012
2010.9	河北曹妃甸工业区	267.2	858.2	376.5	刘宪斌等，2015
2011	北京地区不同功能区表层土	175.1	10 344	508.7	张枝焕等，2011
2011.8	北京市郊农田土	1200	3350	1980	邹正禹等，2013
2016.11	秦皇岛滨海湿地	341.61	4 703.8	1 367.8	Lin et al.，2018
2008.12～2018.7	北京市废弃工业区	371.1	4 073.9	1 803.7	Cao et al.，2020
2018	北京市 10 个重点农业区	7.19	1 811.99	460.75	周洁等，2019

1.3.2　珠三角土壤污染状况

珠三角土壤重金属元素背景值较高，高速发展的工业、矿业、农业向自然界排污加剧了区域重金属污染程度。区域母岩分布和成土作用是影响重金属元素空间分布和变异的主要因素，与此同时，人类活动对珠三角土壤中的 Cd、Hg、As、Pb 浓度影响突出。

按网格布点法采集珠三角地区 80 份土壤样品，测定土壤中 10 种重金属的浓度，描述性统计结果见表 1-22。10 种重金属 Cu、Pb、Zn、Cd、Ni、Cr、Hg、As、Co 和 Mn 浓度的平均值分别为 16.45mg/kg、40.20mg/kg、45.10mg/kg、0.09mg/kg、12.93mg/kg、47.93mg/kg、0.13mg/kg、14.44mg/kg、5.68mg/kg 和 199.66mg/kg，其中 Pb、Cd、Hg 和 As 的平均值是广东省土壤背景值的 1.17 倍、1.61 倍、1.67 倍和 1.62 倍，其余重金属元素浓度的平均值略低于土壤背景值。10 种土壤重金属元素浓度的变异系数差异较大，数据的离散程度较高，表明 10 种重金属浓度的空间差异较为明显，其中 Cd、Hg 和 As 的变异系数均超过 100%，说明这三种元素空间异质性很强，空间分布不均匀。值得注意的是，Pb、Cd、Hg 和 As 的浓度表现出强烈正偏度，偏度值分别达到了 3.23、4.87、2.98 和 3.86，这可能是人类生产活动造成的外源输入引起的。土壤平均 pH 为 5.24，表明土壤整体呈酸性。

表 1-22　土壤重金属元素浓度及 pH 描述性统计（2020 年）

统计量		最小值/（mg/kg）	最大值/（mg/kg）	平均值/（mg/kg）	标准偏差/（mg/kg）	偏度	峰度	变异系数/%	广东省土壤背景值/（mg/kg）
重金属元素浓度	Cu	1.00	72.00	16.45	15.71	1.79	3.00	0.96	17.0
	Pb	3.00	235.00	40.20	35.72	3.23	14.07	0.89	36.0
	Zn	8.50	169.00	45.10	32.28	1.47	2.16	0.72	47.3
	Cd	0.000 8	1.13	0.09	0.16	4.87	28.13	1.72	0.056
	Ni	1.00	50.00	12.93	10.56	1.78	2.92	0.82	14.4
	Cr	6.70	141.60	47.93	29.94	0.85	0.36	0.62	50.5
	Hg	0.02	0.95	0.13	0.15	2.98	11.81	1.10	0.078
	As	1.24	102.70	14.44	15.78	3.86	18.52	1.09	8.9
	Co	0.42	26.00	5.68	5.24	1.81	3.44	0.92	7.0
	Mn	21.00	1 010.00	199.66	197.69	2.10	4.38	0.99	279
pH		最小值	最大值	平均值	标准偏差	偏度	峰度	变异系数/%	广东省土壤背景值
		4.2	8.3	5.24	0.80	1.54	2.67	0.15	—

为进一步确定珠三角土壤重金属的来源，对上述 10 种重金属进行主成分分析（PCA）（图 1-16），经凯泽-梅耶尔-奥利金（Kaiser-Meyer-Olkin，KMO）检验和巴特利特（Bartlett）球形检验（KMO 值为 0.811，大于 0.5，球形测试检验值为 0.000，小于 0.05）后，采用凯泽（Kaiser）标准化的正交旋转法进行主成分分析，提取旋转后特征值大于 1 的前 3 个主成分，这 3 个主成分对各变量的方差贡献率分别为 44.26%、17.43%、10.62%，其

累积贡献率达到 72.31%，可以解释这 10 种重金属浓度的大部分信息。第一主成分（PC1）主要由 Cu、Zn、Ni、Cr、Co、Mn 和少部分 Cd 组成，这些元素在 PC1 上有较高的正载荷，分别达到了 0.851、0.704、0.946、0.782、0.895、0.824 和 0.405，所以 PC1 可以反映这些元素的富集程度；PC2 主要由 Pb、Hg 和部分 Zn、Cd 组成，四种元素的因子载荷分别达到了 0.821、0.623、0.518 和 0.400；PC3 只有 As 元素，因子载荷达到了 0.929。第一主成分（PC1）反映出 Cu、Zn、Ni、Cr、Co、Mn 和少部分 Cd 的富集，且 Cu、Zn、Ni、Cr、Co、Mn 共 6 种重金属的浓度均略低于土壤背景值，仅有 Cd 的浓度高于土壤背景值，表明它们主要来自天然来源。珠三角富含 Mn 元素的母岩为石灰岩和砂页岩，它们主要形成于早石炭纪到早三叠纪之间，同时大量花岗岩沿区域断裂广泛侵出，并切穿周边的石灰岩和砂页岩，形成混合岩层，在风化作用下 Mn 元素从母岩中释放。同时，珠三角充沛的水热条件加速了区域内母岩的风化和成土过程，Ni、Cr、Zn 和 Mn 与母岩共生，而母岩中的重金属在此过程中得以释放，所以这些重金属一部分可能来源于自然源。本书作者调研了珠三角 1904 家金属加工制造企业，发现珠三角金属加工制造企业靠近珠江水系，其核密度图的分布规律和珠江走势基本一致。因此，珠江可能是珠三角地区潜在的重金属元素汇的聚集地，应给予一定的重视。同时重金属 Cu、Zn、Ni、Co 和 Mn 的空间分布与珠三角污染企业核密度图的分布规律极其相似，都呈现出从中部向周边区域递减的趋势。

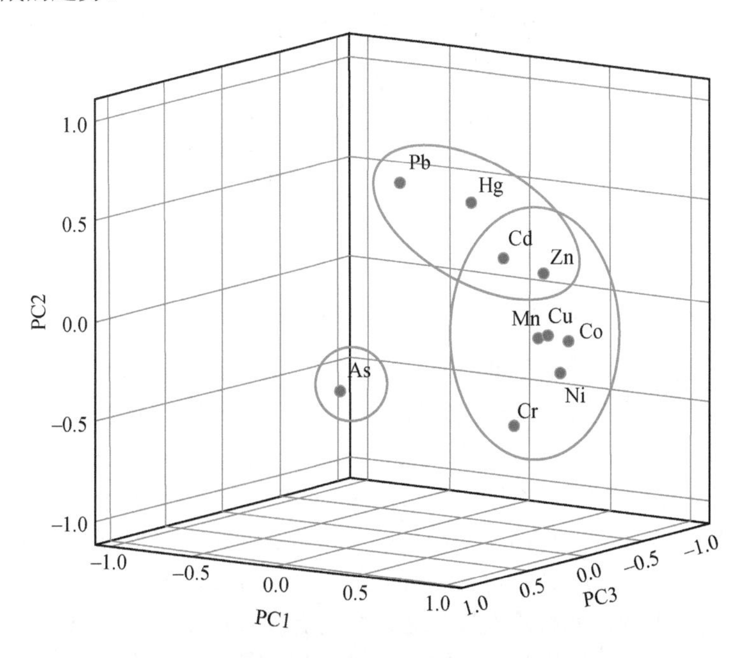

图 1-16　珠三角土壤主要重金属元素主成分分析结果

第二主成分（PC2）与 Pb、Hg、Cd 和 Zn 相关，Pb、Hg 的富集可能由珠三角高度发达的交通运输业产生，其随灰尘的干湿沉降进入土壤。Pb 作为交通运输的主要标志物，汽车尾气的铅排放量约占全球 Pb 排放量的三分之二，周边道路汽车尾气会产生一定量的 Pb，随降尘飘落至表层土壤中，且含 Pb 汽油的燃烧产生的粉尘显著增加了土壤中 Pb 的浓度，石油中的痕量 Cd 也随着燃烧而释放出来。Cd 在 PC1 和 PC2 均有较大的载荷，分别为 0.405 和 0.400，说明 Cd 除了自然和工业来源外，还有别的来源，并且地累积指数 I_{geo} 显示偏高污染的土壤基本由 Cd 和 Hg 贡献。Cd 和 Pb 作为交通源的重金属，主要来源于汽车尾气的排放、油料泄漏、水泥路面磨损、橡胶轮胎以及刹车片的磨损等。PC2 对 Pb 的贡献较大的地方主要集中在广州市中部城区，其在 1950 年前已建成，人口和交通都极为密集。综上所述，PC2 主要由交通源产生。

第三主成分（PC3）主要是 As，注意到 As 的平均浓度大于其土壤背景值，且有些磷肥中含有 As 的成分，无机 As 来源于各种农用化学品、化肥和杀虫剂。磷肥是珠三角农业生产中的一种常用肥料，这导致土壤中 As 的富集，且 As 也是农药的重要成分。珠三角拥有大面积的农业区，具有悠久的传统农业生产活动历史，曾使用含 As 的农药和基于 As 的饲料添加剂（产生的肥料随后用于土地施肥）。因此，PC3 被认为与农业活动有关。

以因子得分变量为自变量，以标准化的总重金属浓度为因变量，经 SPSS 软件进行主成分分析-多元线性回归分析（PCA-MLR），得到 Z=0.864FS1+0.333FS2+0.146FS3（R^2=0.88），式中 FSi 为源 i 的因子得分变量，经计算得到珠三角土壤重金属各源贡献率如图 1-17 所示，自然和工业源 64.33%，交通源 24.80%，农业源 10.87%。

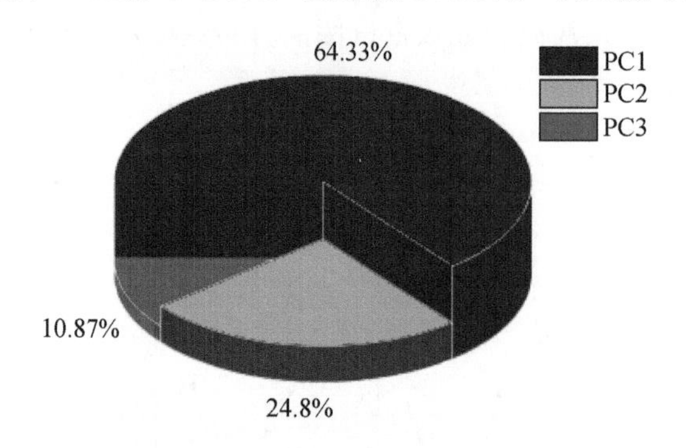

图 1-17　珠三角土壤重金属各源贡献组成

为了进一步明确电镀场地污染类型，我们首先继续基于 VOSviewer 软件对近 10 年电镀场地相关领域文献进行了可视化分析，从图中可以看出，电镀场地作为本书研究的主题词，在关键词共现网络中占有非常重要地位。除了电镀（electroplating/electro- deposition）外，排名前 10 位的关键词依次是 copper、deposition、fabrication、nickel、adsorption、growth、removal、nanoparticles、behavior、microstructure，形成了“heavy-metals”“mechanism”“spectroscopy”“copper”“permalloy”“corrosion”等交互作用、紧密关联的 6 大聚类。近年来国内外科研人员普遍关注重金属 Cd、Cr、Cu、Zn、Ni。电镀废水（electroplating waste-water）作为研究的主题词的中心度最高，形成了“removal”“ions”“recovery”“heavy-metals”“adsorption”等相互作用和关联的 5 大聚类。基本明确了电镀场地废水和土壤中的主要污染物类型为 Cu、Cr、Ni、Pb、Cd、Zn。其次，根据技术文件、标准规范等资料调研，基于电镀工艺过程及主要原辅材料，对不同电镀生产过程的污染物进行分析，得到不同电镀生产工艺的特征污染物。对电镀生产过程中可能产生的污染物进行分析，可分为 7 大类，分别为重金属、氰化物、氟化物、有机物、盐、酸碱、氧化物。

1.3.3　长江经济带土壤污染状况

长江经济带区域 118 个污染场地及行业分布特征如图 1-18 所示，湖北、四川和江苏的污染场地相对较多。其中黑色、有色金属矿采选业占 34%、有色金属冶炼和压延加工业占 16%，化学原料和化学制品制造业占 13%、石油化工业占约 16%及其他行业占 21%。

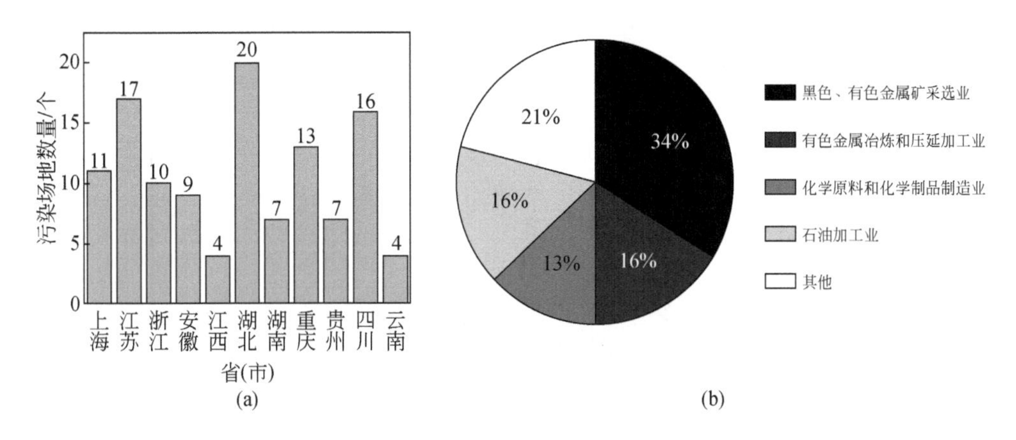

图 1-18　长江经济带污染场地(a)及行业(b)分布特征

长江经济带不同区域工业场地土壤重金属污染状况如表 1-23 所示。可以发现，Pb 污染主要存在于经济带中上游，以湖南最高，其次为四川，这是由于当地铅锌矿开采、“三废”处理不当等易造成土壤 Pb 污染；As 污染主要存在于中上游地区，下游地区较低，这是由于 As 污染的主要来源为采矿业、有色冶金业、半导体工业等，而我国 As 资源主要集中于云南、湖南等长江中上游地区；Ni 污染无明显区域分布特征，这是因为 Ni 因其良好的性能被广泛应用于汽车、印刷、电镀、石油化工、化肥生产等领域，不可避免地导致了环境中 Ni 的排放；Hg 污染主要存在于安徽和贵州，其他区域 Hg 污染程度较轻，这是因为采矿是环境中 Hg 污染的最主要来源，贵州万山作为中国的“汞都”，Hg 产量曾位列世界第三，汞矿的大量开采带来了严重的 Hg 污染；Cd 污染主要集中于中下游地区，上游也有分布，原因在于 Cd 污染不仅来源于采矿，电镀、电池制造等行业也会造成污染；Cr 污染主要集中于上游和下游地区，江西也有分布，是因为 Cr 污染主要来源于制革、化学品制造等行业，而这些地区相关行业分布较广；Cu、Zn 污染主要分布在中下游地区，上游也存在一定的 Cu、Zn 污染，这是由社会对二者的大量需求和铜矿、铅锌矿等含 Cu、Zn 矿物的大量开采导致的。

1.4　本 章 小 结

本章概述了经济快速发展区的场地自然特性、分布特征及污染状况。整体而言，京津冀工业发达、人口众多，兼具都市区、农业区和工业区的功能，自北向南年均温增加；自西北向东南降水量、湿度增加；除静风外南风为主；土壤类型较多，场地多以褐土与潮土分布为主，占比分别约为 33.13%和 31.49%；土层结构主要以 0～10m 的粉质黏土

表 1-23　长江经济带不同区域工业场地土壤重金属污染状况　　（单位：mg/kg）

省（市）	样点数/个		重金属浓度							
			Cd	Cr	Cu	Pb	Ni	Hg	As	Zn
上海	1911	范围	0.19～1.71	73.19～111.38	39.62～46.35	33.68～163.83	26.81～77.26	0.13～3.1	7.41～73.31	63.33
		均值	0.61	92.28	85.97	69.64	44.14	0.68	40.36	140.46
江苏	743	范围	0.08～45.71	20.30～188.19	17.59～466.39	2.98～2232.26	33.00～99.43	0.12～0.36	0.67～79.74	46.70～5201.8
		均值	5.95	82.18	99.48	263.01	56.77	0.22	17.02	495.07
浙江	843	范围	0.17～62.00	23.55～162.27	9.42～127.47	5.71～82.51	11.37～52.79	0.05～1.54	2.52～20.40	26.99～9800.00
		均值	6.37	72.56	37.36	36.30	27.52	0.50	7.90	1080.86
安徽	1932	范围	0.17～20.73	55.51～692.00	24.23～917.05	13.01～768.00	25.50～104.85	0.05～44.00	11.10～123.36	62.04～2031.83
		均值	2.94	221.64	168.42	106.92	39.93	8.92	28.85	364.40
江西	194	范围	0.19～8.80	37.89～317.00	13.42～2014.90	27.35～315.74	25.38～32.24	0.08～2.77	12.82～54.44	87.10～1135.75
		均值	2.70	128.24	358.39	163.84	28.58	1.43	30.80	321.63
湖北	674	范围	0.13～81.34	20.88～159.83	23.10～1137.86	11.67～2147.47	9.60～254.75	0.05～4，74	8.55～283.18	40.00～5225.67
		均值	7.12	75.83	203.70	183.98	49.10	0.68	47.33	347.99
湖南	1184	范围	0.23～16.10	21.15～99.70	20.14～5024.49	18.48～6137.06	14.20～66.40	0.25～0.62	11.62～65.17	45.57～1052.70
		均值	3.32	64.18	562.66	711.98	33.98	0.41	35.10	322.57
重庆	424	范围	0.01～5.12	17.40～3370.80	13.20～100.85	19.20～112.40	19.80～75.60	0.05～0.15	6.98～12.80	36.10～335.56
		均值	2.24	576.91	65.43	65.44	38.18	0.08	10.06	115.86
贵州	242	范围	0.19～55.10	54.52～359.43	27.90～154.12	25.05～2808.00	12.70～64.00	0.11～49.41	6.75～43.17	91.84～6900.00
		均值	5.53	213.64	63.30	293.32	35.87	5.34	18.93	1442.36
四川	591	范围	0.05～14.36	18.06～548.00	21.79～819.26	21.33～4095.00	24.19～57.97	0.03～1.10	0.18～550.67	59.3～1981.00
		均值	3.04	170.36	192.82	704.86	33.82	0.34	93.73	688.89
云南	463	范围	0.05～15.56	1.58～198.80	14.79～271.71	30.34～565.61	12.88～72.33	0.03～0.58	5.96～275.00	69.73～1867.50
		均值	4.80	68.22	70.93	232.66	36.87	0.22	65.92	619.52

为主，地下水位大多在 10m 以下。珠三角热量丰富，雨水充沛，母岩以酸性侵入岩为主，在高温多雨的环境下，土壤脱硅富铝作用强烈，风化程度高，故以赤红壤为主要土壤类型，土壤 pH 偏低，对重金属固定和滞留能力有限，地下水位较低，大多在 2m 以上。长江经济带大部分地区是亚热带季风气候，平均气温在 16～18℃，年降水量时空分布不均匀，从长江上游到长江中下游大致呈增加趋势，年平均降雨量约为 1100mm，场地土壤类型主要为水稻土、红壤、紫色土和黄壤，地下水位在上游地区大多为 5～20m，中下游地区约为 1～5m。

经济快速发展区重点行业场地分布结果显示，焦化行业污染场地主要分布在京津冀和长江经济带，农药化工行业污染场地主要分布在长江经济带，石化行业污染场地主要分布在长江经济带和京津冀，电镀行业污染场地主要分布在珠三角和长江经济带。场地污染物排放强度对比表明京津冀的电镀行业、有色金属业、化学原料和化学制品制造业污染物排放强度较高，珠三角电镀行业污染物排放强度较高，长江经济带有色金属业、精炼石油产品制造业、化学原料和化学制品制造业（含农药制造）污染物排放强度较高。场地特点和行业分布的不同也导致其污染状况各异。其中京津冀场地土壤多为重金属与有机物的复合污染，主要污染物包括苯系物、氯代烃、石油烃、有机溶剂、PAHs、重金属等。珠三角土壤重金属背景值高，区域母岩分布和成土作用是影响重金属元素空间分布和变异的重要因素。长江经济带地区场地土壤 Pb、As 污染集中于中上游地区，Cd、Cu、Zn 污染主要集中于中下游。湖南、安徽两地石化行业场地土壤 PAHs 含量高。经济快速发展区场地特性分析可为后续污染的溯源、刻画、诊断与评估提供重要数据支撑。

参考文献

蔡昂祖，2022. 邯郸市工业区周边土壤重金属来源解析及污染评估研究［D］. 邯郸：河北工程大学.

陈雨，佟雪娇，于海，等，2019. 河北省化工企业多环芳烃污染土壤化学氧化小试研究［J］. 环境与发展，31（11）：87-89.

崔邢涛，栾文楼，牛彦斌，等，2011. 唐山城市土壤重金属污染及潜在生态危害评价［J］. 中国地质，38（5）：1379-1386.

崔邢涛，栾文楼，宋泽峰，等，2016. 石家庄城市土壤重金属空间分布特征及源解析［J］. 中国地质，43（2）：683-690.

冯嫣，吕永龙，焦文涛，等，2009. 北京市某废弃焦化厂不同车间土壤中多环芳烃（PAHs）的分布特征及风险评价［J］. 生态毒理学报，4（3）：399-407.

郭志娟，周亚龙，王乔林，等，2021. 雄安新区土壤重金属污染特征及健康风险［J］. 中国环境科学，41（1）：431-441.

李静，吕永龙，焦文涛，等，2008. 天津滨海工业区土壤中多环芳烃的污染特征及来源分析［J］. 环境科学学报，10：2111-2117.

李君，关维俊，蒋守芳，等，2010. 某港口工业区建设和部分投产期间土壤重金属污染状况调查和评价［J］. 现代预防医学，22：4224-4226，4232.

刘宪斌，王晨，田胜艳，等，2015. 河北曹妃甸近海沉积物中多环芳烃的含量、分布、来源及生态风险评价［J］. 安全与环境学报，15（3）：290-294.

王迪，罗铭，张茜，等，2012. 天津西青区不同功能区土壤中多环芳烃分布特征研究［J］. 农业环境科学学报，31（12）：2374-2380.

张枝焕，卢另，贺光秀，等，2011. 北京地区表层土壤中多环芳烃的分布特征及污染源分析［J］. 生态环境学报，20（4）：668-675.

赵恒谦，常仁强，金倩，等，2022. 河北西石门铁矿区土壤重金属污染空间分析及风险评价［J］. 岩矿测试，42（2）：371-382.

周洁，张敬锁，刘晓霞，等，2019. 北京市郊农田土壤中多环芳烃污染特征及风险评价［J］. 农业资源与环境学报，36（4）：534-540.

朱媛媛，田靖，魏恩琪，等，2014. 天津市土壤多环芳烃污染特征、源解析和生态风险评价［J］. 环境化学，33（2）：248-255.

邹正禹，唐海龙，刘阳生，2013. 北京市郊农业土壤中多环芳烃的污染分布和来源［J］. 环境化学，32（5）：874-880.

Cao W，Geng S Y，Zou J，et al.，2020. Post relocation of industrial sites for decades：ascertain sources and human risk assessment of soil polycyclic aromatic hydrocarbons［J］. Ecotoxicology and Environmental Safety，198：110646.

Chen H Y，Teng Y G，Lu S J，et al.，2016. Source apportionment and health risk assessment of trace metals in surface soils of Beijing metropolitan，China［J］. Chemosphere，144：1002-1011.

Han W，Gao G H，Geng J Y，et al.，2018. Ecological and health risks assessment and spatial distribution of residual heavy metals in the soil of an e-waste circular economy park in Tianjin，China［J］. Chemosphere，197：325-335.

Li H X，Ji H B，2017. Chemical speciation，vertical profile and human health risk assessment of heavy metals in soils from coal-mine brownfield，Beijing，China［J］. Journal of Geochemical Exploration，183：22-32.

Lin F X，Han B，Ding Y，et al.，2018. Distribution characteristics，sources，and ecological risk assessment of polycyclic aromatic hydrocarbons in sediments from the Qinhuangdao coastal wetland，China［J］. Marine Pollution Bulletin，127：788-793.

Liu L L，Liu Q Y，Ma J，et al.，2020. Heavy metal（loid）s in the topsoil of urban parks in Beijing，China：concentrations，potential sources，and risk assessment［J］. Environmental Pollution，260：114083.

Qiao M，Cai C，Huang Y Z，et al.，2010. Characterization of PAHs contamination in soils from metropolitan region of northern China［J］. Bulletin of Environmental Contamination and Toxicology，85:190-194.

Zheng F，Guo X，Tang M Y，et al.，2023. Variation in pollution status，sources，and risks of soil heavy metals in regions with different levels of urbanization［J］. Science of the Total Environment，866：161355.

第 2 章　经济快速发展区场地土壤污染的溯源方法

2.1　基于源清单的土壤污染溯源方法

2.1.1　排放清单法

排放清单法通过调查和统计各污染源的状况，根据不同污染源的活动水平和排放因子模型，建立污染源清单数据库，从而对不同污染源的排放量进行评估，确定主要污染源。排放清单法作为土壤污染物溯源的方法之一，通常运用在大区域，并且根据需要为谁而服务、具体能解决什么问题、数据从哪里来的原则进行大数据的整合与分析。土壤中污染物来源复杂，尤其是研究大区域土壤污染物时，仅仅凭靠简单的采样检测数据分析很难把握其准确的来源，此时必须要结合区域内自然因素、社会经济状况、工业企业分布等基础数据才能更好地明确污染物的来源。因此对于大区域污染源解析，一般采用排放清单结合社会经济发展数据进行核算的方式，通过人为污染源排放量的估算进行污染源的定量识别。不仅可以帮助国家及各省级政府了解整体污染排放情况，同时为中等区域及小区域的污染源解析提供污染物排放清单的参考，为潜在污染源的筛选及识别提供指导。

在土壤重金属源解析中，排放清单法需要提前获得不同潜在污染源（如大气沉降、畜禽粪便、化肥、有机肥、灌溉水等）投入到土壤中的污染物含量信息，以此计算各污染源的贡献率。该方法能最为直接地反映不同来源的投入情况，因此，排放清单法的关键是收集全面可靠的数据，利用大数据便可实现这一目的。例如，前人汇总了我国农田中重金属输入输出清单并分析气候地理、社会经济因素、工业生产和农业生产等造成的不同地区间重金属输入输出清单的差异性，指出大气沉降是全国范围内重金属输入农田的主要途径；此外，针对浙江和湖南地区进行的农田中重金属输入输出清单的研究指出，浙江地区农田土壤中重金属的主要输入途径为畜禽粪便和大气沉降，主要输出途径为作物收割和淋滤，且湖南研究区域内 Cd 污染的主要来源也是大气沉降，其次为养殖废水，其输出途径主要为水稻籽粒和地表排水。

排放清单法是基于排放因子和行业活动水平统计来计算的方法。计算如公式（2-1）所示。

$$E_{k,j} = \sum EF_{k,j} \times Q_{k,j} \tag{2-1}$$

式中，$E_{k,j}$ 为污染物总排放量，EF 为排放因子（即单位 Q 的污染物排放量），Q 为行业活动数据（即原材料消耗量或产品产量），k 为行业类别，j 为研究区域。

2.1.2 物质流分析

物质流分析是指以物质质量来度量发展水平，通过建立相应的指标体系或模型，对物质的投入输出进行量化分析，对人类活动对环境的影响进行评价，并揭示不同时空尺度资源的流动特征和利用效率的一种方法。物质流分析从社会经济系统与生态环境系统之间的物质交换角度表述人类活动对环境的影响。针对区域污染物的源分析，物质流分析在宏观层面将系统人为地划分为开采、生产、加工、消费、回收等多个环节，依据物料平衡原理，识别物料流失和污染严重的关键节点，为采取更有效的应对措施和手段提供依据。不同于排放清单法的是其关注的是从生产到废弃的全周期的物质流动情况，而不仅仅是针对排放阶段，因此更能为制定管控措施提供依据。表 2-1 为物质流分析中主要的计算公式。

表 2-1　物质流分析中主要的计算公式

流与储量	过程	公式	参数含义
贸易流	矿石开采 金属冶炼 产品加工	$F_i^{\text{inport}}=\sum_{s=1}^{n}Q_{i,s}^{\text{inport}}c_{i,s}$ $F_i^{\text{export}}=\sum_{s=1}^{n}Q_{i,s}^{\text{export}}c_{i,s}$	$Q_{i,s}^{\text{inport}}$:产品 s 在过程 i 的进口量 $Q_{i,s}^{\text{export}}$ ：产品 s 在过程 i 的出口量 $c_{i,s}$ ：过程 i 中产品 s 的金属含量
输入流	矿石开采 金属冶炼 产品加工 产品使用 处理回收	$F_{\text{CP\&AP}}^{\text{inport}}=F_{\text{OM\&OD}}^{\text{output}}$ $F_{\text{MA}}^{\text{inport}}=F_{\text{CP\&AP}}^{\text{output}}$ $F_{\text{U}}^{\text{inport}}=F_{\text{MA}}^{\text{output}}$ $F_{\text{WM\&R}}^{\text{inport}}=F_{\text{U}}^{\text{output}}$	OM&OD：矿石洗选 CP&AP：金属冶炼加工 MA：产品加工 U：产品使用 WM&R：废弃物处理及回用
输出流	矿石开采 金属冶炼 产品加工 产品使用	$F_{\text{OM\&OD}}^{\text{output}}=F_{\text{OM\&OD}}^{\text{inport}}\times\left(1-R_{\text{OM\&OD}}^{\text{loss}}\right)$ $F_{\text{CP\&AP}}^{\text{output}}=F_{\text{CP\&AP}}^{\text{output(met)}}+F_{\text{CP\&AP}}^{\text{output(con)}}$ $F_{\text{MA}}^{\text{output}}=\sum_{t}Q_{\text{MA},t}^{\text{output}}\times C_{\text{MA},t}$ $F_{\text{U},t}^{\text{output}}=\sum_{t}Q_{\text{U},t}^{\text{output}}\times P_t$	$R_{\text{OM\&OD}}^{\text{loss}}$ ：矿石洗选阶段的损失因子 met：金属 con：化合物 P_t：生命周期分布函数
排放流	矿石开采 金属冶炼 产品加工 产品使用	$F_i^{\text{loss(soil)}}=F_i^{\text{loss}}-F_i^{\text{loss(water)}}-F_i^{\text{loss(air)}}$ $F_i^{\text{loss}}=F_i^{\text{input}}\times R_i^{\text{loss}}$	F_i^{loss} ：过程 i 的总排放量 R_i^{loss} ：过程 i 的排放因子
储量	产品使用	$\Delta S_{\text{U},t}^{\text{inuse}}=F_{\text{U},t}^{\text{input}}-\Delta S_i^{\text{output}}$	$\Delta S_{\text{U},t}^{\text{inuse}}$ ：储量变化量

2.2 基于受体模型的土壤污染溯源方法

2.2.1 数理统计

主成分分析（principal component analysis，PCA）和因子分析是进行数据降维的常用方法，是把多个变量（指标）化为少数几个可以反映原来多个变量的大部分信息的综合变量（综合指标）的一种方法。PCA 可直接将数据映射到唯一正交坐标系，因子分析可以进一步通过旋转坐标系，使被提取出来的因子具有最小的协方差，使每个因子代表的变量更明显，从而支持污染源识别。

正定矩阵因子分解法（positive matrix factorization，PMF）是一种基于因子分析原理的溯源方法，其思路是首先利用权重确定受体化学组分中的误差，然后通过共轭梯度法来确定受体的主要污染源及其贡献率。与其他方法相比，模型具有不需要测量源谱，源谱和源贡献率非负限定，解析结果更有实际意义；并且对每一个单独的数据点使用误差估计，可合理处理遗漏和不精确数据等显著特点。

其将原始浓度矩阵 $\boldsymbol{E}_{ik}$ 分解成两个因子矩阵即 $\boldsymbol{A}_{ij}$ 和 $\boldsymbol{B}_{jk}$ 以及一个残差矩阵 $\boldsymbol{\varepsilon}_{ik}$，如公式（2-2）所示。

$$\boldsymbol{E}_{ik}=\sum_{j=1}^{p}\boldsymbol{A}_{ij}\boldsymbol{B}_{jk}+\boldsymbol{\varepsilon}_{ik}\left(i=1,2,\cdots,m;k=1,2,\cdots,n\right) \tag{2-2}$$

式中，$\boldsymbol{E}_{ik}$ 为第 i 个样品第 k 个污染物的浓度值，即浓度矩阵；$\boldsymbol{A}_{ij}$ 为第 i 个样品在第 j 个源中的贡献率，即源分担率矩阵；$\boldsymbol{B}_{jk}$ 为第 k 个污染物在第 j 个源中的贡献浓度，即源谱矩阵；$\boldsymbol{\varepsilon}_{ik}$ 为残差矩阵。

PMF 主要通过多次迭代计算分解原始矩阵，得到最优矩阵 $\boldsymbol{A}$ 和 $\boldsymbol{B}$，使目标函数达到最小值，目标函数 Q 如公式（2-3）所示。

$$Q=\sum_{i=1}^{m}\sum_{k=1}^{n}\left(\frac{\boldsymbol{\varepsilon}_{ik}}{\boldsymbol{\sigma}_{ik}}\right)^{2} \tag{2-3}$$

式中，$\boldsymbol{\sigma}_{ik}$ 表示第 i 个样品第 k 个污染物的不确定度。

当污染物浓度小于或等于相应的方法检出限（MDL）时，不确定度的值表示为公式（2-4）。

$$\text{Unc}=\frac{5}{6}\times\text{MDL} \tag{2-4}$$

当各个元素的浓度大于相应的方法检出限时，不确定度的值表示为公式（2-5）。

$$\text{Unc}=\sqrt{(\text{EF}\times C)^{2}+(0.5\times\text{MDL})^{2}} \tag{2-5}$$

式中，EF（error fraction）为污染物浓度误差系数，C 为污染物浓度。

污染源中因子数依靠软件多次运行，根据分析结果和误差值的相对变化等来确定。另外大多时候还需要对因子矩阵进行旋转使得各个因子之间趋于正交，减少共线性的干扰，以得到更加合理可靠的结果。

2.2.2　化学质量平衡法

化学质量平衡法（chemical mass balance，CMB）是基于质量守恒原理构建一组线性方程，通过每种化学组分的受体浓度与各类排放源谱中这种化学组分的含量值来计算各类排放源对受体贡献的一种源解析方法。因此，识别污染源并建立污染源源谱对于准确分析源解析结果至关重要。

受体上测量的总物质浓度（C）就是每一源类贡献浓度的线性和，如公式（2-6）

所示。

$$C_i = \sum_{j=1}^{p} f_j x_{ij} + \varepsilon_i \tag{2-6}$$

式中，C_i 为受体样品中第 i 种污染物的浓度；x_{ij} 为第 j 类源中第 i 种污染物的浓度；f_j 为源 j 对受体的贡献浓度；ε_i 为测量误差；p 为污染源个数。

当 $i \geqslant j$ 时，可求得源 j 对受体的贡献浓度 f_j，则源 j 的相对贡献率 η 可表示为公式(2-7)。

$$\eta = \frac{f_j}{\sum_{j=1}^{p} f_j} \tag{2-7}$$

2.2.3 同位素比值法

20 世纪末随着以多接收器电感耦合等离子体质谱仪（MC-ICP-MS）为代表的高精度质谱分析技术的革命性突破，质量较大、检测难度高的非传统稳定同位素得到了跨越式发展，尤其是铅、锌、铜、镉、银等重金属稳定同位素体系的开发，为重金属地球化学和环境行为研究开拓了新方向。重金属稳定同位素成为示踪土壤环境介质中重金属地球化学循环的有效工具。同位素比值法基于同位素的质量守恒原理，利用不同污染源中某重金属元素不同同位素比值具有差异性的特点，通过测定受体样品中相应同位素的组成来对污染物的来源及贡献程度进行定量区分。相比其他技术，稳定同位素示踪技术在实现污染物溯源的同时还能量化不同来源贡献，且由于同位素组成不受浓度稀释或富集的影响，对环境过程的示踪摆脱了浓度依赖性的局限。除利用样品本身同位素组成特性进行示踪外，稳定同位素标记法可增强检测灵敏度，使样品同位素组成及变化更直观、可控。

同位素之间相对原子质量不同会导致物理化学性质（如键强、自由能、热力学势、熵等）存在差异，因此在物理、化学及生物过程中会以不同比例分配于不同物相，从而发生同位素分馏。利用 MC-ICP-MS 能够精准测定待测样品相对标准物质的同位素组成 δ 值，如公式（2-8）所示。

$$\delta^{\frac{x}{y}} M = \left(\frac{\frac{x}{y} R_{\mathrm{sa}}}{\frac{x}{y} R_{\mathrm{st}}} - 1 \right) \times 1000‰ \tag{2-8}$$

式中，M 为金属元素，x、y 分别为两种同位素的质量数，R_{sa} 为样品重轻同位素丰度比；R_{st} 为标准物质重轻同位素丰度比。当 δ 大于 0 时，表示待测样品相对标准物质富集重同位素；小于 0 时，表示富集轻同位素。同位素分馏值 $\varDelta$ 可描述同位素在不同物相间的分布差异，即同位素分馏程度，如公式（2-9）所示。

$$\varDelta^{\frac{x}{y}} M_{\mathrm{A-B}} = \delta^{\frac{x}{y}} M_{\mathrm{A}} - \delta^{\frac{x}{y}} M_{\mathrm{B}} \tag{2-9}$$

根据上式，$\varDelta$ 大于 0，A 相对 B 富集重同位素；反之亦然。

由于天然岩石矿物和土壤等背景源与人为排放源的重金属同位素组成特征一般存在显著差异，利用这种差异可识别污染来源并量化不同污染源的污染贡献。最常见的是利用铅同位素组成多元混合模型，实现污染源的定量解析。Zhu 等（2017）结合多元统计分析、地理统计分析和 Pb 稳定同位素比值综合判断首钢工业区土壤中的 Pb 有炼钢粉尘、煤炭燃烧和自然背景三种来源，且主要贡献是人为来源。Kong 等（2018）利用 $^{206}Pb/^{207}Pb$ 同位素比值发现在 30cm 以下尾矿中 Pb 对土壤的影响仍然很大，土壤中的重金属主要来源于矿区内铅锌矿的开采和冶炼。有研究表明，人为源 Pb（铅锌矿和汽车尾气）进入了珠江三角洲农田土壤，并以铁锰氧化物和有机硫化物结合态稳定存在。利用 Zn 的同位素污染溯源，Juillot 等（2011）发现法国北部某旧锌加工厂附近的表层污染土壤是混入了 Zn 同位素组成较重的锌铁矿矿渣。Araújo 等（2017）在巴西塞佩蒂巴湾发现在工业化期间人为源污染贡献高达近 80%，沿海沉积物的 Zn 同位素组成符合陆地源内湾岩石、海洋源悬浮颗粒物、人为源电镀废物的三端元混合模型。对中国典型铅锌矿区调查显示，采矿冶炼活动是 Cd 污染的重要来源，污染土壤的 Cd 同位素组成（$\delta^{114/110}Cd_{Spex}<0$）明显较无污染土壤（$\delta^{114/110}Cd_{Spex}>0$）更轻。调查某酸性矿山废水污染流域水体和沉积物的 Cd 同位素组成发现，高温冶炼导致矿渣和粉尘分别富集 Cd 重同位素和轻同位素，上游污染来自尾矿库矿物风化溶解。Zhong 等（2020）通过同位素二元混合模型定量分析，发现某铅锌冶炼厂下游沉积物中 Cd 污染有 88%～93%来自矿渣，7%～12%来自粉尘。同时有研究根据 Cd 同位素组成判断江汉平原农田受到了远距离冶炼厂粉尘和焚烧飞灰的污染。

针对土壤中有机物的源解析，可以利用单体稳定同位素来区分污染物的来源。单体稳定同位素分析技术是 20 世纪 90 年代发展起来的一种稳定同位素分析技术，目前其应用范围主要集中在有机污染的溯源、生物转化以及降解机理研究等领域。单体稳定同位素分析技术以有机化合物分子为研究单位，能够定量分析有机物的转化规律，可避免其他化合物对测定结果的干扰，因而被广泛应用于卤代烃、多环芳烃及甲基叔丁基醚等有机污染物的研究中。

自然界中大多数同位素为稳定同位素，常用的稳定同位素有碳、氢、氧、氮、硫及氯等。稳定同位素比（即稳定同位素组成）是指某一元素的重同位素原子丰度与轻同位素原子丰度的比值，如 $^{13}C/^{12}C$，通常用 R 表示。由于 R 值极低，实际中极难准确测定，因此一般采用相对测量法，即测算待测样品 R 值相对于标准物质 R 值的千分差，此结果即为样品的 δ 值，如公式（2-10）所示。

$$\delta(‰)=\frac{R_1-R_0}{R_0}\times 1000 \tag{2-10}$$

式中，R_1 为样品的同位素比值；R_0 为标准物质的同位素比值。

土壤有机污染物溯源即有机污染物的来源识别。传统的有机污染物溯源方法主要有两种：①根据有机化合物的来源专属性及在环境中的持久性进行溯源；②综合污染源的污染特征，通过多元统计方法进行溯源。

2.3　基于扩散模型的土壤污染溯源方法

2.3.1　大气扩散与沉降模型

目前关于气源性污染物的研究方法包括风洞模拟实验、外场观测试验和数学模拟实验。已知的气源性污染物的传输扩散模拟方法仅能反映污染物在大气中的传输扩散却无法解释气源性污染物在土壤中的汇。

风洞模拟实验可以很直观地了解污染扩散对周围环境的影响，主要应用于宏观和中观层面的定性分析，相对于现场实验来说，实验条件可以人为控制、改变和重复，在机理性研究和复杂地形条件下的扩散研究具有较大的优越性。相对于现场观测实验其花费的人力、物力、财力均大为降低，具有很强的现实可行性。风洞模拟实验大都侧重于机理研究，对污染物分布很难进行定量的解析。

对外场观测试验获得的数据进行分析可以充分直观地反映建筑环境的真实情况，但测量的点有限，以及众多测试点时空及外部物理环境的变化，各点的测量往往并不是在同时、相同状态下进行的，会导致结果的局限性，且往往会花费较多的人力财力。外场观测试验基于一定的实际样品，数据具有一定可靠性，但外场观测试验只能半定量气源性污染物对于土壤的输入。

近年来，计算机和数学结合的技术及应用发展迅速，空气质量管理模式进展速度也很快，在监测数据不足和监测成本较高的情况下，可以采用模型模拟的方法对大气污染物的迁移进行模拟。与其他方法相比，所需成本较小；应用起来比较方便简单，只需输入必要的数据及参数；虽无物理模型法预测精度高，但运用实践性比较强，因此通常成为大气预测的首选方法。由于静风持续时间及研究区域范围的限制，对于重点行业企业大气污染扩散模拟常采用基于高斯模式的 AERMOD 模型。而近年 AERMOD 模型相关的研究方向主要为探究 AERMOD 模型运行机理、比较 AERMOD 模型与其他大气扩散模型计算效果、模型本身的参数选择及优化以及模型的其他应用方面，如判断空气质量、计算污染物环境容纳量、计算防护距离、评估人体健康风险。

大气沉降是造成土壤重金属污染的重要途径之一，沉积到土壤表面的重金属经过淋溶、径流等一系列的过程在土壤中造成一定的累积，已知的气源性污染物传输扩散方法仅能解决污染物在大气中的传输问题，无法解决气源性污染物在土壤中的汇，为定量计算气源性污染物对土壤的输入量，需要构建大气扩散与土壤累积耦合模型预测气源性污染物在土壤中的累积动态变化。当前计算土壤累积的模型主要有重金属累积模型、《环境影响评价技术导则 土壤环境（试行）》（HJ 964—2018）（以下简称导则）污染物累积模型（以下简称导则模型）和 EPA（美国国家环境保护局）土壤累积模型。

①重金属累积模型：考虑土壤残留系数时相应的重金属土壤累积量，计算如公式（2-11）所示。

$$W_n = \frac{RK\left(1-K^n\right)}{1-K} \tag{2-11}$$

式中，W_n 为 n 年的土壤累积值，mg/kg；R 为污染物年输入量，mg/kg；n 为时间，a；K 为污染物在土壤中的残留率，%。

根据相关研究，重金属在土壤中一般不容易被自然淋溶迁移，综合考虑植物富集、土壤侵蚀以及渗漏等过程中发生的重金属流失后，重金属在土壤中的残留率一般保持在90%左右。

②导则模型：导则对于单位质量土壤中某种物质的增量给出相应计算方法如公式（2-12）所示。

$$\Delta S = \frac{n(I_s - L_s - R_s)}{\rho_b AD} \quad (2\text{-}12)$$

式中，ΔS 为单位质量表层土壤中某种物质的增量，g/kg；I_s 为预测评价范围内单位年份表层土壤中某种物质的输入量，g；L_s 为预测评价范围内单位年份表层土壤中某种物质经淋溶排出的量，g；R_s 为预测评价范围内单位年份表层土壤中某种物质经径流排出的量，g；ρ_b 为表层土壤容重，kg/cm^3；A 为预测评价范围；D 为表层土壤深度，一般取 0.2m；n 为持续时间，a。

③EPA 土壤累积模型：EPA 导则①对于挥发性污染物具有更好的适应性，其综合考虑了污染物在地表的淋溶、侵蚀、径流、挥发和降解多个污染物损失过程，对于计算挥发性污染物在土壤中的累积量具有更好的适用性，其计算如公式（2-13）。

$$C_s = \frac{D_s[1.0 - \exp(-K_s tD)]}{Z_s \mathrm{BD} K_s} \quad (2\text{-}13)$$

式中，C_s 为污染物在土壤中的累积量；D_s 为污染物沉积量；tD 为累积年限；K_s 为污染物损失系数；Z_s 为污染物土壤混合深度；BD 为土壤容重。

2.3.2　包气带水与地下水扩散模型

土壤与地下水是相互依存的整体，两者之间不可分割。由于对土壤和地下水系统进行直接观测具有较大难度，人们只能获取稀疏的、间接的和含有误差的观测数据，这给准确描述地下水系统带来了较大挑战。在对物理、化学和生物等基本原理理解的基础上，利用数值方法，可以借助模型对特定的地下水系统进行描述，从而获得对地下水系统因果关系的量化分析，并利用观测数据降低地下水系统的不确定性。

目前，饱和地下水流数值模拟的标准软件为美国地质调查局开发的 MODFLOW。在 MODFLOW 基础上，Zheng 等（2012）开发了描述地下水中溶质对流、弥散和化学反应等过程的软件 MT3DMS；在半饱和情况下，有限元模拟软件 HYDRUS 得到了广泛应用。国内学者在地下水建模理念和方法上也提出不少新见解。卢文喜（2003）建议在地下水模拟预报前先对边界条件进行预报；Ye 等（2004）和 He 等（2005）分别发展了地下水模型求解的多尺度有限元方法。

由于地下水系统空间非均质性强、过程复杂度高，对该系统的模拟往往存在较大不确定性，这不利于开展精准的地下水管理与决策。一般来讲，地下水模拟的不确定性主要来源于模型结构和模型参数两大类。对地下水过程认识不足、概念模型过于简化和控制方程选择不合理等因素导致了模型结构存在误差；观测数据采样频次低、误差大且数据分散，对参数的直接测量难度高，以及存在尺度效应等因素则造成了对模型参数认识的不确定性。在地下水污染修复和风险评价中，有效识别污染源的参数十分重要。这些参数通常包括污染源的位置、释放历史和释放强度等。另外，地下含水层介质的水力参数，例如渗透系数和孔隙度等，通过作用于地下水流，对污染物的传输产生了重要影响。

---

① EPA 导则即 EPA 发布的《危险废物焚烧设施人体健康风险评估指南》（*Human Health Risk Assessment Protocol for Hazardous Waste Combustion Facilities*）

然而，这些参数在时空上可能存在非均质性，难以全面描述。此外，上述参数的实验室或原位测量通常耗时耗力，而且会改变场地原有结构。因此，人们通常只能获得稀疏的观测数据，而无法准确描述整个场地的参数非均质性。另一个不可忽视的问题是尺度效应。例如，渗透系数的数值是一定区域的平均，本身并没有精确值。实验室测量得到的渗透系数，尺度通常比模型离散得到的节点尺度小，难以直接用于数值建模。如果没有对这些参数的合理认识，地下水流和溶质运移模型的预测能力就会大大降低。另一方面，对一些模型状态变量（例如水头和污染物浓度）的观测数据的获取则较为容易，而且可以对它们进行原位连续观测。利用这些较易获取的观测数据，可以通过求解反问题或开展数据同化来获得对未知模型参数的合理估计。

在获取地下水系统的状态观测量之前，需要设计合理的采样方案，如采样位置和采样时间。如果根据采样方案获得的观测数据和未知参数关联并不密切，那么无论采用何种估计方法，都无法有效识别未知参数，如污染源。因而，在有限的经费条件下，为了得到理想的参数估计结果，应当选择包含目标参数信息最多的观测数据，而这个目标可以通过最优试验设计实现。以参数反演为目标的试验设计倾向于选择对目标参数敏感或可以降低参数相关性的观测方案。在地下水污染源识别研究中，A-最优准则、D-最优准则和 E-最优准则被广泛应用。从 A-最优准则、D-最优准则和 E-最优准则中选择最适用的方法是随问题而变的。另外，上述准则都是基于线性高斯假设，不适用于非线性强的问题。因而，在地下水污染源识别研究中需要采用适用于非线性、非高斯问题的最优试验设计方法。一些研究者采用了类似的思路开展试验设计，例如 Leube 等（2012）提出一种名为 PreDIA 的算法，根据某种采样方案对应的虚拟观测数据，利用 bootstrap 滤波对模型参数进行反演，寻找到使预测方差最小的采样方案作为最优方案；Man 等（2016）根据集合样本产生的虚拟观测数据对模型参数进行更新，并使用更新后的参数样本计算相应采样方案的平均信息量，其中平均信息量最高的采样方案即为最优方案。这里，Man 等（2016）度量采样方案信息量的指标分别有香农熵差（Shannon entropy difference）、信号自由度（degrees of freedom for signal）和相对熵（relative entropy），三种指标可以得到非常接近的结果。针对地下水污染源识别的特点，Geiges 等（2015）建议开展顺序试验设计，即最优试验设计和参数反演交替进行。研究表明，顺序试验设计效果通常优于一次性试验设计。

利用最优采样方案获取的观测数据，可以对地下水模型参数（特别是污染源参数）进行有效的估计和识别。由于优化方法简单有效，在地下水污染源识别方面曾得到广泛应用。例如，Gorelick 等（1983）结合最小二乘回归（least squares regression）和线性规划（linear programming），Mahar 等（2001）采用基于嵌入技术（embedding technique）的非线性优化方法，Mahinthakumar 等（2005）使用遗传算法，江思珉等应用和声搜索算法和粒子群算法，分别对地下水污染源参数进行了估计。然而，优法算法仅获得一组最优参数组合，这在本质上忽略了参数的不确定性。

为了充分考虑污染源识别过程中的不确定性，可以采用基于贝叶斯原理的随机参数反演方法，例如集合卡尔曼滤波（ensemble Kalman filter，EnKF）和马尔可夫链蒙特卡罗（Markov chain Monte Carlo，MCMC）。EnKF 基于模型参数和状态之间的相关关系，利用观测数据对模型参数和状态进行更新。作为一种实时算法，EnKF 只使用当前时刻的观测数据对参数和状态进行更新，实施过程需要频繁地对模型文件进行操作，这在很多情形下会带来不便，例如当模型为“黑箱”时。另外， EnKF 对模型参数和状态同时更新，可能导致更新后的参数和状态不一致。针对上述问题，可采用 EnKF 的变体——集合平滑器（ensemble smoother，ES），一次性使用所有时刻的观测数据来更新模型参数和状态，无须频繁地操作模型文件，并可以通过只更新参数来避免参数和状态的不一致性。因而，ES 在很多问题中比 EnKF 更适用。EnKF 和 ES 能以较低的计算代价解决高维非线性参数反演问题，这类方法被大量用于地下水污染源识别研究中。然而，EnKF 及其相关算法只适用于参数分布近似为高斯分布的情况，这极大地限制了它们的应用范围。在涉及非高斯分布的参数反演问题中（例如参数后验为多峰分布），人们更倾向于使用理论严密的 MCMC 算法。在 MCMC 模拟过程中，为了获取对参数后验相对准确的估计，需要反复求解地下水模型，这产生了非常高的计算代价，限制了 MCMC 方法的时效性。

综上所述，在地下水资源保护和污染防控中，利用数值模型开展预测分析是一项十分重要的工作。为了提高预测的准确性和可靠性，需要有效识别地下水模型相关参数，例如污染源参数和渗透系数。这些参数通常难以直接测量，需要利用水头和污染物浓度等状态观测量，通过数据同化等方法进行有效识别。

2.3.3　土壤溶质运移模型

土壤溶质运移研究的主要是土壤中溶质运移的过程、规律以及机理。到目前为止，溶质运移模型的研究经历了飞速的发展，从饱和地下水延伸到不饱和土壤水，从沙土扩展到黏土和壤土等多种土壤类型，从单一的溶质运移条件变得多元化，目前溶质运移与土壤水盐运动的关系以及在不同因子下土壤中化学污染物的运移，成为了研究的重点。

土壤中水分垂直入渗受到土壤基质吸力作用和重力作用，随着入渗时间延长，受基质势的影响逐渐减小，受重力势的影响逐渐增加，最后重力作用成为水分运动的主要驱动力。在非饱和区域内，土壤水分运动方程在一维垂直方向上可以表示如公式（2-14）。

$$\frac{\partial\theta}{\partial t}=\frac{\partial}{\partial y}\left[D(\theta)\frac{\partial\theta}{\partial y}\right]\pm\frac{\partial\left[K(\theta)\right]}{\partial y} \tag{2-14}$$

式中，$K(\theta)$ 是土壤水在非饱和情况下的导水率；$D(\theta)$ 是土壤水在非饱和情况下的扩散率，$D(\theta)=K(\theta)/C(\theta)$；$t$ 是时间；y 是空间内垂向坐标；θ 是土壤饱和含水率；$C(\theta)$ 是比水容重。

根据理查德方程（Richard equation）可以将水流控制方程转述为公式（2-15）。

$$\frac{\partial\theta}{\partial t}=\frac{\partial}{\partial z}\left[K\left(\frac{\partial h}{\partial z}+\cos\alpha\right)\right]-S \tag{2-15}$$

式中，h 为压力水头； θ 是土壤的体积含水率；t 是时间；Z 为垂直方向上的空间坐标；α 为流体流动方向与纵坐标方向的夹角；S 为体积下渗率；K 是土壤的饱和导水函数。

土壤水分特征曲线和土壤的导水率函数使用范格努钦模型（van Genuchten model）表述为公式（2-16）至公式（2-19）。

$$\theta(h)=\theta_r+\frac{\theta_s-\theta_r}{\left[1+\left|\alpha h\right|^n\right]^m}\quad h<0 \tag{2-16}$$

$$\theta(h)=\theta_s\quad h\geqslant 0 \tag{2-17}$$

$$K(h)=K_s S_e^l\left[1-\left(1-S^{\frac{1}{me}}\right)^m\right]^2 \tag{2-18}$$

$$m=1-\frac{1}{n},\quad n>1 \tag{2-19}$$

上述方程涵盖了五个不同且相互独立的用来描述土壤特性的参数，分别是 θ_s、θ_r、α、n、l。l 表示的是土壤的孔隙间的连接性，一般取值为 0.5；θ_s 表示土壤的饱和含水率，而 θ_r 表示的则为土壤的滞留含水率；K_s 代表的是土壤的饱和导水率；α 表示的是进气吸力的倒数；n 表示的是土壤中孔隙体积其大小分布的指数。

土壤中溶质的迁移扩散主要受对流作用和弥散作用这两种因素的影响，因此溶质的迁移运动在模型中采用对流-弥散方程如公式（2-20）。

$$\frac{\partial(\theta_c)}{\partial t}=\frac{\partial}{\partial x}\left(D_{ij}\frac{\partial c}{\partial x}\right)+\frac{\partial}{\partial y}\left(D_{ij}\frac{\partial c}{\partial y}\right)+\frac{\partial}{\partial z}\left(D_{ij}\frac{\partial c}{\partial z}\right)-\frac{\partial(q_i\theta)}{\partial z} \tag{2-20}$$

式中，c 表示的是溶质的浓度，g/L；q_i 表示的是水流量通量，cm/h。D_{ij} 为溶质的扩散度，cm^2/h。

在水文地质学的研究中，土柱实验作为一种可靠的研究方法，已经有 300 多年的历史。通过土柱实验可以研究饱水带和包气带中的流体流动、溶质迁移扩散特征以及地下水的相关理化性质。早在 20 世纪初，研究者就已利用土柱实验分析了多孔介质中流体的流动特性以及流体的渗透性。在随后的近一百年中，土柱实验的研究范围逐渐扩展，学者将其用于分析土壤中溶质的迁移过程以及不同物质间的化学反应过程。时至今日，土柱实验依然是研究土壤和地下水中污染物迁移转化规律的重要手段，其应用的范围更加广阔，研究的问题也更加深入。

在室内土壤实验中，目前主要是使用一维的土柱实验以及二维的土箱实验。一维实验由于只研究一个方向的影响，因此实验的干扰因素相对较少，而且实验的实施以及数据分析都最为简单。研究人员一般都选择一维土柱实验作为最初的实验方法，而且其可探索的内容也很多，比如可以研究不同团聚状态的土壤穿透曲线，不同容重的土壤弥散作用，不同粒径的土壤弥散系数的差异以及其他方面。

溶质运移模拟往往还需要室内土柱实验的支持，需要从实验中获取吸附系数、弥散度等参数信息。首先，由于在模拟过程中需要掌握很多水文地质相关系数，但是这些系数在野外往往是很难测量的，因此可以利用室内实验进行测量。相较于野外实验，室内的土柱实验有着简便、耗时短的优点。其次，通过室内实验验证模型的模拟结果，可以为模拟实际应用提供依据。除此之外，室内土柱实验还有许多其他优点，比如实验中的边界条件、初始条件都是由人为设置的，清晰明确；室内实验的不确定性相较野外实验要少很多，十分稳定，干扰因素少，重现性高。

土柱实验中，实验土柱按照所用土壤构造方式的不同，通常分为两种，非扰动的原状土柱和填装的土柱，原状土柱较好地代表了研究对象的原土壤结构及理化性质。装填土柱可以是经过筛分的一种土壤，也可以是按照一定比例混合的几种土壤，装填土柱不能保持原土壤结构，但适用于一定目的的专门研究。例如，通过改变各种参数（土壤粒径、比表面和矿物组分、土壤水的 pH、土壤的不同混合比例等），来研究土壤对特定污染物的吸附性能以及污染物在土壤中的迁移能力。根据土柱中土壤饱和程度，分为饱和土柱和不饱和土柱，前者主要用于模拟研究岩土带中的饱水带；后者主要用于模拟研究沿途带中的包气带。

在研究溶质迁移时，室内土柱实验往往会选择一种能够溶解于土壤水中的物质来作为示踪剂。通过观测示踪剂在土壤中的流动以及分布浓度情况，来研究溶质的对流弥散过程。在示踪剂的选择上，要求这种物质是惰性的，既不会在土壤环境中发生化学反应，也不会与土壤相互作用。除此之外，还要求示踪剂的加入不会影响土壤水流动的物理性质，满足以上三点的物质，即可在研究溶质迁移时作为示踪剂。

示踪剂按照来源可以分为两类，一类是天然示踪剂，一类是人工示踪剂。天然示踪剂是指在天然存在于水环境中的同位素，比如 D（氘）、T（氚）、^{13}C、^{18}O 及 ^{34}S 等。人工示踪剂是指人工投放的示踪剂，相较于自然示踪剂，其检测方法更为准确，因此检测的针对性和有效性都大大提高。这种方法广泛应用于在野外环境内的实验，比如测定弥散系数，研究地下水流速和流向。人工示踪剂主要是离子化合物、放射性同位素、有机染料以及碳氟化合物等。而离子化合物中最具代表性的就是氯化钠。有机染料主要是以颜色示踪，通过分析检测等手段，得到迁移扩散规律。

2.3.4 多介质扩散与传输模型

多介质传输模型包括逸度模型和通用环境模型（generic environmental model，GEM），可以根据实际环境和污染物性质模拟污染物在不同介质中的扩散迁移过程。然而，逸度模型需要尽可能多的环境相、足够的样品数量以及足够大的研究区域来保证模型结果的准确性，但在一个工业区范围内很难满足模型的所有条件。与逸度模型不同，GEM 可以灵活选择介质，并根据污染物的化学性质来模拟污染物的传输，以求解偏微分方程。任意隔室 i 的线性问题可以用公式（2-21）表示。

$$\frac{\mathrm{d}\left(R_i V_i Cd_i\right)}{\mathrm{d}t}=\sum_{j=1}^{Na_i}\frac{Q_{ij}}{\theta_i}Cd_{ij}+\sum_{j=1}^{Na_i}E'_{ij}\left(Cd_j-Cd_i\right)-k_iV_iCd_i+\frac{W_i}{\theta_i} \tag{2-21}$$

式中，Cd_i 为不同介质中 i 室内溶解化学物质的浓度；Cd_j 为不同介质中 j 室内溶解化学物质的浓度；Cd_{ij} 为 i 室与 j 室交界处的浓度；Q_{ij} 为清水的体积渗透率；R_i 为迟滞因子（无量纲）；E'_{ij} 为 i 与 j 之间的菲克弥散/扩散流输运过程；K_i 是任意一阶损失速率常数；W_i 是一种外部的、隔层的化学载荷；θ_i 表示介质中的含水量。

Q_{ij} 是相邻隔室 i 和 j 之间的平流体积入渗率，L_w^3/T。在隔室技术中，Q_{ij} 被赋正值或负值，以区分进入隔室 i 的流量和离开隔室 i 的流量，如公式（2-22）、公式（2-23）。

$$Q_{ij}>0 \quad \text{流量从 } j \text{ 到 } i \tag{2-22}$$

$$Q_{ij}<0 \quad \text{流量从 } i \text{ 到 } j \tag{2-23}$$

为了仅用隔间内部的浓度来定义问题，Cd_{ij} 可以表示为内部浓度的线性函数，如公式（2-24）、公式（2-25）。

$$Cd_{ij} = \alpha_{ij} Cd_i + \left(1 - \alpha_{ij}\right) Cd_j \quad Q_{ij} < 0 \tag{2-24}$$

$$Cd_{ij} = \alpha_{ij} Cd_j + \left(1 - \alpha_{ij}\right) Cd_i \quad Q_{ij} > 0 \tag{2-25}$$

式中，α_{ij} 是一个用户指定的空间差分参数，可以取 1 到 0 之间的值。对于 $\alpha_{ij}=1$，使用退格（BS）差分方法，其中界面处的浓度仅由上游隔室内部的浓度决定。对于 $\alpha_{ij}=0.5$，采用中心空间（CS）方法，其中相邻隔室的浓度决定界面处的浓度。$\alpha_{ij}=0$ 将是一个正向空间（FS）方法，其中界面浓度将仅由下游隔间确定。

R_i 为迟滞因子（无量纲），由公式（2-26）获得。

$$R_i = 1 + \frac{\rho_{bi}}{\theta_i} \frac{\partial Cs_i}{Cd_i} \tag{2-26}$$

式中，ρ_{bi} 为土壤容重，M_s/L_t^3，其中 M_s 表示固体质量，L_t 表示土壤容积含水量（水分容积/土壤容积）；θ_i 为含水量，L_w^3/L_t^3，L_w^3 是孔隙水体积；C_{si} 为吸附相浓度，M_c/M_s，M_c 表示化学物质的质量；V_i 为室总容积，LT^3。

E'_{ij} 是 i 与 j 之间的菲克式弥散/扩散流输运过程，由公式（2-27）获得。

$$E'_{ij} = \frac{E_{ij} \cdot A_{ij}}{L_{ij}} \tag{2-27}$$

式中，E_{ij} 为水动力弥散或扩散系数，LT^2/T；A_{ij} 为隔室 i 与 j 的截界面面积，L_t^2；L_{ij} 是 i 和 j 区间的距离，L，弥散/扩散过程是在这两个区之间进行的。

对于溶解相和吸附相之间的线性平衡分配，Cs 与 Cd 有关，如公式（2-28）所示。

$$Cs_i = K_{di} Cd_i \tag{2-28}$$

式中，K_{di} 为分配系数，L_w^3/M_s。对于线性情况，利用公式（2-29）获得。

$$K_{di} = \frac{\partial Cs_i}{\partial Cd_i} \tag{2-29}$$

该模型主要依靠 Java 程序进行计算，包括 13 个 CSV 格式的输入文件。输入参数包括土壤有机质含量、土壤容重、含水量、平均地表水流速、孔隙水流速、大气弥散系数、相对缓慢渗透速率、介质间弥散系数、污染物的固液分配系数、吸附解析常数等。

2.4 土壤污染溯源的新技术与新方法

加强土壤污染物源解析技术研究是防治土壤污染，改善土壤环境质量的重要前提。在信息技术高速发展的今天，涌现出一批新的源解析技术，包括大数据、机器学习、物联网等。融合多种新兴技术才能更好地完成土壤污染及修复数据的归纳整理，已有若干数据处理与分析算法成功应用到区域水土环境分析评估中，包括随机森林算法、神经网络算法、支持向量机与支持向量回归算法、自组织特征映射神经网络算法等。

2.4.1 数据挖掘

大数据一般是指无法在一定时间范围内用常规软件工具进行捕捉、管理和处理的数据集合，需要新处理模式才能具有更强的决策力、洞察发现力和流程优化能力的海量、高增长率和多样化的信息资产。本书首先基于 Web of Science 数据库中的高级检索功能，将 2010～2022 年关于国内外通过大数据进行源解析的 714 篇文章经过 VOSviewer 软件进行转换，以关键词聚类进行计量分析和讨论，绘制出 12 年间研究热点聚类知识图谱（图 2-1）。文章的关键词是对文章主旨的高度概括，一个关键词出现的次数越多，也就表明相关主题受到重视的程度越高，出现频数较高的关键词有：big data（大数据，204 次，总相关强度 320）；identification（识别，110 次，总相关强度 193）；source apportionment（源解析，34 次，总相关强度 54）；prediction（预测，23 次，总相关强度 61）；deep learning（深度学习，24 次，总相关强度 46）。可以看出，大数据和污染物源解析结合的文章研究热点主要集中在预测污染物的来源及贡献，且在此过程中结合了深度学习算法。但是，在出现频数较高的关键词中并没有出现“土壤污染物”，这也说明将大数据和土壤污染物源解析相结合的研究较少，今后这将是一个潜在的研究发展方向。

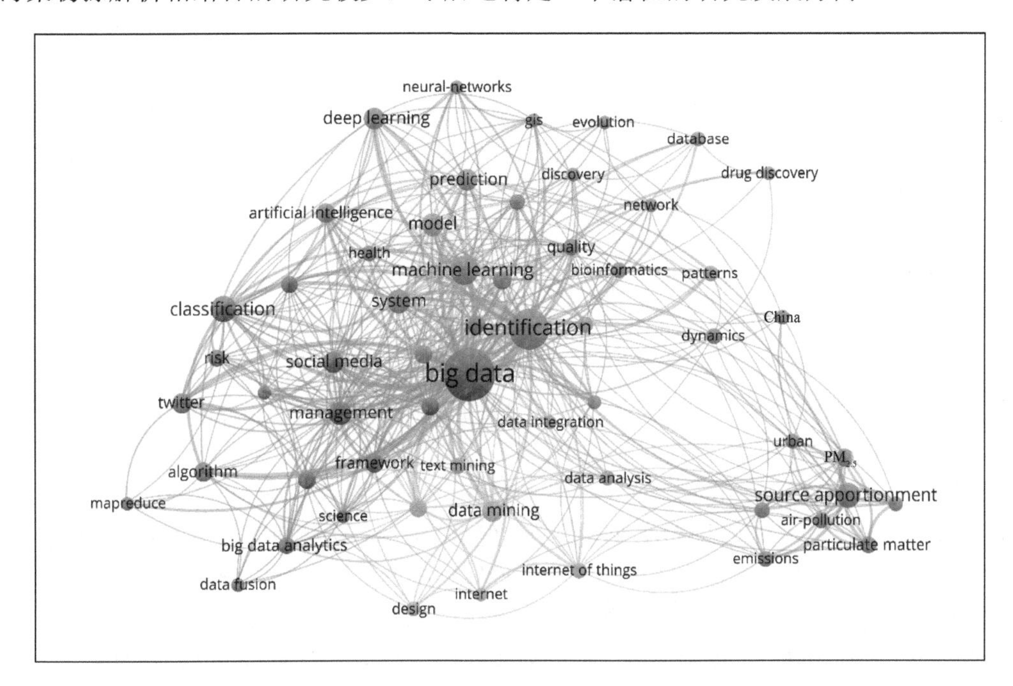

图 2-1 大数据在土壤污染物源解析研究中的热点聚类知识图谱

数据挖掘作为大数据处理的基本手段，其是基于数据库理论、机器学习、人工智能、现代统计学迅速发展的交叉学科，在很多领域中都有应用。涉及到很多算法，如源于机器学习的神经网络、决策树，也有基于统计学习理论的支持向量机、分类回归树和关联分析等诸多算法。这里的数据挖掘是指搜集网上已有的数据资源结合源解析工具进行土壤污染物的溯源，应用于溯源的数据资源一般包括以下几点：

自然变量：诸如成土母质、土壤类型、pH、有机质、含水率、阳离子交换量等会对土壤污染物富集和迁移产生影响的自然因素。

经济变量：包括人口密度、工业企业、交通路网、矿产资源、土地利用类型、生产总值等。

邵帅（2020）基于空间分析与数据挖掘理论研究浙江省某东部沿海城市土壤重金属的“源-汇”特征，针对研究区 9 种自然、经济协变量因子，利用地理探测器中的因子探测器进行相关性筛选，利用交互作用探测器进行因子间交互作用分析。结果表明与研究区 8 种土壤重金属污染显著相关的协变量因子分别是成土母质类型、土壤类型、人口、道路类型、土地利用类型、矿产资源类型与数量、工业企业类型与数量、肥料类型与施用量。基于 8 个因子空间分布与数据量级特征，确定了研究区 6 种污染源，即自然源、交通源、城市垃圾、工业源、矿产开采污以及肥料施用，并与 PMF 模型结合得到不同来源因子的贡献率。与传统土壤溯源研究方法相比较，基于数据挖掘技术对研究区存在的潜在污染源进行筛选并进行空间、量级分析，确定实际污染来源的方法克服了传统源解析技术的缺点，为溯源技术指明了新方向。

2.4.2　机器学习

机器学习是一门多领域的交叉学科，涉及概率论、统计学、逼近论、凸分析、算法复杂度理论等多门学科。而学科的交叉融合一直是环境科学与技术发展的原始驱动力。近年来，数据驱动的研究方法与领域知识的有机结合引起国内外学者的极大兴趣和关注。例如 Gao 等（2021）建立了基于机器学习的数据模型，用来预测纳滤膜的渗透率和盐截留率，并在机器学习模型之上施加贝叶斯优化，反推膜的合成条件，获得最优化的膜渗透选择性，并用实验进行了验证。该方法的建立，避免了传统的盲目试错的方式，通过膜制备-膜性能的关系有效地指导高性能膜的合成；Cui 等（2021）基于集成的机器学习方法模拟 2006～2017 年中国 0.25°分辨率的 HONO 日均浓度，结果表明该集成机器学习方法对于 HONO 模拟有较好的效果，十折交叉验证的 R^2 为 0.70。全国 HONO 浓度的高值区出现在京津冀、长三角、珠三角和四川盆地的部分地区，全国 HONO 平均浓度在 2006～2013 年呈现较平稳的变化趋势，但是 2013 年后呈现明显下降趋势。综上所述，说明机器学习算法凭借其计算速度快与计算准确度高的特点，能够很好地弥补传统方法在采样条件和实验条件下产生的不足。因此，将机器学习算法运用到区域土壤污染物源解析中，可以避免大量的实验，进而追溯其污染源头，明确不同污染物对土壤污染的贡献程度，从而减少源头污染的排放，降低修复污染土壤产生的花销。

基于 Web of Science 数据库中的高级检索功能将 2014～2022 年关于国内外污染物通过机器学习进行源解析的 49 篇文章经过 VOSviewer 软件进行转换，绘制出 9 年间研究热点聚类知识图谱（图 2-2）。出现频数较高的关键词有：source apportionment（源解析，37 次，总相关强度 141），machine learning（机器学习，24 次，总相关强度 104），particulate matter（颗粒物，15 次，总相关强度 68），air-pollution（大气污染，8 次，总相关强度 44），agricultural soils（农田土壤 4 次，总相关强度 16）。可以看出目前机器学习和源解析相结合的文章还较少，并且大多是和大气环境相结合的文章，和土壤污染物结合的文章较少。

基于此，国内外不少学者正努力通过相关人工智能算法去精准预测区域土壤污染物的来源。早在 2011 年 Khamforoush 等（2011）通过数学模型和人工神经网络模型对土壤中柴油造成的重金属污染情况进行了建模分析；2014 年 Ahaneku 等（2014）利用人

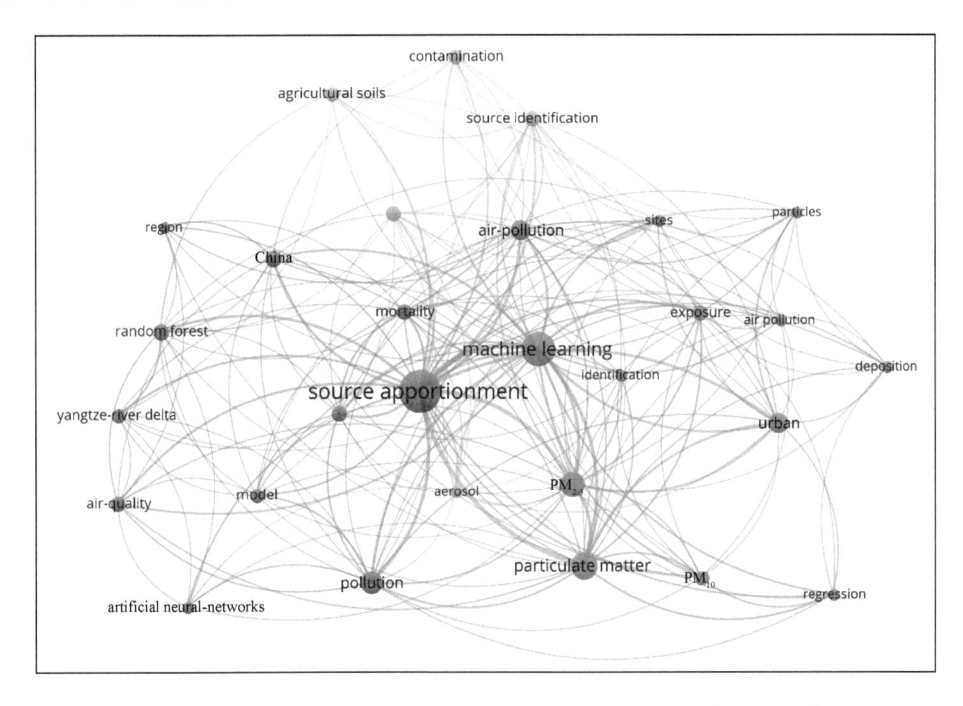

图 2-2　机器学习在土壤污染物源解析研究中的热点聚类知识图谱

工神经网络、PCA 和相关分析法研究尼日利亚地区土壤重金属的分布特征，并对土壤中的重金属元素进行主成分排序，筛选出影响土壤污染的最主要的几种重金属，为该地区土壤污染治理提出建议。我国从 2015 年开始，陆续有学者通过机器学习算法对区域水土环境进行评估。Wang 等（2015）利用决策树算法证实了土壤中重金属元素 Cd 和 Pb 的主要来源是人类活动。Wu 等（2022）利用多元统计分析和机器学习模型对主要污染源进行识别，结果表明，Be、Co、Sb、V 的总体污染水平较低，但 Be、Sb 均有不同程度的富集。来源解析表明 Sb（85.5%）主要来源于燃料燃烧和工业遗留，Co（66.7%）和 V（82.5%）主要来源于自然过程。利用机器学习方法反复模拟驯化以达到污染源识别的方法已演变成新的溯源技术。

学者通过结合因子分析与空间分析模型研究区域尺度上的土壤污染物来源的空间分布特征，主要通过两种方式进行，一种是结果集成，即通过空间分析模型验证因子分析的结论，另一种是将因子分析结果纳入到地理信息系统中，并结合水文地质等条件，直接对因子分析结果进行空间特征分析。传统的源解析方法主要通过土壤采样数据来模拟污染物来源，很少结合当地的水文地质条件，模拟得到的结果和区域整体土壤状况差异较大。为解决该问题，最常使用的技术手段是空间估值分析，通过考虑环境因素更加准确地预测土壤污染物的空间分布，为土壤污染来源识别提供更加科学合理的参考依据。估值方法主要包括反距离权重法、克里金法和随机模拟方法等，其中最具代表性的是克里金法。克里金法充分考虑了区域化变量的随机性和结构性，在特定条件下借助变异函数实现最佳线性无偏估计。例如，Tao 等（2019）结合反向传播神经网络与三维克里金模型对污染物在土壤中的迁移和扩散进行了研究。然而克里金法具有一定的平滑效应，空间估测过程中会对某些空间变化剧烈的区域进行平滑处理，并且土壤污染物溯源工作关注的重点往往就是空间变化剧烈的区域，重要信息的缺失可能导致决策失误、相关污染防治措施难以落实。随机模拟方法基于随机函数理论，通过反复模拟再现区域变量空间结构，实现对变量整体空间估值结果的不确定性分析，常用的算法包括序贯高斯模拟、退火模拟和谱分解法等，较广泛应用于土壤污染物空间不确定性分析中。如基于随机模拟方法对土壤中不同潜在毒性元素进行了概率分布评价和危险区域划分。

尹光彩等（Yin et al.，2022）提出了一种基于遗传算法和神经网络的土壤重金属含量空间插值模型，通过人工智能、机器学习对土壤污染物含量进行插值分析进而追溯其来源。该方法首先将观测样本作为生物群落独立个体，利用生物进化论对新个体进行优胜劣汰，将保留的新个体进行空间插值，之后融合诸多环境变量的观测值来提高空间插值的精确度。这样不仅可以说明自然因素对区域土壤重金属空间分布模拟的影响，还为污染物溯源方法的改进与创新提供了新的思路。

通过机器学习算法模拟土壤污染物的空间分布特征，可以间接达到污染物溯源的目的。而如何直接准确识别土壤重金属污染的多种来源是一个巨大的挑战，关于污染土壤的人为因素和企业数据的资料往往又很少。因此，在分析之前要利用搜索引擎提供的免费地理数据，结合机器学习方法，对不同区域的潜在污染企业进行识别和分类。Jia 等（2019）通过 5 种不同的机器学习方法，将数据分为 31 种独立的和 4 种综合的行业类型。结果表明多项朴素贝叶斯方法用于 26 万多家企业的地理数据进行分类的准确率为 87%，Kappa 系数为 0.82。利用双变量莫兰指数分析探讨了不同工业等级和土壤 Cd、Hg 浓度测量值之间的关系，分析揭示了不同行业导致土壤污染的区域特征。由于过度施肥、采煤和金属制品的生产，一些地区出现了 Cd 浓度升高的情况，土壤 Hg 的污染与化学工业区密切相关。以下总结两种不同情境下机器学习应用于土壤污染物溯源的方法。

①适用于污染发生前的土壤潜在污染区域识别。

基于污染源-汇理论收集与土壤污染相关的环境变量数据，采用机器学习模型定量预测不同土壤污染物的总量及空间分布情况，并评估各环境变量在不同污染物中的贡献情况。此时可对环境变量进行空间聚类分区，并结合各变量污染贡献情况定义不同分区潜在污染风险类型。

②适用于污染发生后的土壤污染企业来源识别。

通过不同机器学习模型训练企业的行业类型分类器，并基于企业地理信息数据构建研究区不同行业类型污染企业空间分布数据库。此时可采用空间分析模型探讨不同行业类型与土壤重金属污染之间的空间关联性，识别不同行业来源的空间分布特征。

2.4.3 随机森林算法

近年来，国内外学者开始尝试运用机器学习技术开展土壤污染物溯源的研究。比如，前文所提使用机器学习算法对已知土壤重金属含量信息并对其他未知点的重金属含量进行预测，或者结合地理信息系统（geographic information system，GIS）分析重金属积累程度及空间积累特征。集成学习（ensemble learning）方法提出后不久，由于其性能强大，很快便成为了机器学习领域的一个主流研究方向。集成学习方法既可以解决单个算法学习精度低的问题，还可以避免选择不恰当算法导致的时间成本的增加。根据集成方式的不同，可以将其大致分为三类，分别是 bagging 算法、boosting 算法和 stacking 算法。随机森林（random forest，RF）算法是最具代表性的 bagging 算法之一，其将 CART 决策树作为基学习器，通过结合 bagging 算法和随机子空间方法（random subspace method，RSM），给输入数据增加样本和特征扰动，以此降低了森林中树之间的相关性。因此，不同基学习器对相同样本可能给出不同的预测或者分类结果，最后只需利用平均法或者投票法集成全体基学习器的学习结果即可。也因为输入到每个基学习器的样本集和特征集都不完全相同，随机森林算法不易受到异常值或缺失值影响，树的生成可以并行化执行且不会发生过拟合，具有收敛速度快、预测准度高等优势。随机森林算法是一种基于分类决策树的多功能机器学习分类算法，运用 bootstrap 重抽样的理论基础，从原始的分类数据库中随机地抽取多个分类样本，并对其进行决策树的分析构造，通过每次选择多棵决策树对数据进行分类，并且在每次选择时根据决策树的预测值进行评分从而得到最终的评分结果。随机森林模型被广泛应用于对各个环境变量的重要性评估和分析中。随机森林模型对数据结构和分布没有过多要求，能避免出现过度拟合的状况，数据预测精度和效率得到显著提高，优于逐步线性回归模型、广义加性模型等。但该模型无法定量给出污染物的具体来源，因此发挥各自特长，多种技术融合运用可能是更为合理的选择。将随机森林算法应用于土壤污染物源解析的优点是，仅需要使用采样点土壤的污染物元素含量以及地理位置信息等特征信息，就可使得出的源解析结果更具有鲁棒性。同前文，本书基于 Web of Science 数据库中的高级检索功能将 2010～2022 年关于国内外通过随机森林算法进行源解析的 440 篇文章经过 VOSviewer 软件进行转换，以关键词聚类进行计量分析和讨论，绘制出 12 年间研究热点聚类知识图谱（图 2-3）。出现频数较高的关键词有：random forests（随机森林，150 次，总相关强度 276）；identification（识别，107 次，总相关强度 199）；machine learning（机器学习，91 次，总相关强度 152）；

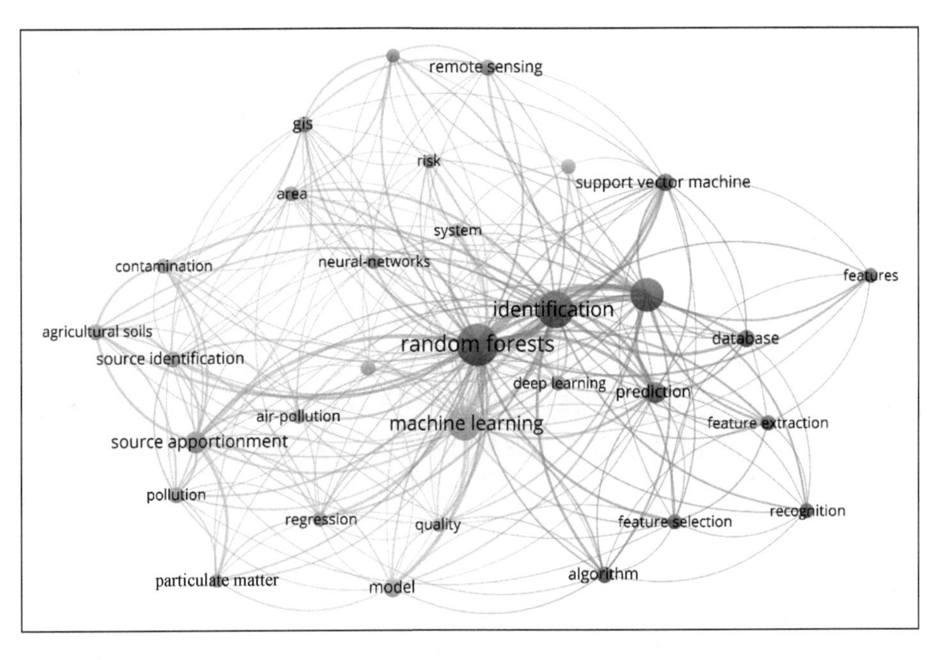

图 2-3　随机森林在土壤污染物源解析研究中的热点聚类知识图谱

source apportionment（源解析，28 次，总相关强度 70）；agricultural soils（农田土壤，14 次，总相关强度 44）。可以看出，随机森林算法作为机器学习算法的一个分支，其与机器学习有非常密切的联系，且目前随机森林算法和污染物源解析结合的文章研究热点主要集中在预测农田土壤污染物的源解析当中，并且结合着 GIS 和遥感工具进行分析。

例如郭新蕾等（2019）基于随机森林算法对湖南省各地稻米富集 Cd 的主要影响因素进行分析，发现该方法能够有效甄别湖南稻米富集 Cd 的主要影响因素。史广等（2020）基于随机森林算法对冶炼厂周边农田土壤 As 含量空间分布研究，结果表明研究区环境变量和地形变量是影响土壤 As 含量空间分布的关键影响因子。Qiu 等（2016）基于随机森林模型对土壤 Cd 空间分布预测和成因分析研究，结果表明金属冶炼行业是影响土壤 Cd 积累最重要的变量。黄赫等（2020）基于多元环境变量和随机森林算法对农用地土壤重金属空间分布和来源进行分析，发现交通运输是 Pb、As 和 Cr 的共同人为源，农家肥是 Cd、Pb 和 Cr 的共同来源。宋志廷等（2016）基于随机森林算法和统计分析对天津武清区土壤中重金属的来源进行了研究，综合应用描述性统计、PCA、地质统计学及随机森林回归技术对研究区表层土壤重金属含量时空变化特征、人为及自然源污染贡献性进行了探讨。结果发现，除 Cr 以外，研究区其余重金属平均含量均高于区域背景值，土壤 As、Ni、Cr 主要来自于自然源。Cu、Zn 的变异性一是受土壤类型差异性的影响，二是受污灌的影响，Pb、Cd 的变异主要受面源污染的影响，局部存在点源污染，Hg 变异性主要受污灌的影响，也证明了多技术联合应用是土壤重金属来源解析的有效方法。徐源（2021）为了评估各环境因子对重金属的贡献程度，使用污染源对单个样品的贡献值作为响应变量，环境因子作为协变量，基于随机森林回归模型中的均方误差来表征环境因子的重要性，利用重点污染企业的热点分析，探讨基于分区处理下受体模型源解析结果的差异性，并结合随机森林模型建立污染物在空间上的“源-汇”量化关系，探讨在不同特征子区域下重金属来源的不同。

总的来说，大数据、机器学习和随机森林算法都是新兴的源解析技术，并且能处理传统源解析技术解决不了的问题，简单快捷，高效方便，在方法学上又可与化学传输模式互为补充，具有较大的应用潜力。

2.4.4 地理探测器

地理探测器是由王劲峰等提出的一种揭示空间分异性及驱动力的统计学方法，是一种用于度量、挖掘和利用空间异质性的空间分析工具。该模型最初用于离散性风险因子的相关性分析，现被广泛应用于生态环境分析、土地利用等方面。其以空间分层异质性作为研究对象，主要核心思想是某个自变量对某个因变量存在影响的时候，二者的空间分布也趋于一致。其具有以下三个特点：第一，适用于不同的变量，包括数值量和类型量；第二，物理意义明确且简单，但其方差仅适用于验证是否存在显著差异；第三，探测交互作用不局限于指定的乘性交互。

地理探测器内部包含分异及因子探测器、交互作用探测器、风险探测器、生态探测器共 4 个探测器，并且被广泛应用于自然因素、人为因素等驱动力因素的影响机制研究。

①分异及因子探测器：用于探测变量的空间分异性，以及探测某因子能够在多大程度上解释变量的空间分异，其解释能力根据 q 值度量。q 值取值范围为［0，1］，当该值为 1 时表明驱动因子完全控制了因变量的空间分布，当该值为 0 时则表明驱动因子不影响因变量的空间分布，q 值大小表示驱动因子，解释了 $100\times q\%$的因变量，其数值表达如公式（2-30）。

$$q=1-\frac{\sum_{h=1}^{H}N_h\sigma_h^2}{N\sigma^2}=1-\frac{\mathrm{SSW}}{\mathrm{SST}} \tag{2-30}$$

式中，H 为离散化后的类型值变量的分类数；N_h 和 N 分别为分层 h 和全局的单元数；σ_h^2 和 σ^2 分别为分层 h 和全局因变量数值的方差；SSW、SST 分别为层内方差之和以及全区总方差。

②交互作用探测器：该探测器用于识别不同驱动因子之间的交互作用，即评估因子 X_1 和 X_2 共同作用时，是否会增加或减弱对因变量 Y 的解释力，或可能这些驱动因子对因变量的影响作用相互独立。交互作用探测器中交互作用的关系具体可以包括以下 5 类（图 2-4）。

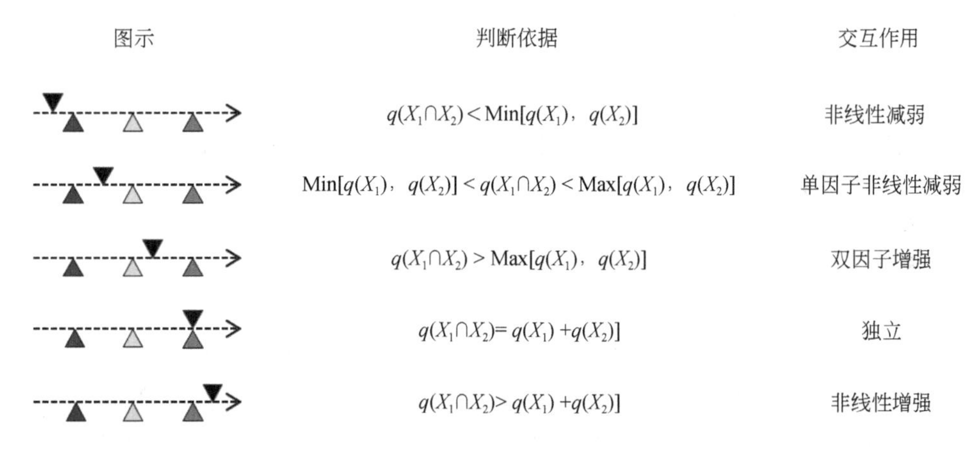

图 2-4　交互作用探测器结果解读图示

③风险探测器：这种探测器主要应用于对两个子区域之间属性均值差别的判断，统计量 t 表达如公式（2-31）。

$$t_{\bar{y}_{h=1}-\bar{y}_{h=2}}=\frac{\bar{Y}_{h=1}-\bar{Y}_{h=2}}{\left[\dfrac{\mathrm{Var}\left(\bar{Y}_{h=1}\right)}{n_{h=1}}+\dfrac{\mathrm{Var}\left(\bar{Y}_{h=2}\right)}{n_{h=2}}\right]^{\frac{1}{2}}} \tag{2-31}$$

式中，h 为子区域 h 内的属性均值，即某元素含量；Var 为方差；n_h 为子区域 h 内样本数量；统计量 t 近似地服从 t 分布，t 值越大代表该影响因子对土壤重金属的空间分异性影响越大。

④生态探测器：这种探测器主要用来分析比较两因子 X_1 和 X_2 对属性 Y 的空间分布的影响是否具有显著差异，统计量 F 表达如公式（2-32）、（2-33）。

$$F=\frac{N_{X_1}(N_{X_2}-1)\mathrm{SSW}_{X_1}}{N_{X_2}(N_{X_1}-1)\mathrm{SSW}_{X_2}} \tag{2-32}$$

$$\mathrm{SSW}_{X_1}=\sum_{h=1}^{L_1}N_h\sigma_h^2,\mathrm{SSW}_{X_2}=\sum_{h=1}^{L_2}N_h\sigma_h^2 \tag{2-33}$$

式中，N_{X_1}及N_{X_2}分别表示两个因子X_1和X_2的样本量；SSW_{X_1}和SSW_{X_2}分别表示由X_1和X_2形成的分层的层内方差之和；L_1和L_2分别表示变量X_1和X_2分层数目。其中零假设H_0：$\mathrm{SSW}_{X_1}=\mathrm{SSW}_{X_2}$。如果在$\alpha$的显著性水平上拒绝$H_0$，这表明两因子$X_1$和$X_2$对属性$Y$的空间分布的影响存在着显著的差异。

现在地理探测器的模型已经逐步应用到各个领域，土地利用方面可以以地形、距河距离、人口、社会经济、政策等因子为自变量，应用地理探测器分析土地扩张率变化影响因素，利用地理探测器研究建设用地演变机理；此外对于环渤海地区农村用地地理要素的研究利用了地理探测器，发现农村居民点用地主要受农村经济发展水平、劳动力非农化程度以及离中心城市距离等因素的影响。变化形成的机理具有显著差异，城镇用地增长受多种因素影响，其中影响力最高的因子为城镇居民社会生活状况，而农村居民点用地变化主要受区位因素条件的影响。

地理探测器在土壤重金属污染领域也逐渐得到应用，地理探测器的主要优势是既能够直接探测数值型的数据，也能够探测定性数据。此外，地理探测器还能够直接检测两个因子之间交互作用的影响力，进而对污染源作定性识别。在交互分析方面，有学者通过地理探测器与空间插值相结合的方式，分析了土壤Pb、Cd、As、Cr和Hg与6种影响因子的相关性和交互作用。对于全国范围内土壤Cd、Pb、Zn、As、Cu和Cr与16种影响因子的相互作用关系，也可以利用地理探测器进行分析。

在重金属污染物溯源方面，地理探测器能够提供一种污染物分布的空间驱动因子解释，从而为溯源分析提供依据。目前相关利用地理探测器来进行溯源分析的研究主要应用地理探测器中的分异及因子探测器和交互作用探测器。有学者根据地理探测器对浙江省东部某沿海城市可能相关的协变量因子与土壤重金属含量分布进行相关性探测，并采用地理探测器中的交互作用探测器进行空间与量级分析，进而确定研究区的6种实际污染源，分别为自然背景污染源、城市垃圾污染源、交通排放污染源、工业企业排放污染源、矿产开采污染源以及肥料施用污染源。徐源（2021）利用交互作用探测器的污染因子交互作用相关性，证明了湖南省郴州市工业聚集区污染源对重金属的影响实际是在多种因素共同影响下的“协同呈现”，证明了Cd、Pb、As、Hg和Cr在不同区域的主要来源，对比分析了来源之间所存在的差异。

陈艺等（2021）对于袁州区表层土壤重金属污染的溯源应用了地理探测器模型。研究中共选取10个影响因子来探究研究区土壤重金属含量的空间分布差异，影响因子包括成土母质、植被指数、化肥施用量、距公路距离、距工厂距离、距水源距离、坡度、土地利用方式、土壤类型以及土壤质地。利用地理探测器的因子探测器探究不同因子对于土壤重金属空间分异的影响程度，将以上十个因素作为自变量，把土壤重金属含量和潜在生态风险综合指数作为因变量。综合因子探测和交互探测结果可以进行土壤重金属的污染溯源，Hg、Pb、Cu、Ni等的空间分异性主要受到工业源和交通源的影响；As、Cu、Zn等的空间分异性主要受到农业活动的影响，该区域农业生产过程中长期施用化肥农药等导致土壤中这些重金属的累积。同时距水源距离也是造成研究区土壤重金属Cd、As、Cu含量以及潜在生态风险空间分布差异的主要因素。

2.5　多尺度场地土壤污染溯源方法

2.5.1　基本理念

本书通过分析污染源排放特征污染物的行为，基于污染物在土壤中迁移转化的研究，解析土壤中污染物的来源，构建了污染物“源—流—汇”过程（图 2-5）。结合受体模型与源-汇关系模拟方法，从经济快速发展区不同尺度分别构建了污染物溯源方法体系。从区域-园区-厂区多尺度逐层递进，实现了从行业到企业再到工艺的逐层精细化溯源，可以满足不同环境治理决策需要。

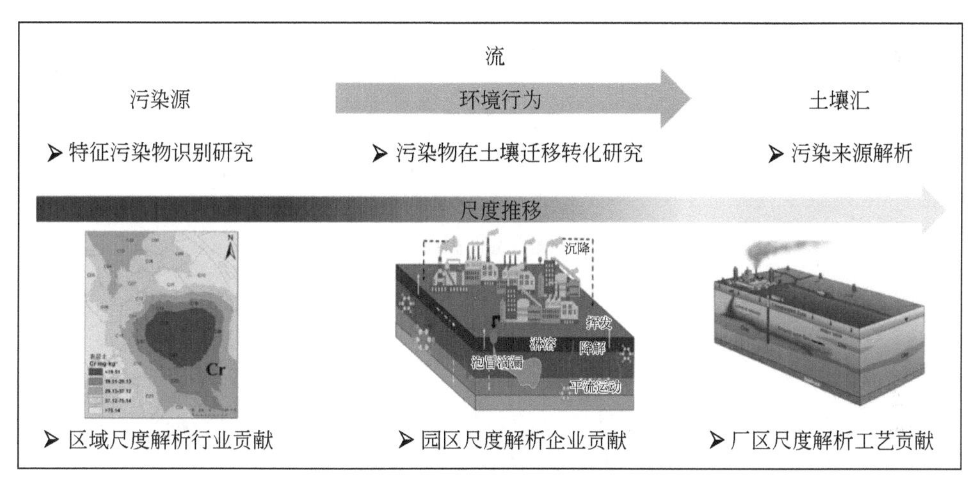

图 2-5　污染物“源—流—汇”过程示意图

2.5.2　方法框架

现有土壤污染源解析的模型与方法有很多种，常用的方法包括源清单法、受体模型法和扩散模型法。但由于各种方法都存在各自的优势及局限性，而土壤环境污染问题往往是多种污染源共同导致的。多源并存的普遍现象给源解析带来了诸多困难，单一的源解析方法往往难以保证污染源解析的准确性和科学性，因此有必要进行多种方法的联合使用，以提高源解析的准确性、适应性与科学性，提升源解析结果的可信度。

基于不同土壤溯源方法的适用条件，从区域、园区及厂区尺度分别构建了土壤污染溯源方法（图 2-6）。在区域尺度，克服传统排放清单法及物质流分析不能核算污染物入土通量的难点，打通源—流—汇过程，解析了区域尺度不同行业对重金属及 VOCs 污染贡献。针对重金属，构建基于物质流的重金属溯源，通过增加废弃物入土环节，解析行业贡献；针对 VOCs，基于排放清单耦合沉降通量模型，核算入土通量。在园区尺度，考虑 VOCs 及 PAHs 在迁移过程中的传输变化及沉降模式，量化传输范围及沉降量；针对传统受体模型溯源精度依赖于污染源谱的精准构建，考虑污染物传输扩散过程，利用 GEM 源-汇模型优化污染源谱，实现对不同企业源贡献的定量解析。在厂区尺度，扩展利用 GEM 源-汇模型修正污染源谱，量化停产工段贡献；引入贝叶斯混合模型，实现同位素比值法定量核算工艺贡献。

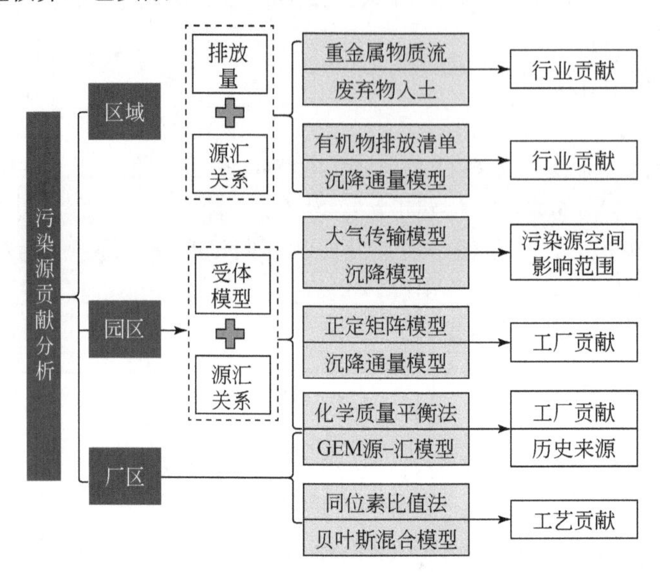

图 2-6　土壤污染物溯源方法体系

2.6　本 章 小 结

土壤中污染物来源复杂，仅仅凭靠简单的采样检测数据分析很难把握其准确的来源，此时必须要结合区域内自然因素、社会经济、工业企业分布等基础数据才能更好地明确污染物的来源。对于区域尺度，克服传统排放清单法及物质流分析不能核算污染物入土通量的难点，本书打通源—流—汇过程，解析了区域尺度不同行业对重金属及 VOCs 污染贡献。对于园区尺度，采用 PMF、CMB 等受体模型方法，基于多介质扩散传输的模拟方法，解析园区不同企业定量贡献。对于厂区尺度，利用传输模型优化污染源谱，量化停产工段的贡献；引入贝叶斯混合模型，实现同位素比值法的定量溯源。数据挖掘作为大数据处理的基本手段，其是基于数据库理论、机器学习、人工智能、现代统计学迅速发展的交叉学科，在很多领域中都有应用。场地土壤污染溯源方法的不断完善，不仅可以帮助国家及各省级政府了解整体污染排放情况，同时为中等区域及小区域的污染源解析提供污染物排放清单的参考，为潜在污染源的筛选以及污染源的识别提供指导。

参 考 文 献

陈艺，蔡海生，曾君乔，等，2021. 袁州区表层土壤重金属污染特征及潜在生态风险来源的地理探测［J］. 环境化学，40（4）：1112-1126.

郭新蕾，赵玉杰，刘潇威，等，2019. 基于空间聚类与随机森林的稻米富集镉影响因素筛选研究［J］. 农业环境科学学报，38（8）：1794-1801.

胡碧峰，王佳昱，傅婷婷，等，2017. 空间分析在土壤重金属污染研究中的应用［J］. 土壤通报，48（4）：1014-1024.

黄赫，周勇，刘宇杰，等，2020. 基于多源环境变量和随机森林的农用地土壤重金属源解析：以襄阳市襄州区为例［J］. 环境科学学报，40（12）：4548-4558.

江思珉，蔡奕，王敏，等，2012. 基于和声搜索算法的地下水污染源与未知含水层参数的同步反演研究［J］. 水利学报，43（12）：1470-1477.

江思珉，王佩，施小清，等，2012. 地下水污染源反演的 Hooke-Jeeves 吸引扩散粒子群混合算法［J］. 吉林大学学报（地球科学版），42（6）：1866-1872.

卢文喜，2003. 地下水运动数值模拟过程中边界条件问题探讨［J］. 水利学报，3（33）：33-36.

邵帅，2020. 基于空间分析与数据挖掘的区域土壤重金属“源汇”污染特征研究［D］. 杭州：浙江大学.

史广，刘庚，赵龙，等，2020. 基于多源环境数据和随机森林模型的农田土壤砷空间分布模拟［J］. 环境科学学报，40（8）：2993-3000.

宋志廷，赵玉杰，周其文，等，2016. 基于地质统计及随机模拟技术的天津武清区土壤重金属源解析［J］. 环境科学，37（7）：2756-2762.

徐源，2021. 区域尺度典型工业聚集区土壤重金属源解析［D］. 北京：中国环境科学研究院.

Ahaneku I E，Sadiq B O，2014. Assessment of heavy metals in Nigerian agricultural soils［J］. Polish Journal of Environmental Studies，23（4）：1091-1100.

Aimunek J，van Genuchten M T，Aejna M，2012. HYDRUS：model use，calibration，and validation［J］. Transactions of the Asabe，55（4）：1263-1274.

Araújo D F，Boaventura G R，Machado W，et al.，2017. Tracing of anthropogenic zinc sources in coastal environments using stable isotope composition［J］. Chemical Geology，449：226-235.

Cui L，Wang S X，2021. Mapping the daily nitrous acid （HONO） concentrations across China during 2006-2017 through ensemble machine-learning algorithm［J］. Science of the Total Environment，785：147325.

Gao H P，Zhong S F，Zhang W L，et al.，2021. Revolutionizing membrane design using machine learning-bayesian optimization［J］. Environmental Science and Technology，56：2572-2581.

Geiges A，Rubin Y，Nowak W，2015. Interactive design of experiments：a priori global versus sequential optimization，revised under changing states of knowledge［J］. Water Resources Research，51（10）：7915-7936.

Gorelick S M，Evans B，Remson I，1983. Identifying sources of groundwater pollution：an optimization approach［J］. Water Resources Research，19（3）：779-790.

He X G，Ren L，2005. Finite volume multiscale finite element method for solving the groundwater flow problems in heterogeneous porous media［J］. Water Resources Research，41（10）：W10417.

Jia X L，Hu B F，Marchant B P，et al.，2019. A methodological framework for identifying potential sources of soil heavy metal pollution based on machine learning：a case study in the Yangtze Delta，China［J］. Environmental Pollution，250：601-609.

Juillot F，Maréchal C，Morin G，et al.，2011. Contrasting isotopic signatures between anthropogenic and geogenic Zn and evidence for post-depositional fractionation processes in smelter-impacted soils from Northern France［J］. Geochimica et Cosmochimica Acta，75（9）：2295-2308.

Khamforoush M，Rahi M J，Hatami T，et al.，2011. The use of artificial neural network（ANN）for modeling of diesel contaminated soil remediation by composting process［C］//2011 IEEE International Conference on Industrial Engineering and Engineering Management. Singapore：IEEE：585-589.

Kong J，Guo Q J，Wei R F，et al.，2018. Contamination of heavy metals and isotopic tracing of Pb in surface and profile soils in a polluted farmland from a typical karst area in southern China [J]. Science of the Total Environment，637-638：1035-1045.

Leube P C，Geiges A，Nowak W，2012. Bayesian assessment of the expected data impact on prediction confidence in optimal sampling design [J] . Water Resources Research，48（2）：W02501.

Mahar P S，Datta B，2001. Optimal identification of ground-water pollution sources and parameter estimation [J] . Journal of Water Resources Planning and Management，127（1）：20-29.

Mahinthakumar G，Sayeed M，2005. Hybrid genetic algorithm-local search methods for solving groundwater source identification inverse problems [J] . Journal of Water Resources Planning and Management，131（1）：45-57.

Man J，Zhang J J，Li W X，et al.，2016. Sequential ensemble-based optimal design for parameter estimation [J] . Water Resources Research，52（10）：7577-7592.

Qiu L，Wang K，Long W L，et al.，2016. A comparative assessment of the influences of human impacts on soil Cd concentrations based on stepwise linear regression，classification and regression tree，and random forest models [J/OL] . PLoS One，11（3）：e0151131.10.13T1/journal.pone.0151131.

Tao H，Liao X，Zhao D，et al.，2019. Delineation of soil contaminant plumes at a co-contaminated site using BP neural networks and geostatistics [J] . Geoderma，354：113878.

US EPA，2005. Human health risk assessment protocol for hazardous waste combustion facilities [R] . Washington，DC：US EPA.

Wang Q，Xie Z Y，Li F B，2015. Using ensemble models to identify and apportion heavy metal pollution sources in agricultural soils on a local scale [J] . Environmental Pollution，206：227-235.

Wen H J，Zhang Y X，Cloquet C，et al.，2015. Tracing sources of pollution in soils from the Jinding Pb–Zn mining district in China using cadmium and lead isotopes [J] . Applied Geochemistry，52：147-154.

Wu Y H，Liu Q Y，Ma J，et al.，2022. Antimony，beryllium，cobalt，and vanadium in urban park soils in Beijing: Machine learning-based source identification and health risk-based soil environmental criteria [J]. Environmental Pollution，293：118554.

Yang W J，Ding K B，Zhang P，et al.，2019. Cadmium stable isotope variation in a mountain area impacted by acid mine drainage [J] . Science of the Total Environment，646：696-703.

Ye S J，Xue Y Q，Xie C H，2004. Application of the multiscale finite element method to flow in heterogeneous porous media [J] . Water Resources Research，40（9）：W09202.

Yin G C，Chen X L，Zhu H H，et al.，2022. A novel interpolation method to predict soil heavy metals based on a genetic algorithm and neural network model [J]. The Science of the Total Environment，825：153948.

Zheng C，Hill MC，Cao G，et al.，2012. MT3DMS：Model use，calibration，and validation [J]. Transactions of the ASABE，55（4）：1549-1559.

Zhong Q H，Zhou Y C，Tsang DCW，et al.，2020 Cadmium isotopes as tracers in environmental studies：A review [J] . Science of the Total Environment，736：139585.

Zhu G X，Guo Q J，Xiao H Y，et al.，2017. Multivariate statistical and lead isotopic analyses approach to identify heavy metal sources in topsoil from the industrial zone of Beijing Capital Iron and Steel Factory [J] . Environmental Science and Pollution Research，24（17）：14877-14888.

第3章　经济快速发展区场地土壤重金属污染溯源

3.1　区域尺度场地土壤重金属溯源

3.1.1　经济快速发展区重金属物质流分析

针对重金属“源—流—汇”的分析可以在全球、国家及区域尺度展开。物质流分析可以为重金属相关政策、管控措施等提供重要信息（图 3-1）。基于重金属“源”的分析有助于构建重金属排放清单，可以促进工业结构优化及工艺升级；“流”的分析有助于重金属迁移模拟以及实施扩散阻断；“汇”的分析有利于确定修复目标及风险评估。涉及重金属的法律法规、标准规范以及国际公约等管控政策影响整个“源—流—汇”的分析。

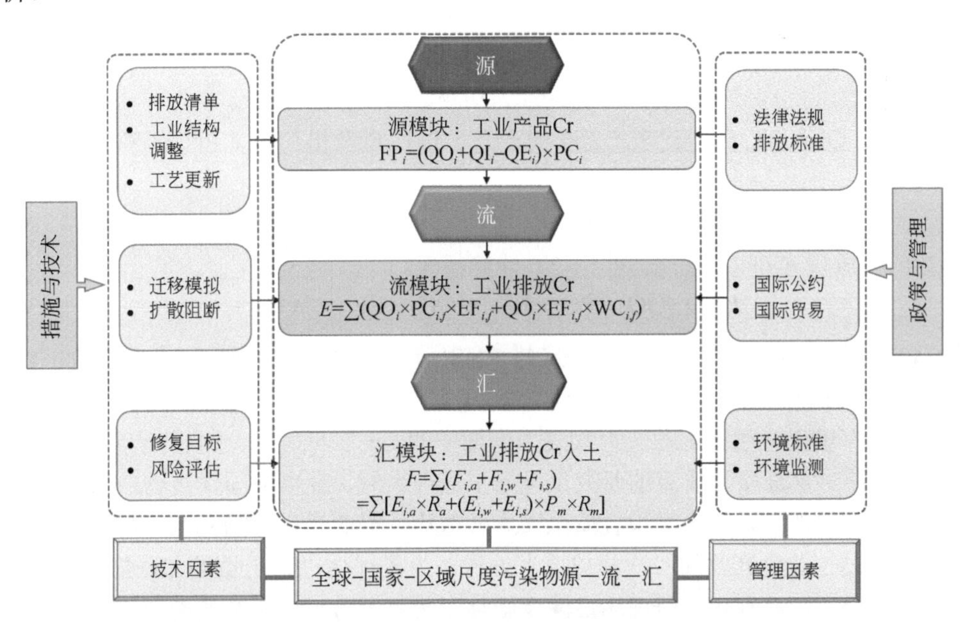

图 3-1　重金属物质流分析框架及相关影响因素

以我国重金属铬的物质流分析为例，分析其“源—流—汇”过程，整个系统由 3 部分组成，包括生产系统、加工系统及废弃物管理系统，涵盖国内生产加工及进出口贸易（图 3-2）。生产系统涉及铬铁矿的采选及冶炼。加工系统包括不锈钢制造、化学工业及耐火材料的制造。化学工业主要是指铬盐制造及下游应用。我国铬盐主要用于电镀、制革及颜料制造。本书仅评估铬的工业来源，因此商业产品中铬的使用及排放忽略不计。

废弃物管理系统包括废水、废气及固体废物的排放。

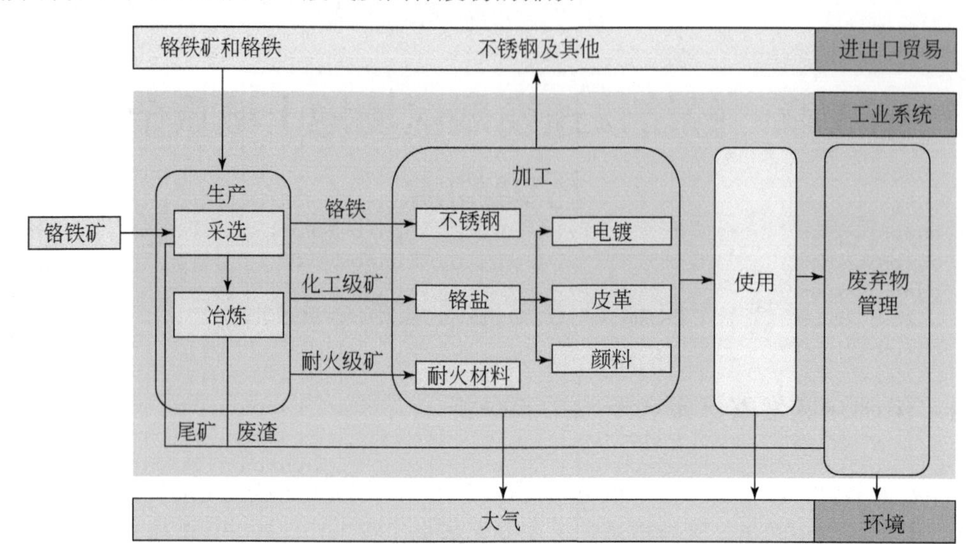

图 3-2　我国铬的物质流分析框架

①“源”模块：工业产品中的 Cr

不同产品中的 Cr（FP_i）反映了源汇之间的循环，可以用公式（3-1）计算得出。评估时应考虑含铬产品的进出口，尤其是大宗产品的贸易交流，如铬铁矿、铬铁及不锈钢产品。

$$FP_i = \left(QO_i + QI_i - QE_i\right) \times PC_i \tag{3-1}$$

式中，QO_i、QI_i、QE_i 分别代表产品 i 的产量、进口量及出口量。PC_i 指产品 i 中 Cr 的含量。

②“流”模块：工业排放的 Cr

Cr 的排放量 E 可以通过公式（3-2）计算得出。

$$E = \sum(QO_i \times PC_i \times EF_{i,j} + QO_i \times EF_{i,j} \times WC_{i,j}) \tag{3-2}$$

式中，$EF_{i,j}$ 是指产品 i 生产中经废弃物 j 排放的因子，包括废水、废气、固体废物。$WC_{i,j}$ 是指通过产品 i 排放的废弃物 j 中铬的含量。

③“汇”模块：通过工业废弃物进入土壤中的 Cr

当前，针对重金属物质流的研究仅考虑了进入大气、废水和固体废物中的 Cr。土壤作为重金属重要的汇，关系到粮食安全及人体健康。工业过程排放的铬不能直接进入土壤，而是经过工业废弃物的二次释放或者处置。为了评估进入土壤的 Cr 通量，需全面考虑大气沉降、污泥利用、填埋场淋滤及固体废物处置等过程。从废弃物进入土壤中的 Cr 通量 F 可以通过公式（3-3）、公式（3-4）和公式（3-5）计算得出。

$$F = \sum\left(F_{i,a} + F_{i,w} + F_{i,s}\right) \tag{3-3}$$

$$F_{i,a} = E_{i,a} \times R_a \tag{3-4}$$

$$F_{i,w} + F_{i,s} = \left(E_{i,w} + E_{i,s}\right) \times P_m \times R_m \tag{3-5}$$

式中，$F_{i,a}$、$F_{i,w}$、$F_{i,s}$ 分别是指产品 i 生产中产生的废弃物经大气沉降、废水处理及固体废物处置进入土壤中的 Cr 含量。$E_{i,a}$、$E_{i,w}$、$E_{i,s}$ 分别是指通过产品 i 经废气、废水和固体废物的排放量。R_a 是指废气中 Cr 经大气沉降进入土壤的比例。P_m 是指不同污泥和固体废物处置方式，包括综合利用、水泥窑、填埋、堆放、焚烧、土地利用及无害化处置的占比。R_m 是指通过处置方式 m 进入土壤的比例。

废弃物经焚烧后进入废气及飞灰，分别通过大气沉降及飞灰填埋进入土壤。危险废物经无害化处理后作为一般固体废物处置，最终通过填埋、焚烧及土地利用等方式将 Cr 带入土壤，因此需计算通过这 3 种方式进入土壤的比例。经焚烧及无害化处置的废弃物进入 Cr 的比例通过公式（3-6）和公式（3-7）得出。

$$R_{\text{incineration}} = P_{\text{waste gas}} \times R_a + P_{\text{fly ash}} \times R_{\text{landfill}} \tag{3-6}$$

$$R_{\text{detoxification}} = \sum P_m \times R_m \tag{3-7}$$

式中，$P_{\text{waste gas}}$ 和 $P_{\text{fly ash}}$ 分别是指焚烧中 Cr 分别进入废气及飞灰中的比例。

2020 年我国八个关键工业产品中 Cr 的通量及排放量如图 3-3 所示，Cr 的物质流分析如图 3-4 所示。我国进口了大量铬铁矿及铬铁，导致下游铬铁及不锈钢中 Cr 含量高达 3.43×10^6～4.67×10^6t 和 3.17×10^6～8.14×10^6t。铬铁矿（非进口）、铬盐及耐火材料中 Cr 的含量均在 1.00×10^5～3.00×10^5t。下游产品皮革、颜料及电镀产品中 Cr 的含量最低。从贸易交流来看，进口产品中 Cr 含量为 3.65×10^6～8.85×10^6t，主要包括铬铁矿及铬铁，远高于出口产品中 Cr 含量 3.90×10^5～9.67×10^5t。整体上，上游铬铁矿及铬铁主要通过进口以满足国内消费，尤其是不锈钢，由此导致大量的 Cr 在生产及加工行业中进入废

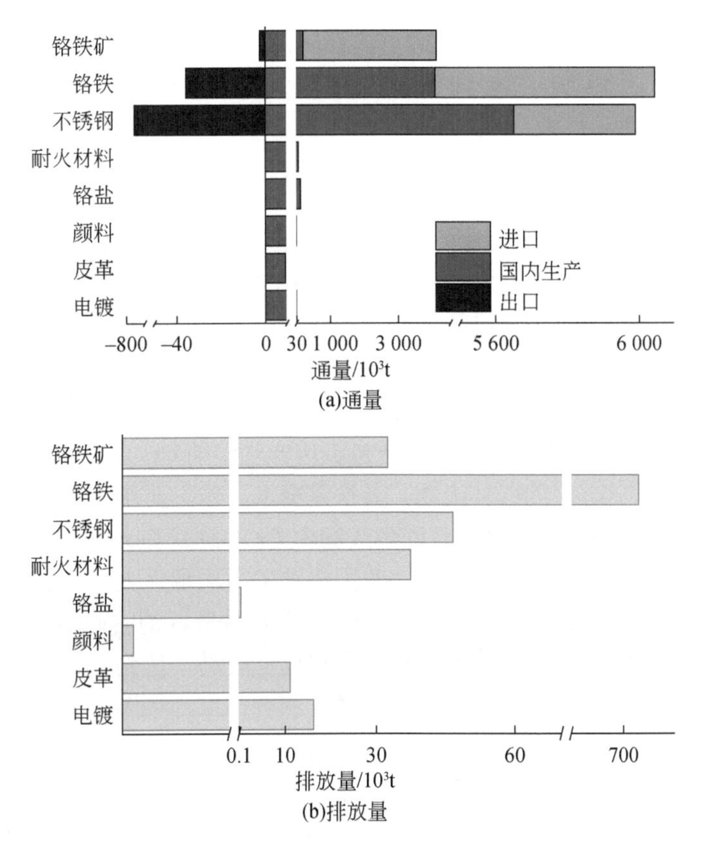

图 3-3　2020 年我国 8 个关键工业产品中铬的通量及排放量（单位：10^3t）

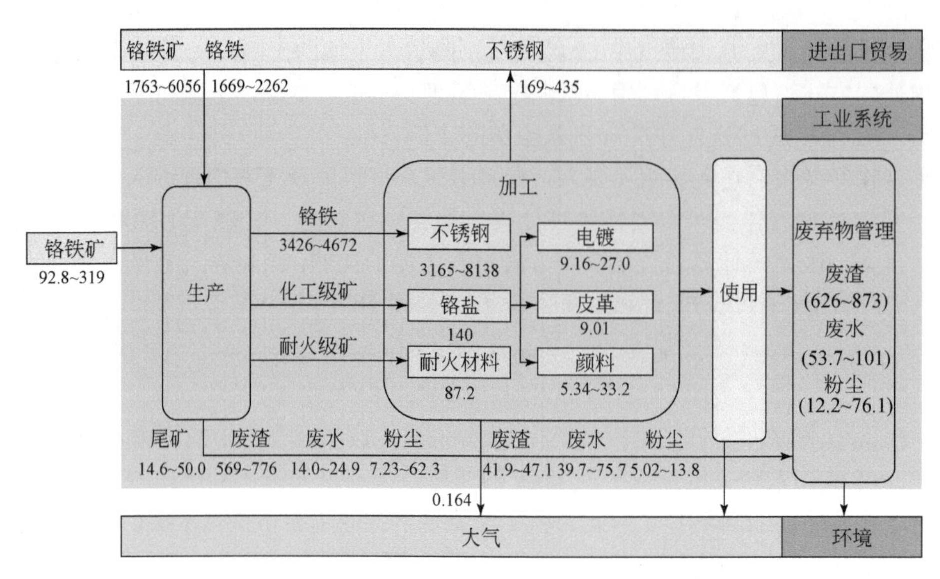

图 3-4 2020 年我国铬的物质流分析（单位：10^3t）

弃物。Gao 等（2021）报道了 2000～2019 年我国工业系统及生活应用中 Cr 的物质流情况，但并没有对下游应用行业进行细分。2000～2019 年，Cr 的消费量大幅增长。2019 年 Cr 进口量达到 6.00×10^6t，接近于本书估算的 6.25×10^6t。2019 年 Cr 在铬铁及不锈钢中的含量最高，略高于 4.60×10^6t，与本书估算接近。从全球 Cr 循环来看，2000 年铬铁矿和铬铁中 Cr 的含量最高，导致尾矿和铬铁渣中 Cr 的排放最高，占到 70.4%。本书针对 2020 年 Cr 的含量估算与 2000 年对我国的评估相比，高出一个数量级，整体的工业应用类型未发生明显变化。

2020 年全国工业 Cr 的排放量达到 6.91×10^5～1.05×10^6t，约占产品中 Cr 通量的 12.9%～21.8%。通过铬铁制造排放的 Cr 占到总量的 82.2%～85.4%。基于 Johnson 等（2006）对 Cr 的估算，全球 78%的 Cr 流入生活应用中，总排放量则为 2.63×10^6t，几乎平均分配到尾矿、铬铁渣、废料及损耗中。据评估，2000 年我国 Cr 排放量占全球的 26.3%～39.9%。与 2000 年相比，2020 年我国排放量减少了 80%～90%。2000 年 Cr 的排放主要来自铬铁生产、铬盐和皮革制造、金属电镀。近年来，由于铬盐制造及下游应用工业技术更新及排放管控，2020 年排放进入废弃物中的 Cr 主要来自铬铁生产。

工业 Cr 排放超 90%流入固体废物，其次是废水。这主要是由于当前对废水和废气严格的管控，Cr 主要流入固体废物。固体废物中 Cr 的总量为 6.38×10^5～9.49×10^5t，包括一般固体废物、危险废物及工业粉尘。我国铬铁矿需求量巨大，但是因为 95%通过进口，因此尾矿中的 Cr 并不高。相反，多数 Cr 流入铬铁渣，约占固体废物总量的 90%。此外，铬铁制造过程中排放的粉尘中 Cr 的含量同样较高，达到 7.23×10^3～6.23×10^4t。耐火材料生产中 3.74×10^4t 的 Cr 进入固体废物。根据国家污染源普查动态数据，董广霞等（2013）报道了 9.40×10^5t 的 Cr 进入固体废物，48.2%来自铬盐生产、41.6%来自铬铁制造、2.5%来自皮革制造。整体来看，2013 年的报道与本书的固体废物 Cr 排放量接近，但来源发生了很大变化，尤其是铬盐制造。2013 年之前，有钙焙烧占主导，之后被无钙焙烧取代。有钙焙烧中每生产 1t 铬盐会产生 2.5～3.0t 的铬渣。通过无钙焙烧技术，仅排放 0.8t 固体废物，其中含 0.1%～0.2%六价 Cr，由此导致 Cr 排放的大幅减少。

在铬铁生产及下游不锈钢生产、电镀、制革中，多数 Cr 流入废水。2020 年废水中总铬含量 5.37×10^4～1.01×10^5t（图 3-5 和表 3-1）。不锈钢生产排放的酸洗废水中 Cr 含量达到 2.55×10^4～4.25×10^4t。此外，除铬铁制造废水中 Cr 为 1.40×10^4～2.49×10^4t，电镀废水贡献了高含量的 Cr，达到 6.59×10^3～2.56×10^4t。Cheng 等（2014）发现电镀及制革行业对废水中 Cr 的较高贡献，年排放量分别为 455t 和 134t，比本物质流分析的结果低 1～2 个数量级。此外，铬铁、铬盐及铬铁矿的贡献更低。本书基于全工业系统的研究，因此除公认的几大行业外能够识别出不锈钢生产的高贡献。

表 3-1　8 大行业总铬的排放量　（单位：10^3t）

工业过程	固体废物	废水	废气	灰尘[b]
铬铁矿开采	14.6～50.0	3.14×10^{-5}～5.23×10^{-5}	—	—
铬铁生产	569～776	14.0～24.9[a]	—	7.23～62.3
不锈钢生产	0.758～5.61	25.5～42.5	—	5.02～13.8
耐火材料生产	37.4	—	—	—
铬盐生产	0.320～0.640[a]	4.00×10^{-3}～0.012	1.66×10^{-3}	—
颜料制造	—	2.57×10^{-8}～1.30×10^{-6}[a]	—	—
制革	3.44	7.63	—	—
电镀	—	6.59～25.6	0.162	—

备注：a，由于缺少总 Cr 排放系数，此处用 Cr((VI))替代。b，灰尘收集作为固废处置。

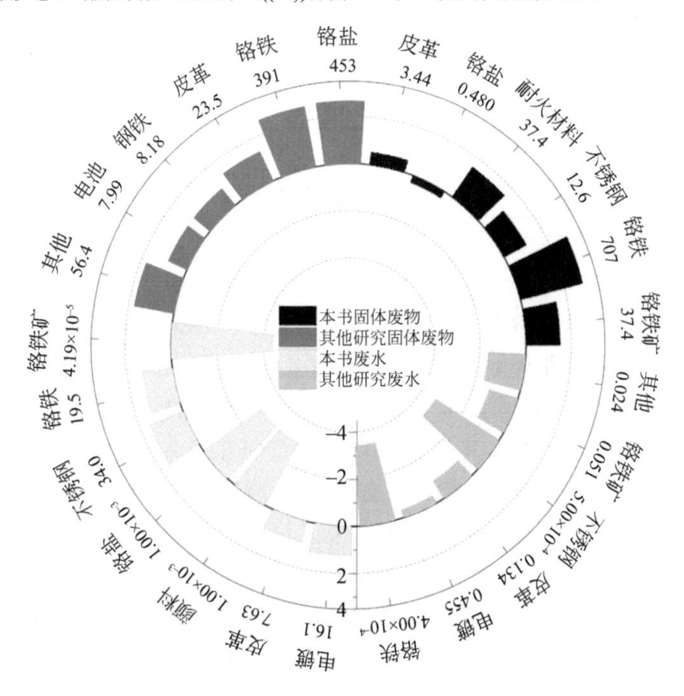

图 3-5　我国工业系统中铬进入固体废物及废水的年排放量（单位：10^3t）

图中直方图代表排放量的对数，圆形外的数值代表实际排放量

从制革行业中 Cr 的物质流来看，每加工 1t 生皮约添加 3.99kg Cr，其中 44.9%被有效利用、38%和 17.1%流入废水和固体废物。基于此分析，2020 年制革排放的 Cr 约

1.11×10^4t，其中 7.63×10^3t 进入废水、3.44×10^3t 进入固体废物。

土壤作为铬重要的汇，影响着生态系统健康及粮食安全。基于各行业排放的铬通量以及不同处置方式进入土壤的比例，铬的年通量为 1.52×10^4～2.53×10^4t（表 3-2），平均为 2.03×10^4t，约占工业废弃物总量的 2.30%。Cr 排放进入废水和大气的含量远低于固体废物。由于对废水排放的严格控制，假设几乎所有污染物最终流入污泥，由此导致的固体废物及污泥处置后大量 Cr 流入土壤。最大来源为耐火材料生产中一般固体废物的处置，通量为 8.90×10^3～9.01×10^3t。由于铬铁尾矿及铬铁渣主要通过卫生填埋，防渗措施较好，因此对土壤的影响有限。铬铁废水产生的污泥对土壤 Cr 的贡献为 3.33×10^3～6.00×10^3t。此部分作为一般固体废物处理，更多被直接用于土壤，导致贡献较高。铬铁及不锈钢生产排放的粉尘处置引起 202～1.81×10^3t 和 1.21×10^3～3.33×10^3t 的 Cr 进入土壤，约占 16.23%。铬盐制造和电镀中排放废气 Cr 沉降量仅为 147t。整体来看，一般固体废物的处置对 Cr 进入土壤起关键作用。一般固体废物和危险废物处置对土壤中 Cr 的贡献分别为 49.38%和 2.23%。

表 3-2　8 大行业通过不同废弃物处置进入土壤中总铬通量　（单位：10^3t）

工业过程	固废	废水	废气	灰尘
铬铁矿开采	2.13×10^{-4}～0.365	7.47×10^{-6}～1.26×10^{-5}	—	—
铬铁生产	1.00×10^{-3}～0.683	3.33～6.00 [a]	—	0.202～1.81
不锈钢生产	0.180～1.35	0.711～1.24	—	1.21～3.33
耐火材料生产	8.90～9.01	—	—	—
铬盐生产	8.93×10^{-3}～0.0186 [a]	1.12×10^{-4}～3.49×10^{-4}	1.49×10^{-3}	—
颜料制造	—	7.17×10^{-10}～3.78×10^{-8} [a]	—	—
制革	0.0960～0.100	0.213～0.222	—	—
电镀	—	0.184～0.745	0.146	—

备注：a，此处为 Cr（Ⅵ）通量。

从不同行业对土壤中 Cr 的贡献来看，耐火材料制造业贡献为 44.7%，铬铁和不锈钢制造分别贡献 29.8%和 20.0%（图 3-6a）。据 Li 等（2020）报道，2016 年从铬盐、电镀、制革行业及大气沉降进入土壤的 Cr 通量为 8.43×10^4t（图 3-6b），约为用本书方法估算的 4 倍。这种差异一方面是因为本书重点考虑了工业排放，而未将日常使用考虑在内。另一方面则是因为当前对铬盐、电镀及制革更为严格的控制使得 Cr 排放量大幅降低。工业活动同时导致农田土壤中 Cr 超标，如电镀厂周边 Cr 含量达到 816mg/kg。我国西南地区土壤中高浓度的 Cr 通常是由密集的采矿活动引起的，而东部地区则是发达的电镀及皮革行业造成。

由于资源分布与产业聚集的差异，铬相关产业对不同地区土壤的影响表现出极大不同。由于铬铁矿的分布及上游产业对资源的依赖，除四个经济区外其他区域 2020 年土壤铬通量为 1.56×10^4t，占全国总量的 77.6%（图 3-7）。四大经济快速区土壤铬通量为 4.50×10^3t，其中 2.19×10^3t Cr 来自长三角。需要注意的是，除长三角耐火材料及不锈钢制造贡献 1.22×10^3t 和 635t 外，电镀贡献同样突出，达 257t。长江经济带土壤 Cr 通量为 1.05×10^3t，铬铁制造、电镀及皮革行业贡献分别为 89.8%、4.66%和 3.10%。京津冀及珠三角通过工业活动进入土壤的 Cr 通量均低于 1.00×10^3t，主要来自耐火材料和不锈钢制造。皮革及电镀对两个地区的贡献相差不大。

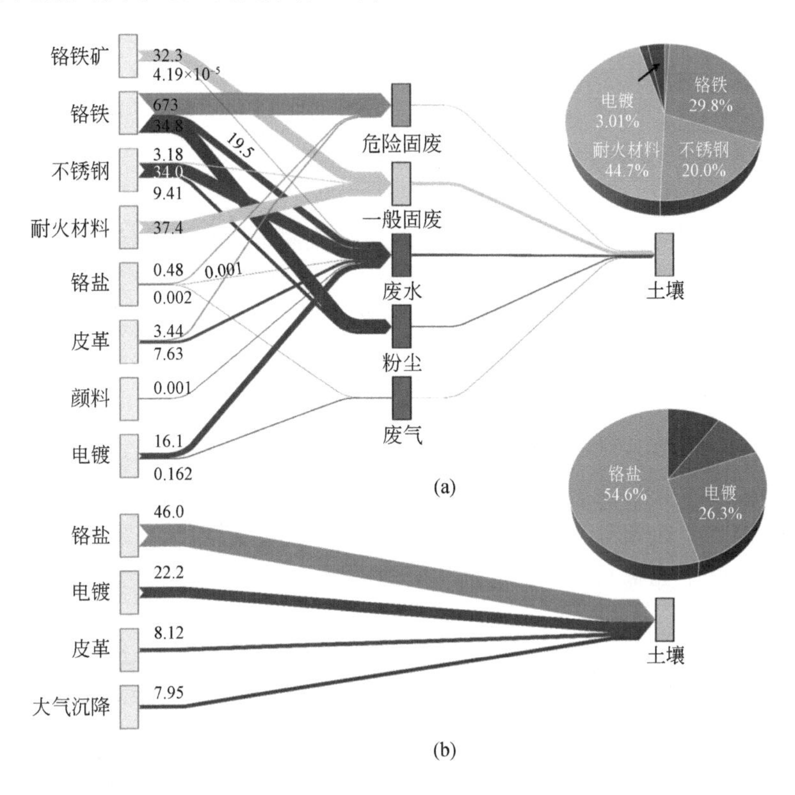

图 3-6　2020 年工业源排放铬进入土壤的年通量（a）和 2016 年工业源及大气沉降铬进入土壤的年通量（b）（单位：10^3t）

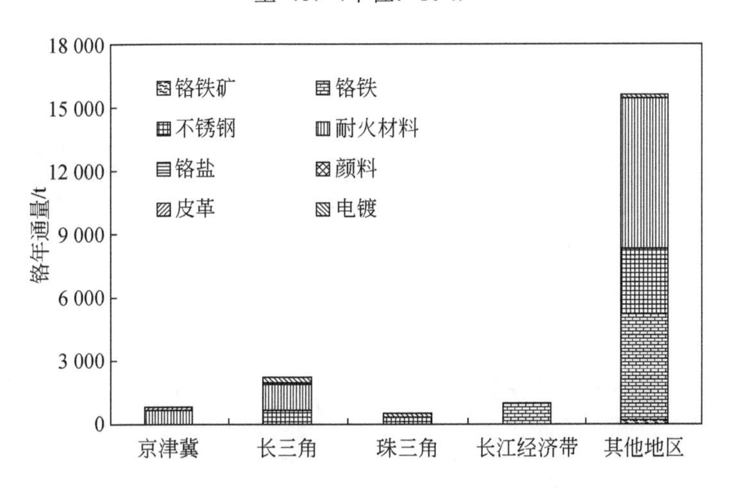

图 3-7　不同地区 2020 年工业系统土壤铬年通量

我国对工业场地土壤中 Cr^{6+}的管控越来越重视。此前的研究更多检测 Cr，而忽略了 Cr^{6+}。通过检索不同地区场地高含量的 Cr 和 Cr^{6+}发现，在长江经济带一铬铁生产场地土壤中 Cr 含量达到 3.55×10^3mg/kg，在一颜料生产场地 Cr 含量达到 1.02×10^4mg/kg。整体上，对铬盐及下游产业场地的报道更多。由于密集的电镀企业分布，长三角和珠三角均发现了严重的 Cr 污染，Cr 浓度分别能够达到 5.11×10^4mg/kg 和 7.26×10^3mg/kg。在珠三角电镀场地检出到高浓度的 Cr^{6+}，达到 1.57×10^3mg/kg。对于皮革制造场地，京津冀及长三角区域均有高含量的 Cr 检出。在长三角一个运行超过 50 年的皮革场地，Cr 和 Cr^{6+} 的含量分别高达 5.94×10^4mg/kg 和 827mg/kg，超过筛选值的 145 倍。

3.1.2　典型区域土壤重金属排放清单溯源

本节以广东省土壤汞溯源为例，详细讲述排放清单法在土壤污染物溯源方面的应用。通过大量的资料收集与处理，确定广东省人为排放源研究对象主要包括 3 大类：废气排放源、废水排放源和固体废物排放源。如图 3-8 为广东省土壤汞的主要来源。以废气形式排放进入土壤的共涉及 8 大行业，分别是石油开采、钢铁冶炼、水泥生产、燃油（汽油、煤油、柴油和燃料油）消费、有色金属（锌和铅）冶炼、垃圾焚烧、作物（水稻和玉米）秸秆以及煤炭燃烧，可细分为 13 个子行业。以废水形式排放进入土壤的仅涉及有色金属（锌、铅和铜）冶炼和煤炭燃烧。以固体废物形式排放进入土壤的共涉及 7 大行业，分别是石油开采、钢铁冶炼、有色金属（锌、铅和铜）冶炼、化肥（氮肥、磷肥和钾肥）使用、畜禽（牛、羊、鸡和猪）粪便、作物（水稻、玉米）秸秆和煤炭燃烧，可细分为 15 个子行业。

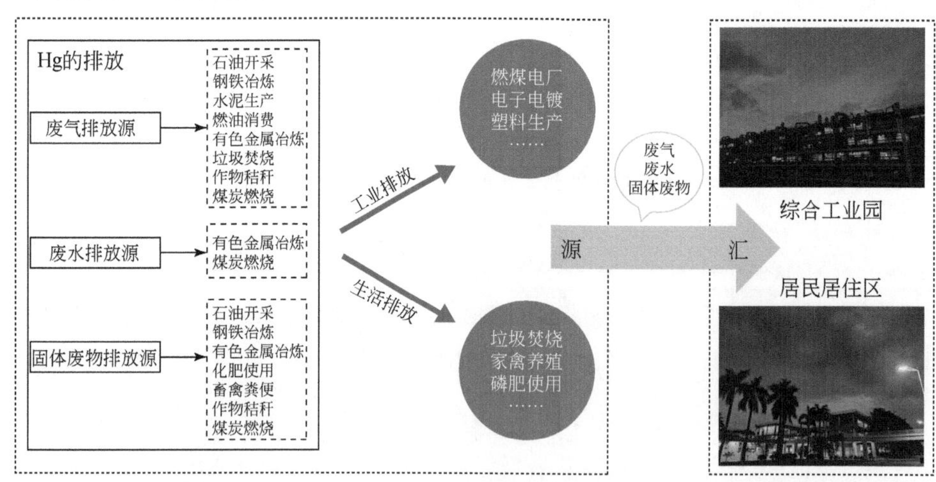

图 3-8　广东省土壤汞的主要来源

采用排放清单法对广东省人为源汞的排放进行估计，基于排放因子和各类产品的生产量或者消费量进行各个排放源的汞排放量的核算，然后将所有人为排放源的排放量相加计算广东省汞人为排放源的排放总量，具体计算如公式（3-8）至公式（3-11）所示。

$$M_{\text{gas}}=\sum EF_{i,j}\times Q_{i,j} \tag{3-8}$$

$$M_{\text{effluents}}=\sum EF_{i,j}\times Q_{i,j} \tag{3-9}$$

$$M_{\text{wastes}}=\sum EF_{i,j}\times Q_{i,j}\times(1-\eta) \tag{3-10}$$

$$M_{\text{total}}=M_{\text{gas}}+M_{\text{effluents}}+M_{\text{wastes}} \tag{3-11}$$

式中，M_{gas}、$M_{\text{effluents}}$ 和 M_{wastes} 分别代表废气、废水和固体废物中的汞排放量，M_{total} 代

表总汞的排放量。$EF_{i,j}$ 代表排放因子；$Q_{i,j}$ 代表产品的生产量或消费量；i 代表不同的排放途径；j 代表不同的排放源；η 代表垃圾焚烧行业的年无害化处理率。

根据汞排放清单建立方法，广东省 2019 年人为源向土壤中排放汞总量为 58 160.25kg，其中以废气形式排放汞 23 434.61kg，以废水形式排放汞 5 772.47kg，以固体废物形式排放汞 28 953.17kg，分别占总汞排放的 40.29%、9.93%和 49.78%。废气和固体废物中汞的排放已成为广东省土壤汞主要的排放源，与 2010 年全国汞总排放量 1368t 相比较，广东省土壤汞排放量约占全国的 4.25%。与 2012 年全国废气汞排放量 695 100kg 相比较，广东省 2019 年废气汞排放量约占全国的 3.37%，与 2010 年全国固体废物汞排放量 651 000kg 相比较，广东省 2019 年固体废物汞排放量约占全国的 4.45%。

从图 3-9 可以看出，2010～2019 年 10 年间广东省人为源汞的排放量除 2011～2012 年和 2013～2015 年出现小幅度减少外，年排放量基本保持缓慢增长。在 10 类人为排放源中，煤炭消耗占主要地位，其次是水泥生产、钢铁冶炼、肥料使用、畜禽粪便和有色金属冶炼。尽管这 6 种主要汞排放源的贡献随时间会有些许差异，但总的来说，每年其排放总量都占广东省总汞排放量的 90%以上。本书以汞为例，综合大数据开展了广东省人为排放核算及污染源解析研究，结果不仅可以了解全省土壤汞总体排放情况，同时完善了汞的排放清单，为区域尺度的源解析工作提供科学依据。

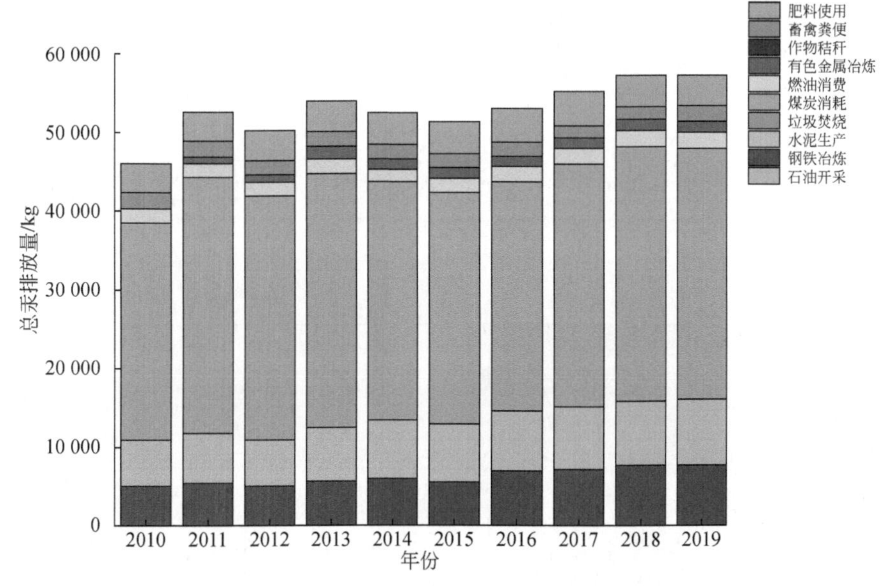

图 3-9　2010～2019 年广东省土壤汞排放量

彩图见封底二维码

3.1.3　耦合正定矩阵-同位素-物质流的重金属溯源

研究区域是我国珠三角中心城市之一，城市化水平较高且区域内传统工业十分发达。该市北部区域分布有大量涉及重金属的行业，主要有化工、印染、电镀、造纸、电池制造和金属品加工等工业企业。地形以平原为主，中间高四周低，土壤主要类型为赤红壤，主要农用植被类型有菜地、果园、苗圃等，自然植被代表类型为常绿季雨林。研究区域地处丰水地区，降水较多且北部区域河网密布，年降雨量超1700mm，主要河道的总水量达1500亿 m^3，主要水道走向为西北向东南。

表层土壤重金属的空间分布插值（图3-10）显示Cr、Ni和Zn整体浓度水平较低，区域内仅发现一个Zn超过农用地土壤污染筛选值①的点位，且未发现Cr、Ni和Hg超标的情况。Cu的超标情况较为明显，高值区域分布在C09、C10、C01、C15等点位，农药的施用和污水灌溉等可能是重金属向环境输入的来源之一。Cd超标率较高，超标区域主要分布在C05、C04、C03、C02以及C06和C10的部分地区，基本覆盖了研究区域北方大部分地区，整体空间呈现一个由西北向东南逐渐降低的趋势，污水排放、地膜的使用、农药化肥的施用以及工业废水废气的干湿沉降都有可能是导致Cd在环境中富集的原因。Pb超标情况较轻，仅5处点位存在超标，相对较高的地区为C19部分区

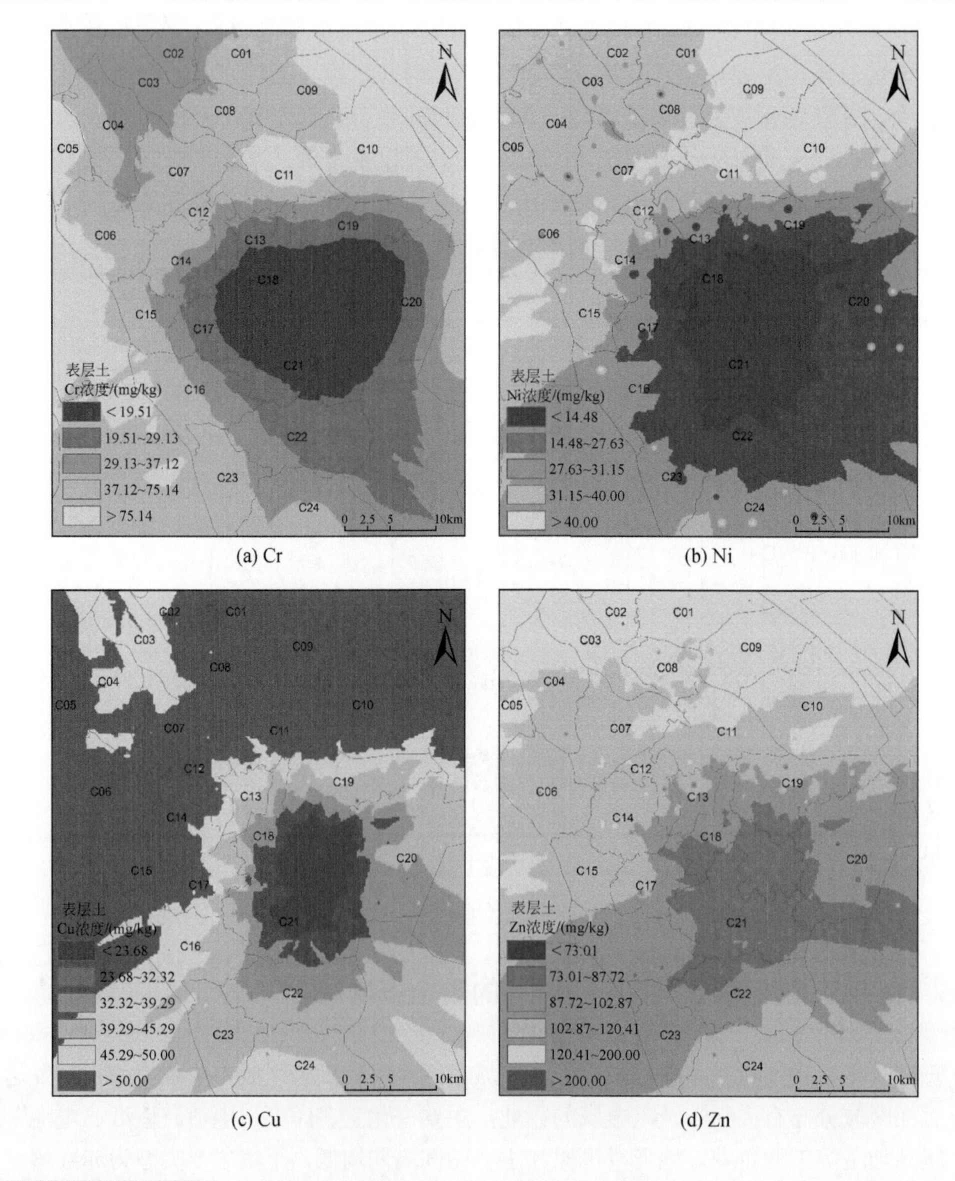

(a) Cr (b) Ni

(c) Cu (d) Zn

① 详见《土壤环境质量 农用地土壤污染风险管控标准（试行）》（GB15618—2018）。

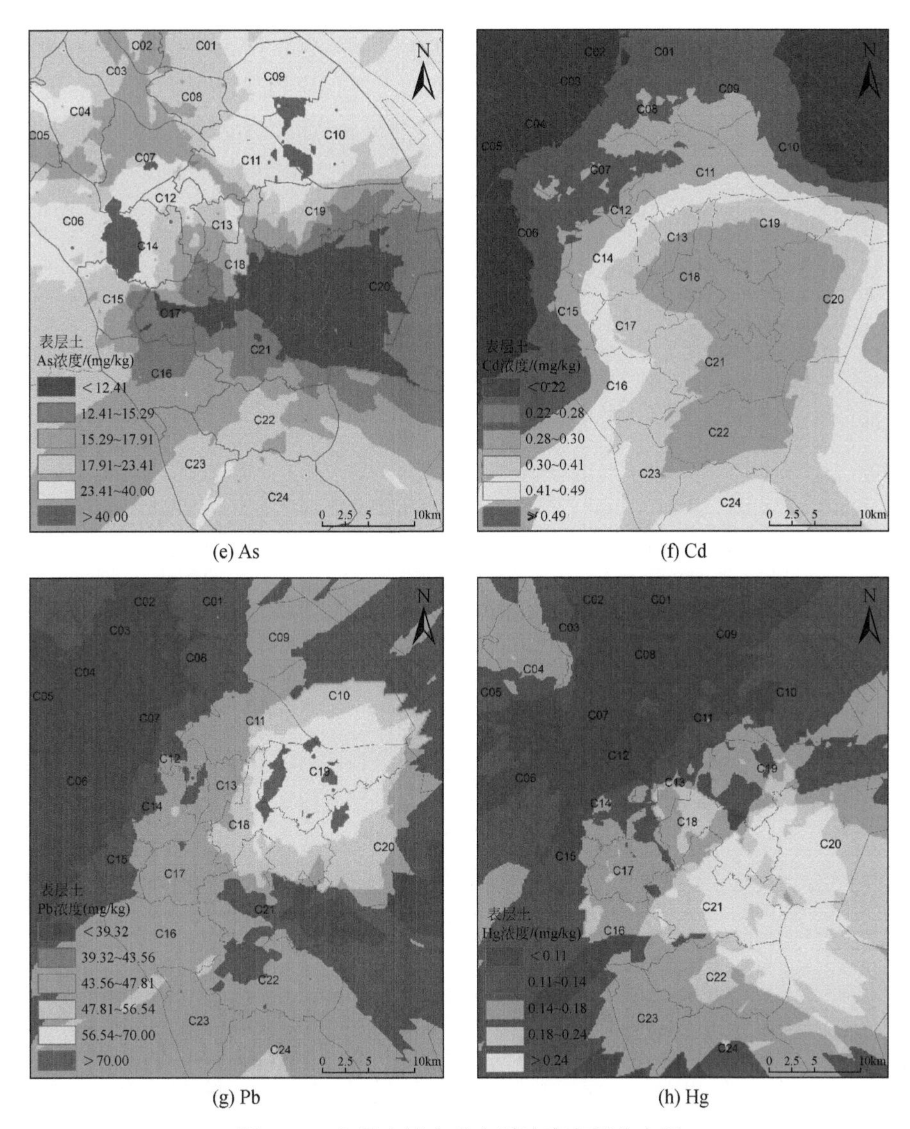

(e) As　(f) Cd

(g) Pb　(h) Hg

图 3-10　表层土壤中重金属浓度空间分布图

彩图见封底二维码

域，该地区交通流量较大等原因，导致了一定程度的积累，但均未超过农用地土壤污染风险筛选值。由表层土壤重金属空间分布特征显示，研究区域中重金属 Cd、Cu 的污染情况比较严重，且污染区域集中在北部地区。

针对 Cd 污染相对突出的重金属污染情况，本书应用了 PMF、同位素比值法对重金属污染进行源解析。正定矩阵因子模型进行源解析时，由于因子数需要自行确定，所以需要多次运行程序，其 Q 值及残差矩阵 E 值都尽可能小，以此保证模拟结果与观测结果具有较好的相关性。在综合考虑模型信噪比（signal-noise ratio，S/N），QRodust/QTrue 和 R^2 等观测值的情况下，本书中 PMF 解析因子数量确定为 4，旋转系数 Fpeak 为−1.0，迭代计算次数为 40 次。

从实测值与模拟值的对比中可以看出模型拟合程度较好，元素 R^2 均大于 0.7，其中 Cr、Ni、Zn、Cd、Hg 元素 R^2 均大于 0.9，实测值与模拟值相关性较强，表明拟合结果较好，因子具有代表性。图 3-11 为实测值与模拟值的对比。

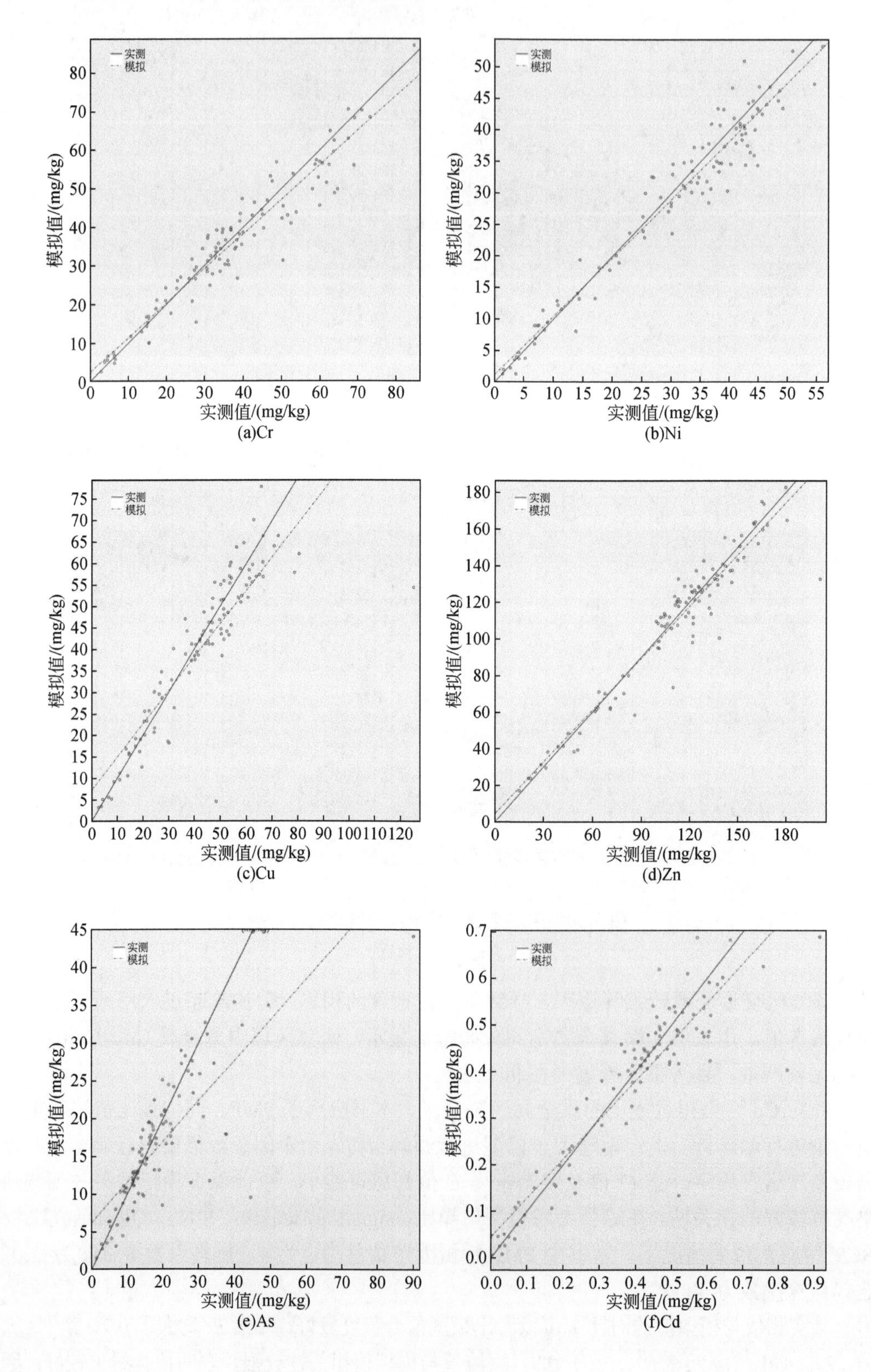

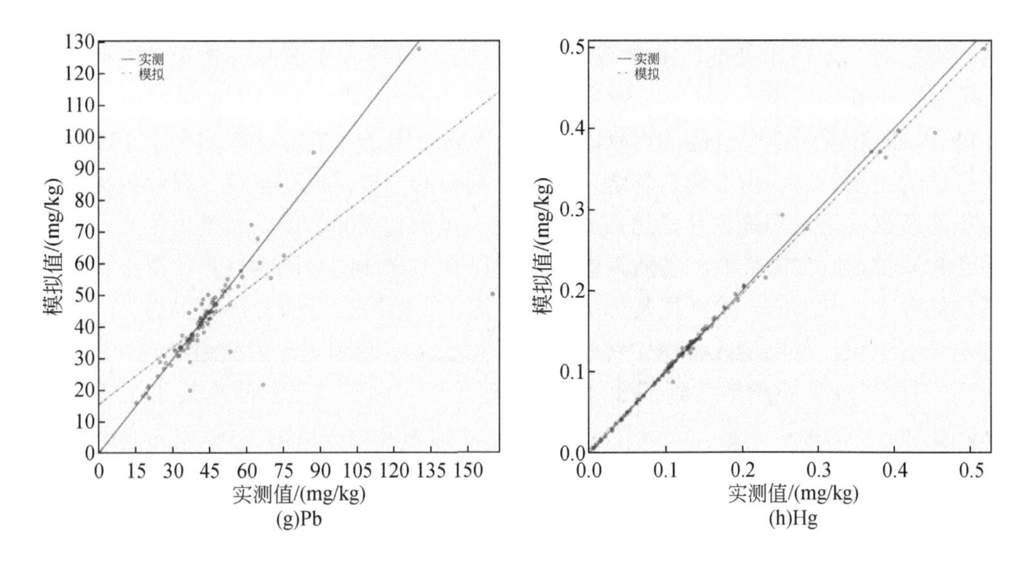

图 3-11　重金属实测值与模拟值的对比

通过模型运算，该研究区重金属各源源谱及源贡献率见表 3-3。

表 3-3　PMF 解析出的各源源谱及源贡献率

元素	源谱/（mg/kg）				源贡献率/%			
	因子 1	因子 2	因子 3	因子 4	因子 1	因子 2	因子 3	因子 4
Cr	9.56	23.94	0.11	2.45	26.5	66.4	0.3	6.8
Ni	19.99	7.19	0.21	1.89	68.2	24.6	0.7	6.5
Cu	21.16	13.83	0.23	4.79	52.9	34.6	0.6	12.0
Zn	83.40	0.15	22.82	3.14	76.1	0.1	20.8	2.9
As	0.00	14.69	0.77	0.79	0.0	90.4	4.7	4.9
Cd	0.32	0.007	0.016	0.026	86.7	1.9	4.3	7.1
Pb	14.29	5.89	21.93	0.00	33.9	14.0	52.1	0.0
Hg	0.000 1	0.000 0	0.014	0.112 3	0.1	0.0	11.1	88.8

Cd、Zn、Ni、Cu、Pb 在因子 1 有较高的贡献率，本书采集样品主要为农田土壤，该地区农业活动较为频繁，据对该地区化肥测试发现，Cd、Ni、Pb 含量普遍偏高，其中 Cd 的平均含量超过《肥料中砷、镉、铅、铬、汞含量的测定》（GB/T 23349—2020）的 10mg/kg 的限值。Cu 和 Zn 的积累主要与牲畜粪便有关，因为这两种金属常作为肠道的抗菌剂和断奶后擦洗的添加剂。粪便农用是当地农业的常见做法，可导致农田土壤中的铜和锌富集。在研究区，农业是农民收入的主要来源，大量的肥料、杀虫剂和动物粪便的使用会导致高浓度的重金属累积。因此，因子 1 可定义为农业源。

As、Cr、Cu、Ni 在因子 2 有较高的贡献率，其贡献率分别高达 90.4%、66.4%、34.6%、24.6%。As 的主要来源是煤的燃烧，燃煤对 As 的累积影响十分显著。研究区内有众多工业园区，能源消耗巨大，该市年原煤消耗量高达 142.1 万 t。而 Cr、Ni、Cu 是典型的电镀污染产物，当地电镀厂产生的废水、固体废物可能经过多种方式进入土壤。根据对当地污水处理厂的调查，出水中 Cr、Ni 存在部分超标情况。因此，因子 2 可视为工业源。

Pb 和 Zn 在因子 3 有较高的贡献率，其他元素对因子 3 的贡献率均小于 15%。铅是交通排放的主要标志，由于燃料燃烧以及催化剂铅的排放，机动车辆、农业机械普遍排放含铅的废气，通过多途径传输造成土壤污染。虽然自 2000 年以来禁止生产、销售和使用含铅汽油，但含铅柴油和劣质汽油的使用以及重金属的难降解性，使得土壤中的铅积累仍然存在。汽车的轮胎磨损是锌的主要来源，轮胎磨损后的含锌粉尘与大气尘埃一起进入表层土壤，从而造成土壤中锌的累积。综上，推断因子 3 为交通源。

Hg 对因子 4 的贡献率达到了 88.8%，其他元素对因子 4 的贡献率均小于 15%，所以 Hg 为因子 4 的标识元素。该研究区 Hg 的平均值为 0.13mg/kg，背景值为 0.08mg/kg，都远小于农用地土壤筛选值 1.3mg/kg 的限值。因此，推断因子 4 应当是受自然背景母质的影响。

通过 PMF 模型得出 4 个污染源为农业源、交通源、工业源、本底值，对 Cd 的贡献分别为 86.7%、1.9%、4.3%、7.1%，表明区域内 Cd 的主要贡献源为农业源，虽然研究区存在电镀企业与印染企业等污染类企业，但由于管控措施的合理污染并未进入到农田土壤中，农田土壤中的污染仍以农业源为主。

为进一步确定重金属 Pb 的污染来源，应用同位素比值法来验证 PMF 的分析结果，研究区域内的土壤、汽车尾气、工业污泥、农业化肥等 Pb 同位素比值（$^{204}Pb/^{206}Pb$、$^{206}Pb/^{207}Pb$ 和 $^{208}Pb/^{206}Pb$）如图 3-12 所示。

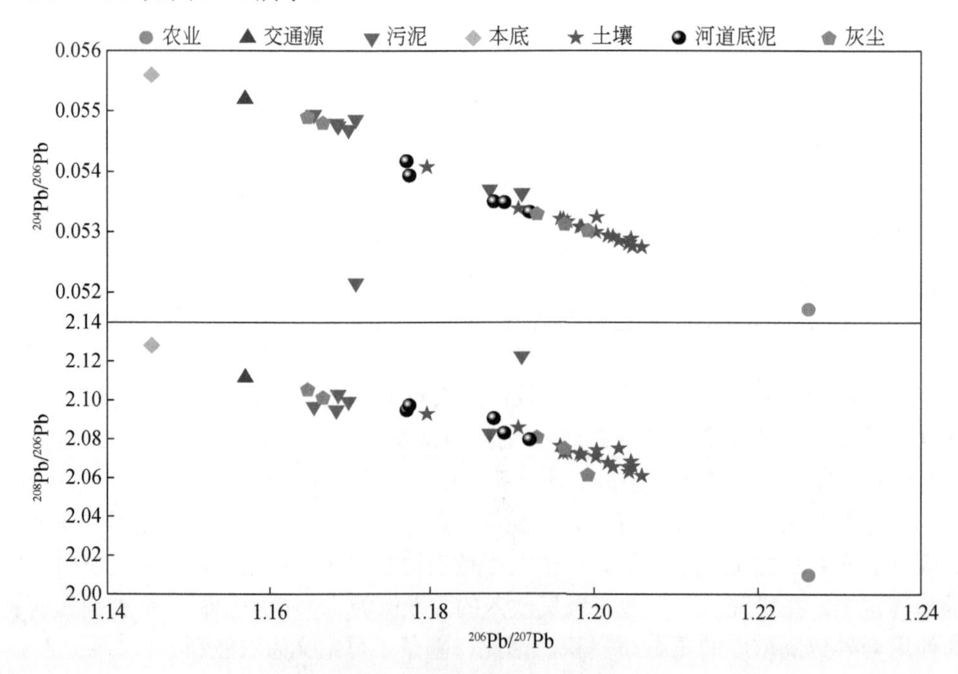

图 3-12　Pb 同位素组成及可能的来源

本书采集的样品中，土壤 Pb 同位素比值 $^{204}Pb/^{206}Pb$、$^{206}Pb/^{207}Pb$、$^{208}Pb/^{206}Pb$ 分别在 0.0527～0.0541、1.1796～1.2057、2.0610～2.0927。Pb 同位素比值范围相对较窄，说明该市表层土壤中 Pb 来源比较统一。土壤样品和灰尘样品及底泥样品的铅同位素比值有较大区别，说明三种样品的铅源可能不同。对于特征标识物的选择，根据当地的工农业实际现状，选择了具有代表性的工业污泥、化肥、汽车尾气及剖面底部土壤作为标识物。各特征标识物的 Pb 同位素比值见表 3-4。

表 3-4　特征标识物的 Pb 同位素比值

特征标识物	$^{204}Pb/^{206}Pb$	$^{206}Pb/^{207}Pb$	$^{208}Pb/^{206}Pb$
农业源	0.051 7	1.226 2	2.009 9
交通源	0.055 2	1.157 0	2.111 6
污泥	0.054 8	1.168 3	2.094 8
本底值	0.055 6	1.145 4	2.128 3

农业源和交通源是当地铅污染的主要来源，其平均质量分数之和占总铅污染的 80%以上。本书关注的主要为农田土壤，该区域常年进行高密度和高强度农业种植活动，2015 年使用氮肥、磷肥、钾肥、复合肥分别达 10282t、3035t、6022t 及 11679t。对于交通源，虽然在中国现已禁止使用含铅汽油，但高的铅污染贡献比例说明柴油和低质量的无铅汽油造成了铅的释放。工业源贡献普遍较低，这与当地健全的污水处理装置及危险废物处置措施有很大关系。

对于当地土壤，农业源对铅污染的贡献率平均值为 44.1%，大于交通源的 40.7%（图 3-13）。而对于灰尘和底泥，交通源的贡献率则均大于农业源，说明当地土壤的铅污染主要来源于农业，而灰尘及底泥中的铅污染主要来源于交通。灰尘中不同样品的质量分数有较大的方差，但土壤和底泥样品方差较小，表明土壤及底泥铅污染组成相对稳定，而灰尘样品易受周边地区人为活动的影响。

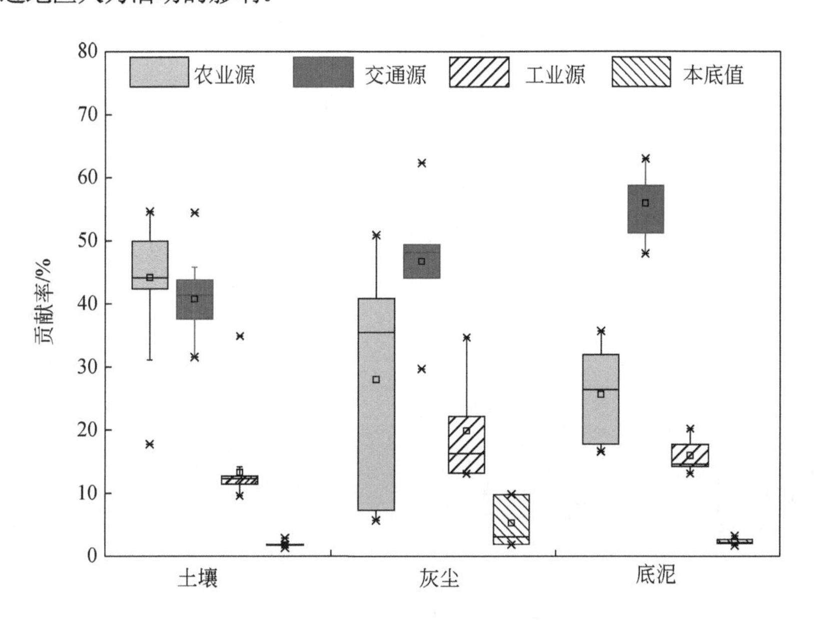

图 3-13　土壤、灰尘、底泥中不同污染源的贡献率

镉主要来源于铅锌矿的开采、金属冶炼、电镀、涂料和镍镉电池的生产，以及电池、农药、镀件等产品的生活应用和处理。研究区是快速兴起的城市化地区，其产业环节并不

包含矿石开采行业及金属冶炼行业。因此，我们对重金属镉物质流图进行了简化及修正，物质流分析过程从产品加工开始进行。镉物质流见图 3-14。

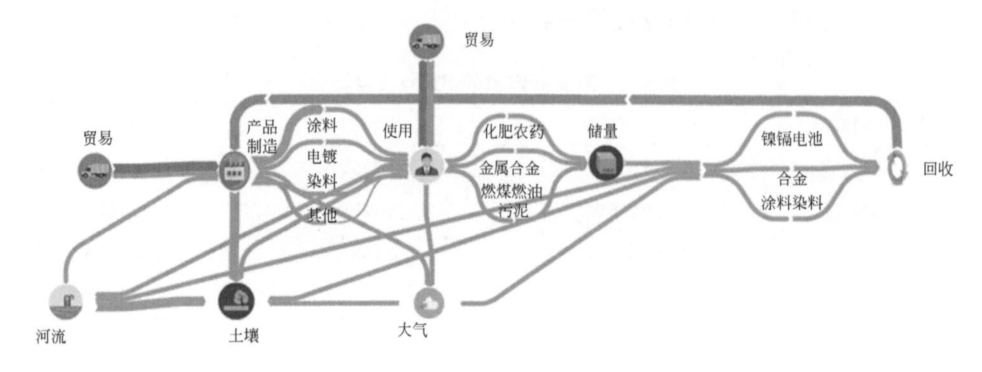

图 3-14　镉物质流框架

研究区是快速城市化的城市，其产业环节并不包含矿石开采行业及金属冶炼行业，因此物质流分析过程从产品加工开始进行，由于研究尺度较小，所需数据的来源包含实测、统计年鉴、文献、企业调研、问卷调查等。其中实测数据包括研究区内灰尘、污水处理厂出水和脱水污泥、河道河涌底泥等环境介质的镉浓度。统计年鉴数据包括含金属镉的购进量、年煤炭消耗量、年化肥使用量、年旅客周转量、年货物周转量等。企业调研数据包括年五金件产量、年纺织品产量等。文献数据包括年灰尘沉降量、年农田灌溉水量、农业源重金属介入系数、煤炭含镉量、煤炭镉排放系数、不同车型各组件平均耗损量及镉含量等。主要的数据值及来源见表 3-5。

表 3-5　研究区数据及来源形式

数据类别	数据值	单位	数据来源形式
灰尘镉浓度	0.65	mg/kg	实测
污水处理厂出水镉浓度	0.1	ug/L	实测
年煤炭消耗量	142.1	万 t	统计年鉴
年氮肥使用量	10 282	t	统计年鉴
年磷肥使用量	3 035	t	统计年鉴
年钾肥使用量	6 022	t	统计年鉴
年复合肥使用量	11 679	t	统计年鉴
年农药使用量	1 082	t	统计年鉴
氮肥镉含量	0	mg/kg	文献
磷肥镉含量	1.2	mg/kg	文献
钾肥镉含量	0.06	mg/kg	文献
复合肥镉含量	3	mg/kg	文献
农药镉含量	2	mg/kg	文献
有机肥镉含量	4.8	mg/kg	文献
年旅客周转量	217 733	万人/km	统计年鉴
年货物周转量	1 674 645	万 t/km	统计年鉴

续表

数据类别	数据值	单位	数据来源形式
年五金件产量	8 000	t	企业调研
年纺织件产量	89 901	万件	企业调研
年灰尘沉降量	0.07	$kg/m^2/a$	文献
年农田灌溉用水量	0.65	$m^3/m^2/a$	文献
煤炭含镉量	0.21	mg/kg	文献

因为本书关注的重点是农田土壤，利用如下公式（3-12）至公式（3-15）进一步细化，以更好地分析金属镉是如何进入土壤。

①交通源重金属镉排放：

$$M=\sum_{i=1}^{p}\sum_{j=1}^{q}Z_jL_iC_j \tag{3-12}$$

式中，M 为交通源镉排放总量；p 为车型数；q 为机动车各组件部分；Z 为机动车各组件部分的耗损量；L 为不同车型机动车的总行驶里程数；C 为汽车组件部分的重金属含量；i 为第 i 种车型；j 为第 j 个汽车组件。

②农业源重金属镉排放：

$$F=\sum_{i=1}^{p}M_iC_i\times\partial \tag{3-13}$$

式中，F 代表农药化肥镉输入总量；M_i 代表第 i 种农药化肥使用量；C_i 代表第 i 种农药化肥重金属镉含量；∂ 代表介入系数。

③因大气沉降而进入农田的重金属镉：

$$Q=D\times M\times C \tag{3-14}$$

式中，D 代表单位面积年沉降量；M 代表农田区域面积；C 代表灰尘中重金属镉的含量。

④因灌溉而进入农田的重金属镉：

$$L=P\times M\times C \tag{3-15}$$

式中，C 代表由河道进入农田的灌溉水的镉浓度；P 代表单位面积农田平均灌溉需水量；M 代表总农田面积。

最终得到的重金属镉物质流分析结果见图 3-15。该市是贸易加工型城市，其主要的镉流来源于贸易，流入农田土壤的金属镉主要来源于使用环节。

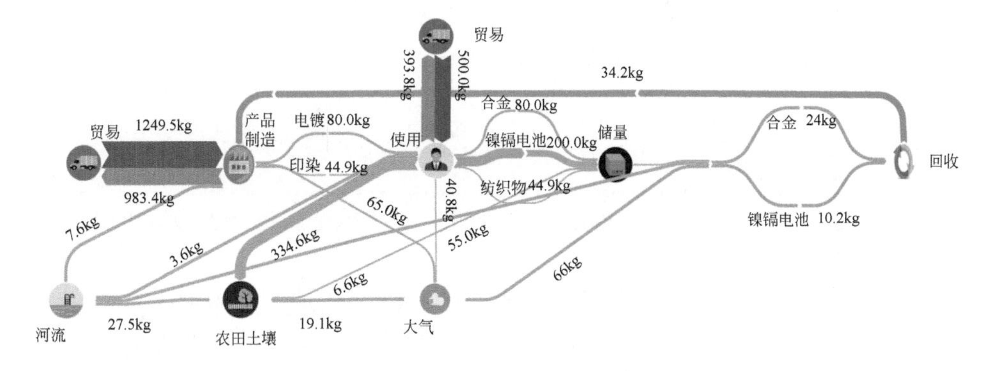

图 3-15　研究区重金属镉物质流分析图

为了细化进入农田土壤的金属镉来源，仅考虑使用过程及传输过程以环境介质为受体的源-汇关系，见图 3-16。A、B、C、D、E、F、G 分别代表工业源、燃煤源、交通源、农业源、水体、大气、土壤。工业、燃煤、农业、交通等污染源对水体、大气、土壤等环境介质输入了大量的镉。其中工业源输入主要集中在大气，这是由于当地相对健全的污水处理及危险废物处置措施。经前期调研可知，该市污水处理厂出水中镉均未达到检出限并且全部污泥经危废公司转移至邻近城市处理。对于燃煤源，由于除尘设施的日渐完善，越来越少的污染物经大气排放。对于交通源，本书仅考虑其对大气的排放，其对大气的贡献为 16.04kg，并不是主要的贡献源。土壤中镉的来源约有 79.7%是由于农业活动造成的，这一结果与 PMF 结果相似，进一步验证了 PMF 源解析结果的准确性。

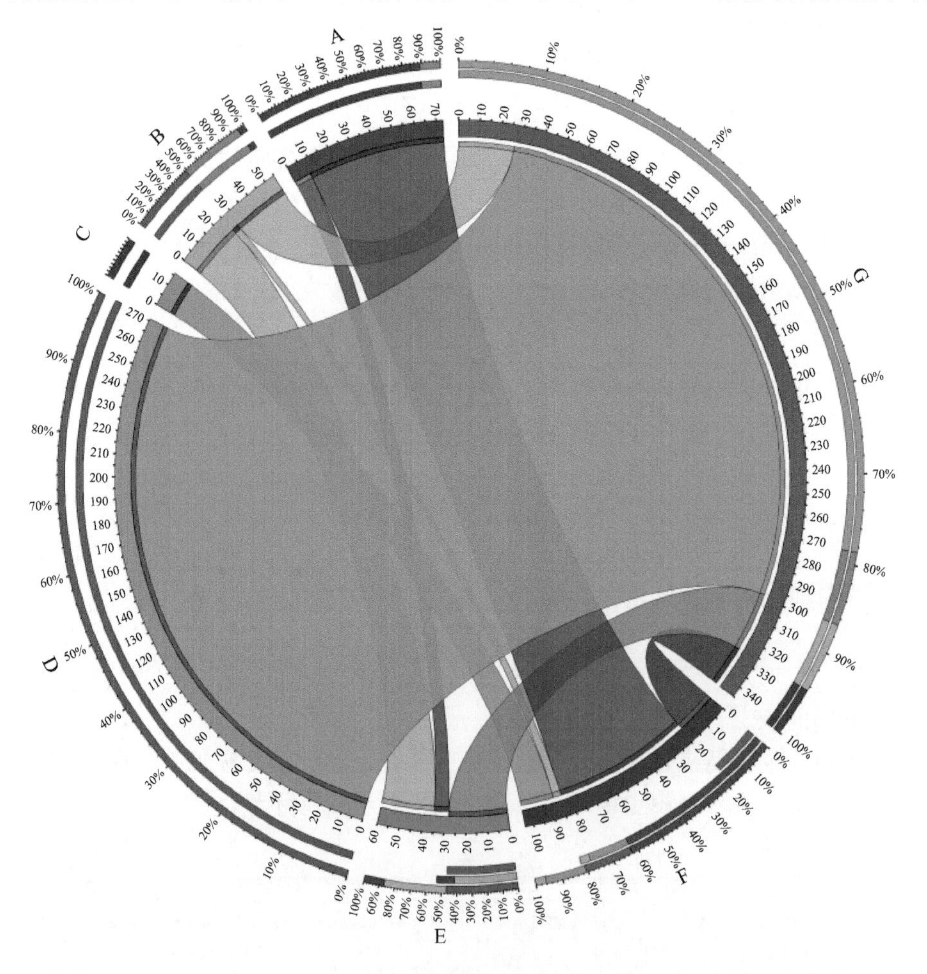

图 3-16　重金属镉源-汇关系

本书采用了三种不同的污染溯源方法对研究区土壤重金属进行了源解析研究，具体不同研究方法对比见表 3-6。

多种方法共同应用于土壤重金属源解析是未来源解析的趋势，本书应用了三种方法对土壤重金属进行源解析，根据不同溯源方法比对分析发现：正定矩阵因子法计算得出农业源对于镉的贡献为 86.7%，物质流分析法计算得出土壤中的镉约有 79.7%来源于农业，针对重金属镉解析结果类似。铅同位素比值法与 PMF 分别对当地铅污染进行了分析，一致得出铅污染的主要来源是农业源及交通源的叠加。

表 3-6　三种研究方法对比分析

	对象	分析方法	特点	定量/定性	结果
PMF	土壤重金属含量	共轭梯度法	简单易行，不需要源谱	定量	镉的主要输入源为农业源，铅的主要输入源为农业源及交通源
铅同位素比值法	土壤铅同位素比值	最小二乘法	精确，成本高	精确定量	农业源及交通源对土壤中铅的贡献率之和为 84.8%
物质流分析法	镉输入输出数据	排放清单法	不精确，能够宏观定量	粗略定量	农业源对镉的输入占 79.7%，且共输入 312kg

3.2　园区尺度场地土壤重金属溯源

3.2.1　典型工业园区土壤中重金属分布特征

选取河北省唐山市某焦化厂作为研究对象，该焦化厂成立于 2004 年，占地面积 $68hm^2$，主要经营范围为焦炭、焦油、煤气、粗苯的生产与销售，年产焦炭约 110 万 t、焦油 5 万 t、粗苯 1 万 t、煤气约 $5×10^8N\ m^3$，属于该地区的重点监管企业。结合反距离权重（IDW）插值的焦化厂内部重金属分布情况（图 3-17），可知焦化厂内部 Cd 和 Cu 主要富集区域在煤气制气区附近，As、Pb、Zn 主要富集区域在焦炉熄焦区附近。Cr 主

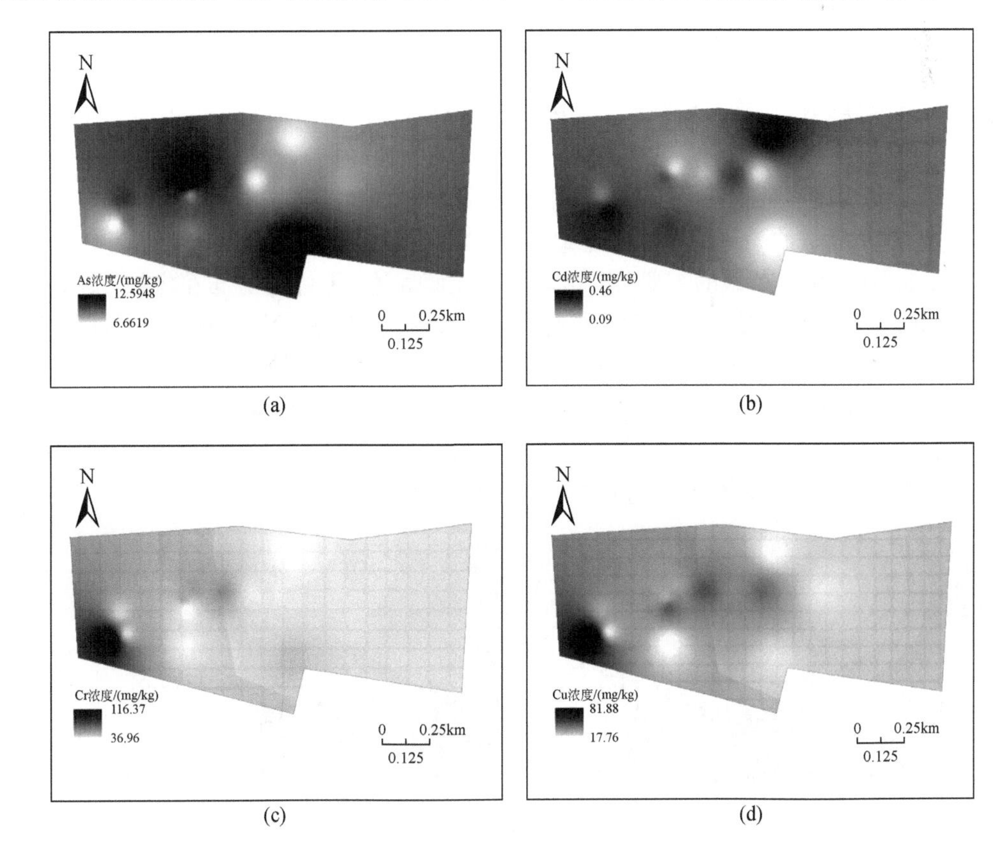

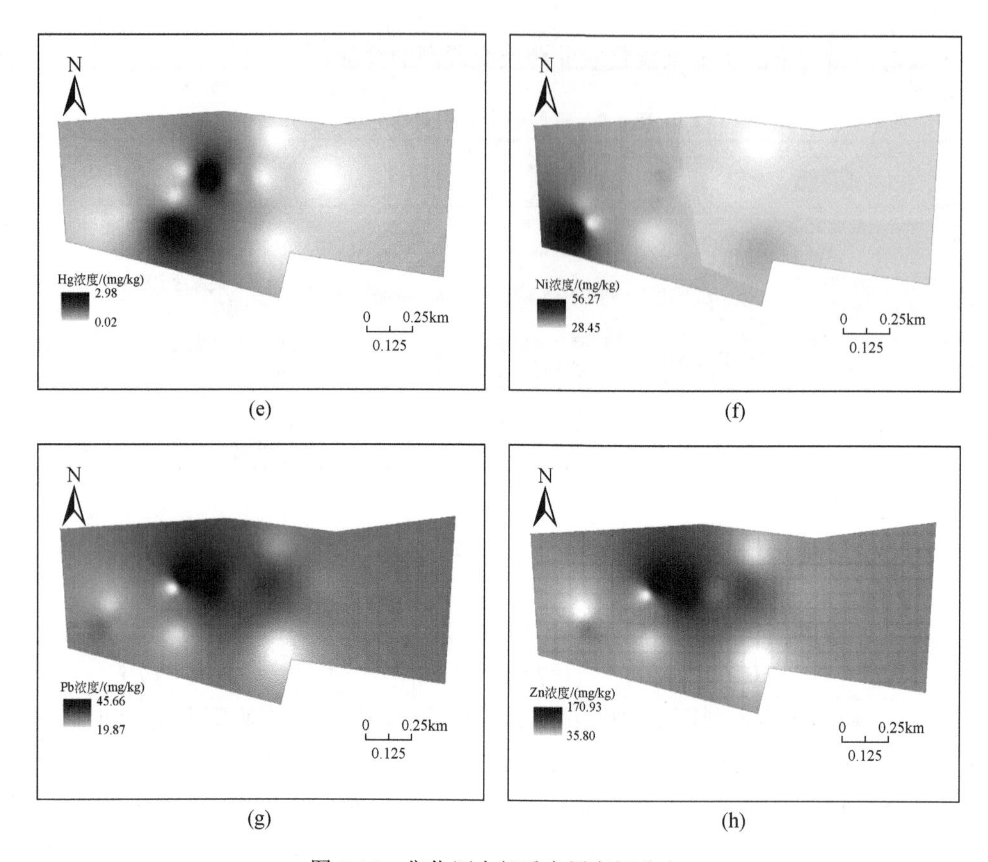

图 3-17 焦化厂内部重金属空间分布

要富集区域在焦炉熄焦区、粗苯区、脱硫区，说明焦化厂的多个生产过程均会产生 Cr。综上，该焦化厂内部整体呈现出西北区域重金属浓度高于东南区域的状况，该分布状况也与焦化厂基本生产工艺集中于西北区域相符合。

结合 IDW 插值的焦化厂外部重金属分布情况（图 3-18），除了 As 以外，Cd、Cr、Cu、Zn、Pb 在焦化厂外部的主要分布区域为焦化厂周边，且主要分布在焦化厂东南部。结果表明焦化厂周边土壤重金属含量与污染源距离有关，距离污染源越近重金属浓度越高。而 As 主要富集区域为焦化厂外部东北区域及东南区域，结合 As 超背景值率低而变异系数较大的结果，可以判断 As 受到除焦化厂以外的其他污染源影响。综上，该焦化厂外部整体呈现出东部区域重金属浓度高于西部区域的状况，而焦化厂所处区域盛行西北风，说明外部污染可能受生产过程中排放废气及风向的影响较大。

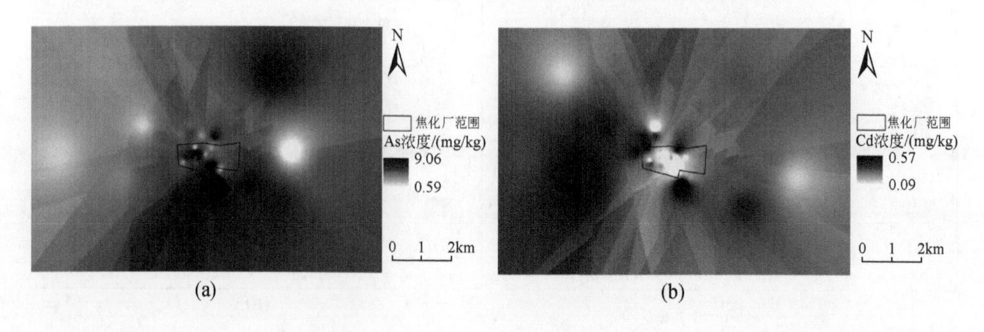

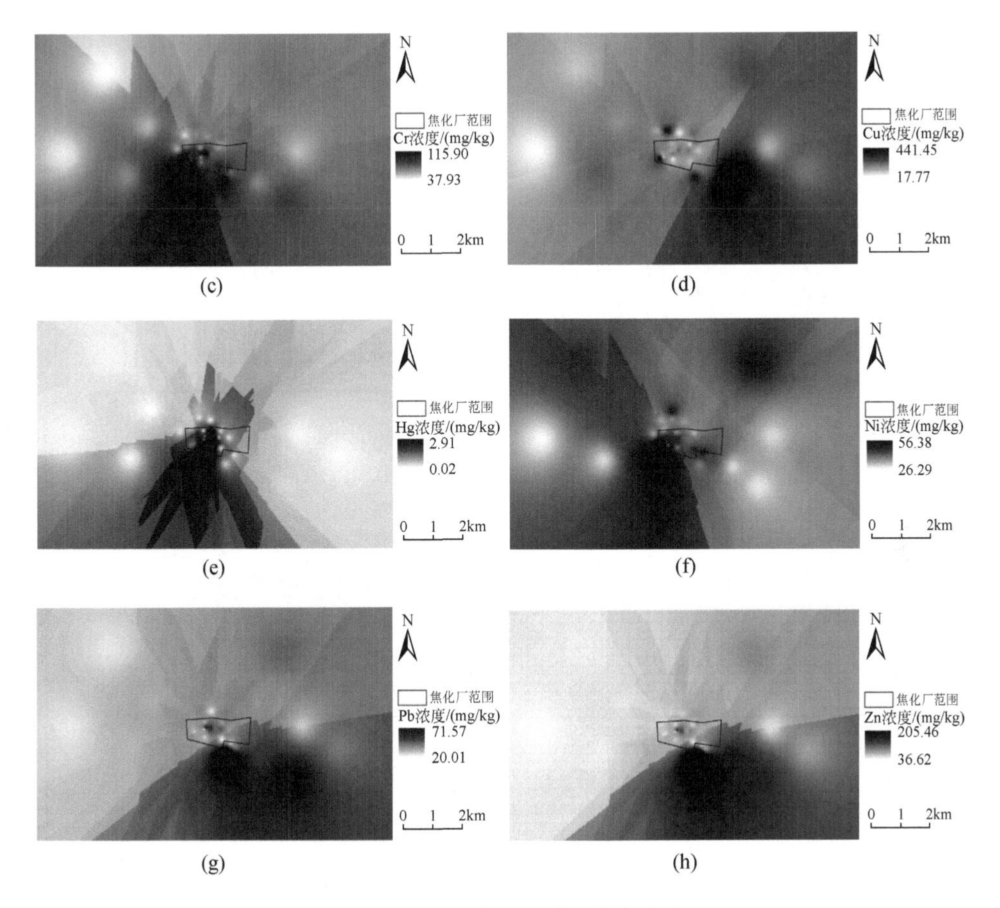

图 3-18　焦化厂外部重金属空间分布

3.2.2　耦合大气传输-沉降模型的重金属溯源

对于焦化场地目前国内外对场地土壤污染物的污染特征开展了大量研究，但关于焦化场地气源性污染物在大气中的扩散传输以及污染物在土壤中的累积行为的研究较少。因此，本书根据场地实际气象条件并结合模拟范围基于 AERMOD 模型，模拟预测焦化场地气源性污染物在大气中的传输扩散，并耦合土壤累积预测模型计算污染物在土壤中的累积，为焦化场地周边土壤污染物的源解析研究提供参考和借鉴。

1. 模拟焦化场地排放典型气源性重金属污染物的传输扩散行为

根据该焦化厂实际场调资料，计算污染源排放量，利用 AERMOD 模型模拟该焦化厂气源性重金属铅、砷、铬的大气传输扩散行为（图 3-19）。各污染物 2019 年期间平均总沉积量最大值：Zn（$2.0225\times10^{-5}\mu g/m^2$）＞Cr（$9.821\times10^{-6}\mu g/m^2$）＞Pb（$5.855\times10^{-6}\mu g/m^2$）＞Cu（$4.524\times10^{-6}\mu g/m^2$）＞As（$4.258\times10^{-6}\mu g/m^2$）＞Ni（$2.440\times10^{-6}\mu g/m^2$）＞Cd（$2.68\times10^{-7}\mu g/m^2$），与重金属的排放速率 Zn＞Cr＞Pb＞Cu＞As＞Ni＞Cd 有较强的相关性，焦化厂气源性重金属污染物的沉降会受到排放速率的影响。重金属在沉积量上有所不同，其主要归因于排放速率的差异，但是重金属的总沉积分布图的形状相似，表明重金属在大气中的传输行为相似，主要受风速、风向、地形的影响。

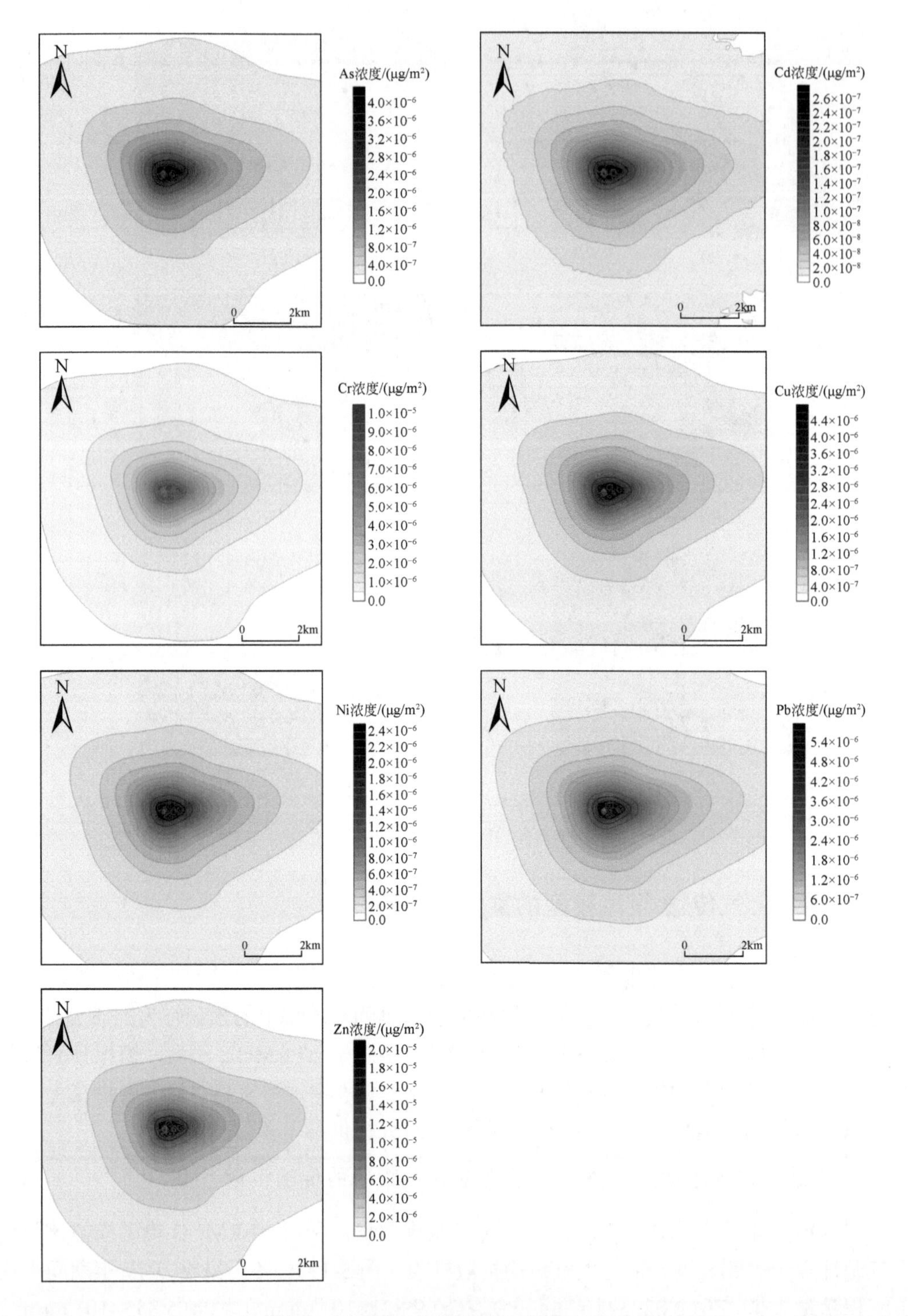

图 3-19　焦化厂重金属总沉积量分布图

2. 基于模型预测焦化场地气源性重金属在土壤中的累积量

通过重金属土壤累积模型、导则模型和 EPA 土壤累积模型预测了铅、砷、铬 3 种重金属在土壤中的累积量（表 3-7 至表 3-9）。

表 3-7　焦化厂运行不同年限后对周边土壤贡献值（重金属累积模型）　（单位：mg/kg）

重金属类型	贡献值						
	10 年	20 年	40 年	60 年	80 年	100 年	150 年
Pb	1.470×10^{-4}	1.983×10^{-4}	2.224×10^{-4}	2.253×10^{-4}	2.257×10^{-4}	2.257×10^{-4}	2.257×10^{-4}
Cr	1.555×10^{-4}	2.097×10^{-4}	2.351×10^{-4}	2.382×10^{-4}	2.386×10^{-4}	2.387×10^{-4}	2.387×10^{-4}
As	7.070×10^{-5}	9.535×10^{-5}	1.069×10^{-4}	1.083×10^{-4}	1.085×10^{-4}	1.085×10^{-4}	1.085×10^{-4}

表 3-8　焦化厂运行不同年限后对周边土壤贡献值（导则模型）　（单位：mg/kg）

重金属类型	贡献值						
	10 年	20 年	40 年	60 年	80 年	100 年	150 年
Pb	4.431×10^{-4}	8.862×10^{-4}	1.772×10^{-3}	2.659×10^{-3}	3.545×10^{-3}	4.431×10^{-3}	6.647×10^{-3}
Cr	4.685×10^{-4}	9.370×10^{-4}	1.874×10^{-3}	2.811×10^{-3}	3.748×10^{-3}	4.685×10^{-3}	7.028×10^{-3}
As	2.131×10^{-4}	4.261×10^{-4}	8.523×10^{-4}	1.278×10^{-3}	1.705×10^{-3}	2.131×10^{-3}	3.196×10^{-3}

表 3-9　焦化厂运行不同年限后对周边土壤贡献值（EPA 土壤累积模型）　（单位：mg/kg）

重金属类型	贡献值						
	10 年	20 年	40 年	60 年	80 年	100 年	150 年
Pb	1.92×10^{-2}	3.80×10^{-2}	7.38×10^{-2}	1.08×10^{-1}	1.40×10^{-1}	1.70×10^{-1}	2.39×10^{-1}
Cr	3.23×10^{-2}	6.36×10^{-2}	1.23×10^{-1}	1.80×10^{-1}	2.33×10^{-1}	2.83×10^{-1}	3.96×10^{-1}
As	1.33×10^{-2}	2.51×10^{-2}	4.45×10^{-2}	5.97×10^{-2}	7.14×10^{-2}	8.05×10^{-2}	9.53×10^{-2}

焦化厂对周边土壤重金属的贡献值较小，维持现有生产水平 150 年仅使周边土壤 Pb、Cr 和 As 的点位浓度分别增加为 2.257×10^{-4}mg/kg、2.387×10^{-4}mg/kg 和 1.085×10^{-4}mg/kg，整体面源输入量 Pb 为 6.647×10^{-3}mg/kg、Cr 为 7.028×10^{-3}mg/kg 和 As 为 3.196×10^{-3}mg/kg，未来较长时间内不会出现周边土壤由于该焦化厂造成的重金属超标的情况。

3. 构建基于模型的焦化场地气源性重金属污染物源-汇关系研究的新方法

焦化厂排放的气源性重金属污染物是焦化企业污染周边土壤最为常见的途径，是输入周边土壤的重要源。常规的气源性污染物源-汇关系研究方法不仅复杂，而且需要耗费大量的人力和物力。以京津冀地区某焦化场地为例，将 AERMOD 模型和计算重金属土壤累积的模型相结合，研究并预测了焦化场地气源性重金属（以砷为例）污染物汇入到土壤中的累积量，图 3-20 是 AERMOD 模型和三种累积模型结合得到的土壤点位预测值以及与土壤实测值之间的比较，三种模型精确度没有明显差异，但综合考虑污染物累积过程 EPA 土壤累积模型能够更为全面地反映污染物在土壤中的累积，为构建焦化场地气源性重金属污染物源-汇关系方法研究提供了新思路。

4. 焦化厂气源性污染物源-汇关系模型验证——实地采样

以某焦化厂厂址为中心在其周边 5km 范围内采集 55 个 0～20cm 土壤样品，分析测试研究区域土壤容重、土壤体积含水量、固体颗粒物密度、重金属含量等场地特征值。

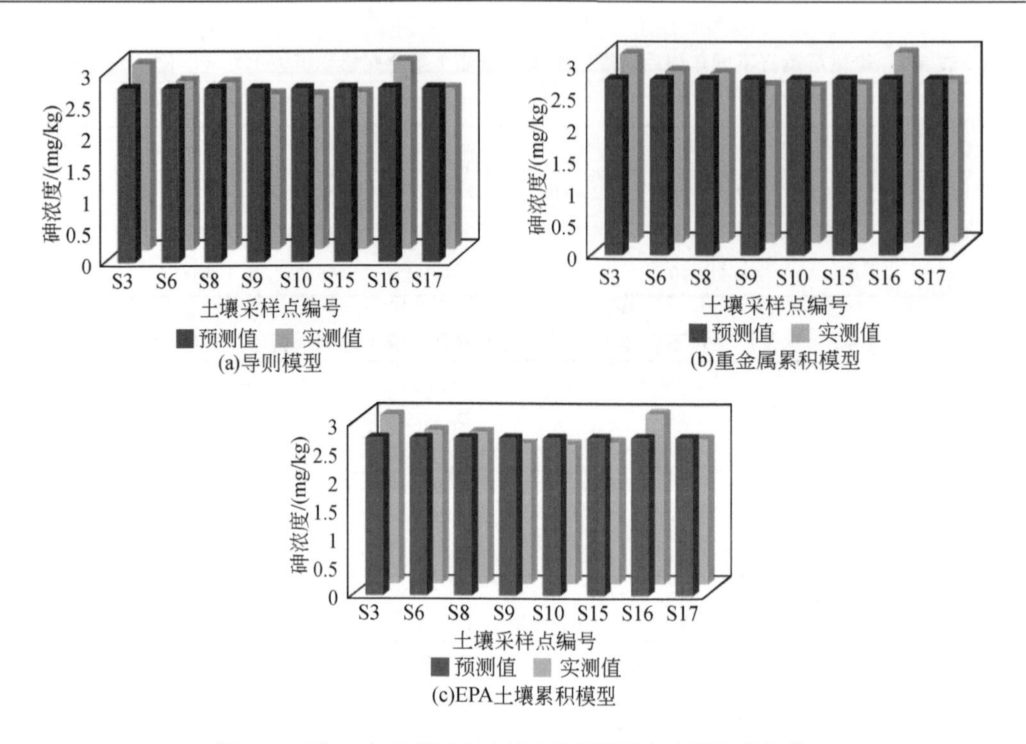

图 3-20　砷 15 年土壤累积土壤点位预测值与实测值的比较

（1）基本理化性质的测定

分别测定土壤 pH、体积含水量及土壤容重。其中 pH 范围为：5.75～8.2，厂区 3km 范围内东北偏碱性，西南偏酸性（图 3-21）；土壤体积含水量实际范围在 0.09～0.29ml/cm^3，平均值为 0.19ml/cm^3，与推荐值 0.2ml/cm^3 有一定差异（图 3-22）；土壤容

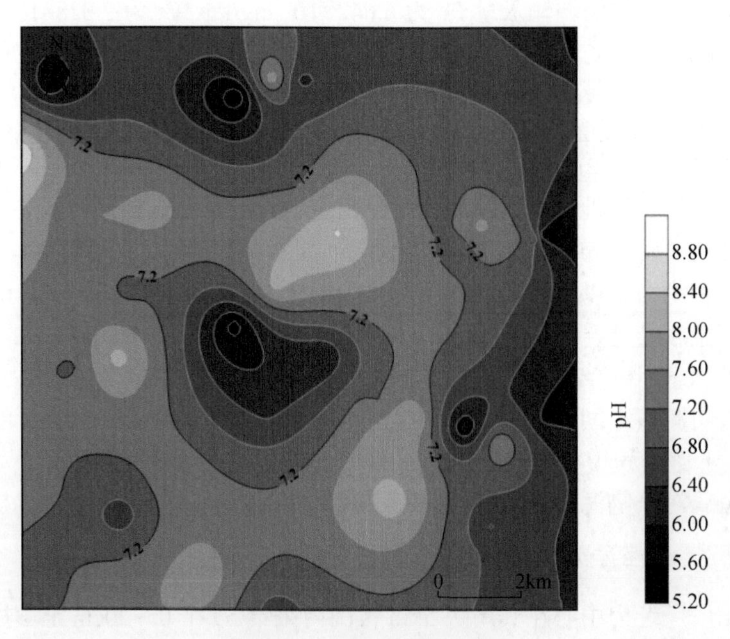

图 3-21　土壤 pH 等值线图

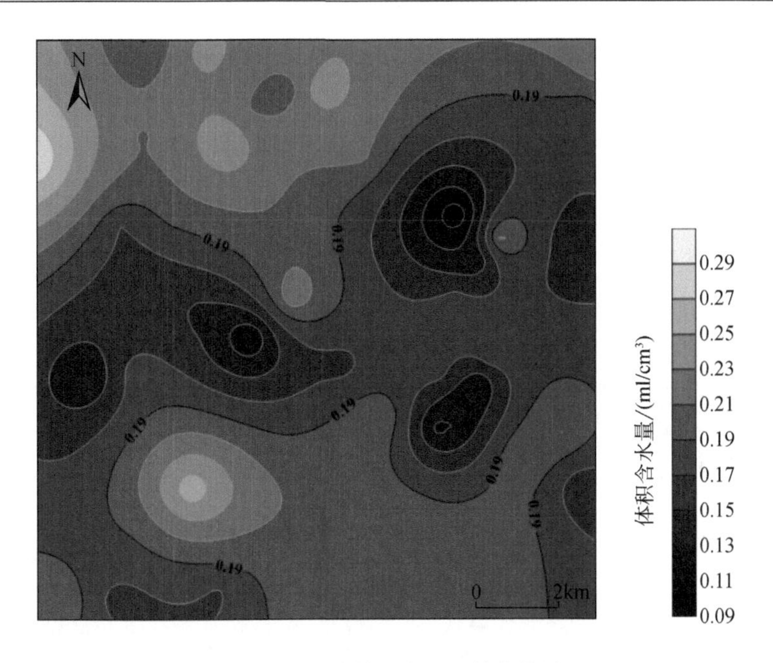

图3-22　土壤体积含水量等值线图

重范围为1.19～1.88g/cm^3，平均值为1.62g/cm^3（图3-23）。实地采集场地土壤样品获取第一手资料，为模型精度提升提供了数据支撑。

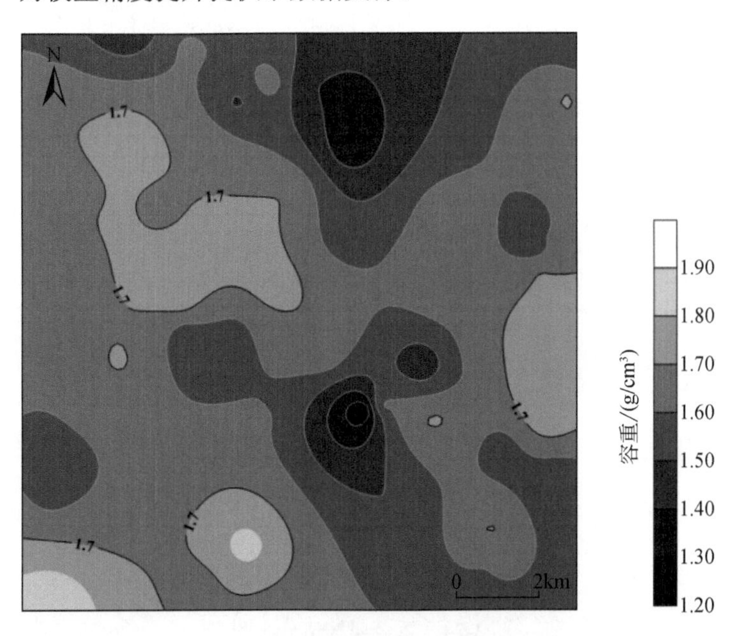

图3-23　土壤容重等值线图

（2）重金属含量测定

采用GIS空间插值获取焦化场地周边重金属分布特征（图3-24），发现重金属主要集中在厂区北部及东南方向，与该地区长年风频具有一定统一性。

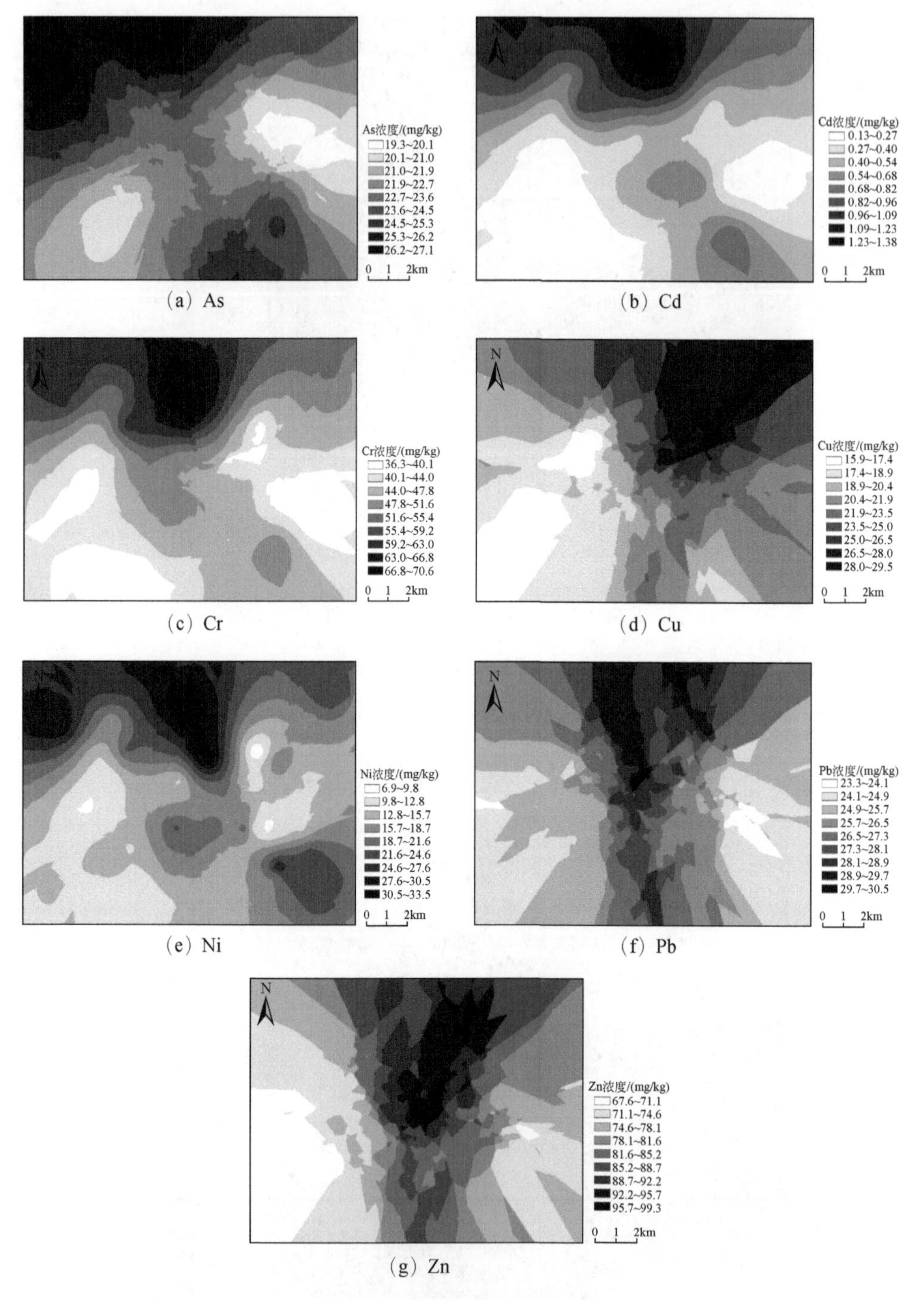

图 3-24　重金属插值分布图

（3）地球化学基线值

大气扩散与土壤累积耦合模型精度的验证中确定污染物土壤累积量至关重要。先前资料收集过程中对于场地背景值仅能获取河北省相关元素背景值，各地区的背景值不同，河北省地区背景值不能反映场地区背景值情况。且在全球环境受到人为干扰的情况下，要寻找绝对不受外源物质影响的背景值，是非常难做到的，该焦化厂周边情况复杂，因此利用采样确定区域背景值同样不可取。基于此，在既考虑自然本底值的情况下，同时反应人为干扰的影响，利用国际地球科学计划中确定的地球化学基线值来代表该焦化厂区域背景值（表 3-10）。

表 3-10　地球化学基线值计算结果

元素	河北省背景值 /（mg/kg）	标准元素	R^2	线性相关	化学基线值 /（mg/kg）
As	13.6	Fe	0.781	$C_{As}=3.461\times10^{-4}C_{Fe}+14.970$	22.958
		Ti	0.845	$C_{As}=0.003C_{Ti}+12.484$	22.965
		V	0.854	$C_{As}=0.154C_{V}+14.421$	23.175
Cd	0.094	Fe	0.991	$C_{Cd}=6.918\times10^{-5}C_{Fe}-1.084$	0.54
		Ti	0.985	$C_{Cd}=0.001C_{Ti}-1.211$	0.531
		V	0.992	$C_{Cd}=0.026C_{V}-0.952$	0.542
Cr	68.3	Fe	0.989	$C_{Cr}=0.002C_{Fe}-1.688$	47.212
		Ti	0.971	$C_{Cr}=0.014C_{Ti}+0.705$	47.64
		V	0.995	$C_{Cr}=0.716C_{V}+5.288$	46.338
Cu	21.8	Fe	0.782	$C_{Cu}=3.991\times10^{-4}C_{Fe}+11.322$	20.539
		Ti	0.829	$C_{Cu}=0.004C_{Ti}+9.069$	20.919
		V	0.835	$C_{Cu}=0.213C_{V}+8.372$	20.487
Ni	30.8	Fe	0.987	$C_{Ni}=0.001C_{Fe}-7.480$	17.141
		Ti	0.974	$C_{Ni}=0.008C_{Ti}-8.150$	17.268
		V	0.989	$C_{Ni}=0.412C_{V}-6.314$	17.097
Pb	21.5	Fe	0.821	$C_{Pb}=3.859\times10^{-4}C_{Fe}+17.168$	26.06
		Ti	0.905	$C_{Pb}=0.002C_{Ti}+17.521$	25.751
		V	0.746	$C_{Pb}=0.140C_{V}+18.023$	26.046
Zn	78.4	Fe	0.85	$C_{Zn}=0.001C_{Fe}+46.591$	76.41
		Ti	0.768	$C_{Zn}=0.009C_{Ti}+47.485$	78.343
		V	0.834	$C_{Zn}=0.493C_{V}+49.322$	77.139

注：C为重金属浓度。

（4）重金属源解析

环境中的工业源、自然源、生活源及农业源等产生的污染物会通过成土母质、大气沉降、灌溉与径流以及固体废物与堆肥等形式进入土壤。为提高大气扩散土壤累积耦合模型的精度，对土壤中污染物来源进行解析，确定来自大气中污染物的占比。主成分分析/绝对主成分/多元线性回归模型（PCA-APCS-MLR）可计算出每个污染源对每个样本的浓度贡献，对污染源进行定量解析，可用来确定土壤污染物中来自大气沉降的比例。相关计算结果如表 3-11 至表 3-13。皮尔逊相关性分析（Pearson correlation analysis）与 PCA 结果具有一定相似性；As、Cd、Cr、Ni 具有同源性，Cu、Pb、Zn 具有同源性，查阅相关资料确定 PC1 和 PC2 分别为农业源和工业源。

表 3-11　皮尔逊相关性分析结果

	As	Cd	Cr	Cu	Ni	Pb	Zn
As	1						
Cd	0.424**	1					
Cr	0.445**	0.718**	1				
Cu	−0.011	0.555**	0.366**	1			
Ni	0.415**	0.726**	0.877**	0.451**	1		
Pb	0.179	0.534**	0.634**	0.340*	0.471**	1	
Zn	0.137	0.509**	0.627**	0.591**	0.517**	0.819**	1

注：**在 0.01 级别（双尾），相关性显著。*在 0.05 级别（双尾），相关性显著。

表 3-12　PCA 结果

元素	旋转后的成分矩阵 $\boldsymbol{A}$	
	1	2
As	0.733	−0.228
Cd	0.848	0.362
Cr	0.883	0.281
Cu	0.073	0.841
Ni	0.885	0.208
Pb	0.466	0.651
Zn	0.241	0.917

注：提取方法为 PCA。旋转方法为凯撒正态化四次幂极大法。$\boldsymbol{A}$ 旋转在 3 次迭代后已收敛。

表 3-13　PCA-APCS-MLR 计算结果

元素	多元线性关系	各源贡献率	
As	$C_{As}=3.213C_{PC1}-0.998C_{PC2}+11.482$	PC1	0.763
		PC2	0.237
Cd	$C_{Cd}=0.37C_{PC1}+0.158C_{PC2}-0.127$	PC1	0.701
		PC2	0.299
Cr	$C_{Cr}=13.639C_{PC1}+4.3448C_{PC2}-8.101$	PC1	0.758
		PC2	0.242
Cu	$C_{Cu}=1.073C_{PC1}+12.309C_{PC2}+2.057$	PC1	0.08
		PC2	0.92
Ni	$C_{Ni}=7.31C_{PC1}+1.718C_{PC2}-1.685$	PC1	0.81
		PC2	0.19
Pb	$C_{Pb}=2.595C_{PC1}+3.624C_{PC2}-3.131$	PC1	0.417
		PC2	0.583
Zn	$C_{Zn}=9.332C_{PC1}+35.533C_{PC2}-13.664$	PC1	0.208
		PC2	0.792

注：C为重金属浓度。

（5）预测值与实测值相关性分析

该焦化厂实际已运行 15 年，利用耦合模型计算 15 年重金属土壤累积量，将超出地球化学基线值点位的采样点的实测值与预测值进行相关性分析。Cd、Ni、As 实测值与预测值之间具有一定线性相关关系；Cr、Pb、Cu、Zn 线性不相关（图 3-25）。

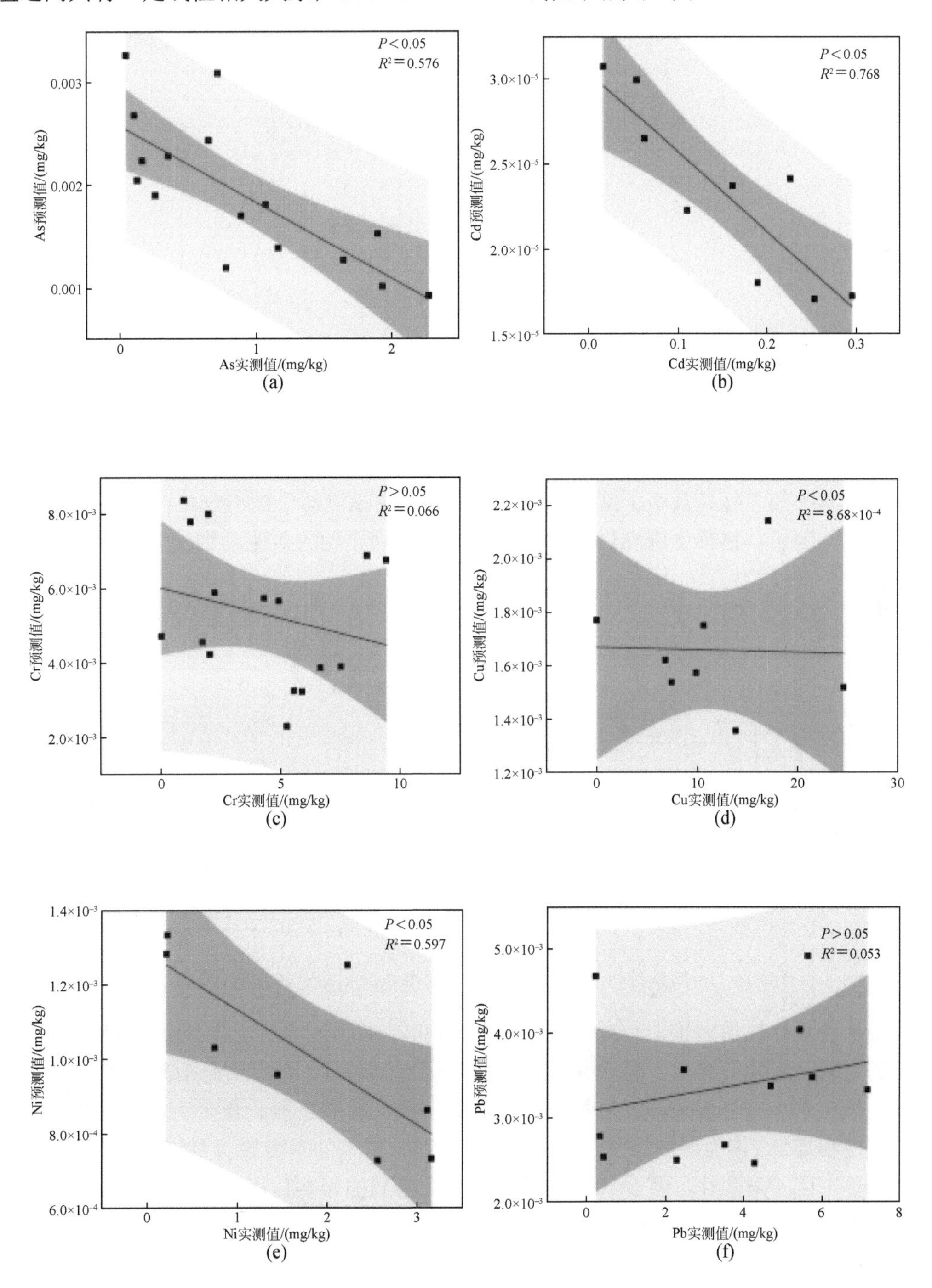

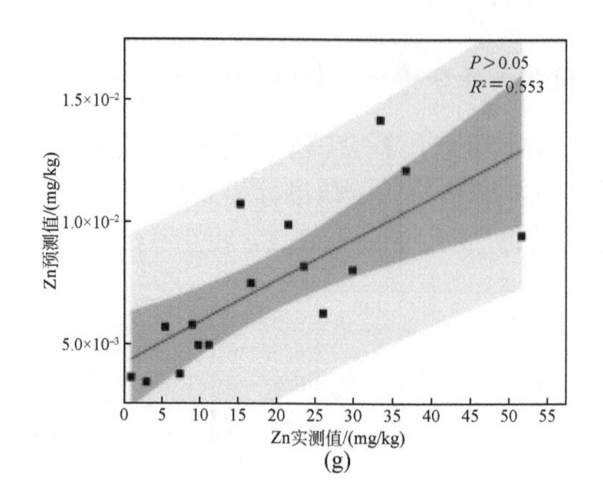

图 3-25 预测值与实测值相关性分析

3.3 厂区尺度场地土壤重金属溯源

3.3.1 耦合受体模型与地理探测器的重金属溯源

地理探测器被用来揭示焦化厂内部及周边重金属的驱动因子影响研究（图 3-26），采用探测器中的“分异及因子探测器”和“交互作用探测器”探测焦化厂内外部的重金属污染驱动因子，包括土壤理化性质因子和污染源因子两大类驱动因子。

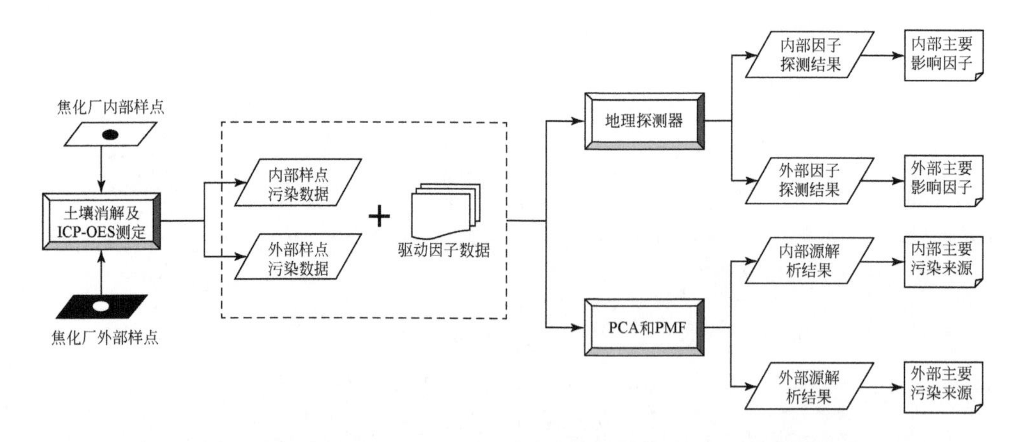

图 3-26 常用源解析方法 PCA、PMF 及地理探测器差异分析研究思路

将 9 种理化性质因子（土壤 pH、土壤 EC 值、有机碳含量、全氮含量、有机质含量、碳酸钙含量、有效硅含量、有效硼含量和土壤质地）和 10 种污染源距离因子（一号焦炉、二号焦炉、一号熄焦、二号熄焦、煤气柜工段、硫胺工段、粗苯工段、油库工段、冷鼓工段和煤场）作为探测因子，分别对表层土壤采样点的重金属含量进行分异性探测，探测某单一因子对焦化厂重金属污染物空间分布格局的影响作用，判断焦化厂内外部主要影响因子的差异。

根据内部“重金属-理化性质”的分异及因子探测器的结果（图 3-27），土壤理化性质中全氮含量为该焦化厂内部重金属分布的主要驱动因子。此外，影响 As 空间分布的次要因子为碳酸钙、有效硅、有效硼的含量；影响 Cd 空间分布的次要因子为碳酸钙含量和土壤质地；影响 Cr 空间分布的主要因子还包括有效硅含量，次要因子为有机碳、碳酸钙含量和土壤质地；影响 Cu 空间分布的次要因子为有机碳、碳酸钙和有效硼的含量；影响 Pb 空间分布的次要因子为有机碳、有机质、有效硅、有效硼含量；影响 Zn 空间分布的次要因子为有机碳、有机质和有效硅的含量。

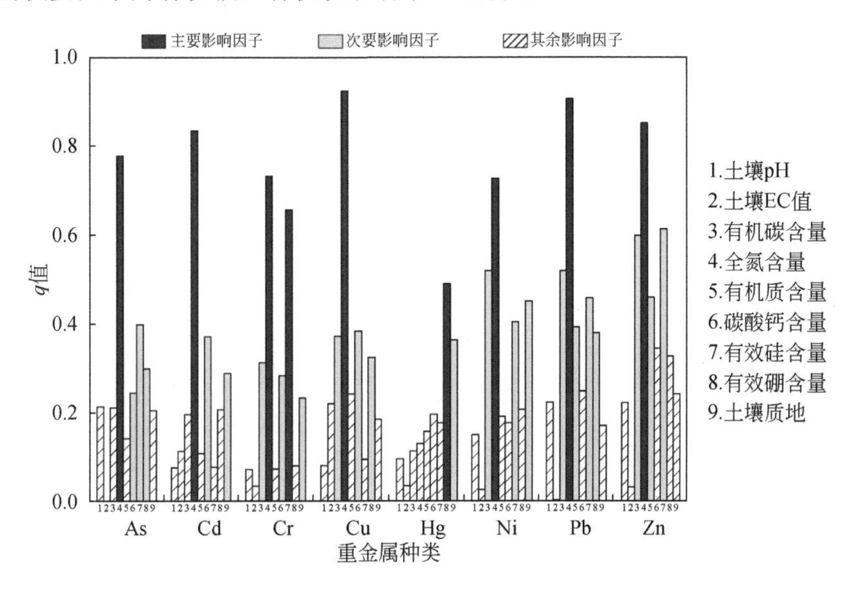

图 3-27　焦化厂内部“重金属-理化性质”分异及因子探测结果

根据外部“重金属-理化性质”的分异及因子探测器的结果（图 3-28），该焦化厂外部重金属分布的主要驱动因子存在一定差异。其中，有机碳含量为 As 空间分布的主要影响因子，有机质含量为 Pb、Zn 空间分布的主要影响因子，全氮含量为 Cd、Cr、Cu 空间分布的主要影响因子。此外，影响 As 空间分布的次要因子为全氮含量、有机质含

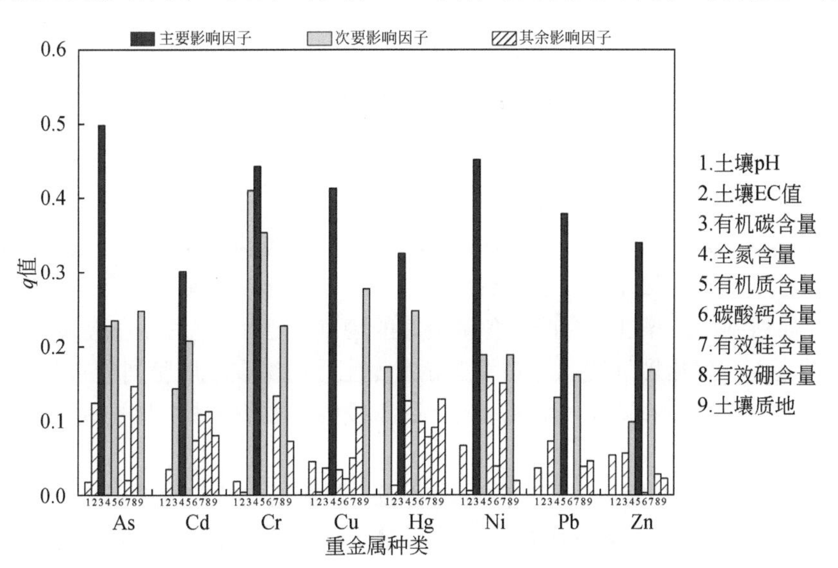

图 3-28　焦化厂外部“重金属-理化性质”分异及因子探测结果

量和土壤质地；影响 Cd 空间分布的次要因子为有机碳和有机质含量；影响 Cr 空间分布的次要因子为有机质、有机碳和有效硼含量；影响 Cu 空间分布的次要因子为土壤质地；影响 Pb、Zn 空间分布的次要因子为全氮含量和有效硅含量。

根据内部“重金属-距离因子”的分异及因子探测器的结果（图 3-29），可以得知焦化厂内部重金属 Cd、Cu 的主要驱动因素为粗苯工段，且其 q 值均超过 0.8，说明 Cu、Cd 空间分布基本受粗苯工段影响，结合相关研究中粗苯废水中 Cd、Cu 含量明显高于排放标准，可以判断该焦化厂粗苯工段周边存在污水排放现象，造成该区域对 Cd、Cu 分布驱动力强。焦化厂内部 As、Pb、Zn 的主要驱动因素为冷鼓工段；Cr 的主要驱动因素为冷鼓和焦炉工段。此外，Cr 相较于其他重金属受到除煤场外的各生产环节的驱动作用更强，说明除煤场外的各生产环节均能产生 Cr 并影响其分布；As 比其他重金属受到各生产环节的驱动作用弱，说明各生产环节排放 As 的可能性较低，也解释了区域内 As 超背景值率低的原因。

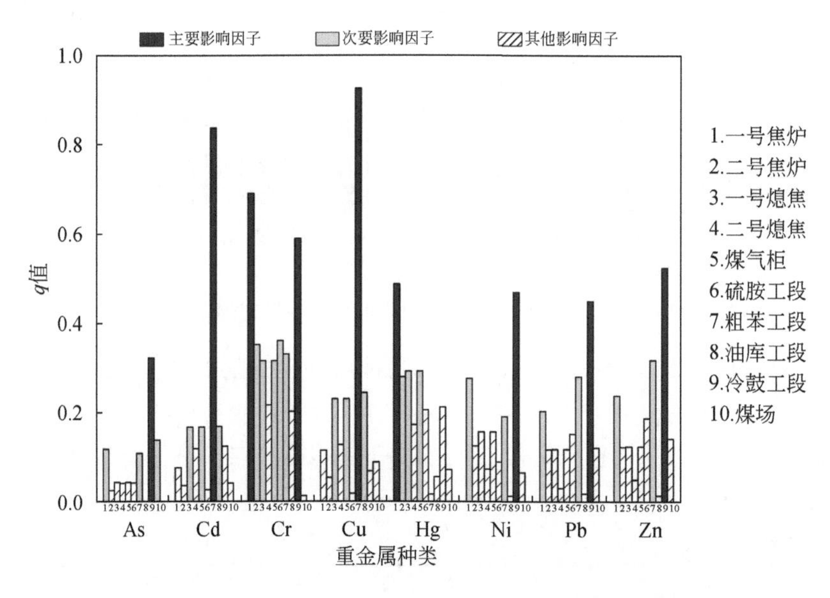

图 3-29　焦化厂内部“重金属-距离因子”分异及因子探测结果

由驱动因子结果可知，煤气和焦油精制环节中的粗苯工段和冷鼓工段，对于焦化厂内部重金属空间分布的解释能力最强，即煤气焦油精制区域是焦化厂内部重金属空间分布的主要驱动因子。相关研究也表明，该区域中煤气和焦油等物料所含重金属浓度高于炼焦过程排放的废气、废水，更容易造成该区域内的重金属富集。而备煤环节、炼焦环节、煤气焦油精制环节等过程会产生含重金属的废气、废水等，且存在选煤废水的排放、焦油生产的泄漏、焦化烟气的沉降等因素导致焦化厂内部重金属空间分布差异，因此焦化厂内部重金属空间分布除了受到粗苯、冷鼓工段的主要驱动外，也受到了焦炉、熄焦、硫铵等工段的驱动。

根据外部“重金属-距离因子”的分异及因子探测器的结果（图 3-30），可以得知焦化厂外部重金属 Cr 的主要驱动因素为焦炉和煤气柜工段；Cu 的主要驱动因素为焦炉和熄焦工段；Cd、Pb、Zn 的主要驱动因素为焦炉和硫铵工段。由驱动因子结果可以得知，焦炉、熄焦、煤气柜等炼焦环节，对于焦化厂外部重金属空间分布的解释能力最强。有研究表明，炼焦环节会产生大量含有重金属的烟尘，且烟尘会随着大气沉降造成焦化厂周边土壤的重金属污染，是影响周边土壤重金属分布的主要因素。

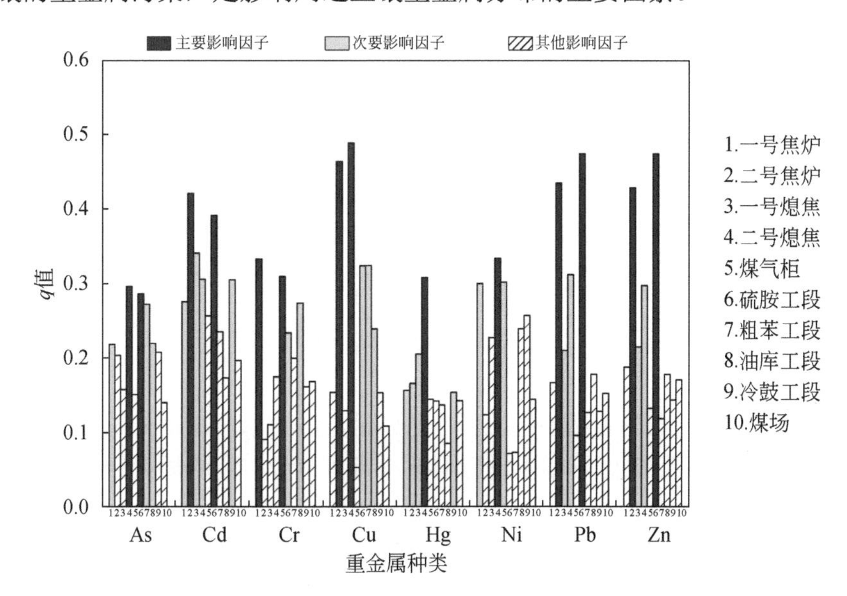

图3-30　焦化厂外部“重金属-距离因子”分异及因子探测结果

焦化厂内外部土壤重金属空间分布及驱动因子分析表明，该焦化厂内部及周边除As和Zn外，其余重金属的超背景值率均在50%以上，且内外部重金属变异系数超过30%，空间分布连续性较差。其中内部平均变异程度为：Cd＞As＞Cu＞Zn＞Cr＞Pb，外部平均变异程度为：Cu＞Cd＞As＞Zn＞Pb＞Cr。根据分异及因子探测结果，理化性质因子中对焦化厂内部及外部重金属空间分布贡献最大的均为土壤全氮、有机质和有效中微量元素含量；污染源因子中对内部重金属空间分布贡献最大的为粗苯、冷鼓工段，对外部重金属空间分布贡献最大的为焦炉、熄焦工段。根据交互探测结果，污染源及土壤理化性质的交互因子对内部重金属空间分布的贡献度略高于外部。根据结果可知，焦化厂内部及外部的重金属空间分布的理化性质驱动因子较为一致，其主要基于土壤养分元素对重金属有效性的影响。而决定焦化厂内外部重金属分布的污染源存在差异，内部重金属分布主要受到焦化产品精制工艺排放重金属及废水等污染源因子的驱动，外部重金属分布主要受到炼焦制气工艺等排放废气的污染源因子的驱动。

基于地理探测器结果（表3-14），焦化厂内部土壤重金属空间分布的主要驱动因子为焦化产品精制工艺排放的废水废气，并且受到化学品精制和土壤理化性质的交互驱动影响。焦化厂周边土壤重金属空间分布的主要驱动因子为炼焦熄焦工艺排放的废气。同时驱动因子对内部重金属空间分布的驱动作用明显强于对外部重金属分布的驱动。

基于分析结果，焦化厂内外部重金属的污染来源存在一定差别，焦化废气是焦化厂周边土壤的最主要污染来源，应当加强焦化企业排放废气的污染管控和监测，应当着重对焦化场地内部的粗苯工段、冷鼓工段等煤气和焦油精制环节进行污染废水排放的把控，着重对焦炉、熄焦、煤气柜等炼焦制气环节进行废气排放把控和废气治理。

表 3-14　焦化厂内部及周边土壤重金属分布最强驱动因子对比

重金属	场地内部		场地外部	
	最强驱动因子	q 值	最强驱动因子	q 值
As	全氮含量	0.776	有机碳含量	0.498
Cd	粗苯工段	0.835	焦炉	0.422
Cr	焦炉	0.689	全氮含量	0.442
Cu	粗苯工段	0.923	熄焦	0.489
Hg	有效硼含量	0.488	熄焦	0.309
Ni	全氮含量	0.725	熄焦	0.335
Pb	全氮含量	0.905	焦炉	0.435
Zn	全氮含量	0.849	硫铵工段	0.475

3.3.2　基于同位素比值-贝叶斯混合模型的重金属溯源

贝叶斯方法源于所谓的逆概问题。贝叶斯分析方法的原理简单来说，就是先随机抽样形成先验分布，然后根据实际样本进行调整形成更符合实际的后验分布。具体形式如公式（3-16）。

$$P(f_q|\text{data})=\frac{L(\text{data}|f_q)\times P(f_q)}{\sum L(\text{data}|f_q)\times P(f_q)} \tag{3-16}$$

设 f_i 为每种端元（或 source）i 可能的贡献比例，贝叶斯分析需要考虑到所有 f_i 的后验概率分布 L。首先随机产生 q 个可能的端元贡献比例 f_q，即产生先验分布的过程。而每一个 f_q 的可能性均要依据原始样本 data 和先验信息进行验证。

贝叶斯混合模型 MixSIAR 的基本形式如公式（3-17）。

$$X_{ij}\sim N\left[\sum_k p_k\left(\mu_{jk}+\lambda_{jk}\right),\sum_k p_k^2\left(\omega_{jk}^2+\tau_{jk}^2\right)\right] \tag{3-17}$$

式中，X_{ij} 表示混合物 i 的示踪值 j；p_k 是端源 k 的比例；μ_{jk} 是示踪剂 j 的源 k 的端源平均值；λ_{jk} 为示踪剂 j 在源 k 上的平均的营养歧化因子（trophic discrimination factor，TDF），可以用富集值或者分馏值代替；ω_{jk}^2 为示踪剂 j 的源 k 方差的 TDF，τ_{jk}^2 是示踪剂 j 对源 k 的歧化因子方差，用于计算标准差。

基于土壤样品中铅同位素 $^{206}Pb/^{207}Pb$ 和 $^{208}Pb/^{206}Pb$ 比值，利用 MixSIAR 贝叶斯混合模型对研究区土壤中的铅来源进行了定量计算。结果表明（图 3-31），燃煤是土壤中铅的最主要来源，厂区内和厂区外不同点位的土壤之间存在一定的差别。土壤重金属来源第二的污染因子，厂区内是熄焦工段排放，而厂区外主要是柴油燃烧。焦化厂对场外贡献与距离和风向有关。焦化厂对场外东南、东北方向影响更大。这与具体环境特征相吻合。

基于 MixSIAR 贝叶斯混合模型的识别结果，对焦化厂内、外土壤污染场地中的重金属污染源与主控因子进行进一步识别。结果显示（图 3-32），厂区外不同重金属污染来源贡献的顺序依次是：燃煤>柴油燃烧>煤气柜工段>焦炉工段>厂区内大气沉降>熄焦工段>汽油燃烧>固体废物排放>厂区外气溶胶，而厂区内不同重金属污染来源贡献的顺序依次是：燃煤>熄焦工段>厂区内大气沉降>焦炉工段>柴油燃烧>厂区外气溶胶>固体废物>煤气柜工段>汽油燃烧。可以看出，场内、外土壤污染源存在比较明显的差别，场地外土壤受到了厂区排放和外界污染排放的共同作用，而厂区内土壤更多的是受到了厂区内部污染源排放的影响，燃煤是污染场地内、外最主要的污染来源。对场内贡献占比 46.9%，对场外贡献为 26.3%。焦化厂对场外贡献与距离和风向有关。

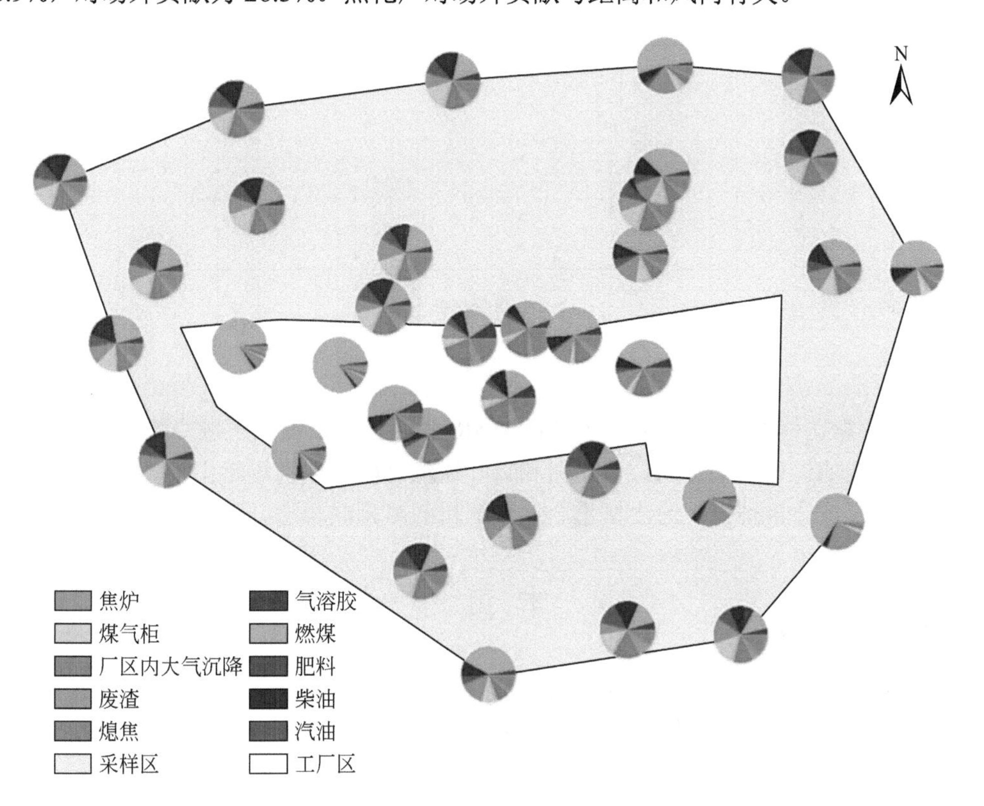

图 3-31　基于铅同位素比值-贝叶斯混合模型分析的土壤中重金属主要来源的贡献比例

彩图见封底二维码

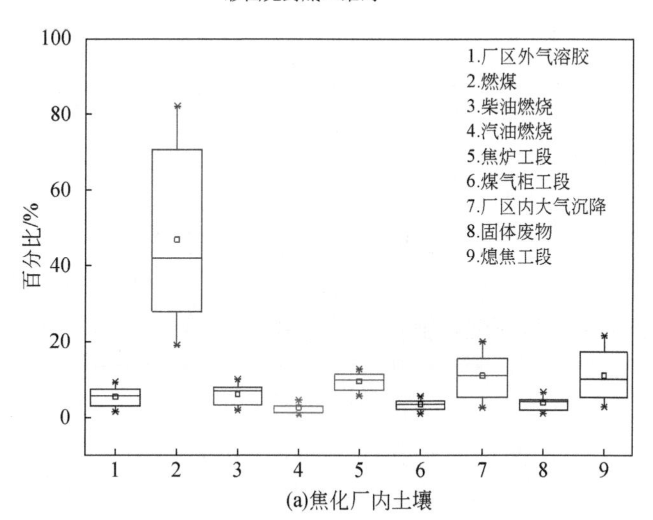

(a)焦化厂内土壤

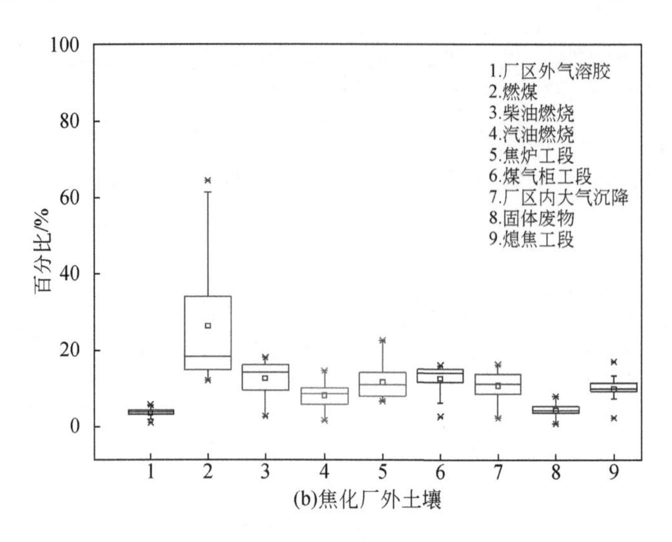

图 3-32　污染场地重金属污染源与主控因子识别

Pb 同位素比值-贝叶斯混合模型 MixSIAR 联用为定量识别土壤中的重金属来源提供了更为详细的信息，耦合同位素比值和贝叶斯混合模型识别场地主要污染排放环节，实现了厂区尺度定量解析，为土壤重金属源解析的多元联合法开辟新路径。

3.4　本 章 小 结

传统的排放清单法及物质流分析无法真正解决从源排放到土壤环境的通量核算问题。本章节以汞为例，利用排放清单法，核算了珠三角地区 10 种工业活动中通过废水、废气、固体废物的处置排放入土的通量，识别出钢铁冶炼、水泥生产、煤炭消耗是土壤汞污染的重要工业源。针对经济快速发展区土壤铬污染，整体研究铬铁矿的开采、铬铁生产等铬产品的生产环节，不锈钢、铬盐等铬产品的应用环节，“三废”排放，铬进入土壤，打通了铬“源-流-汇”过程，解析出不同经济区工业源的差异。废水、废气的处置已经实现了低铬排放，固体废物尤其是一般工业固体废物成为土壤中铬的重要来源。优化后的排放清单法及物质流分析均实现了对真正入土通量的核算，仍然缺乏对土壤受体污染物累积的源识别。因此本书进一步耦合受体模型正定矩阵-同位素-物质流分析，针对不同的研究对象、分析方法、定性定量精度，相互验证，三种不同溯源方法最终得到了相似的结论。这验证了结论的准确性，也证明三种方法可以很好地联用于土壤重金属实践中。区域尺度上，本书利用物质流分析与排放清单法真正实现重金属入土通量的核算，并进一步耦合受体模型，解析出土壤累积重金属的污染源。

选择京津冀典型的焦化园区，开展了土壤重金属影响因素识别、入土通量核算和污染源定量解析。在园区空间范围内，利用“分异及因子探测器”和“交互作用探测器”，阐明了土壤 pH、全氮含量、有机碳含量等 9 种理化性质和粗苯、焦炉、熄焦等 10 种焦化工段对场地内部及外部不同重金属分布的驱动作用。考虑京津冀区域大气传输扩散作用强、地下水埋藏较深的特点，利用经典的 AERMOD 模型，模拟气源性重金属传输扩散过程，耦合 EPA 土壤累积模型，实现园区范围重金属的入土通量核算。主成分分析/

绝对主成分/多元线性回归模型可计算出每个污染源对每个样本的浓度贡献，可用来确定土壤污染物中来自大气沉降的比例。

针对厂区尺度污染溯源，通过地理探测器识别影响重金属分布的驱动因子。传统同位素比值法不能够完成污染源的定量解析，耦合贝叶斯模型则能够解析每个受体点污染源的定量贡献。不同的研究方法都能够看出，燃煤、焦炉、熄焦工段以及大气沉降是该厂区重金属的主要贡献源。

参考文献

陈艺，蔡海生，曾君乔，等，2021. 袁州区表层土壤重金属污染特征及潜在生态风险来源的地理探测［J］. 环境化学，40（4）：1112-1126.

董广霞，李莉娜，唐桂刚，等， 2013. 中国含铬废物的来源、区域分布和处理现状及监管建议［J］. 中国环境监测，29（6）：196-199.

王劲峰，徐成东，2017. 地理探测器：原理与展望［J］. 地理学报，72（1）：116-134.

周亮，周成虎，杨帆，等，2017. 2000—2011 年中国 $PM_{2.5}$ 时空演化特征及驱动因素解析［J］. 地理学报，72（11）：2079-2092.

Amoatey P，Omidvarborna H，Affum H A，et al.，2019. Performance of AERMOD and CALPUFF models on SO_2 and NO_2 emissions for future health risk assessment in Tema Metropolis［J］. Human and Ecological Risk Assessment，25（3）：772-786.

Carruthers D J，Seaton M D，McHugh C A，et al.，2011. Comparison of the complex terrain algorithms incorporated into two commonly used local-scale air pollution dispersion models（ADMS and AERMOD）using a hybrid model［J］. Journal of the Air and Waste Management Association，61（11）：1227-1235.

Cheng H，Zhou T，Li Q，et al.，2014. Anthropogenic chromium emissions in China from 1990 to 2009［J］. PLoS One，9（2）：87753.

Dong G X，2013. The Characteristic of Chromium Waste of Industry and Regional Distribution and Suggestions［J］. Environmental Monitoring in China，29：196-199.

Gao Z Y，Geng Y，Zeng X L，et al.，2021. Evolution of the anthropogenic chromium cycle in China［J］. Journal of Industrial Ecology，26：592-608.

Johnson J，Schewel L，Graedel T E，2006. The contemporary anthropogenic chromium cycle［J］. Environmental Science and Technology，40：7060-7069.

Li X，Zhang J，Ma J，et al.，2020. Status of chromium accumulation in agricultural soils across China（1989-2016）［J］. Chemosphere，256：127036.

Qiao P W，Yang S C，Lei M，et al.，2019. Quantitative analysis of the factors influencing spatial distribution of soil heavy metals based on geographical detector［J］. Science of the Total Environment，664：392-413.

Shi T R，Ma J，Wu F Y，et al.，2019. Mass balance-based inventory of heavy metals inputs to and outputs from agricultural soils in Zhejiang Province，China［J］. Science of the Total Environment，649：1269-1280.

Shi T R，Ma J，Wu X，et al.，2018. Inventories of heavy metal inputs and outputs to and from agricultural soils：a review［J］. Ecotoxicology and Environmental Safety，164：118-124.

Tartakovsky D，Broday D M，Stern E，et al.，2013. Evaluation of AERMOD and CALPUFF for predicting ambient concentrations of total suspended particulate matter（TSP）emissions from a quarry in complex terrain［J］. Environmental Pollution：138-145.

Wang J F，Hu Y，2012. Environmental health risk detection with GeoDetector［J］. Environmental Modelling andw Software，33：114-115.

Wang J F，Zhang T L，Fu B J，2016. A measure of spatial stratified heterogeneity［J］. Ecological Indicators，67：250-256.

Yi K X，Fan W，Chen J Y，et al.，2018. Annual input and output fluxes of heavy metals to paddy fields in four types of contaminated areas in Hunan Province，China［J］. Science of the Total Environment，634：67-76.

第4章　经济快速发展区场地土壤多环芳烃污染溯源

4.1　园区尺度场地土壤多环芳烃溯源

4.1.1　典型园区土壤及大气中多环芳烃分布特征

以京津冀某化工园区PAHs来源解析为例，园区内共有六家在产工厂为目标污染源，分别为能源厂1（Y1）、焦化厂1（Y2）、焦化厂2（Y3）、钢铁厂1（Y4）、焦化厂3（Y5）和钢铁厂2（Y6）。

2021年3月共采集表层（0～10cm）土壤样品22个，包含源样品18个和受体样品4个。另有总悬浮颗粒（TSP）样品6个，如图4-1所示。土壤源样品布放在距离工厂边界上风向和下风向5m范围内，从而代表整个工厂的污染状况。受体样品（工业1、工业2、工业3和居民区1）均设置在工业区周围。此外，在6个工厂附近用石英纤维膜采集了6个TSP样品，与土壤中多环芳烃的组成比例进行比较。石英纤维膜在使用前用450℃的马弗炉烘烤5h，并用铝箔包裹保存。所有土壤和TSP样品均保存在4℃冰箱中，运至实验室。

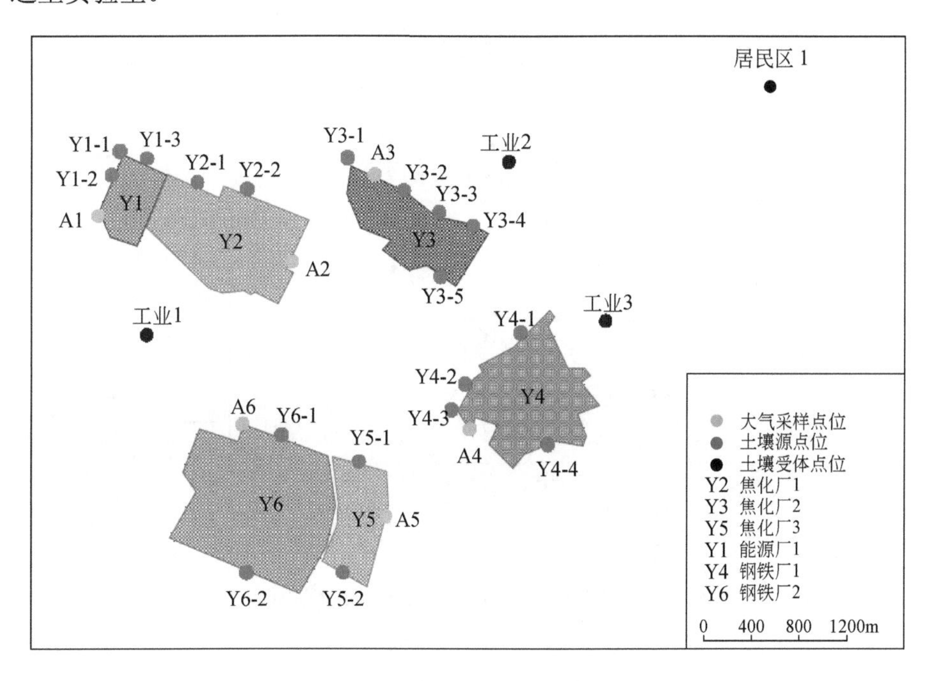

图4-1　研究区域工厂分布及采样点分布图

整体来看，22 个土壤样品 16 种 PAHs 的总浓度范围为 189.4～19865.4ng/g，平均为 2366.5ng/g。研究区域土壤中 PAHs 浓度分布如图 4-2 所示，数据分为源数据和受体数据。18 个土壤源点位分布在 6 个工厂（Y1、Y2、Y3、Y4、Y5、Y6）附近。从各排放源土壤中 16 种 PAHs 的总浓度来看，Y1（7164.50ng/g）、Y5（2870.43ng/g）和 Y3（2506.84ng/g）的浓度高于其他来源，主要是因为 Y1 为能源厂，年产天然气 22 万 t；Y3 和 Y5 是大产能的焦化厂，两者都具有较大年产量。土壤中 PAHs 污染水平与天津（1326.2ng/g）和福州（1131.6ng/g）的污染场地土壤中的 PAHs 相近，显著高于锦州（192.6ng/g）和四川（583.6ng/g）等区域场地土壤中 PAHs 赋存水平，但比日照（3089.8ng/g）和扬州（5817.0ng/g）等区域的 PAHs 浓度低。将 16 种 PAHs 按分子量大小分为 3 类。低分子量多环芳烃（LMW-PAHs）包括萘（NAP）、苊（ANA）、苊烯（ANY）、蒽（ANT）、芴（FLU）和菲（PHE）。NAP、ANY、ANT 和 FLU 是 LMW-PAHs 的重要组分，占 88.2%。芘（PYR）、荧蒽（FLT）、苯并[a]蒽（BaA）和䓛（CHR）被归为中分子量多环芳烃（MMW-PAHs）；PYR 和 FLT 占 MMW-PAHs 的 55.6%。一般来说，苯并[b]荧蒽（BbF）、苯并[k]荧蒽（BkF）、BaP、二苯并[a, h]蒽（DBA）、苯并[g, h, i]苝（BPE）和茚并[1-2-3-cd]芘（IPY）是高分子量多环芳烃（HMW-PAHs），其中 86%由 BaP、BkF、BbF 和 BPE 组成。工业 1、工业 2、工业 3 和居民区 1 四个点位作为受体样本分布在不同的土地类型中。

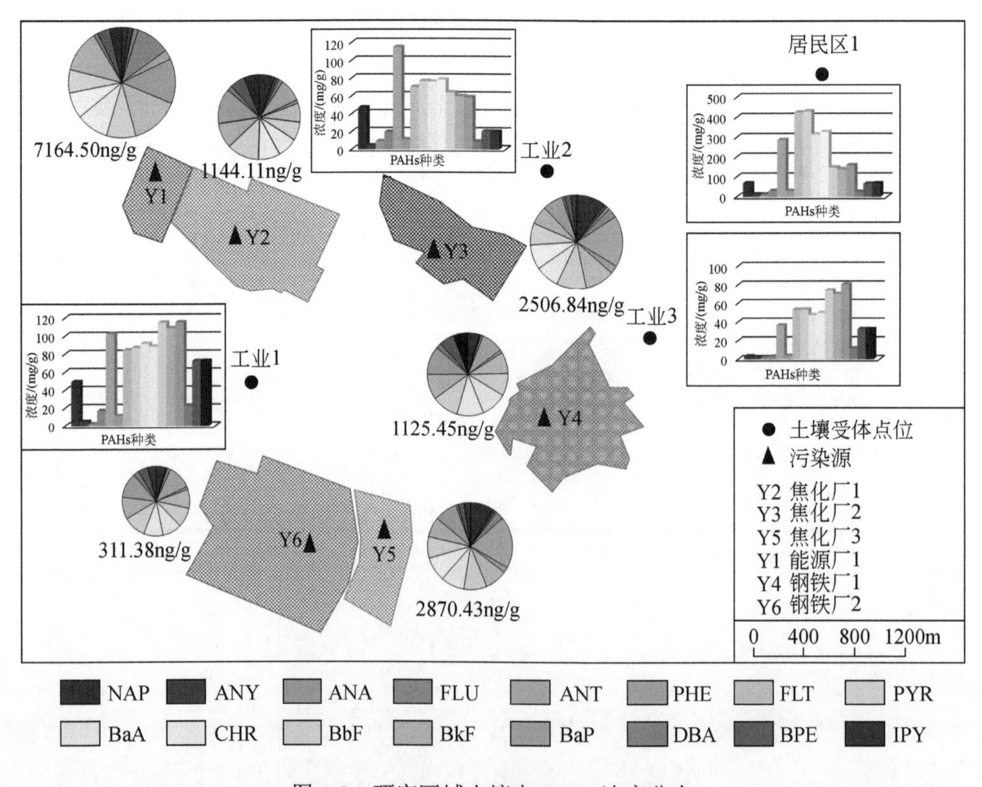

图 4-2 研究区域土壤中 PAHs 浓度分布

彩图见封底二维码

4.1.2　园区尺度基于多介质传输-化学质量平衡的多环芳烃溯源

20 世纪 70 年代初，美国首次提出了 CMB 模型作为污染物来源分辨的工具。CMB 模型最初用于大气颗粒物源解析。随着源解析技术的逐步成熟，CMB 模型逐渐用于土壤和水介质。该模型主要利用化学质量平衡方程来解释采样点（或受体点）颗粒样品中的 i 种化学成分。应用 j 独立源的可能贡献值来探索少量点上的源分配。在理想条件下，CMB 模型可以通过假设浓度与源谱之间的线性关系来量化主要源贡献。模型原理如公式（4-1）所示。

$$C_i = \sum_{j=1}^{J} A_{ij} \times B_j \tag{4-1}$$

式中，C_i 为受体中污染物的浓度；i 是物种；j 为排放源；A_{ij} 为第 j 源第 i 种污染物浓度；B_j 为第 j 个源的贡献率。此外，CMB 模型还需要满足以下基本假设。第一，各排放源的化学成分在整个过程中相对稳定。第二，排放源的化学成分之间没有相互作用。第三，各排放源对受体污染物的贡献均为正，排放污染物的化学成分不同。第四，各源分量的光谱相对独立，不存在共线性。第五，测量不确定度是独立的、随机的，服从正态分布。最后一点是，化学成分的来源数必须大于或等于排放源数。

然而，由于污染物的性质和距离效应在传输过程中引起的源受体之间的变化容易被忽略。多介质传输模型可用于探索污染物的变化规律。其中，逸度模型的应用最为广泛。然而，该模型需要足够多的环境介质和数据量来保证模型的准确性，这对信息较少工业园区场地并不友好。而环境通用模型（GEM）是一种灵活的模型，可以根据污染物的化学性质来模拟污染物的传输，以求解偏微分方程。

将“源-汇”理论的概念引入污染场地污染物分析。现有的模型主要分为逸度模型与机理模型，机理模型常用的模型包括地表水交互模型和多孔介质模型等。地表水交互模型由 EPA 提出，用于不同环境污染物决策系统分析和预测由于自然和人为污染造成的各种水质状况，可模拟水文动力学，河流一维不稳定流、有毒污染物等在水中的迁移和转化规律，但是该模型只适用于水介质中，无法实现多介质污染物传输模拟。多孔介质模型用于模拟饱和-非饱和介质中水、热、溶质运动，主要应用于土壤水分氮素运移、土壤污染物运移、地下水污染风险等。但该模型暂不能实现冻融条件下（水变固态）的土壤水-热-溶质移动过程模拟且以土壤（多孔介质）为主要研究对象，不考虑根系到大气的过程。逸度模型基于质量平衡原理，以逸度为平衡判据，建立化学品在不同介质内的质量守恒关系式表征物质在某一相中存在向相邻相逃逸的势。该模型结构简单，所需参数少，容易计算，结果表示直观，计算方法可以推广到任意数目的环境介质，多适用于宏观环境中化学品的归驱问题，适用于大尺度区域的污染物多介质迁移预测。

以上三种模型在场地尺度上应用存在很大不确定性。为解决它们在场地尺度上应用产生的各种问题，提出了一种适用于中小尺度的环境通用模型（General Environment Model，GEM）应用到场地尺度上污染物多介质迁移转化模拟。GEM 结合了逸度模型多介质模拟与机理模型污染物的运移原理，引入“隔间”的概念，对特定场地内的污染物在不同介质中的物质的稳态（动态）线性（非线性）传输及浓度变化进行模拟，包括介质内部与介质之间的反馈过程。与之前三种模型不同的是，GEM 在尺度应用上非常灵活，结合气相、水相及化学物质的具体参数，可以将污染物迁移转运的模拟与实际情况充分结合，反映实际，适应各种环境问题。通过不断调整 GEM 中 PAHs 挥发和沉降速率，将土壤中 PAHs 的模拟值和测量值误差控制在 15%以内。当模拟和测量浓度误差在 15%以内时，在现有挥发和沉降速率基础上，继续将其数值每次上调 0.1，共五次，如若模拟浓度不发生变化或变化极小则确定该挥发和沉降速率为最佳参数；如果结果变化较大，则继续调整，直至模拟浓度处于稳定状态。

源谱的建立是整个模型操作过程中的关键步骤。一个完整的源谱是 CMB 模型准确分析来源的关键。在建立源谱之前，有必要考虑所有可能影响受体土壤的来源。本书以工业区内稳定运行的工厂为污染源，建立相应的源谱。从而可以量化各工厂对受体土壤的 PAHs 贡献，为污染控制和企业问责提供可靠依据。PAHs 的浓度归一化为 BaP 的浓度。这种归一化是必要的，因为在每个源周围收集的样本数与实际不同。然后取不同源类 BaP 归一化浓度的平均值，形成源谱。基于平行样品的实验室结果，所有源的相对标准偏差为 1.9%～21.5%，可以可靠地计算 PAHs 组成的不确定度，并计算污染源的贡献率。

除了可能的来源外，污染物的性质也应在物种选择中加以考虑。并不是所有的物质都适合溯源。以往的研究忽略了不同物种组合的源谱对结果准确性的影响。因此，构建 16 种 PAHs、低中高分子量（LMHMW）PAHs、低中分子量（LMMW）PAHs、低高分子量（LHMW）PAHs、中高分子量（MHMW）PAHs 5 类源谱（图 4-3），根据 CMB 模型的基本参数和可接受的结果比例筛选最优物种组合。

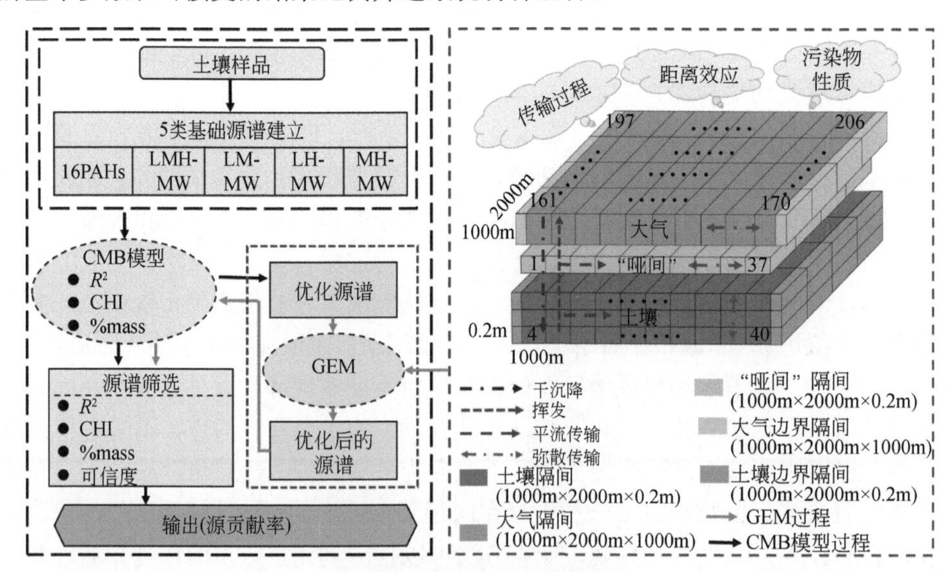

图 4-3　综合方法的流程图

彩图见封底二维码

GEM 是基于质量平衡的基础一维方程，表述为公式（4-2）。

$$R\frac{\partial C_d}{\partial t} = -u_x\frac{\partial C_d}{\partial x} + D_x\frac{\partial^2 C_d}{\partial x^2} \tag{4-2}$$

式中，C_d 指独立隔室 i 中溶解性化学物质浓度，M_c/L_W^3；D_x 是孔隙水的扩散/分散混合系数；u_x 是平流空隙水速率；t 指时间；x 指一维的未知量；R 是无量纲的延迟系数。

对于单一的化学成分，质量平衡可以分别写出隔间方程。质量平衡表明一个隔间质量随时间的变化等于这个隔间的输入减去它的输出。

GEM 中对任意隔室的质量平衡微分方程表述为公式（4-3）。

$$\frac{\mathrm{d}(R_i V_i Cd_i)}{\mathrm{d}t}=\sum_{j=1}^{NA_i}\frac{Q_{ij}}{\theta_i}Cd_{ij}+\sum_{j=1}^{NA_i}E'_{ij}\left(Cd_j-Cd_i\right)-V_i k_i Cd_i+\frac{W_i}{\theta_i} \tag{4-3}$$

式中，Cd_i 指独立隔室 i 中溶解性化学物质浓度，$\mathrm{M_c/L_w^3}$，$\mathrm{M_c}$ 为化学物质的质量，$\mathrm{L_w^3}$ 为孔隙水体积；Cd_{ij} 指隔室 i 与 j 接口处的浓度；NA_i 表示与隔室 i 相邻的总和；Q_{ij} 指相邻两个隔室 i 与 j 之间平流水量入渗速率，$\mathrm{L_w^3T}$，当值为正时表示进入隔室，当值为负值时表示离开隔室；E'_{ij} 表示菲克弥散/扩散流输运过程；V_i 表示隔空体积；k_i 为一阶损失常数；W_i 表示从外部进入内部的物质载荷；θ_i 为含水量。

对于传统的土壤源解析，一般采用大气图谱。然而，在实际采样过程中，收集 TSP 样本是具有挑战性的。为简化采样过程，采用土壤源谱代替大气源谱。为探索土壤源谱替代大气源谱的可能性，对土壤和 TSP 样品的 PAHs 组成进行了比较。6 个 TSP 样品中 16 种 PAHs 总浓度范围为 60.0～215.8μg/m^3，平均值为 122.3μg/m^3。16 种 PAHs 总浓度研究区高于首钢工业区（22.9μg/g）、大连工业区（0.2μg/m^3）和化工厂（18.0μg/m^3），处于较高水平。TSP 样品中主要污染物为 IPY、BaP、DBA 和 ANT，平均浓度分别为 15.3μg/m^3、13.6μg/m^3、12.5μg/m^3 和 12.4μg/m^3；赋存规律与土壤较为一致。大量研究表明，LMW-PAHs 主要产生于煤炭运输和钢铁烧结过程中。HMW-PAHs 主要形成于焦化过程。

探索两种介质中 PAHs 的相关性可以研究源谱的可替代性。在研究区域，土壤中的 PAHs 浓度随着 TSP 中 PAHs 的浓度的增加而增加，如图 4-4（a）所示。与 MMW-PAHs 相比，LMW-PAHs 与工业区工厂类型分布的累积相关性较好。焦化过程中由于温度较高，会排放大量 HMW-PAHs，而装煤、焦炭和钢烧结则会排放 LMW-PAHs。因此，LHMW-PAHs 在工业区更符合真实环境。采用皮尔逊相关性分析方法探讨各工厂 PAHs 与 TSP 之间的相关性，该方法用于研究城市或钢铁厂附近土壤、水和大气中多环芳烃的

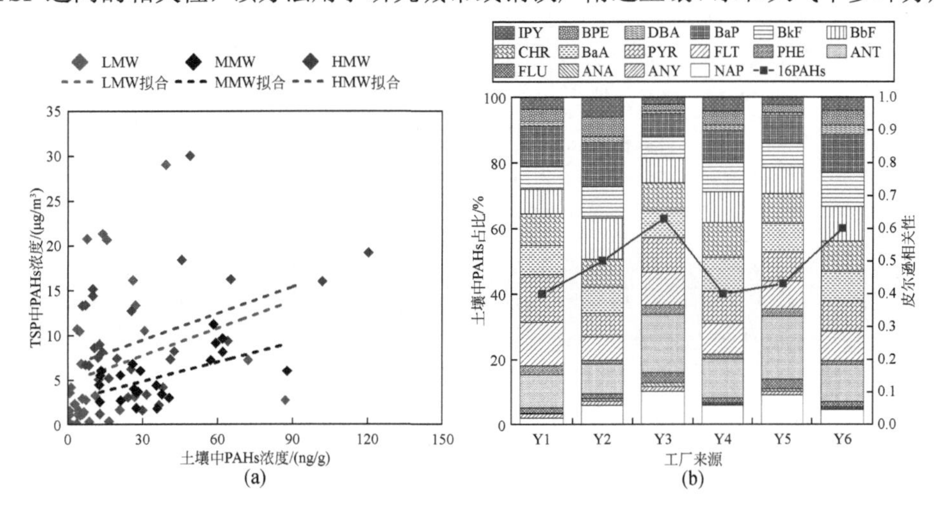

图 4-4　土壤与大气源谱间皮尔逊相关性分布

彩图见封底二维码

相关性。如图 4-4（b）所示，不同排放工厂之间的相关性不同，皮尔逊相关系数分布在 0.4～0.65。由于污染物在土壤中的累积模式与 TSP 显著不同，两种介质之间的相关性较低。Cabrerizo 等研究了 PCB 在土壤和大气之间的相关性，发现 PCB 在两种介质之间的相关性最低为 0.45。Nickel 等发现挪威地区 TSP 与表层土壤的重金属相关性分布在 0.2～0.69。因此，本研究所得到的相关性满足源谱间替代的标准。

由于不同源谱之间的物种组合会影响源解析结果；因此，优化前建立了如图 4-3、图 4-5 所示的 5 类基础源谱，并对其进行筛选。每个操作包含所有可能的 252 种（63 种组合×4 受体点）运行，以确保模型结果的客观性。对于 1260 次模型的单独运行，R^2 范围在 0.7～1.0，其中 92.6%的运行结果大于 0.90。%mass 变化范围为 9.8%～160.1%，98.9%在 EPA 建议的 60%～140%的可接受范围内。而在现有的 CMB 模型研究中，CHI 主要分布在 0～10，而本书中 CHI 分布在 0～306；如此大的跨度可能使它成为一个重要的筛选指标。通过分析 CMB 模型结果的三个参数，筛选出 5 类源谱最优组合；具体参数分布如图 4-5(a)～(e)所示。所有源谱中 90%以上的 R^2 和质量分数分别分布在 90%～100%和 80%～100%。LMMW、LHMW 和 MHMW 中 CHI＜4 的比例分别为 63.1%、45.6%和 48.4%，高于 16 PAHs 和 LMHMW 的 7.1%和 19.4%。物种选择结果反映了过多的物种数并不一定有更好的源解析结果，相关研究也证明了这一点。此外，可接受的源谱结果比例弥补了参数筛选源谱的不足。图 4-5（f）显示 LHMW 有 23.1%的可接受结果比例；而 LMMW 和 MHMW 所占比例均小于 10%。CHI 和可接受结果的比例显示了原始来源数据和受体数据之间的匹配差异；这种差异是由于在炼焦和炼钢过程中，LMMW 和 MHMW 忽略了多环芳烃类别。横向反映了 LHMW 更能代表工业区内污染物的分布特征，更适合于本书的溯源分析。

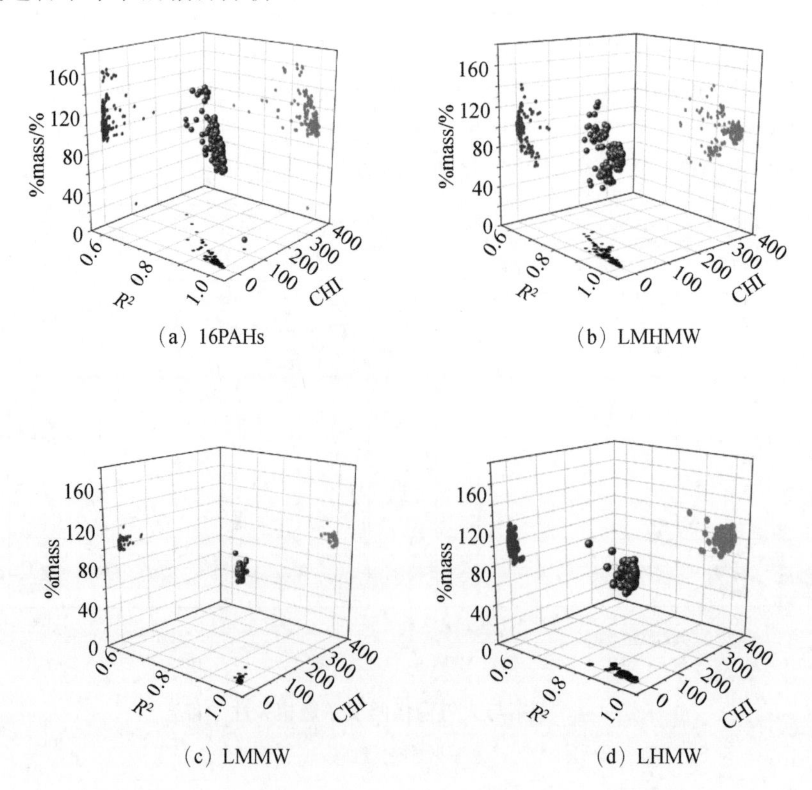

（a）16PAHs（b）LMHMW

（c）LMMW（d）LHMW

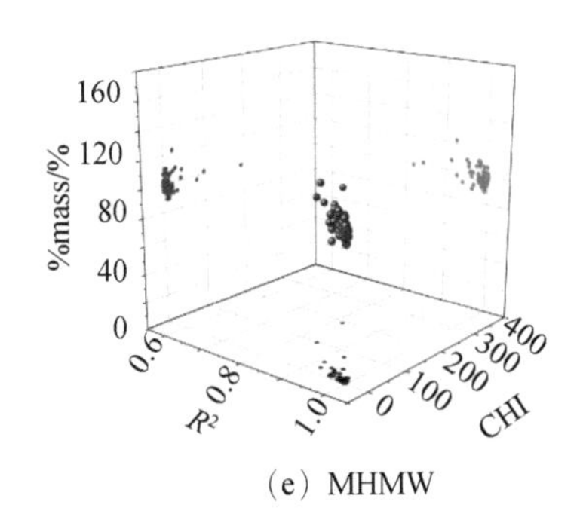

（e）MHMW

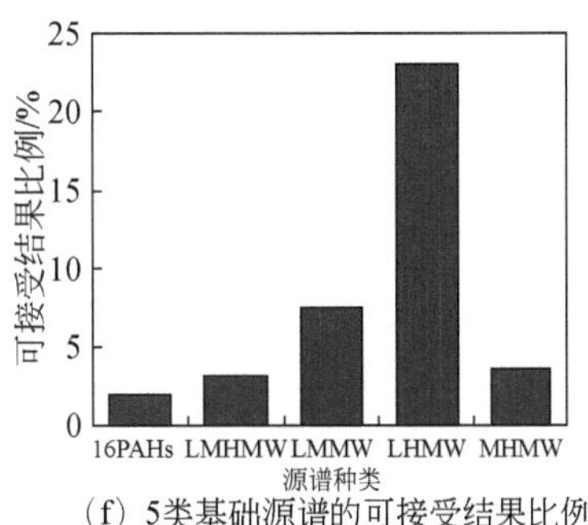

（f）5类基础源谱的可接受结果比例

图 4-5　CMB 模型基础参数结果

图 4-6（a）显示了 6 个工厂的原始 LHMW 源谱。LHMW 包括由焦化与钢铁行业生产过程中极易产生 7 种 PAHs，包括 ANY、ANA、FLU、BaP、DBA、IPY 和 BPE。BaP、BPE、IPY、FLU 的平均比例总和占总数的 85%，尤其是 BaP 占 35.2%～45.3%，这意味着 BaP 在该工业区值得重点关注。钢铁厂的 BaP 平均比例比焦化厂的平均水平高出 4.2%，这与已有研究结果相一致，证实 BaP 是钢铁生产过程中一个重要的指示物。FLU 是焦炉生产的典型产物，在 Y3 和 Y5 的源谱中仅次于 BaP，平均为 16.2%，而其他工厂的平均贡献仅为 7.0%。本书的 BPE 和 IPY 平均比例为 16.5%和 16.7%，在一些研究中焦化粉尘和焦化厂的比例为 29.3%和 24.8%。在焦化厂，ANY 和 ANA 在煤炭分布和煤焦油生产中产生的平均比例为 2.5%～7.2%，而在钢铁厂，这两种物质仅占 1.7%～2.0%。每一个工厂不同的生产工艺和排放模式都导致了污染物比例的变化。

在传输过程中，PAHs 很容易受到化学性质、传输距离和周围环境的影响，而产生的变化很难被发现。利用 GEM 模拟 PAHs 传输过程，可以减少由于该过程中产生的变化对溯源结果造成的偏差。由于工业园区位于唐山，地下水水位较深，附近没有明显的地表水，因此，土壤和大气是主要考虑的介质。根据研究区域实际情况，建立了 232 个隔间。在 GEM 的优化源谱过程中，工厂烟气的持续排放是污染物载入环境介质中的主要过程。干沉降是 PAHs 进入土壤的主要途径，然后在地表土壤上发生土壤-空气交换。此外，还考虑了挥发、弥散运动和扩散运输，主要由土壤体积密度、含水量、孔隙水速度、固/液分布系数、吸附解吸常数、挥发度/沉降率和弥散等参数支撑。通过对 PAHs 挥发和沉降速率的不断调整，对土壤中 PAHs 的模拟值和测量值进行了拟合误差的计算，并将其控制在 15%以内，确保可以准确优化源谱。通过模拟 PAHs 比例从大气到受体点的变化，并结合土壤空气交换中 PAHs 的变化规律，推导出了在受体点的源谱中各种 PAHs 的变化。图 4-6（b）通过对 7 个 PAHs 的原始和优化源谱之间的比例变化来确定重要的加载和损失过程。正如预期的那样，原始源谱因为传输距离改变，7 个 PAHs 的变化比例从 0%到 13%不等。在 6 个源谱中，ANY、ANA 和 FLU 在 2.0%到 7.2%的范围内都减少了，主要以挥发损失为主，这与 LMW-PAHs 的高蒸气压和低辛醇空气分布系数有关。在工业 1 点位中亨利系数较低、降解半衰期较长的 IPY 和 BPE 可能在运输过程中呈现累积状态，物质比例从 4.2%增加到 9.3%。优化后的工业 2 点位中的 FLU 从源到受体点增加了 2.2%～6.8%，这可能与 Y3 的连续运行有关。在工业 3 点位中，LMW-PAHs 在传输过程中损失了 0.4%～13.0%，而 HMW-PAHs 的物质占比却增加了

0.6%～9.8%。居民区 1 点位显示，只有 IPY 和 BPE 从 1.6%上升到 1.9%，明显小于 3 个工业点位的 9.0%；可能是距离的增加导致 HMW-PAHs 的累积效应的减少。剩下的 PAHs 的比例从 0.2%下降到 2.9%。“定制”源谱减少了传输距离对溯源结果的影响，并且改善了源和受体点之间的物质配合。

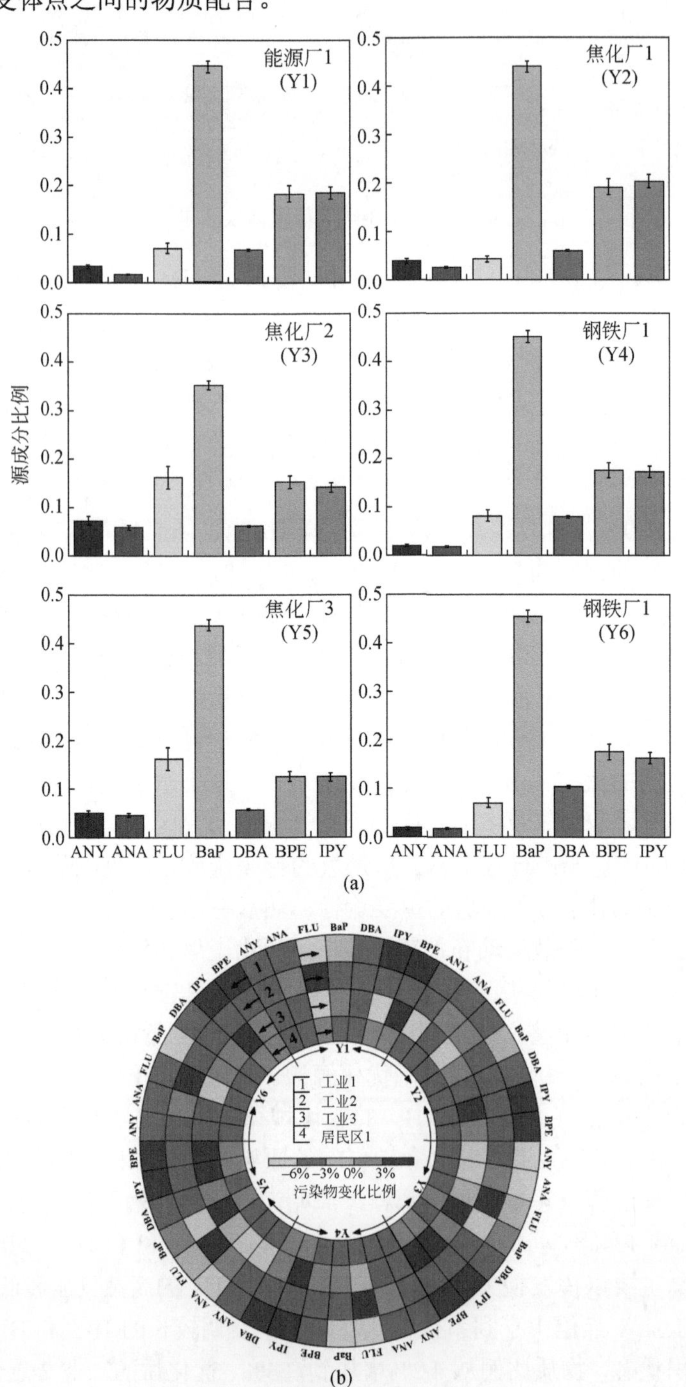

图 4-6　原始源谱（a）及原始源谱与优化源谱之间的差异（b）

彩图见封底二维码

为了验证 GEM-CMB 模型的优越性，分别比较了 CMB 模型和 GEM-CMB 模型结果中的重要参数，如 R^2、%mass、CHI。此外，将有效运行次数作为判断指标，以便进一步进行比较。每个受体点均进行所有的 63 次来源组合运行。CMB 模型和 GEM-CMB 模型的结果解释了近 100%的 PAHs 的来源。工业 1～3 和居民区 1 点位中 CMB 的有效运行比例分别为 7.9%、7.9%、15.9%和 60.3%，而 GEM-CMB 模型的有效运行比例分别为 41.2%、52.4%、54.0%和 61.9%。优化后分别提高 33.3 个百分点、44.4 个百分点、38.1 个百分点和 1.6 个百分点。有效运行次数的提高表明优化后的源数据与受体数据的拟合程度有显著增加，相关研究表明拟合程度会对模型的性能及结果造成影响。以下讨论是基于有效运行的结果。

优化后的 R^2 范围为 0.99～1，优于原始源谱的 0.98～0.99。CMB 模型对沉积物中 PAHs 来源的研究表明，R^2 分布在 70.0%～85.0%，只有 76.7%的 R^2 大于 80.0%。7 种 PAHs 的平均%mass 在 99.9%～105%。模型解释的浓度与环境中测得的浓度相对一致，表明优化后的源谱与受体数据有良好的一致性。本书研究%mass 分布较为集中，接近 100%，而相关报道%mass 平均分布在 93%～137%。优化后的 CHI 主要分布在 0.84～3.22，平均较优化前 CHI 结果降低 1.1～5.6。居民区 1 点位的改善幅度小于其他点位。可能由于该点位中的 7 个 PAHs 的原有比例分配与原始源谱具有优良的匹配性，优化潜力较小。优化后，可接受度和最优拟合度结果数量分别提高了 1.59 个百分点和 0.27 个百分点，而与原始源谱拟合不佳的 3 个工业点位可接受度提高了 33.3～44.4 个百分点。优化后的源谱减少了观测结果与理论推测结果的偏差，特别是对于与源数据有显著差异的受体数据。四个受体点的四个参数改进表明 GEM-CMB 模型结果是令人满意的，模型中选择的物种似乎足以用于源解析。

使用“定制”源谱在受体点进行源解析。为保证结果的客观性和合理性，对受体点所有有效运行中相同类型的源贡献进行平均和归一化作为最终源解析结果。不同的源组合贡献都包括在计算中，利用 95%置信区间的计算以消除极端贡献对结果的影响，每个源对每个受体点的贡献总结在表 4-1 和图 4-7 中。三个焦化厂（Y2、Y3、Y5）共占 36.4%～56.1%，两个钢铁厂（Y4、Y6）共占 25.6%～41.7%，能源厂（Y1）占 18.3%～23.6%。焦化厂 Y2、Y3 和 Y5 已经投产 10 年以上，4 个受体点平均贡献率分别为 12.7%、13.8%和 18.9%。在与土壤相关的研究中，焦炉和煤燃烧与焦化有关，它们对多环芳烃的贡献均在 50%以上。Y4 和 Y6 为钢铁厂的两个排放源，已运行 16 年以上，平均贡献了周围受体中 PAHs 的 18.8%和 14.9%。典型的能源工厂 Y1 由于其高产量和高排放，平均为每个受体点贡献了 20.9%的 PAHs。

表 4-1　优化前后模型参数变化及污染源贡献

参数		数值结果							
		优化源谱				原始源谱			
		工业 1	工业 2	工业 3	居民区 1	工业 1	工业 2	工业 3	居民区 1
所有运行数		63	63	63	63	63	63	63	63
有效运行数		26	33	34	39	5	5	10	38
R^2（效运行）	平均值	0.99	0.99	0.99	1.00	0.98	0.98	0.99	0.99
	最小值	0.99	0.99	0.99	0.99	0.98	0.98	0.98	0.98
	最大值	1.00	1.00	1.00	1.00	0.99	0.99	0.99	0.99

续表

参数		数值结果							
		优化源谱				原始源谱			
		工业 1	工业 2	工业 3	居民区 1	工业 1	工业 2	工业 3	居民区 1
CHI（有效运行）	平均值	0.86	3.22	0.92	0.84	4.88	6.17	0.96	0.92
	最小值	0.00	1.99	0.13	0.05	2.56	5.08	0.09	0.04
	最大值	3.39	3.74	3.77	3.54	7.35	8.11	4.07	3.27
%mass/%（有效运行）	平均值	99.9	105	100	101	89.4	100	99.2	98.7
	最小值	97.5	102	95.4	98.2	86.2	98.5	96.9	93.6
	最大值	110	107	105	107	91.7	103	100	101

参数	基础参数提升率/%			
	工业 1	工业 2	工业 3	居民区 1
可接受结果	33.33	44.44	38.10	1.59
最佳拟合（CHI<2）	80.76	33.33	8.24	0.27

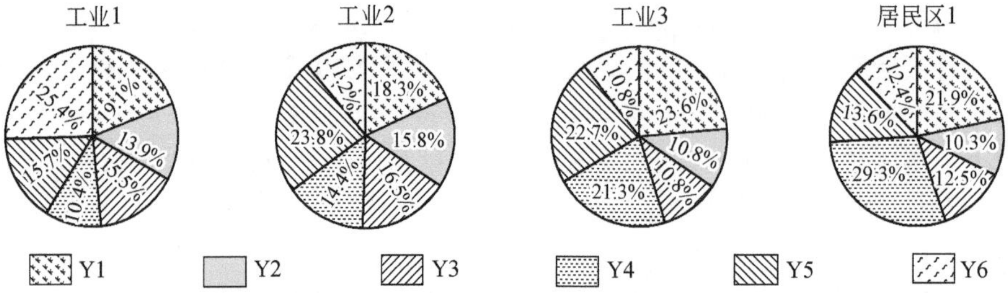

图 4-7　6 个工厂在 4 个点位的源贡献率

优化后源谱，有效运行结果在 95%置信区间内平均值

优化后的工业 1 点位中，来自焦化厂 Y2、Y3 和 Y5 共贡献 45.1%的 PAHs，贡献率分别为 13.9%、15.5%和 15.7%。优化前，模型忽略了 PAHs 传输过程中的损失，Y3 和 Y5 对工业 1 点位的贡献分别为 11.9%和 0%；Y2 贡献了 19.7%。但焦化厂 Y3 和 Y5 的排放量几乎是焦化厂 Y2 的两倍，并且焦化厂 Y3 和 Y2 到工业 1 点位的距离相似，因此推测焦化厂 Y3 的贡献率为 0%是不合理的。优化结果表明，钢铁厂 Y4 对工业 1 点位的贡献率为 10.4%，与工业 1 点位相对接近的钢铁厂 Y6 对其贡献率为 25.4%。相比之下，优化前，钢铁厂 Y4 对工业 1 点位的贡献为 27.7%。钢铁厂 Y4 与工业 1 点位的距离最远，而 Y4 与受体点的对应 7 种 PAHs 偏差仅为 0.2，低于焦化厂 Y3、Y5 和钢铁厂 Y6。说明工业 1 点位在数值上与钢铁厂 Y4 拟合程度较高，导致源贡献被高估。在一项相关研究中，数字匹配导致的贡献高估或低估也发生了。利用优化后的源谱进行源解析，结果表明，工业 2 点位中 56.1%以上的 PAHs 来自焦化厂，这与该点周围工厂的分布密度有关。焦化厂 Y5 贡献最大，为 23.8%，其次是能源厂 Y1 贡献了 18.3%，而钢铁厂 Y4 和 Y6 仅贡献了 14.4%和 11.2%。钢铁厂 Y5 和能源厂 Y1 距离工业 2 点位 2km 范围内，生产过程中烟气排放量较其他工厂大，且沿南、西南主导风向传播。优化前，三个焦化厂对工业 2 点位 PAHs 的贡献率为 61.2%，其中焦化厂 Y5 为 36.7%，与优化结果相似，但

能源厂 Y1 的贡献率仅为 6.2%，这与 Y1 的高排放和距离效应相关。优化源谱后，焦化厂 Y2、Y3 和 Y5 对工业 3 点位中 PAHs 的贡献率为 44.3%，其中 Y5 对 PAHs 的贡献率为 22.7%。Y2 和 Y3 的贡献率均为 10.8%，而 Y4 的贡献率为 21.3%，由于地理优势仅次于 Y5。在工业 2 和工业 3 点位中，钢铁厂 Y5 的贡献超过 20.0%。近年来，Y5 被认为是高排放的重点企业，成为 PAHs 的较大输入源。而 Y3 和 Y5 的贡献几乎被忽略，优化前只有 0%和 6.3%。与工业点位相比，优化源谱结果显示，焦化厂对居民区 1 点位中 PAHs 的贡献率仅为 36.4%，而排放相近、距离相近的 Y3 和 Y5 对多环芳烃的贡献率分别为 12.5%和 13.6%。钢铁厂 Y4 对这一点的贡献最大，为 29.3%，能源厂 Y1 也贡献了 21.9%。Y4 较大的贡献率被认为是由于生产过程中的排放和矿石堆积过程中一些颗粒被吹起。2013 年，加拿大一家炼油厂报告了大量焦炭库存，不久之后，在附近的一条河流中检测到颗粒。在优化前，能源厂 Y1 的贡献高达 43.1%，完全忽略了受体点的位置和工厂分布，这一贡献并不合理。相比之下，GEM-CMB 模型快速而准确地捕捉到了这些变化。

与传统的 CMB 模型相比，GEM-CMB 模型在捕捉 PAHs 传输过程中的损失方面具有明显的优势。通过源谱筛选和优化，可以在不需要 16 种 PAHs 组成源谱的情况下，实现园区尺度污染源的定性识别和定量评价，在一定距离上捕捉到污染物传输过程中比例的微小变化，提高了源解析结果的准确性。生物、风向、风速等因素对污染物传输过程的影响有待进一步研究。

4.1.3　基于大气传输-沉降模型的多环芳烃溯源

1. 模拟了焦化场地排放典型气源性 PAHs 的传输扩散行为

根据焦化厂实际场调资料，计算污染源排放量，利用 AERMOD 模型模拟了焦化厂气源性 16 种 PAHs 的大气传输扩散行为，各污染物在大气中的传输扩散主要受其本身性质及排放速率的影响。依据物质本身的性质结构 16 种 PAHs 具有两种传输扩散行为，环数较少的以气态污染物形式传输，环数较多的以固态污染物形式传输，但其总沉积速率均受到排放速率的影响。焦化厂 PAHs 沉积量分布如图 4-8 所示。呈气态的 PAHs 中 NAP 的排放速率最大且对应的总沉积量最大；呈固态的 PAHs 在 2019 年的平均总沉积量 BaP（2.12×10^{-5}μg/m^2）＞BPE（7.20×10^{-8}μg/m^2）＞DBA（5.40×10^{-8}μg/m^2）＞IPY（3.90×10^{-8}μg/m^2），与其排放速率具有较强的相关性。焦化厂气源性污染物的沉降会受

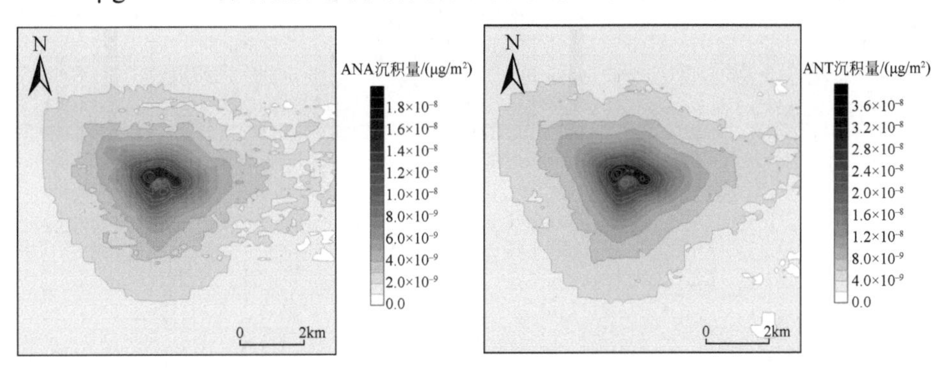

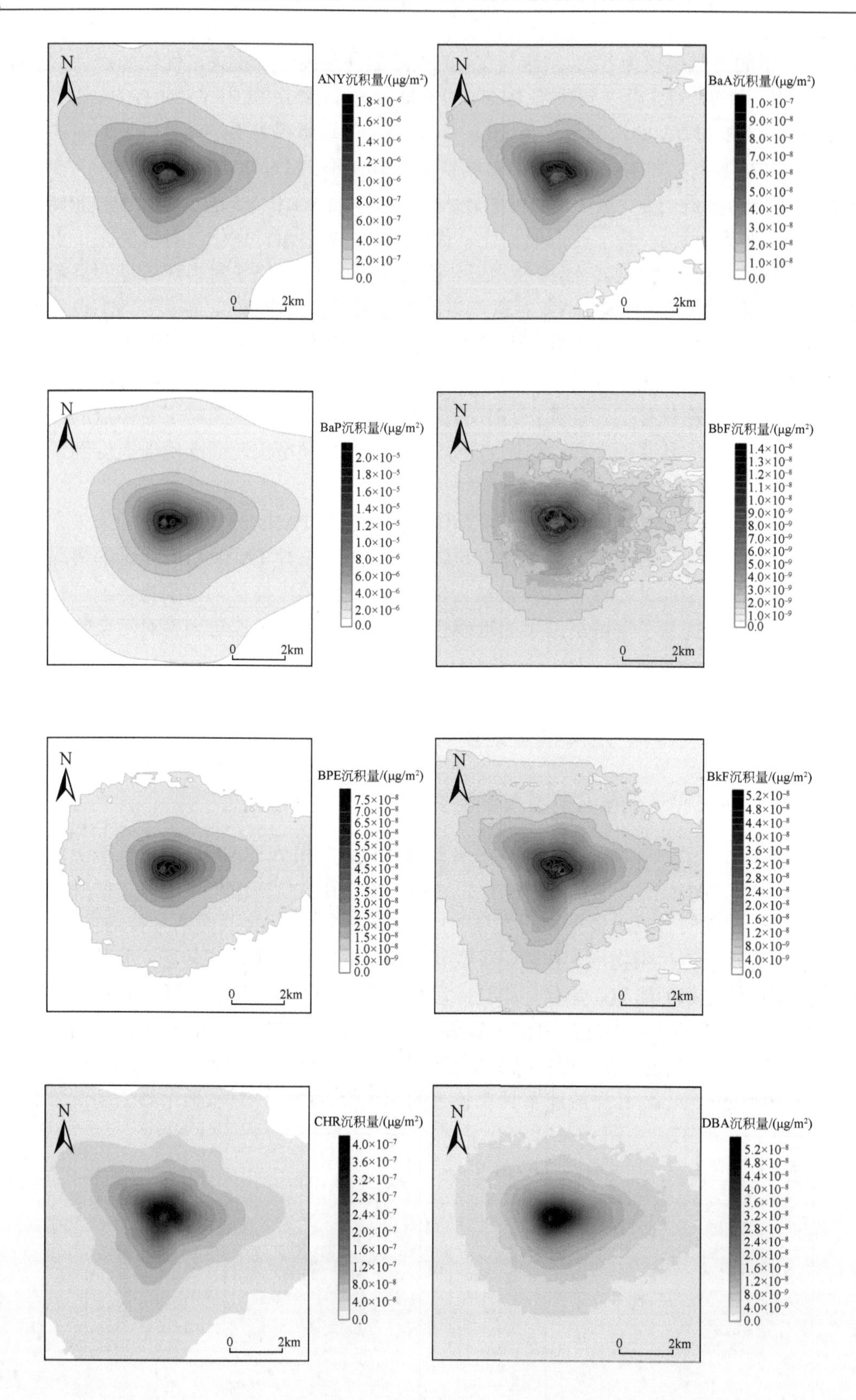
N
ANY沉积量/(μg/m²)
1.8×10⁻⁶
1.6×10⁻⁶
1.4×10⁻⁶
1.2×10⁻⁶
1.0×10⁻⁶
8.0×10⁻⁷
6.0×10⁻⁷
4.0×10⁻⁷
2.0×10⁻⁷
0.0
0 2km
BaA沉积量/(μg/m²)
1.0×10⁻⁷
9.0×10⁻⁸
8.0×10⁻⁸
7.0×10⁻⁸
6.0×10⁻⁸
5.0×10⁻⁸
4.0×10⁻⁸
3.0×10⁻⁸
2.0×10⁻⁸
1.0×10⁻⁸
0.0
BaP沉积量/(μg/m²)
2.0×10⁻⁵
1.8×10⁻⁵
1.6×10⁻⁵
1.4×10⁻⁵
1.2×10⁻⁵
1.0×10⁻⁵
8.0×10⁻⁶
6.0×10⁻⁶
4.0×10⁻⁶
2.0×10⁻⁶
0.0
BbF沉积量/(μg/m²)
1.4×10⁻⁸
1.3×10⁻⁸
1.2×10⁻⁸
1.1×10⁻⁸
1.0×10⁻⁸
9.0×10⁻⁹
8.0×10⁻⁹
7.0×10⁻⁹
6.0×10⁻⁹
5.0×10⁻⁹
4.0×10⁻⁹
3.0×10⁻⁹
2.0×10⁻⁹
1.0×10⁻⁹
0.0
BPE沉积量/(μg/m²)
7.5×10⁻⁸
7.0×10⁻⁸
6.5×10⁻⁸
6.0×10⁻⁸
5.5×10⁻⁸
5.0×10⁻⁸
4.5×10⁻⁸
4.0×10⁻⁸
3.5×10⁻⁸
3.0×10⁻⁸
2.5×10⁻⁸
2.0×10⁻⁸
1.5×10⁻⁸
1.0×10⁻⁸
5.0×10⁻⁹
0.0
BkF沉积量/(μg/m²)
5.2×10⁻⁸
4.8×10⁻⁸
4.4×10⁻⁸
4.0×10⁻⁸
3.6×10⁻⁸
3.2×10⁻⁸
2.8×10⁻⁸
2.4×10⁻⁸
2.0×10⁻⁸
1.6×10⁻⁸
1.2×10⁻⁸
8.0×10⁻⁹
4.0×10⁻⁹
0.0
CHR沉积量/(μg/m²)
4.0×10⁻⁷
3.6×10⁻⁷
3.2×10⁻⁷
2.8×10⁻⁷
2.4×10⁻⁷
2.0×10⁻⁷
1.6×10⁻⁷
1.2×10⁻⁷
8.0×10⁻⁸
4.0×10⁻⁸
0.0
DBA沉积量/(μg/m²)
5.2×10⁻⁸
4.8×10⁻⁸
4.4×10⁻⁸
4.0×10⁻⁸
3.6×10⁻⁸
3.2×10⁻⁸
2.8×10⁻⁸
2.4×10⁻⁸
2.0×10⁻⁸
1.6×10⁻⁸
1.2×10⁻⁸
8.0×10⁻⁹
4.0×10⁻⁹
0.0

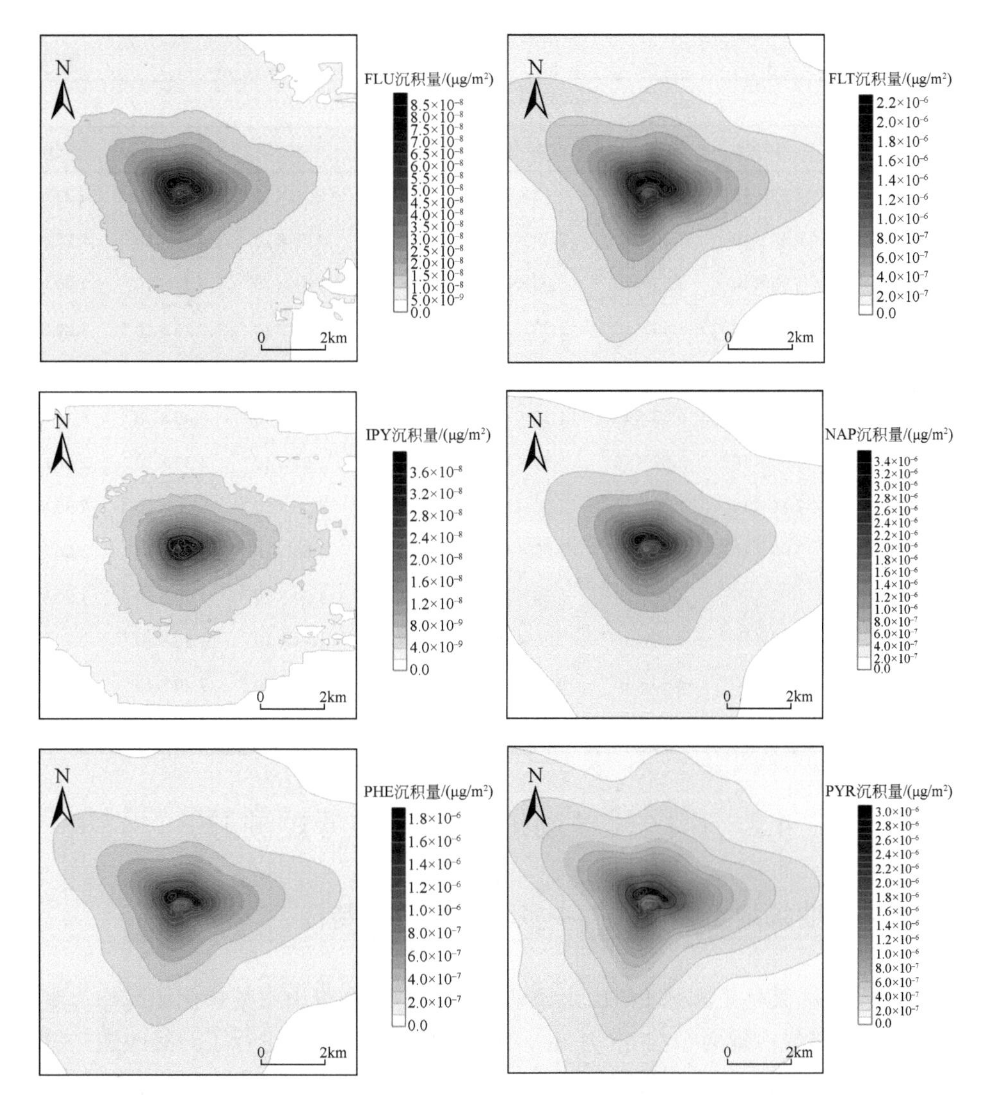

图 4-8　焦化厂 PAHs 总沉积量分布图

到排放速率的影响。PAHs 在沉积量上有所不同，其主要归因于它们的排放速率和自身性质的差异，总沉积分布图趋势的相似性表明沉积分布主要受地形、风向的影响。

2. 基于模型预测了焦化场地气源性 PAHs 在土壤中的累积量

在考虑淋溶、径流、侵蚀、挥发地表损失作用的情况下，利用 EPA 土壤累积模型预测了不同年限 PAHs 在土壤中的累积量，如表 4-2 所示。

表 4-2　焦化厂运行不同年限后对周边土壤贡献值　　（单位：mg/kg）

物种	贡献值							
	10 年	15 年	20 年	40 年	60 年	80 年	100 年	150 年
NAP	1.10×10^{-2}	1.64×10^{-2}	2.17×10^{-2}	4.24×10^{-2}	6.22×10^{-2}	8.11×10^{-2}	9.91×10^{-2}	1.41×10^{-1}
ANA	6.33×10^{-5}	9.49×10^{-5}	1.26×10^{-4}	2.52×10^{-4}	3.78×10^{-4}	5.03×10^{-4}	6.27×10^{-4}	9.36×10^{-4}
ANY	6.12×10^{-3}	9.17×10^{-3}	1.22×10^{-2}	2.44×10^{-2}	3.66×10^{-2}	4.87×10^{-2}	6.07×10^{-2}	9.07×10^{-2}

续表

物种	贡献值							
	10年	15年	20年	40年	60年	80年	100年	150年
FLU	2.83×10^{-4}	4.25×10^{-4}	5.66×10^{-4}	1.13×10^{-3}	1.69×10^{-3}	2.26×10^{-3}	2.82×10^{-3}	4.22×10^{-3}
PHE	5.99×10^{-3}	8.98×10^{-3}	1.20×10^{-2}	2.39×10^{-2}	3.59×10^{-2}	4.79×10^{-2}	5.98×10^{-2}	8.97×10^{-2}
ANT	1.27×10^{-4}	1.90×10^{-4}	2.53×10^{-4}	5.06×10^{-4}	7.59×10^{-4}	1.01×10^{-3}	1.27×10^{-3}	1.90×10^{-3}
FLT	7.26×10^{-3}	1.09×10^{-2}	1.45×10^{-2}	2.90×10^{-2}	4.35×10^{-2}	5.81×10^{-2}	7.26×10^{-2}	1.09×10^{-1}
PYR	9.97×10^{-3}	1.49×10^{-2}	1.99×10^{-2}	3.99×10^{-2}	5.98×10^{-2}	7.97×10^{-2}	9.96×10^{-2}	1.49×10^{-1}
BaA	3.40×10^{-4}	5.10×10^{-4}	6.80×10^{-4}	1.36×10^{-3}	2.04×10^{-3}	2.72×10^{-3}	3.40×10^{-3}	5.10×10^{-3}
CHR	1.33×10^{-3}	2.00×10^{-3}	2.67×10^{-3}	5.33×10^{-3}	8.00×10^{-3}	1.07×10^{-2}	1.33×10^{-2}	2.00×10^{-2}
BbF	5.00×10^{-5}	7.50×10^{-5}	1.00×10^{-4}	2.00×10^{-4}	3.00×10^{-4}	4.00×10^{-4}	5.00×10^{-4}	7.50×10^{-4}
BkF	2.00×10^{-4}	3.00×10^{-4}	4.00×10^{-4}	8.00×10^{-4}	1.20×10^{-3}	1.60×10^{-3}	2.00×10^{-3}	3.00×10^{-3}
IPY	1.30×10^{-4}	1.95×10^{-4}	2.60×10^{-4}	5.20×10^{-4}	7.80×10^{-4}	1.04×10^{-3}	1.30×10^{-3}	1.95×10^{-3}
DBA	1.80×10^{-4}	2.70×10^{-4}	3.60×10^{-4}	7.20×10^{-4}	1.08×10^{-3}	1.44×10^{-3}	1.80×10^{-3}	2.70×10^{-3}
BPE	2.40×10^{-4}	3.60×10^{-4}	4.80×10^{-4}	9.60×10^{-4}	1.44×10^{-3}	1.92×10^{-3}	2.40×10^{-3}	3.60×10^{-3}
BaP	7.07×10^{-2}	1.06×10^{-1}	1.41×10^{-1}	2.83×10^{-1}	4.24×10^{-1}	5.66×10^{-1}	7.07×10^{-1}	1.06×10

4.2　厂区尺度场地土壤多环芳烃溯源

4.2.1　焦化行业场地土壤及大气中多环芳烃分布特征

以京津冀地区某化工园区 PAHs 来源解析为例，选择唐山市某焦化场地作为案例，该地块 2004 年建成占地面积约 68 万 m^2，2009 年对生产工艺进行了升级改造，拆除了地块南部的停产工程，在地块北部重新安装一套新的在产工程。本次采样分析针对场地内表层和亚表层土壤，包含整个厂区的在产工段和停产工段。2019 年 7 月，按不同功能区共采集表层（0～10cm）和亚表层（10～20cm）13 个点 25 个土壤样本。采样点位置如图 4-9 所示，多环芳烃含量如图 4-10 所示。对于每个采样点，在同一区域（$100m^2$）取 5 个子样品，堆积在一起形成一个复合样品。每个样品至少 0.5kg，放入不干扰土壤中 PAHs 的聚乙烯拉链袋中，储存在 4℃的保温箱中，运输到实验室。所有土壤样品在室温下风干，去除土样中残留的根、石头和其他无用物质，筛分成 100 目大小的颗粒。所有完成的样品密封在棕色玻璃瓶中，−4℃保存直到分析。

整体来看表层（0～10cm）浓度普遍高于亚表层（10～20cm），在产区浓度整体高于停产区域。在产工段中，Σ16PAHs 浓度最高的是硫铵工段，高达 13 800ng/g，其次为锅炉工段。在 16 种 PAHs 中，DBA、IPY、BPE 需要格外关注，个别点位浓度超过建设用地土壤污染风险筛选值中第二类用地筛选值。

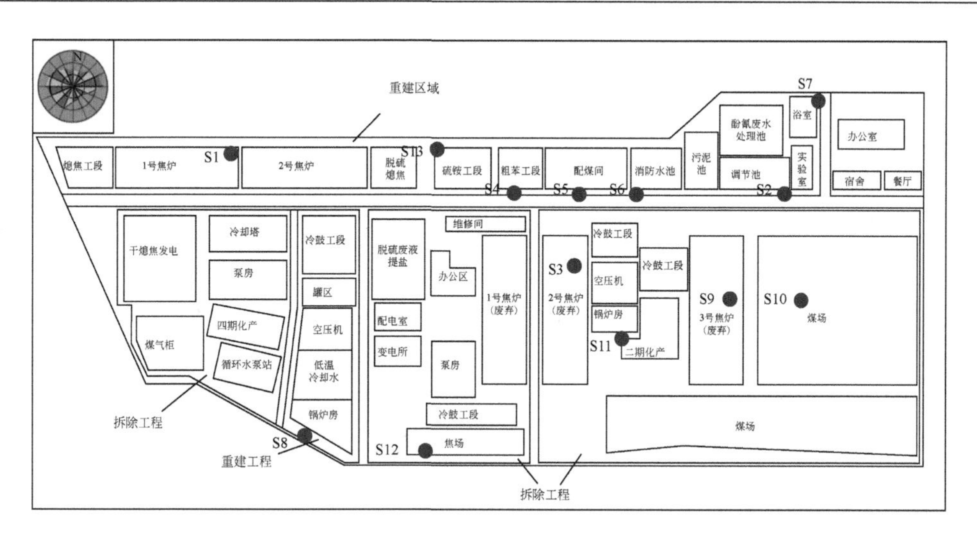

图4-9 采样点位分布图

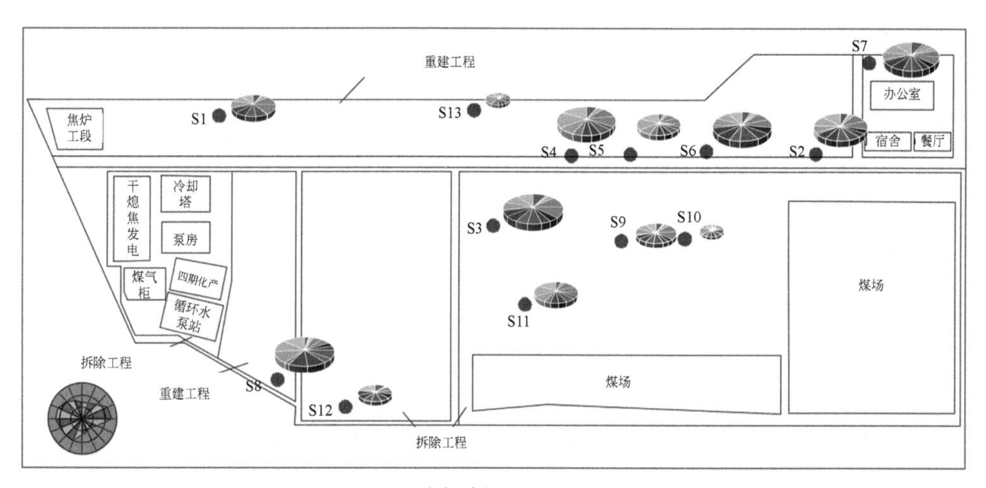

(a) 表层(0~10cm)

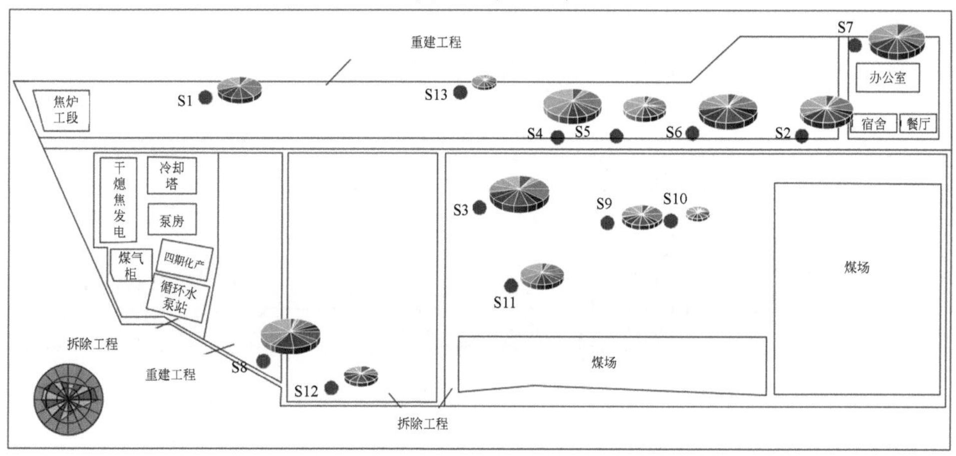

(b) 亚表层(10~20cm)

图4-10 焦化厂表层(a)和亚表层(b)土壤中多环芳烃含量

饼图大小代表含量多少

4.2.2 基于正定矩阵分析-化学质量平衡的多环芳烃溯源

1. 基于特征比值-主成分分析-正定矩阵分析的溯源分析

为了初步探究该焦化厂土壤中多环芳烃的主要来源，特征污染物比值法是一个简单可靠的方法。本书采用 ANT/（ANT+PHE），FLU/（FLU+PYR），IPY/（IPY+BPE）和 BaA/（BaA+CHR）等比值分析表层和亚表层土壤中多环芳烃来源。如图 4-11 所示，ANT/（ANT+PHE）的比值分布在 0.4～0.6，低环多环芳烃主要来源于高温燃烧。FLU/（FLU+PYR）的比值在 0.1～1，而 65%的 FLU/（FLU+PYR）比值在 0.2～0.6。结合 ANT/（ANT+PHE）和 FLU/（FLU+PYR）的比值可以推断，汽油燃烧和混合燃烧是多环芳烃的主要来源。IPY/（IPY+BPE）比值范围为 0.0～0.5。结合 ANT/（ANT+PHE）和 FLU/（FLU+PYR）的比值可以推断，汽油燃烧和混合燃烧是多环芳烃的主要来源。在本书中，研究区域为焦化厂，石油源可能只是来源的小部分。BaA/（BaA+CHR）比值范围为 0.1～0.7。综合以上分析结果表明表层与亚表层土壤中的多环芳烃主要来源于生物质燃烧、煤炭燃烧和混合燃烧，且表层与亚表层土壤比值分布一致。

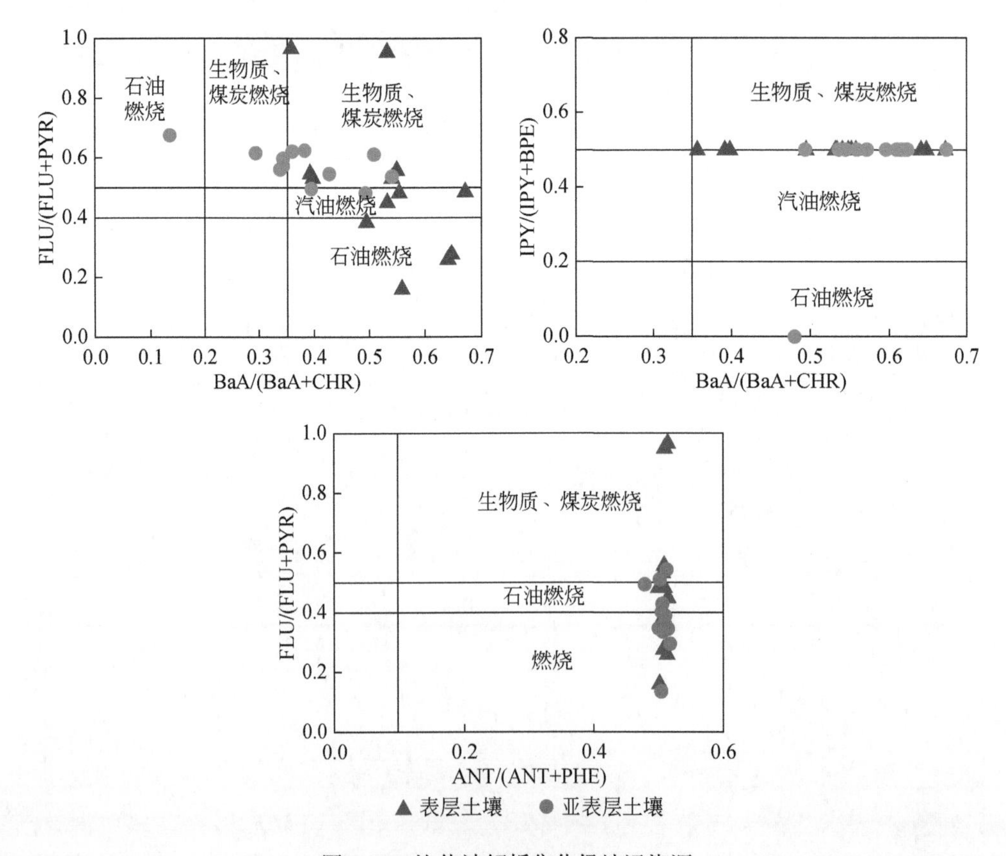

图 4-11　比值法解析焦化场地污染源

在多环芳烃来源的定性分析基础上，需要进一步对该场地表层与亚表层土壤中的多环芳烃进行定量分析。PCA 基于降维原理，从大量的原始变量中提取少量的主成分，尽可能多地保留原始变量的信息。它可以在没有具体来源信息的情况下对污染物进行定量分析。利用PCA对表层与亚表层土壤中16种优先控制的多环芳烃进行来源分析。采用方差分析方法提取特征值大于1的因子，并且进行凯泽归一化分析主成分，共提取了3个主成分因子，解释了数据93.02%的方差。因子1对总方差的贡献为69.87%。CHR、BbF、BkF、DBA、ANT、PHE、BPE、IPY在因子1中占较大权重。CHR、BbF、BkF因子负荷甚至高于94.00%。研究表明，BPE、BbF、IPY和BkF都是汽油车排放的典型跟踪指标。FLU和CHR通常存在于柴油尾气中，BbF也是柴油汽车的指标。BPE和IPY也被确定为车辆来源的典型示踪剂。因此，因子1代表交通源。因子2中FLT、PYR、ANY、ANA、BaA占主要比例，占总方差的14.86%。据报道，PHE、PYR、BaA等物质是煤的燃烧标志，PHE和PYR在煤的燃烧剖面中占主导地位。焦化厂生产用煤的需求非常大，所以因子2被认为是煤炭燃烧源。因素3解释了总方差的8.30%。ANA、FLU、ANY、NAP、ANT 占了主要比例。生物质燃烧过程中主要产生低环与中环多环芳烃。FLU和ANT是生物质燃烧的典型示踪剂。因此，因子3被认为是生物质燃烧源。根据PCA和聚类分析结果，可以推断唐山市某焦化厂表层土壤中的多环芳烃主要来自于交通源、煤炭燃烧源和生物质燃烧源。

PCA结果与特征污染物比值法得出结果一致。在唐山焦化厂位于城市郊区，大量农民在附近生活和工作。一些农业生产活动，如秸秆燃烧、木材燃烧，产生大量的多环芳烃。因此，生物质燃烧是该地区的一个主要来源。城市郊区大量的工厂对交通运输有很高的要求，导致附近的道路上有大量的交通车辆。交通车辆源也成为一类多环芳烃源。此外，焦化厂生产过程中对煤炭有较大需求。煤的不完全燃烧也会产生大量多环芳烃，煤炭燃烧源已成为多环芳烃的重要来源之一。

为了进一步区分燃烧源，利用PMF5.0软件对研究区表层与亚表层土壤中各个点位进行建模。结合定性和半定量分析的结果，最后选取5个因素进行进一步讨论。根据不同来源中物质的分布特点，初步得到了污染源谱。表层土壤中16种多环芳烃的源谱和贡献率如图4-12所示。BPE、IPY、ANT和PHE在因子1中浓度较高，因子1对BPE和IPY的贡献率高达59.1%（图4-12a）。研究表明，高环多环芳烃与重油燃烧密切相关，BPE、DBA、IPY均为重油燃烧的指标，其中BPE和IPY是典型的柴油排放指标。FLU、PYR和PHE是生物质燃烧的标志物。ANT、PHE、FLU和FLT是木材燃烧的特征指标。据现场调查，焦化厂周围有大量村庄和大片农田。在农业生产过程中，柴油机、木材等生物质材料被大量使用。因此，推断出因子1是生物质燃烧和柴油燃烧混合源。

在因子2中，FLT、PYR、BaA和CHR为特征元素。研究表明，FLT、ANT和PYR是燃煤的典型指标，FLT和PYR是燃煤的主要排放。ANT、PHE、FLU、PYR和BaA的主要来源是煤炭燃烧。在因子2中，FLT、PYR和BaA占较大的贡献率。此外，煤被焦化厂和周边化工厂等工业企业广泛用作能源，周边居民对生活和冬季取暖用煤的需求也很大。因此，推测因子2是煤炭燃烧源。

因子3的主要成分为BaP、BPE、IPY和DBA。研究发现BaP主要由汽油排放产生。DBA是重油燃烧的典型产物，IPY也是典型的交通源示踪指标，BPE、BbF、BkF是汽柴油发动机燃烧的特征污染物。BaP和BPE的高负荷值与汽油和柴油发动机的尾气排放有关。综合分析，因子3可能是交通源。

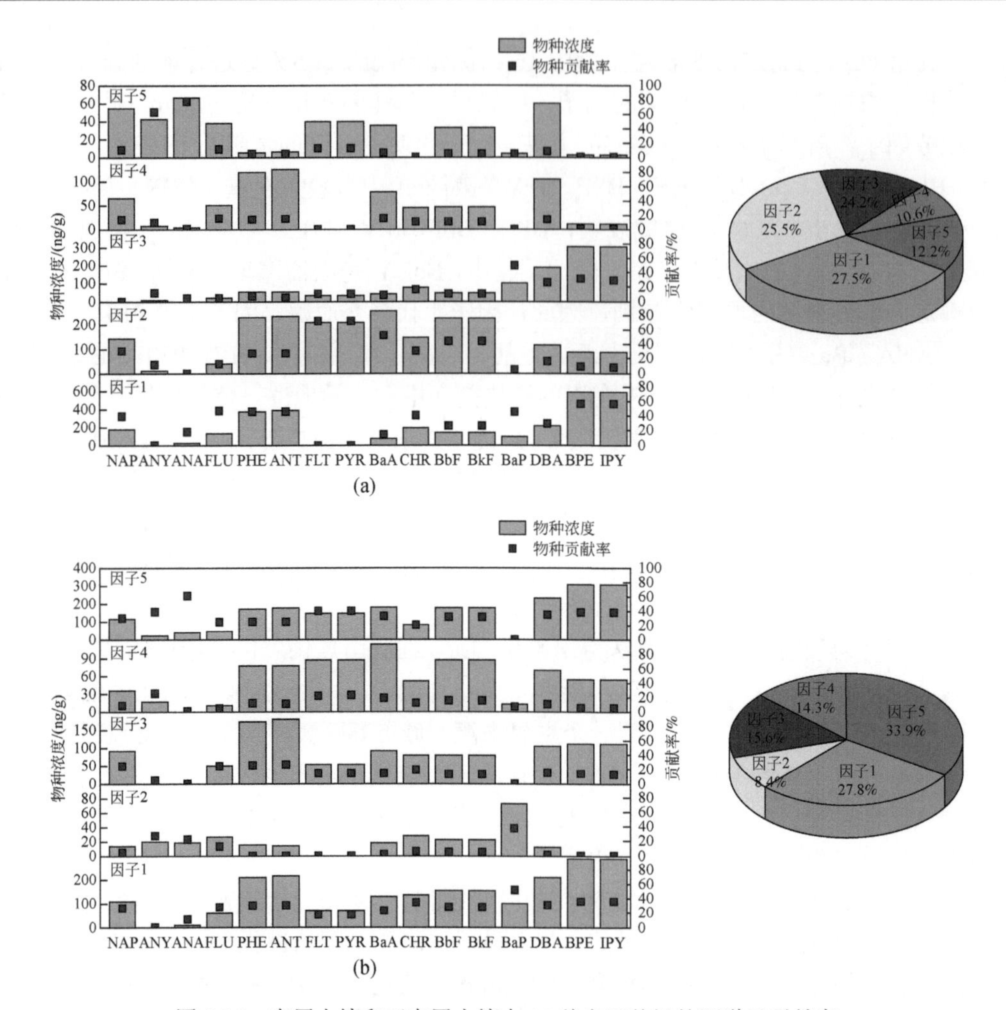

图 4-12　表层土壤和亚表层土壤中 16 种多环芳烃的源谱及贡献率

因子 4 的主要成分为 FLU、PHE、ANT 和 NAP。低环组分如 FLU 和 ANT 是焦化排放的特征化合物。在焦炭生产过程中会产生大量的 ANT、PHE、FLT、CHR 和 PYR。结果表明，FLU 和 PHE 可以作为焦炉源的指标，而焦化厂有大量的焦炉，因此可以推断因子 4 是焦炉源。

因子 5 的主要成分为 ANA、ANY、FLT 和 PYR。石油中主要以低环多环芳烃为主，如 ANA、ANT、ANY、FLU 等。在因子 5 中，ANA 和 ANY 在因子 5 中贡献率较高，可以初步推测因子 5 为油气泄漏及其他油污染源。

亚表层土壤中多环芳烃的分析方法与表层土壤相同。图 4-12（a）为表层土壤中 16 种多环芳烃的源谱及贡献率。亚表层土壤中 16 种多环芳烃的源谱及贡献率如图 4-12（b）所示。BaP、BPE、IPY、CRH、PHE、ANT 在因子 1 中占较大比重，其中 BaP 占较大比重。BaP 的贡献率高达 53.2%。BaP 和 IPY 是典型的交通源指标。一些研究表明，生物质燃烧产生了 CRH、PHE 和 ANT。由此推断，因子 1 为生物质燃烧源与交通源的混合源。因子 2 中的 BaP、ANY、ANA、FLU 等低环多环芳烃是焦化排放的特征化合物，推测因子 2 来源于焦炉源。在因子 3 中，ANT 的贡献率高达 26.8%，其次是 PHE、FLU、NAP 和 CHR。此外，有研究表明，PHE、FLU 和 ANT 是煤炭燃烧的特征指标，因此可以推断因子 3 是煤的燃烧源。因子 4 中 ANY、FLT、PYR、BaA、BbF、BkF 等物质是典型的汽油燃烧产物和交通源指标，因此因子 4 是典型的交通源指标。因子 5 中 ANA、FLT、PYR 等低环物质在油中含量丰富，因此推断因子 5 可能与漏油有关。

综上所述，PMF 模型对土壤的源解析细化了诊断比值和 PCA 分析的结果。结果表明，焦化场地表层和亚表层土壤中多环芳烃的来源相似，主要是石油污染、交通源、柴油燃烧、生物质燃烧、焦炉和油类物质泄漏。通过定性-半定量-定量的逻辑解析多环芳烃来源，避免了单一模型结果可能出现的源合并现象。表层土壤与亚表层中的 58.2%以上的多环芳烃均可通过场地相关的 3 个包括焦炉源、煤炭燃烧源以及油类物质泄漏进行解释。为了识别出焦化厂内不同工艺段对场地相关源的影响，需进一步通过 CMB 模型进行识别。

2. 基于 CMB 模型的溯源分析

根据唐山某焦化厂的工段位置进行布点采样并建立针对该焦化厂的 16 种多环芳烃源谱，具体源谱如图 4-13 所示。CMB 模型的运行需要源谱满足以下条件：①由于该场地面积有限且各工段距离较小，因此人为污染排放源的化学组成在源样品采集到受体的传输过程中相对稳定；②多环芳烃各个组分之间没有化学反应；③各源组成成分之间具有显著差异，但粗苯工段与配煤工段的源成分谱成分组成具有一定相似性，可能存在共线性；④源的数目小于源中化学组分的数目；⑤不确定度取源谱数据的 10%。

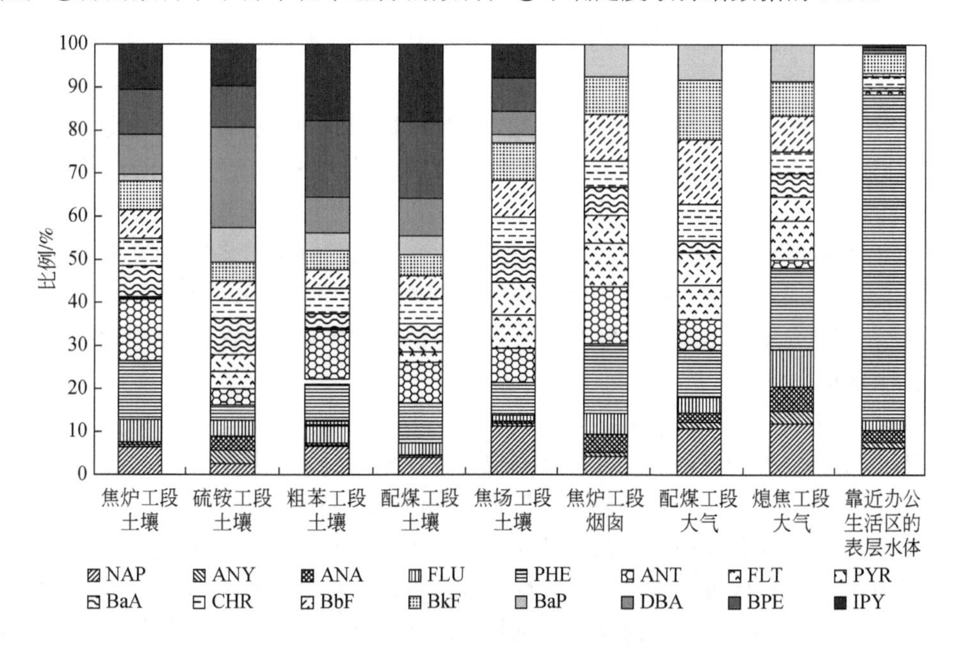

图 4-13　焦化场地多环芳烃源谱

以唐山某焦化厂区生活区点位为例进行 CMB 模型解析。CMB 模型运行结果见表 4-3，该点位土壤中的多环芳烃主要来源于焦炉工段、硫铵工段、配煤工段、焦场工段以及靠近办公生活区的表层水体。该五种源可以解释生活区点位土壤中 90.6%的多环芳烃来源，其中对该点位土壤中多环芳烃来源贡献较大的是焦场工段与焦炉工段，占比分别达到 37.1%与 34.2%。场地中浓度高于第二类用地筛选值的物质 DBA 也主要来源于焦炉工段与焦场工段。靠近办公生活区的表层水体对该点位多环芳烃贡献较小，仅占整体来源的 0.8%。因此该焦化厂应重点关注焦炉工段和焦场工段的排污状况用于预防土壤污染进一步加重。根据 CMB 模型的灵敏度矩阵可以判断 PYR、FLU 可以作为焦炉工段的标志元素，BaP 是硫铵工段的标志元素，BPE 与 IPY 是配煤工段的标志元素，NAP 与 PYR 是焦场工段的标志元素。

表 4-3　焦化场地多环芳烃 CMB 模型解析结果（T3 点位）

基础参数	结果	来源	占比
R^2	0.96	焦炉工段	34.2%
CHI	3.9	硫铵工段	2.4%
%mass	90.6%	靠近办公生活区的表层水体	0.8%
自由度	9	配煤工段	16.0%
		焦场工段	37.1%

4.2.3　厂区尺度基于多介质传输-化学质量平衡的多环芳烃溯源

将“源-汇”理论的概念引入污染场地污染物分析。

以唐山某焦化厂为例，由于该焦化厂在 2009 年实施工艺改造工程，因此，在该焦化厂内既存在在产区域也有停产区域。位于在产区域各工段的污染物排放具有规律性和持续性，因此可以认为在产区域的源谱在工厂排放量不变的情况下不发生改变，因此在产区域工段的源谱可以不做修正。但由于停产区域已经不再进行生产活动，污染物随着时间尺度的推移在场地内会发生迁移转化，而源谱中 16 种多环芳烃的占比也会随之产生变化。若不对停产区域的源谱进行修正，可能会导致源解析结果发生偏差，无法对在产停产区域共存的场地进行污染物来源的精准溯源。因此利用多介质模型对停产区域工段污染物进行多介质模拟，并对停产区域工段源谱进行修正，以保证随时间推移的过程中做到精准溯源。

GEM 模型作为一种常用的多介质传输模型，可以灵活选择介质，根据场地实际情况调整模拟范围，不需要足够的样本数据也可以探索污染物在场地范围内的迁移情况，并且可以模拟污染物在多介质中随时间迁移转化的源汇关系模型。

该模型充分考虑到模拟环境的介质参数及污染物的物理化学性质，主要包括土壤孔隙度、孔隙水流速、地表水平流速、大气分散系数、相对缓慢的渗透速率、介质间的弥散系数、地表水土壤挥发转移速率、污染物介质中吸收的化学浓度、介质含水量、污染物的固液分配系数及解吸/吸附速率常数。根据文献查阅确定唐山某焦化厂介质参数以及多环芳烃的物化参数，具体参数如表 4-4 和表 4-5 所示。

表 4-4　环境介质参数

参数	数值	备注
土壤孔隙度	0.12	

续表

参数	数值	备注
孔隙水流速	0.04m/s	
地表水平流速度	0.1m/s	
大气分散系数	$1.7\times10^{6}m^{2}/d$	假设所有的运输都是纵向分散
相对缓慢的渗透速率	$1.7\times10^{-6}m^{2}/d$	土壤间隔
介质间的弥散系数	$10m^{2}/d$	
地表水土壤挥发转移速率	0.2m/d	

表 4-5　多环芳烃物理化学性质

介质	介质中吸收的化学浓度/(g/m^3)	含水量	固液分配系数	解吸/吸附速率常数
土壤	1.60×10^{5}	0.12	4.69×10^{-2}（取平均值）	1.04
蓄水层	2.00×10^{5}	0.2	4.69×10^{-1}	6.9
地表水	3.40	1	4.69	1.04×10^{-4}
大气	1.00	1	4.69×10^{-2}	3.46×10^{-7}

根据焦化厂内在产与停产工段的空间分布进行样点布设与采集，尽可能多地考虑可能产生影响的污染源并建立源谱。修正前源谱包括焦炉工段、硫铵工段、粗苯工段、配煤工段、焦场工段、焦炉工段大气、配煤工段大气、熄焦工段大气以及靠近办公生活区的表层水体等 9 个在产区域源和废气冷鼓工段、废气焦炉工段两个停产区域污染源，并基于该源谱对 T7 点位进行 CMB 模型解析。结合基础参数结果及生活区点位位置及污染源贡献率等多因素筛选后，最终确定生活区的点位 T7 中多环芳烃主要来源于在产工段的焦炉工段、焦场工段以及停产工段的废弃冷鼓工段。三个来源对 T7 点位总多环芳烃的贡献，分别为 34.0%、37.5%、20.9%，具体结果如表 4-6 所示。

在产焦炉工段中，ANA、ANY、FLU、PHE、FLT、PYR、BaP、DBA 为该工段的灵敏指示物；FLT、PYR 为焦场工段的灵敏指示物；在停产区域，BaP 为废弃冷鼓工段的灵敏指示物，在产工段之间以及与停产工段之间的灵敏指示物具有较大区别。由于多环芳烃属于半挥发性有机物，该类物质会随时间而发生迁移转化。为了实现这一修正，多介质模型 GEM 模型被引入，对停产区域的源谱进行时间尺度上的修正，实现场地尺度上时间尺度上的精准溯源。

表 4-6　T7 点位修正前 CMB 模型解析结果

基础参数	结果	来源	占比
R^2	0.97	焦炉工段	34.0%
CHI	2.77	废弃冷鼓工段	20.9%
%mass	92.5%	焦场工段	37.5%
自由度	10		

各工段 16 种 PAHs 在经过 GEM 模型模拟后发现，在结合参数模拟的情况下，10 年后的源谱修正部分与未修正部分存在显著差异，因此需要对源谱进行修正。由于修正只针对源谱中停产区域两个工段，因此优化后源谱中的 R^2、%mass 以及 CHI 相比于修

正前没有很大变化，只是结果的自由度有所提升。修正后的低环多环芳烃占比显著下降，这与 LMW-PAHs 的高蒸气压和低辛醇空气分布系数有关。而部分高环多环芳烃在土壤中却随着时间变化而产生一定的累积，提高其在总 16 种多环芳烃中的占比，这与高环物质的亨利系数较低、降解半衰期较长相关。利用修正后的源谱对 T7 进行来源解析，生活区的点位 T7 的最优来源没有发生变化，分别是在产工段的焦炉工段、焦场工段以及停产工段的废弃冷鼓区域。但三个来源对 T7 点位总多环芳烃的贡献产生变化，分别为 46.9%、42.6%、2.5%。由于停产工段不再进行生产活动，因此修正前 20.9%的贡献率偏高，而源谱修正后的废弃冷鼓停产工段对 T7 点位土壤中多环芳烃贡献明显降低，贡献率为 2.5%。但各来源的灵敏指示物并没有明显变化，解析结果如表 4-7 所示。

表 4-7　T7 点位修正后 CMB 解析结果

基础参数	结果	来源	占比
R^2	0.95	焦炉工段	46.9%
CHI	3.12	废弃冷鼓工段	2.5%
%mass	92.0%	焦场工段	42.6%
自由度	11		

4.3　本章小结

本章针对经济快速发展区场地土壤多环芳烃的污染来源解析问题，提出了不同尺度的溯源方法，分别从园区尺度和厂区尺度建立了溯源方法体系。综合考虑了多环芳烃的污染来源和化学性质，以及不同物种组合的源谱对结果准确性的影响，分别构建了基于多介质传输模型优化的化学质量平衡溯源方法和基于大气传输与沉降模型耦合的溯源方法，结合逸度模型多介质模拟与机理模型污染物的运移原理，将污染物迁移转运的模拟与实际情况充分结合，应用到场地尺度上污染物多介质迁移转化模拟。通过源谱筛选和优化，可以在不需要 16 种 PAHs 组成源谱的情况下，实现工业区尺度污染源的定性识别和定量评价。

参 考 文 献

Cai T Q，Schauer J J，Huang W，et al.，2016. Sensitivity of source apportionment results to mobile source profiles［J］. Environmental Pollution，219：21-828.

Cao W，Geng S Y，Zou J，et al.，2020. Post relocation of industrial sites for decades：ascertain sources and human risk assessment of soil polycyclic aromatic hydrocarbons［J］. Ecotoxicology and Environmental Safety，198：10646.

Chen Z A，Ren G B，Ma X D，et al.，2021. Presence of polycyclic aromatic hydrocarbons among multi-media in a typical constructed wetland located in the coastal industrial zone，Tianjin，China：occurrence characteristics，source apportionment and model simulation［J］. Science of the Total Environment，800：49601.

Cui M，Chen Y J，Yan C Q，et al.，2022. Refined source apportionment of residential and industrial fuel combustion in the Beijing based on real-world source profiles［J］. Science of the Total Environment，826：54101.

Gong X H，Zhao Z H，Zhang L，et al.，2022 . North-south geographic heterogeneity and control strategies for polycyclic aromatic hydrocarbons（PAHs）in Chinese lake sediments illustrated by forward and backward source apportionments ［J］. Journal of Hazardous Materials，431：28545.

Jia T Q，Guo W，Xing Y，et al.，2021. Spatial distributions and sources of PAHs in soil in chemical industry parks in the Yangtze River Delta，China ［J］. Environmental Pollution，283：7121.

Lang Y H，Li G L，Wang X M，et al.，2015. Combination of Unmix and PMF receptor model to apportion the potential sources and contributions of PAHs in wetland soils from Jiaozhou Bay，China ［J］. Marine Pollution Bulletin，90：129-134.

Lee S，Russell A G，2007. Estimating uncertainties and uncertainty contributors of CMB $PM_{2.5}$ source apportionment results ［J］. Atmospheric Environment，41：9616-9624.

Li A，Jang J K，Scheff P A，2003. Application of EPA CMB8.2 Model for Source Apportionment of Sediment PAHs in Lake Calumet，Chicago ［J］. Environmental Science and Technology，37：2958-2965.

Little K W，Parks A B，Lillys T P，2018. An open-source，generic，environmental model for chemical fate and transport analysis in multi-media systems［J］. Environmental Modelling and Software，103：90-104.

Li X，Zheng R，Bu Q H，et al.，2019 . Comparison of PAH content，potential risk in vegetation，and bare soil near Daqing oil well and evaluating the effects of soil properties on PAHs［J］. Environmental Science and Pollution Research International，26（24）：25071-25083.

第5章 经济快速发展区场地土壤挥发性有机物污染溯源

5.1 区域尺度场地土壤挥发性有机物溯源

5.1.1 石化行业挥发性有机物排放清单

大气挥发性有机物源排放清单是根据排放系数及活动水平估算一定时期内污染物排放量，据此排放量识别对环境空气中挥发性有机物有贡献的主要排放源。基于空间分布的排放清单，影响区域VOCs排放的关键因素，如企业类型、规模、分布等常被忽视。因此，有必要将工业活动水平与企业的相关信息联系起来构建精细化的排放清单，进一步了解有机物在土壤中的分配情况。研究结果对于掌握区域土壤污染状况，揭示土壤中VOCs的来源和沉降规律具有重要意义。由于难以构建具有代表性的沉降表面，特别是粗糙的土壤表面，对沉降过程的直接监测很少。因此，对排放污染物沉降的研究往往依赖于参数化模型。根据气象参数建立的阻力模型，污染物物理特性和受体表面物理特性可靠、直观，广泛应用于沉降计算。相比之下，由于种类繁多、模型参数的确定比较复杂，对VOCs沉降的研究较少。在大区域尺度上，特别是受气象条件差异、工业企业分布和排放的影响，相关研究更少。

针对石化行业，本书从上、中、下游选择天然气开采、原油开采、原油加工、合成树脂、合成橡胶等五个子行业，构建了2008～2019年我国VOCs排放清单，重点关注经济快速发展区。结合企业分布情况，进行了网格分析，阐明了污染物的空间排放特征。利用阻力模型计算了VOCs的沉降量，通过对不同类型、不同规模企业土壤中VOCs的监测，分析了VOCs的干沉降速度与其在土壤中检测浓度的相关关系。

1. 排放清单估算方法

排放清单法是基于排放因子和行业活动水平统计来计算的方法。计算如公式（5-1）所示。

$$E_{k,j} = \sum EF_{k,j} \times Q_{k,j} \tag{5-1}$$

式中，$E_{k,j}$为VOCs总排放量，EF为VOCs排放因子（即单位Q的VOCs排放量），Q为行业活动数据（即原材料消耗量或产品产量），k为行业类别，j为研究区域。

行业活动数据来源于《中国统计年鉴》（2009～2020年）、《中国能源统计年鉴》（2009～2020年）、地区统计年鉴（2009～2020年）和各行业协会报告。排放因子来源于2014年环境保护部发布的《大气挥发性有机物源排放清单编制技术指南（试行）》。

2. VOCs 排放清单

2019 年中国石化五个子行业的 VOCs 总排放量为 1.93×10^6t（图 5-1a），占生态环境

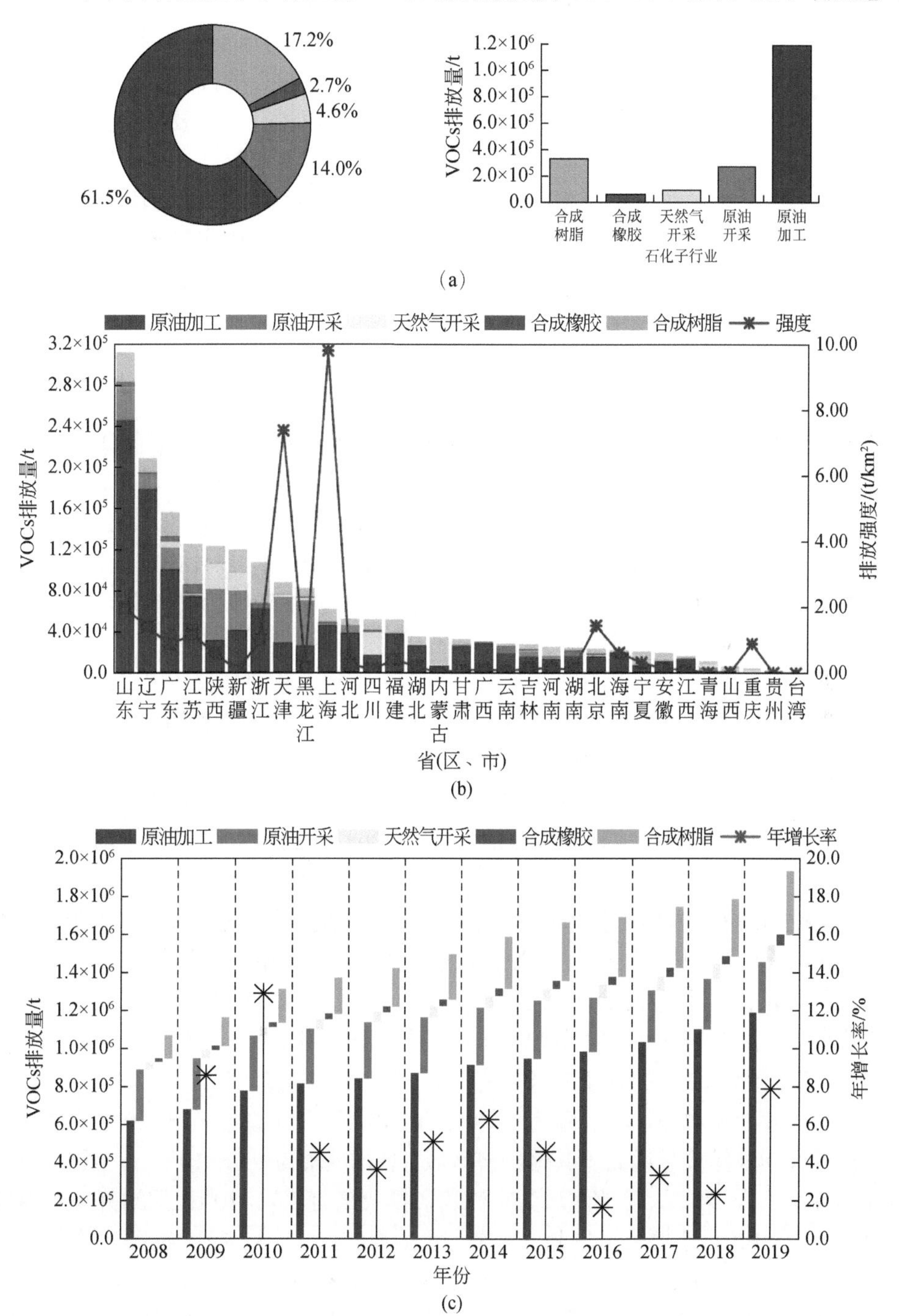

图 5-1　2019 年中国石化五个子行业排放量及占比（a）、2019 年中国部分省（区、市）石化子行业 VOCs 排放量（b）与 2008～2019 年中国石化子行业的 VOCs 排放量及其年增长率（c）

彩图见封底二维码

部 2017 年第二次全国污染源调查人为 VOCs 排放总量的 18.96%。这一高比例反映了这五个子行业在中国的 VOCs 排放中不容忽视。原油加工的贡献率高于原油开采、天然气开采、合成树脂、合成橡胶，贡献率分别为 61.5%、14.0%、4.6%、17.2%和 2.7%。原油加工高排放区，如山东、辽宁、广东、陕西、新疆等地，与原油开采有一定的相关性。

原油开采和天然气开采作为石化行业上游行业，其 VOCs 的排放特征与自然条件有很大关系。中国东西部原油和天然气能源分布不均衡，原油开采主要分布在天津、黑龙江、山东等地，天然气开采主要集中在四川内陆、陕西、新疆等地。主要原因是油田是以水生生物为主要来源的大型湖相沉积。然而，气田的源物质主要来自陆生高等植物。合成树脂是本书研究的第二排放行业，在江苏、浙江、广东、山东等地排放量较高。合成橡胶的总排放量小于其他行业，主要排放区域为江苏、云南、湖南、浙江。产生 VOCs 的主要过程是橡胶精炼和硫化，这两个过程往往伴随有恶臭物质，影响周围居民的日常生活。

从 2008 年到 2019 年，我国 5 个石油化工子行业的累计 VOCs 排放量为 1.83×10^7t，中国的 VOCs 排放量呈持续上升趋势（图 5-1c）。从 2008 年到 2019 年 VOCs 排放量由 1.07×10^6t 增加到 1.93×10^6t，年平均增长率为 5.54%，年增长率最高达到 12.91%。对于 5 个子行业来说，原油加工具有相对突出的表现。从 2008 年到 2019 年，原油加工稳步增长，平均年增长率为 6.08%，2019 年最大排放量达到 1.19×10^6t，累计排放量为 1.08×10^7t。天然气开采也有类似的趋势，年均增长率为 7.84%。2008～2019 年原油开采的 VOCs 排放量没有明显上升趋势，累计排放量为 3.40×10^6t。

石化行业下游行业产品产量较高，导致 VOCs 排放量相对较高。从 2008 年到 2019 年，合成橡胶的总 VOCs 排放量为 4.02×10^5t，仅占石化行业的 2.20%。然而，从全球合成橡胶生产数据来看，2017 年中国是最大的合成橡胶生产国，占 30.19%。合成树脂 12 年内总的 VOCs 排放量为 2.94×10^6t，2009 年达到最大年增长率 21.93%，2019 年达到 3.31×10^5t。在本研究中，合成树脂和原油加工是 2008 至 2019 年总排放量增长的主要驱动力。

石化行业的高浓度 VOCs 排放集中在京津冀、长三角、珠三角和长江经济带这些经济快速发展区。这些经济快速发展区石化行业的 VOCs 排放量占国家排放量的 41.5%。四个经济快速发展区 12 年总排放量为 7.72×10^6t，占全国总排放量的 42.38%，原油加工也是排放的主要来源，占 50%以上，但其他行业在不同地区有不同的特点。

从 2008 年到 2019 年的总排放量来看，长三角的排放量最大，高达 3.10×10^6t。其中，原油加工是主要的排放源，排放量为 1.98×10^6t，然而，不同之处在于 2008～2019 年，合成树脂的 VOCs 排放量远高于其他经济区域，总排放量为 9.65×10^4t，占全国该行业总排放量的 48.62%。第二大排放区域为京津冀，排放量为 1.76×10^6t。原油开采 VOCs 总排放量为 6.10×10^5t，主要来自华北、冀东、大港油田。此外，长江经济带天然气开采远高于其他区域，总 VOCs 排放量为 2.15×10^5t，占全国该行业总排放量的 29.53%，主要排放区是位于长江上游的四川和重庆。只有珠三角仅包括广东单个省份的 VOCs 排放量，但其在每个行业的排放量中占显著位置。从单位面积排放系数来看，上海 107.98t/km^2 的排放系数远高于其他省（区、市）。天津是各经济区中排放强度第二高的地区，高达 82.01t/km^2。此外，上海和天津是全国排放强度最高的城市，不同之处在于上海归因于原油加工，而天津归因于原油开采。

3. 石化子行业 VOCs 排放特征

根据制造企业的协作性质，将石化 5 个子行业分为原油和天然气开采、原油加工、合成橡胶和树脂 3 大类。每个类别包括大/小规模企业，共 6 个企业进行环境空气与表层土壤采样。环境空气中共检测到 111 种 VOCs，其中烷烃 28 种、烯烃 10 种、芳香烃 15 种、卤代烃 36 种、含氧 VOCs 22 种，如图 5-2 所示。大规模原油加工企业的 VOCs 检测值最高，达 260.01μg/m^3，与其在排放清单上对石化行业的突出贡献一致，小规模企业 VOCs 检出浓度为 230.20μg/m^3。原油和天然气开采、合成橡胶和树脂两大类大规模企业 VOCs 浓度分别为 238.27μg/m^3、207.54μg/m^3，小规模企业 VOCs 浓度分别为 187.60μg/m^3、178.90μg/m^3。VOCs 种类分析表明，烷烃和卤代烃对石化行业的排放贡献较大，分别占 19.47%～45.28%、21.96%～42.10%。含氧 VOCs 的贡献总体排名第三，为 16.16%～31.25%，但在石化行业报告的 VOCs 检测中被低估。这三类行业中特征污染物是相似的，包括丙烷、异戊烷、3-甲基戊烷、氯甲烷、二氯甲烷、1, 2-二氯乙烷、1, 2-二氯丙烷、甲烷和乙醛。

5.1.2 基于排放清单-沉降模型的挥发性有机物溯源

1. 沉降计算

某一特定物种沉降通量的决定性因素是：①物质的存在状态；②物质浓度；③物质的溶解度和化学反应性；④该区域的陆地类型和气候条件。大气中的湍流程度，特别是最接近地面的湍流程度，决定了物种迁移到地面的速度。本书采用阻力模型分别计算出挥发性有机物在气相和颗粒相中的沉降速度。此外，结合检测到的环境样本浓度，估算出该企业 2km 范围内的 VOCs 沉降通量和沉降量。

（1）气固分配

分配给颗粒的 VOCs 分数 Φ 可以根据环境总悬浮颗粒物(TSP)来表示，如公式(5-2)所示。

$$\Phi = \frac{K_p(\mathrm{TSP})}{1+K_p(\mathrm{TSP})} \tag{5-2}$$

式中，K_p 为颗粒-气体分配系数，m^3/μg，TSP 为环境总悬浮颗粒物，μg/m^3。这种方法的一个困难是 TSP 浓度难以获取，每个地区的平均 PM_{10} 浓度（单位μg/m^3）可替代环境中总悬浮颗粒物。K_P 是基于它们相对较高的蒸气压和辛醇-空气分配系数模型确定的，如公式（5-3）所示。

$$\log K_P = \log K_{\mathrm{oa}} - 12.61 \tag{5-3}$$

式中，K_{oa} 为辛醇-空气分配系数，通过公式（5-4）获得。

$$K_{\mathrm{oa}} = K_{\mathrm{ow}} R T_{\mathrm{a}} / H \tag{5-4}$$

式中，K_{ow} 是辛醇-水分配系数，R 是理想气体摩尔常数，T_{a} 是热力学温度，H 是亨利常数。

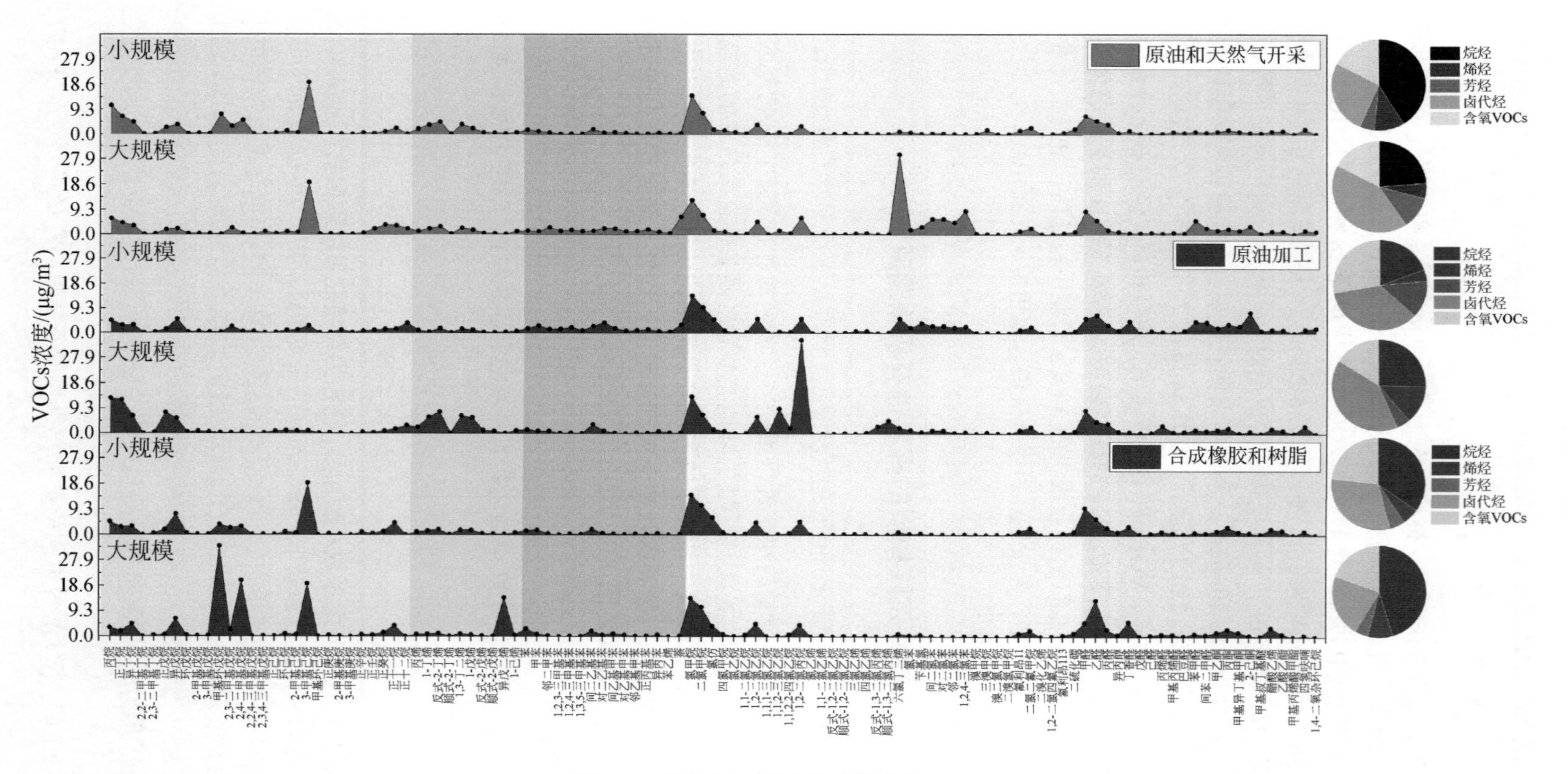

图5-2　不同行业环境空气中检出的VOCs

（2）沉降阻力模型

气相沉降速度：使用阻力模型对沉降过程进行参数化是可行的，该模型假设 VOCs（气相和颗粒相）向地表的传输由三个阻力控制。R_a 为参考高度与近地面层之间的空气动力阻力，R_b 为通过 0.01～0.1cm 层的分子扩散阻力，R_c 为表面捕集的阻力。气体沉降物的总阻力 R_t 为三个阻力之和。由定义可知，其沉降速度（$V_{d,g}$，m/s）为累积阻力的倒数，通过公式（5-5）获得。

$$V_{d,g} = \frac{1}{R_t} = \frac{1}{R_a + R_b + R_c} \tag{5-5}$$

颗粒相沉降速度：气溶胶颗粒在重力作用下落入大气层，它们的下落速度由重力和空气黏度产生的阻力之间的平衡决定。当空气中的颗粒足够小时，惯性力远小于黏滞力。在空气中会形成斯托克斯流，形成对颗粒向上的阻力。下落粒子向上的阻力等于重力。

由于颗粒受重力作用，沉降速度量化中必须加以考虑。颗粒相倾向于停留在表面，因此，我们可以忽略表面阻力项。粒径为 i 的颗粒沉降速度（$V_{d,p,i}$，m/s）通过公式（5-6）获得。

$$V_{d,p,i} = \frac{1}{R_a + R_b + R_a R_b V_{s,i}} + V_{s,i} \tag{5-6}$$

式中，$V_{s,i}$ 是下落颗粒相向上的阻力等于重力时的速度。

沉降阻力：空气动力阻力（R_a，s/m）与气相或颗粒相沉降时选择参考高度和表面粗糙度长度有关。根据理论基础近似参数化，如公式（5-7）所示。

$$R_a = \frac{\int_{Z_{0,q}}^{Z_r} \Phi_h \frac{\mathrm{d}Z}{Z}}{ku_*} \tag{5-7}$$

式中，Z_r 为参考沉降高度，m；$Z_{0,q}$ 为分子表面粗糙度长度，m，数值为卫星数据对全球范围内地表生物物理参数的描述。Φ_h 为势能的无量纲温度梯度，k 为无量纲卡门常数（0.4），u_* 为由实测地面风速计算出的摩擦风速，m/s；Z 为距离地面的高度，m。

分子扩散是由分子的动能引起的分子运动和分子与其他分子碰撞引起的分子重定向。分子扩散阻力（R_b，s/m）通过公式（5-8）获得。

$$R_b = \ln\left(\frac{Z_{0,m}}{Z_{0,q}}\right)\frac{(Sc/Pr)^{2/3}}{ku_*} \tag{5-8}$$

式中，$Z_{0,m}$ 是动量的表面粗糙度长度。裸土的 $Z_{0,m}/Z_{0,q}$ 的取值范围为 1～3，分子扩散阻力与分子特性具有良好的相关性。Sc 为施密特数，气体与粒子的 Sc 值不同。Pr 是普朗特数，与空气的动态黏度与热导率之比成正比。

表面捕集的阻力（R_c，s/m）取决于地表的性质，其阻力部分来自地表植被、浮力对流、沉降、冠层、表层土壤和凋落物，通过公式（5-9）获得。

$$R_c = \left(\frac{1}{R_{\mathrm{stom}} + R_{\mathrm{meso}}} + \frac{1}{R_{\mathrm{cut}}} + \frac{1}{R_{\mathrm{conv}} + R_{\mathrm{surf}}} + \frac{1}{R_{\mathrm{canp}} + R_{\mathrm{soil}}}\right)^{-1} \tag{5-9}$$

R_{stom}、R_{meso} 和 R_{cut} 分别是由叶片气孔、叶肉和角质层引起的抗性。R_{conv}、R_{surf}、R_{canp} 和 R_{soil} 是由冠层、下层冠层的叶片或其他暴露表面、地表土壤和凋落物中的浮力对流产

生的阻力。本书将地表环境设置为城市土地（植被较少），因此没有引入叶片阻力，而冠层阻力为 0。

（3）沉降通量

VOCs 的沉降通量［$F_{k,j,n}$，μg/(m^2/s)］由空气中各物种的浓度（$C_{k,n}$，μg/m^3）和沉降速度（V_j，m/s）计算得到，如公式（5-10）所示。

$$F_{k,j,n} = C_{k,n} \times V_j \tag{5-10}$$

式中，n 代表大/小规模企业。

（4）区域沉降量

根据沉降通量［$F_{k,j,n}$，μg/(m^2/s)］的定义，用年沉降和年排放（$E_{k,n,p}$，t）评价了京津冀、长江经济带和珠三角中 VOCs 的干沉降比（$\omega_{k,j,n}$，%），如公式（5-11）所示。

$$\omega_{k,j,n} = \frac{F_{k,j,n} \times T_{\text{time}} \times S_{\text{sphere}} \times 10^{-12}}{E_{k,n,p}} \tag{5-11}$$

式中，S_{sphere} 为企业 2km 内的假定污染半径距离的污染面积，m^2；T_{time} 为评价周期，s，假定为 1 年。

综合考虑不同区域规模产业的影响，即规模比（$\psi_{k,j,n}$，%），评价了区域沉降量（$M_{k,j}$，t），通过公式（5-12）获得。

$$M_{k,j} = \sum_{n=1}^{2} E_{k,j} \times \omega_{k,j,n} \times \psi_{k,j,n} \tag{5-12}$$

当 n=1 时表示大规模企业，n=2 时表示小规模企业。

2. 空间分配方法

利用地理信息系统工具（ArcGIS10.5）建立了一个 50km×50km 的网格覆盖中国领土。根据排放源（固定排放源）在网格内的空间分布，将 VOCs 的排放和沉降基于纬度和经度坐标分配到每个网格单元中。具体来说，它包括 28 888 个来自《中国石化行业目录 2020》中的原油加工、原油开采、天然气开采、合成树脂和合成橡胶企业。同时根据《2020 中国工业统计年鉴》，将企业分为小规模企业和大规模企业。

3. 不同区域的总体沉降速度

基于区域月平均气象参数，包括温度、风速、湿度、太阳辐照度和可吸入颗粒物（PM_{10}）浓度，使用阻力模型计算 VOCs 沉降速度。不同月份 VOCs 进入颗粒相的速度稳定在 3.00×10^{-4}m/s 左右。不同 VOCs 的性质对颗粒相的沉降影响不大。计算空气中 VOCs 气固分配分数 Φ 为 5.86×10^{-11}～9.29×10^{-5}。微小的 Φ 导致进一步计算的 VOCs 颗粒相干沉降通量为 8.20×10^{-9}～5.89×10^{-8}μg/(m^2·s^{-1})远低于气相的 2.97×10^{-2}～8.08×10^{-2}μg/(m^2·s^{-1})。因此，VOCs 在颗粒相中的沉降可以忽略不计。

区域气相 VOCs 平均干沉降速度因季节变化而差异显著。长江经济带的年风速并没有明显的波动。1 月和 12 月干沉降速度较小，保持在 1.58×10^{-4}m/s 左右，其他月份在 2.90×10^{-4}m/s 左右。长江中下游的干沉降速度相对高于长江上游。全年，长江上游 VOCs 干沉降速度在经济快速发展区最低，这与内陆区位和综合气候条件有关。风速和温度对干沉降速度影响较大。温度适中时，风速较低、光照强度弱、空气湿度大，不利于长江上游地区（四川、贵州等地）VOCs 的干沉降过程。京津冀中，3～6 月 VOCs 平均干沉降速度较高，保持在 3.00×10^{-4}m/s 以上，干沉降速度在 1 月最低，为 1.58×10^{-4}m/s。珠三角属东亚季风带，是中国光热资源最丰富的地区之一。年季节变化不明显，风速和温度较高。经济快速发展区 VOCs 年干沉降速度最高，均在 3.0×10^{-4}m/s 以上。

VOCs 不同组分的速度差异来自有效亨利系数 H_q*，主要影响 VOCs 与沉降表面之间的 R_c。含氧 VOCs 的沉降速度波动较大，总体上高于其他种类的 VOCs。同一类别 VOCs 中，低碳数的 VOCs 比高碳数的 VOCs 沉降更快，如丙烷、十二烷的年平均速度分别为 2.66×10^{-4}m/s、2.60×10^{-4}m/s。

4. 沉降量

以京津冀、长江经济带和珠三角的年沉降量占排放的比例评价 VOCs 的干沉降比，分别为 0.24%～1.53%、0.24%～1.57%和 0.28%～1.75%。总体而言，珠三角地区的干沉降率高于其他地区，与沉降速度相同，主要受气候影响。原油及天然气开采、原油加工、合成橡胶和树脂等三类行业的沉降率较高，分别为 0.81%～0.94%、0.70%～0.81%、1.50%～1.75%。其中，年沉降量是根据某企业已获得的干沉降通量计算的，假定污染距离在该企业 2km 以内。

区域沉降量的评估考虑了大小产业的影响。图 5-3 为 2019 年经济快速发展区 VOCs 干沉降量的空间分布。VOCs 干沉降总量在经济快速发展区是 3.90×10^3t。合成橡胶和树脂、原油加工、原油和天然气开采贡献了 39.15%、45.62%和 15.23%。从区域来看，长三角、长江经济带（不包含长三角）、京津冀和珠三角的干沉降量分别为 1.63×10^3t、7.88×10^2t、7.48×10^2t、7.32×10^2t。

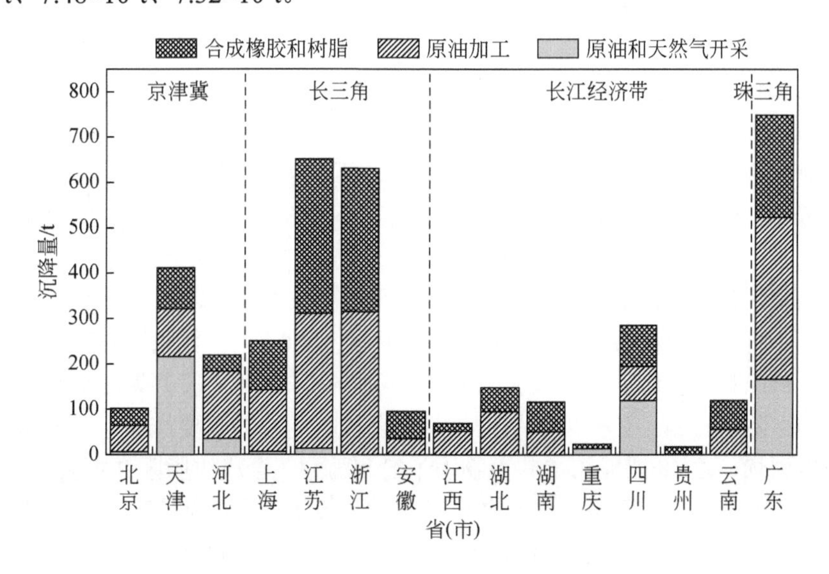

图 5-3　2019 年经济快速发展区 VOCs 干沉降量的空间分布

与 VOCs 排放清单相比，2019 年经济快速发展区不同行业的干沉降贡献有所变化。除珠三角外，合成橡胶和树脂的干沉降贡献显著增加。在长江经济带下游，上升幅度最大，从 36.09%上升到 50.49%，而在珠三角，下降幅度最大，从 45.52%下降到 29.86%。

而原油加工、原油和天然气开采的贡献变化呈现相反趋势。珠三角地区出现异常规律的原因是合成橡胶和树脂的 VOCs 排放量占据绝对位置。同时，大/小规模企业沉降比例差异大于 1 倍，其中大规模企业所占比例仅为 9.26%。总体而言，经济快速发展区原油加工的沉降贡献虽有所下降，但总沉降量仍远高于其他类别。

5. 不确定性分析

按来源类别计算和评估挥发性有机化合物排放，尽可能依赖官方数据和推荐值。然而，VOCs 排放清单仍存在不确定性。考虑到不同类型的排放因子不同，根据聚乙烯、聚丙烯、聚氯乙烯、聚苯乙烯、ABS（丙烯腈、丁二烯、苯乙烯三元共聚物）五种材料的全国比例，对各省（市）合成树脂活动数据进行分配。另外，官方排放因子的确定主要依据当地实测数据和国家排放标准限值，然而，自 2014 年以来，它们没有更新或修订。对于土壤表层 VOCs 沉降过程的量化，化学细节的计算水平有限。VOCs 的反应性经验值为 0.1。所使用的月平均数据与不断变化的实际气候条件不同，VOCs 沉降的研究需要更多的实测数据和精细的评价体系。

5.2 园区尺度场地土壤挥发性有机物溯源

5.2.1 典型园区土壤及大气中挥发性有机物分布特征

石化行业自诞生以来规模不断扩大，到 2021 年全球市场规模已达 5560 亿美元。其主要包括上游的石油炼制业和下游的化学品制造业，它们的联合经营已经成为了重要的发展趋势。然而，经营规模与技术复杂性的提高也相应增加了 VOCs 的环境暴露风险。多种证据表明，石化园区是其周边环境中最关键的 VOCs 污染源。本节以北京燕山石化工业园区为例，通过干沉降阻力模型、分配系数模型、PCA、系统聚类分析（hierarchical-cluster analysis，HCA）和 PMF 模型的组合，探讨了其周围土壤中 VOCs 的分布特征和污染途径如何受季节的变化影响来源分摊的过程和结果。

燕山石化工业园区是中国最重要的炼油化工一体化园区之一。燕山石化工业园区包含五个功能区：一个地毯厂、一个炼油区、一个合成橡胶区和两个合成树脂区（图 5-4）。地毯和人造草坪是地毯厂的主要产品。炼油区主要生产汽油、煤油、柴油、苯类化学品、液化石油气、石蜡、润滑油等，年原油加工能力为 1000 万 t。合成橡胶区主要生产丁二烯橡胶、丁基橡胶、溴化丁基橡胶和苯乙烯-丁二烯-苯乙烯嵌段共聚物，其生产能力为每年 26 万 t。除了树脂，有机化学品也是两个合成树脂区的重要产品。合成树脂区 1 主要是生产聚丙烯、乙烯-醋酸乙烯共聚物、苯酚和丙酮。合成树脂区 2 主要生产聚乙烯、乙二醇、1-己烯和间苯二甲酸。这两个合成树脂区每年可生产 97 万 t 合成树脂。

燕山石化工业园区所在的地区属于太行山和华北平原之间的过渡区，西北是山地，东南是平原。这里的气候属于北温带大陆性季风气候。春季干燥多风，夏季炎热多雨，秋季天高清爽，冬季干燥寒冷，四季分明。西北山区的年平均气温为 10.8℃，东南平原为 11.6℃。多年平均降水量约为 540mm，降水主要集中在 6～8 月，占降水量的 85%。多年平均风速为 1.9m/s，冬季和春季盛行偏北风和西北风，夏季盛行西南风和偏南风。

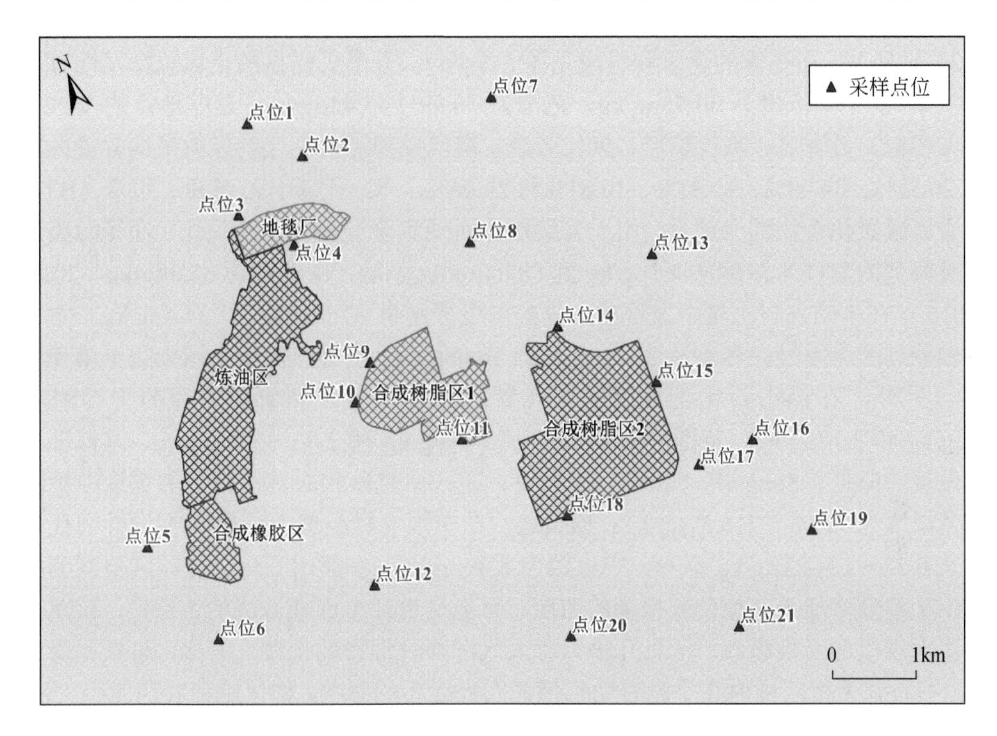

图 5-4　北京燕山石化工业园区生产区域分布

本书研究分别于 2020 年 12 月、2021 年 5 月与 2021 年 8 月对生产区周围的表层土壤（0～10cm 深度）进行采样，表征冬季、春季和夏季的土壤 VOCs 污染特征。在冬季，土壤采样点设置在地毯厂、炼油区和合成橡胶区周围。在春季和夏季，土壤的采样范围则进一步扩大到整个燕山石化工业园区及周边山区。每个季节的具体采样信息见表 5-1。

表 5-1　土壤采样信息

采样时间	采样季节	采样点	平行样品数量/个	样品总数/个
2020-12-21	冬季	点位 1～点位 5	6	30
2021-05-11	春季	点位 1～点位 7，点位 9～点位 13 点位 15～点位 21	3	57
2021-08-13	夏季	点位 1～点位 6 点位 8～点位 10 点位 13～点位 20	3	51

本书主要讨论了检出率相对较高的 31 种 VOCs，并根据结构将它们分为 5 种主要类型：芳香烃、氯化烷烃、氯化芳烃、溴化烃和氯代溴代烷烃。芳香烃具体包括苯、甲苯、乙苯、间，对-二甲苯、邻二甲苯、丙苯、异丙苯、1, 2, 4-三甲基苯、仲丁基苯和苯乙烯。氯化烷烃包括二氯甲烷、四氯化碳、1, 2-二氯乙烷、1, 1, 1-三氯乙烷、1, 1, 2-三氯乙烷、1, 1, 1, 2-四氯乙烷、1, 2-二氯丙烷、1, 3-二氯丙烷、2, 2-二氯丙烷和 1, 2, 3-三氯甲烷。氯化芳烃具体指氯苯、氯甲苯、1, 2-二氯苯和 1, 3-二氯苯。溴化烃包括二溴甲烷、溴仿、1, 2-二溴乙烷和溴苯。氯代溴代烷烃包含溴二氯甲烷、氯二溴甲烷和 1, 2-二溴-3-氯丙烷。

31 种 VOCs 在冬季的含量和组成见图 5-5（a）。五个采样点的土壤总挥发性有机物（TVOCs）的平均浓度为 30.75μg/kg，范围为 16.99～47.42μg/kg。这些地点的 VOCs 组成非常相似，芳香烃、氯代烷烃、氯代芳烃、溴代烃和氯代溴代烷烃的平均含量占比分别为 20.33%、34.49%、10.31%、10.81%和 24.06%。苯、甲苯、乙苯和二甲苯（BTEX）是芳香族碳氢化合物的一部分，由于其致癌性而受到全世界的广泛关注。在受污染的土壤中观察到的 BTEX 浓度从 1.1μg/kg 到 689.4μg/kg 不等，中位数为 55.0μg/kg，2013 年和 2016 年在中国农村土壤中发现的中位数浓度分别为 37.5μg/kg 和 34.4μg/kg。本书研究中检测到的芳香烃在冬季从 3.03μg/kg 到 10.08μg/kg 不等，低于受污染的土壤和农村土壤。另外，在燕山石化工业园区中观察到的氯化烷烃和氯化芳烃的平均浓度为 10.6μg/kg 和 3.17μg/kg，范围分别为 6.67～13.61μg/kg 和 2.06～5.26μg/kg。这似乎也比以前发现的略低。Song 等（2012）报告说，在一家氯苯和农药厂附近的菜地中检测到的氯苯浓度为 71.06～716.57μg/kg。据报道，在中国农村土壤中，13 种挥发性卤代烃的浓度从 0.28～124.28μg/kg 不等，中位数为 5.49μg/kg。在燕山石化工业园区检测到的土壤 VOCs 浓度略低于其他公开报道的浓度，可能是由几个因素造成的。首先，该地区没有发生大规模的污染事故，所以几乎只有大气沉降过程影响土壤。其次，与农业用地不同，本书研究采样区域内几乎没有受到相关人类活动的影响，如化肥和农药施用。最后，山区土壤的有机物含量低，土壤吸附 VOCs 的能力不足。这些可能的因素共同导致了燕山石化工业园区周边土壤中 VOCs 的低残留水平。

图 5-5（b）显示了春季样品的分析结果。在点位 1 至点位 5，TVOCs 的平均浓度为 8.12μg/kg，当平均范围扩大到所有采样点时，这一数值下降到 4.59μg/kg。值得注意的是，氯代溴代烷烃的平均占比从冬季的 24.06%下降到春季的 3.87%，这与其干沉降能力密切相关，将在后面讨论。在地毯厂、炼油区和合成橡胶区（地毯-炼油-橡胶区）周围的点位 1 至点位 5 发现了较高浓度的 TVOCs。其次是靠近合成树脂区 2 的点位 15 至点位 17，浓度稍低。与合成树脂区 2 相比，地毯-炼油-橡胶区对 TVOCs 的水平有更大的影响。离地毯-炼油-橡胶区越远，土壤中的 VOCs 浓度越低。与同样远离生产区的点位 7 至点位 13 相比，点位 19 至点位 21 的浓度较低。这可能是由于 2021 年 5 月燕山石化工业园区盛行南风和西南风，而点位 19 至点位 21 刚好处于上风向。VOCs 的组成也因地区不同而变化。在地毯-炼油-橡胶区域附近，芳香烃和氯代烷烃的平均占比分别为 37.74%和 39.61%，没有明显差异。在两个合成树脂区附近，芳香烃的平均占比最高，为 58.21%，其次是氯化芳烃，平均占比为 24.01%。远离生产区的地方，氯化烷烃的占比最高，为 60.50%，其次是芳香烃，为 18.68%。这表明，不同生产地区的污染源谱存在明显的差异。在地毯-炼油-橡胶区的污染源谱中，芳香烃和氯代烷烃的占比似乎是相当的。在合成树脂区 1 和合成树脂区 2 的污染源谱中，芳香烃的占比应该更高。

图 5-5（c）显示了夏季土壤 VOCs 的污染分布特征。点位 1 至点位 5 的 TVOCs 平均浓度为 1.54μg/kg，所有采样点的平均浓度为 1.02μg/kg。相比之下，夏季的 TVOCs 平均浓度最低，春季的平均浓度略高，冬季平均浓度最高。这种现象可能是由多种因素共同造成的。随着季节由冬转夏，土壤温度逐渐升高，导致 TVOCs 浓度明显下降，以前的研究也发现了类似的现象。高温还能使降解细菌的活性增加，从而降低土壤中 VOCs 的浓度。北京燕山地区夏季降雨频繁，降雨的冲刷作用使 VOCs 在土壤中的累

积更加困难。Xu 等人报告了降水量与苯浓度之间存在显著的负相关关系。在所有采样点中，氯代烷烃的平均占比（61.27%）与春季相比有所增加，而芳香烃（25.93%）则有所下降。

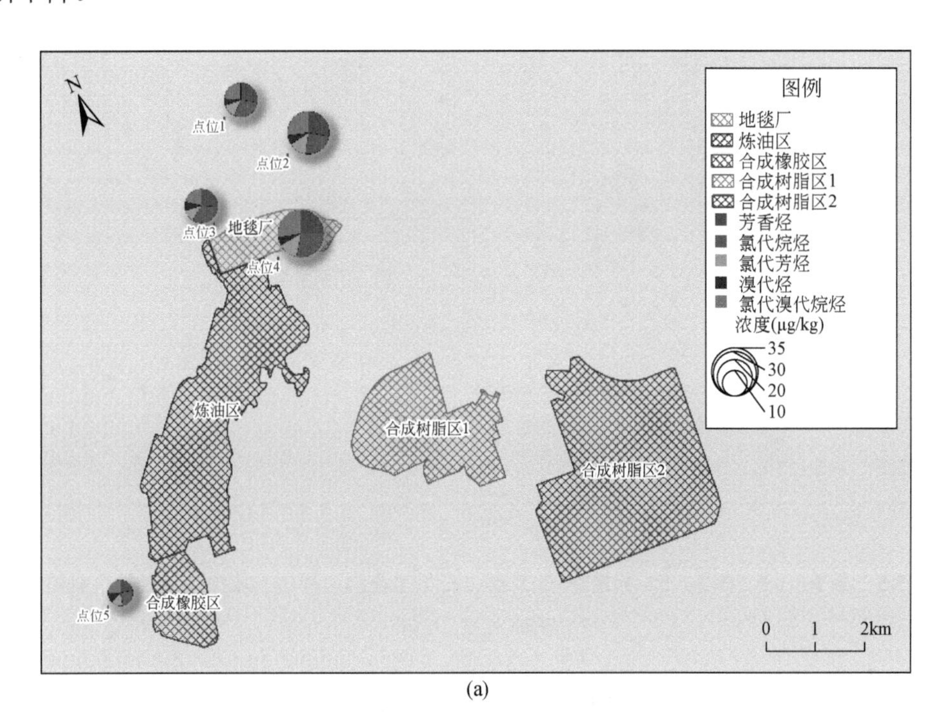

(a)

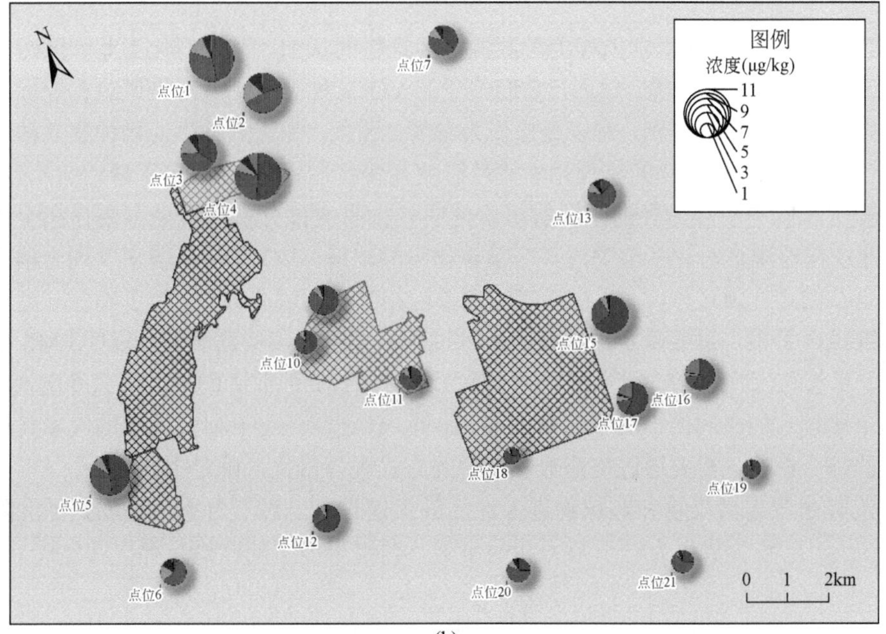

(b)

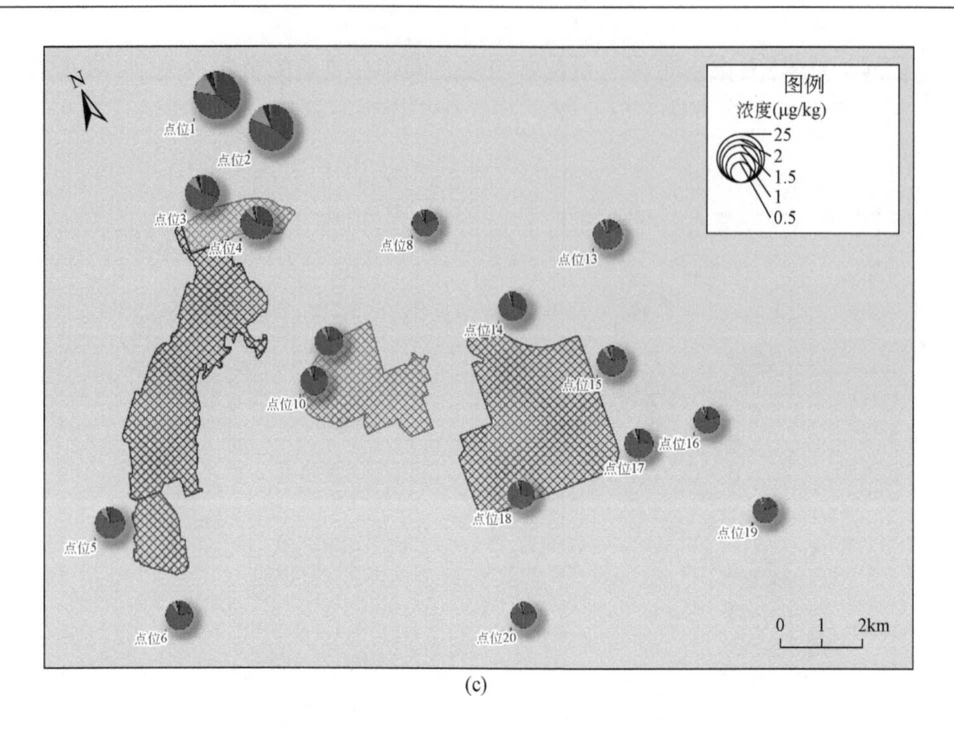

(c)

图 5-5　冬季（a）、春季（b）和夏季（c）燕山石化工业园区周边土壤中 VOCs 的污染特征

彩图见封底二维码

5.2.2　基于正定矩阵-沉降模型的挥发性有机物溯源

PMF 模型的污染源识别依赖于对源特征污染物的认知。关于石化工业园区污染源谱的构建，已有大量文献报道。然而，它们关注的 VOCs 种类与土壤污染风险管控标准重点关注的 VOCs 有本质的区别，难以直接作为参考。因此，为重点关注的物种建立精细的源谱是源分摊的关键。污染物的物理化学特性影响其迁移过程，从而决定了源谱的构建方式。在土壤和沉积物中多环芳烃的来源解析研究中，由于大部分多环芳烃主要存在于颗粒物中，因此在构建源谱时更多地关注其在颗粒物中的浓度。VOCs 从环境空气到土壤的迁移是一个复杂的跨介质过程，主要包括气相和颗粒相的干湿沉降过程。为了确保与污染受体之间的准线性关系，需要确定最重要的传输过程，并进一步构建源谱，以便 PMF 模型识别因子。尽管与气相相比，颗粒相中的 VOCs 浓度较低，但前者的干沉降速度更快，因此不能简单比较它们之间的干沉降通量大小。此外，该通量还受到研究地点的气象条件和地表植被的综合影响，需要通过构建数学模型的方式进行量化，确定主要途径。

干沉降是气态污染物和颗粒物进入地面的关键途径。对于气态污染物，干沉降速度（单位：m/s）已被参数化为若干阻力和的倒数，类似于电阻的欧姆定律，见公式（5-13）。

$$V_{d,\text{gas}} = \frac{1}{r_\text{a} + r_\text{b} + r_\text{c}} \tag{5-13}$$

式中，r_a（单位：s/m）代表参考高度（通常为 10m）和邻近表面的层流亚层之间的空气动力阻力；r_b（单位：s/m）代表通过 0.01～0.1cm 层流亚层的分子扩散阻力；r_c（单位：s/m）代表表面捕集的阻力，它受表面和气体之间物理、化学和生物作用的影响。

粒径为 i 的颗粒物的干沉降速度计算公式见公式（5-14）。

$$V_{d,\mathrm{pm},i} = \frac{1}{r_\mathrm{a} + r_\mathrm{b} + r_\mathrm{a} r_\mathrm{b} V_{f,i}} + V_{f,i} \tag{5-14}$$

式中，$V_{f,i}$ 是粒径为 i 的颗粒物的干沉降末速度，m/s。细节已在以往的研究中描述。

确定 VOCs 进入土壤的主要途径是 PMF 模型来源解析的关键。VOCs 在大气中主要以颗粒相和气相存在，K_p 被参数化为它们之间的分配系数，$m^3/\mu g$。计算见公式（5-15）。

$$K_p = \frac{C_{\mathrm{pm},i} C_{\mathrm{pm}}^{-1}}{C_{\mathrm{gas},i}} \tag{5-15}$$

式中，$C_{\mathrm{pm},i}$ 是颗粒相中第 i 种 VOCs 的浓度，$\mu g/m^3$；C_{pm} 是颗粒物的浓度，$\mu g/m^3$；$C_{\mathrm{gas},i}$ 是气相中第 i 种 VOCs 的浓度，$\mu g/m^3$。

进入土壤的气相与颗粒相 VOCs 的干沉降通量之比表示为公式（5-16）。

$$\frac{F_{\mathrm{gas},i}}{F_{\mathrm{pm},i}} = \frac{C_{\mathrm{gas},i} V_{d,\mathrm{gas},i}}{C_{\mathrm{pm},i} V_{d,\mathrm{pm}_{10}}} = \frac{C_{\mathrm{gas},i} V_{d,\mathrm{gas},i}}{C_{\mathrm{gas},i} K_p C_{\mathrm{pm}_{10}} V_{d,\mathrm{pm}_{10}}} = \frac{V_{d,\mathrm{gas},i}}{K_p C_{\mathrm{pm}_{10}} V_{d,\mathrm{pm}_{10}}} \tag{5-16}$$

式中，$F_{\mathrm{gas},i}$ 是气相中第 i 种 VOCs 的干沉降通量，$\mu g/(m^2 \cdot s^{-1})$；$F_{\mathrm{pm},i}$ 是颗粒相中第 i 种 VOCs 的干沉降通量，$\mu g/(m^2 \cdot s^{-1})$；$V_{d,\mathrm{gas},i}$ 是气相中 VOCs 的干沉降速度，m/s；$V_{d,\mathrm{pm}_{10}}$ 是 PM_{10} 的干沉降速度，m/s，$C_{\mathrm{pm}_{10}}$ 是 PM_{10} 的浓度，$\mu g/m^3$。

本书中的 K_p 是通过拟合实际样品得到的，见公式（5-17）。

$$K_p = 10^{(0.39\log K_\mathrm{OA} - 6.8)} \tag{5-17}$$

式中，K_OA 是辛醇-空气分配系数。

PCA 和 HCA 的结果联合 VOCs 的空间分布，可以为后续的来源解析提供丰富的信息。图 5-6 显示了三个季节样本的 PCA 结果。如图 5-6（a）和（b）所示，在冬季大多数污染物在第一个主成分上具有相对较高的因子载荷。即使是 1, 2-二溴乙烷、二氯甲烷、氯二溴甲烷和异丙苯这些似乎“离群”的污染物，在主成分 1（Dim 1）上仍有适中的因子载荷，从 0.39 到 0.83 不等（表 5-2），因此 Dim 1 代表一个综合污染源，可以解释 79.5% 的方差。正是由于存在一个主导的综合污染源，因此尽管浓度不同，但各类 VOCs 的质量占比在聚类 1 和 2 之间非常相似，如图 5-6（a）所示。聚类 2 由点位 2 和点位 4 的样品组成，在 Dim 1 上的得分比其他的高，说明地毯厂和炼油区是综合污染源的一个重要部分。将 1, 2-二溴乙烷、二氯甲烷和氯二溴甲烷三个向量的组合作为一个新的指标，比从主成分 2（Dim 2）的角度看更有意义。同样，属于聚类 2 的点位 2 和点位 4 在新指标上的得分仍然较高，而且越靠近地毯厂和炼油区，指数值越高。因此，这三个物种可能是区分地毯厂和炼油区与综合污染源的特征污染物。

表 5-2　PCA 成分矩阵

VOCs 物种	英文	冬季		春季		夏季	
		Dim 1	Dim 2	Dim 1	Dim 2	Dim 1	Dim 2
苯	benzene	0.99	−0.08	0.14	0.34	0.66	0.37
甲苯	toluene	—	—	0.67	0.22	0.87	0.27
乙苯	ethylbenzene	0.98	−0.11	0.87	0.26	0.90	−0.02

续表

VOCs 物种	英文	冬季		春季		夏季	
		Dim 1	Dim 2	Dim 1	Dim 2	Dim 1	Dim 2
间，对-二甲苯	m, p-xylene	—	—	0.88	0.22	0.94	-0.02
邻二甲苯	o-xylene	0.96	-0.07	0.82	0.37	0.95	0.11
正丙苯	propylbenzene	—	—	0.56	-0.22	0.97	-0.03
异丙苯	cumene	0.83	0.33	0.55	0.60	0.88	-0.10
1, 2, 4-三甲基苯	1, 2, 4-trimethylbenzene	0.99	-0.06	0.57	0.66	0.88	-0.04
仲丁基苯	sec-butylbenzene	0.99	-0.09	0.49	0.70	0.89	-0.15
苯乙烯	styrene	0.96	-0.17	0.47	0.70	0.81	0.09
二氯甲烷	dichloromethane	0.53	0.72	0.63	-0.16	—	—
四氯化碳	carbon tetrachloride	0.95	0.08	0.64	0.01	0.59	0.17
1, 2-二氯乙烷	1, 2-dichloroethane	0.83	-0.20	0.56	-0.47	0.88	-0.05
1, 1, 1-三氯乙烷	1, 1, 1-trichloroethane	0.99	-0.06	0.59	-0.26	0.57	0.17
1, 1, 2-三氯乙烷	1, 1, 2-trichloroethane	0.89	0.05	0.33	-0.20	0.71	0.47
1, 1, 1, 2-四氯乙烷	1, 1, 1, 2-tetrachloroethane	—	—	0.60	-0.14	0.53	-0.36
1, 2-二氯丙烷	1, 2-dichloropropane	0.85	-0.23	0.70	-0.37	0.84	-0.18
1, 3-二氯丙烷	1, 3-dichloropropane	0.87	-0.01	0.74	-0.28	0.76	0.10
2, 2-二氯丙烷	2, 2-dichloropropane	0.99	-0.03	0.50	-0.24	0.32	0.33
1, 2, 3-三氯丙烷	1, 2, 3-trichloropropane	0.97	-0.07	0.90	-0.27	0.89	-0.22
氯苯	chlorobenzene	0.97	-0.03	0.92	-0.01	0.93	-0.14
氯甲苯	chlorotoluene	0.99	-0.09	0.73	-0.09	0.95	-0.04
1, 2-二氯苯	1, 2-dichlorobenzene	0.99	-0.09	0.69	-0.01	0.78	0.04
1, 3-二氯苯	1, 3-dichlorobenzene	0.98	-0.12	0.87	0.02	0.96	-0.07
二溴甲烷	dibromomethane	—	—	0.63	0.03	0.85	0.06
溴仿	bromoform	—	—	0.77	-0.28	0.46	-0.47
1, 2-二溴乙烷	1, 2-dibromoethane	0.39	0.70	0.51	0.25	0.76	0.03
溴苯	bromobenzene	0.84	0.01	0.59	-0.31	0.88	-0.19
溴二氯甲烷	bromodichloromethane	0.52	-0.05	0.59	-0.45	0.74	-0.11
氯二溴甲烷	chlorodibromomethane	0.67	0.65	0.76	-0.25	0.67	0.08
1, 2-二溴-3-氯丙烷	1, 2-dibromo-3-chloropropane	0.99	-0.06	0.12	0.75	0.10	0.60

土壤中 VOCs 的污染特征在春季变得更加复杂，相应地，PCA 结果中也包含了更丰富的污染源信息。如图 5-6（c）所示，Dim 1 解释了春季样品中 42.8%的方差。由地毯-炼油-橡胶区周围的样本组成的聚类 1 在 Dim 1 上得分最高，其次是由两个合成树脂区附近的土壤组成的聚类 3。聚类 2 主要由远离生产区的土壤样本组成，在 Dim 1 上的平均得分最低。这些聚类组在 Dim 1 上的得分似乎与这些采样点和地毯-炼油-橡胶区之间的距离密切相关。因此，Dim 1 可能反映了地毯-炼油-橡胶区域的综合污染。许多 VOCs 在 Dim 1 上有很高的因子负荷，多达 17 种污染物的因子负荷超过 0.6。在这些污染物中，

因子负荷超过 0.8 的有乙苯、间，对-二甲苯、邻二甲苯、1, 2, 3-三氯丙烷、氯苯和 1, 3-二氯苯。Dim 2 解释了 13%的方差，是 Dim 1 的三分之一。在图 5-6（c）中，与聚类 1 和 2 相比，聚类 3 在 Dim 2 上得到的分数最高。聚类 3 中的样品主要分散在两个合成树脂区周围。Dim 2 可能代表合成树脂区 1 和 2 的综合污染。异丙苯、1, 2, 4-三甲基苯、仲丁基苯、苯乙烯和 1, 2-二溴-3-氯丙烷在 Dim 2 上有很高的因子负荷，在 0.60 和 0.75 之间。因此，这些物质很可能是合成树脂区 1 和 2 源谱中的特征 VOCs。

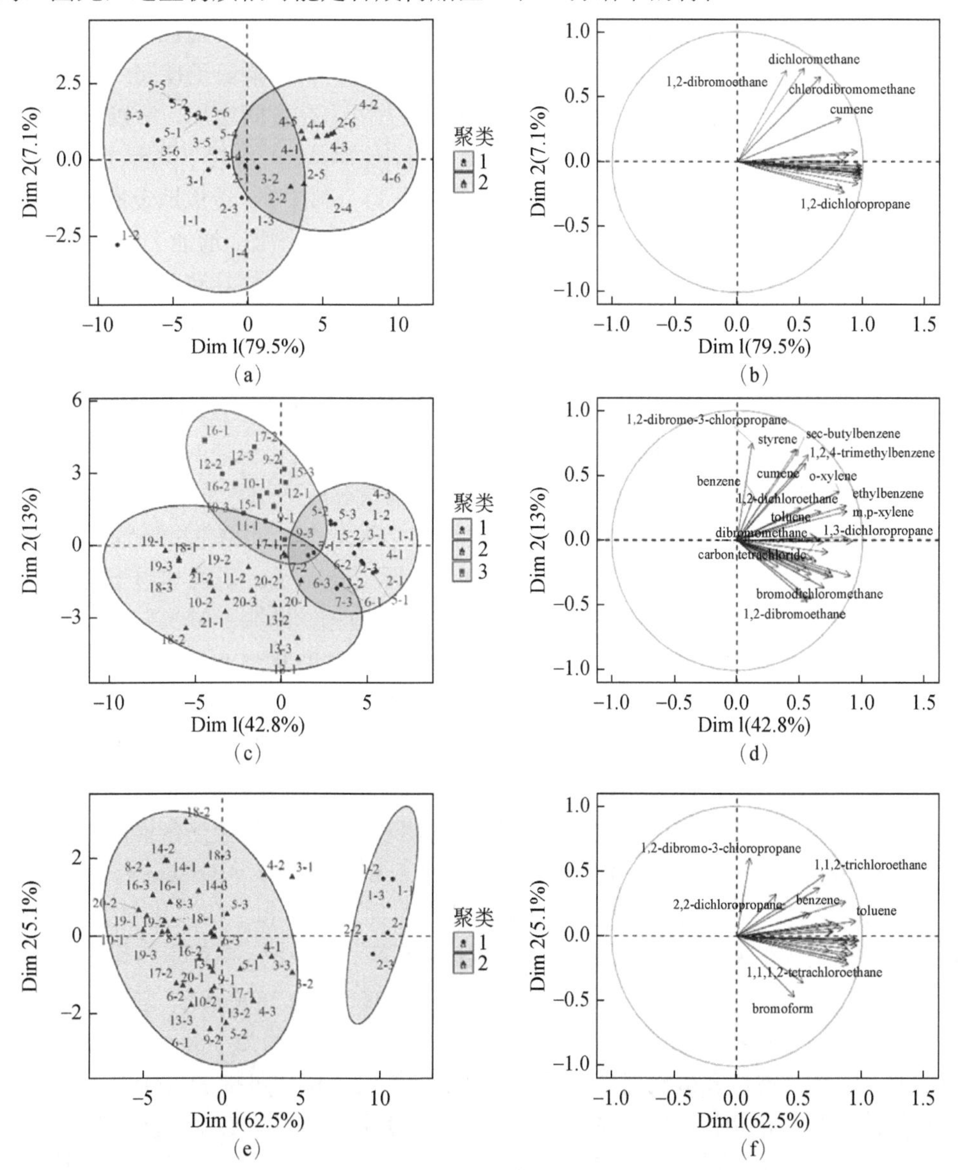

图 5-6　冬季（a）（b）、春季（c）（d）和夏季（e）（f）的 PCA 结果

随着温度和降水的增加，夏季 VOCs 在土壤中的赋存进一步降低。夏季 PCA 结果见图 5-6（e）和（f），Dim 1 和 2 分别解释了 62.5%和 5.1%的方差。聚类 1 和 2 在 Dim 2 上似乎没有明显差异，但在 Dim1 上存在明显的差距。Dim 1 上因子载荷高的挥发性有机物包括乙苯、间，对-二甲苯、邻二甲苯、丙苯、氯苯、氯甲苯和 1, 3-二氯苯。Dim 1

的组成与春季非常相似。因此，在夏季，Dim 1 仍然代表了来自地毯-炼油-橡胶区域的综合污染。只是受 Dim 1 影响的区域局限到了采样点 1 和 2。

本书利用干沉降阻力模型耦合分配系数模型比较了气相与颗粒相VOCs之间的干沉降通量，结果如图 5-7（a）所示。图 5-7（a）中的黑色实线表示气相与颗粒相的平均干沉降通量比，灰色区域显示了 31 种 VOCs 的变化范围。不难发现，该比例呈现出有规律的波动，这主要是由于两相干沉降能力的日变化差异造成的。与白天相比，夜间近地面的辐射对流消失了，湍流程度减弱了，这导致了空气动力阻力的增加。此外，由于植被的叶片气孔开放度降低，表面捕集阻力也增加了。它们共同降低了夜间气相 VOCs 的干沉降通量。然而，对于颗粒相来说，只有空气动力阻力在夜间增加，所以它的干沉降能力比气相的削弱要小。2020 年 9 月～2021 年 3 月，比率从 10^4 缓慢下降到 10^3。在冬季，地表植被叶片脱落，叶片的捕集能力与树冠的清除能力全部丧失，造成地表捕集阻力的显著增加。同时，与夏季相比，冬季近地面层的大气稳定性明显增加，增加了空气动力阻力。华北平原冬季颗粒物浓度的增高使 VOCs 的分配载体增加，这同样导致了颗粒相沉降通量的增加。这三个因素共同使得冬季的比率略有下降。但随着天气转暖进入春季，该比例又从 10^3 提高到 10^4。该模型仍存在几个问题，可能会导致估算偏差。干沉降阻力模型需要人为选定季节性的参数，没有过渡的状态，因此在图 5-7（a）中，2021 年 3～4 月的比例急剧上升。此外，这个模型没有考虑理论预测的 K_P 随温度变化的情况，所以冬季两相沉积量的比例可能被低估。但总的来说，除了一些个别情况，两相通量之比总是大于 10^2，所以通过气相的干沉降是燕山石化工业园区大气中 VOCs 进入土壤的主要途径。

为了进一步了解 31 种气相 VOCs 干沉降的年际变化特征。研究利用干沉降阻力模型，结合其物理化学参数和燕山石化工业园区的气象数据，模拟了 VOCs 月平均干沉降速度。干沉降速度的大小表征了它们进入土壤中的能力。如图 5-8 所示，VOCs 月平均干沉降速度随季节变化，呈现出春夏高、秋冬低的趋势，年际变化范围为 0.0116～0.2029cm/s。不同季节的变化主要受空气动力阻力和表面捕集阻力变化的影响，尤其是后者，上文已经深入讨论过。芳香和卤代 VOCs 的干沉降能力很少被研究，所以只能与一些具有类似性质的小分子酸和含氧 VOCs 进行比较。在委内瑞拉热带地区，观察到甲酸和乙酸的夜间平均干沉降速度分别为 0.64～1.1cm/s 和 0.5～0.68cm/s。Nguyen 等（2015）在炎热的夏季观察到塔拉迪加国家森林中由异戊二烯和单萜氧化产生的 16 种大气化合物的白天干沉降速度从 0.3cm/s 到 5.2cm/s 不等。相应地，在燕山石化工业园区模拟的 31 种 VOCs 在 6 月夏季的平均干沉降能力在 0.1668～0.2600cm/s，总体上比小分子酸和含氧挥发性有机物（OVOCs）的干沉降能力稍差。这是因为小分子酸和 OVOCs 具有高溶解度，更易被地表植被捕获。因此，模型模拟结果整体可接受。31 种 VOCs 的干沉降能力在秋季非常相似，但在冬季，情况发生了有趣的变化。1, 2-二溴-3-氯丙烷变得比其他 VOCs 更加突出，使氯代溴代烷烃的平均干沉降速度在冬季最高。这也解释了为什么冬季土壤中氯代溴代烷烃的占比更高。1, 2-二溴-3-氯丙烷出色的干沉降能力主要是由于其较低的表面捕集阻力。因为其亨利系数为 0.097mol/(m^3 · Pa^{-1})，比其余 VOCs 高 3～285 倍，因此当它接触到裸露的土壤时，可以被迅速捕获。氯化烷烃和溴化烃的平均沉积能力在春季和夏季相对较高。这是因为气相 VOCs 不再仅仅被裸露的土壤捕获，而是被多层的树叶、树枝和植被冠层捕获。因此，表面捕集阻力的差异逐渐变小，分子扩散阻力变得相对更关键。与之相比，1, 2-二溴-3-氯丙烷的分子碰撞直径较大，分子扩散阻力相当大，使其干沉降能力在春夏季不再突出。

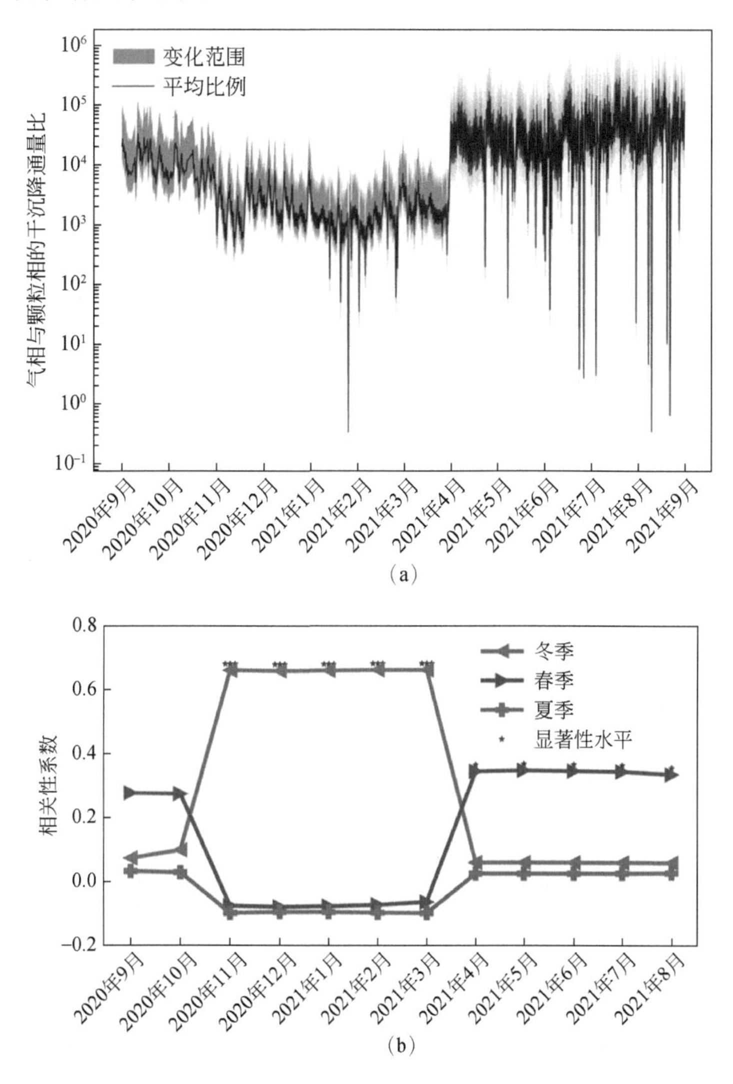

图 5-7　（a）VOCs 在气相和颗粒相的干沉降通量比；（b）VOCs 月平均干沉降速度与土壤平均浓度的相关系数

1 个星号和 3 个星号分别代表 P 值小于 0.1 和 0.01

如图 5-7（b）所示，研究将模拟的 31 种气相 VOCs 的干沉降速度与其在土壤中检测到的浓度进行了相关分析。冬季样品与 2020 年 11 月～2021 年 3 月的模拟结果之间存在中等的相关性，相关系数约为 0.66，显著性水平低于 0.01。春季样品与 2021 年 4 月～2021 年 8 月的模拟结果相关性稍低，相关系数在 0.33～0.35，显著性水平为 0.07～0.08，小于 0.1。夏季样品与所有月份的模拟结果都没有很好的相关性，无论是相关系数还是显著性水平。模拟得到的气相 VOCs 的干沉降速度与冬季样品的分析结果有很好的相关性，表明这一途径确实是该季节土壤 VOCs 的主要来源，干沉降速度是衡量气相 VOCs 进入土壤能力的良好指标。然而，从春季开始，温度等土壤理化性质的变化，导致土壤吸附 VOCs 的能力减弱，与冬季相比，相关性减弱了。到了夏天，干沉降不再是 VOCs 进入土壤的唯一途径，湿沉降变得越来越重要，导致模拟结果与表层土壤中检测到的浓度之间完全没有相关性。

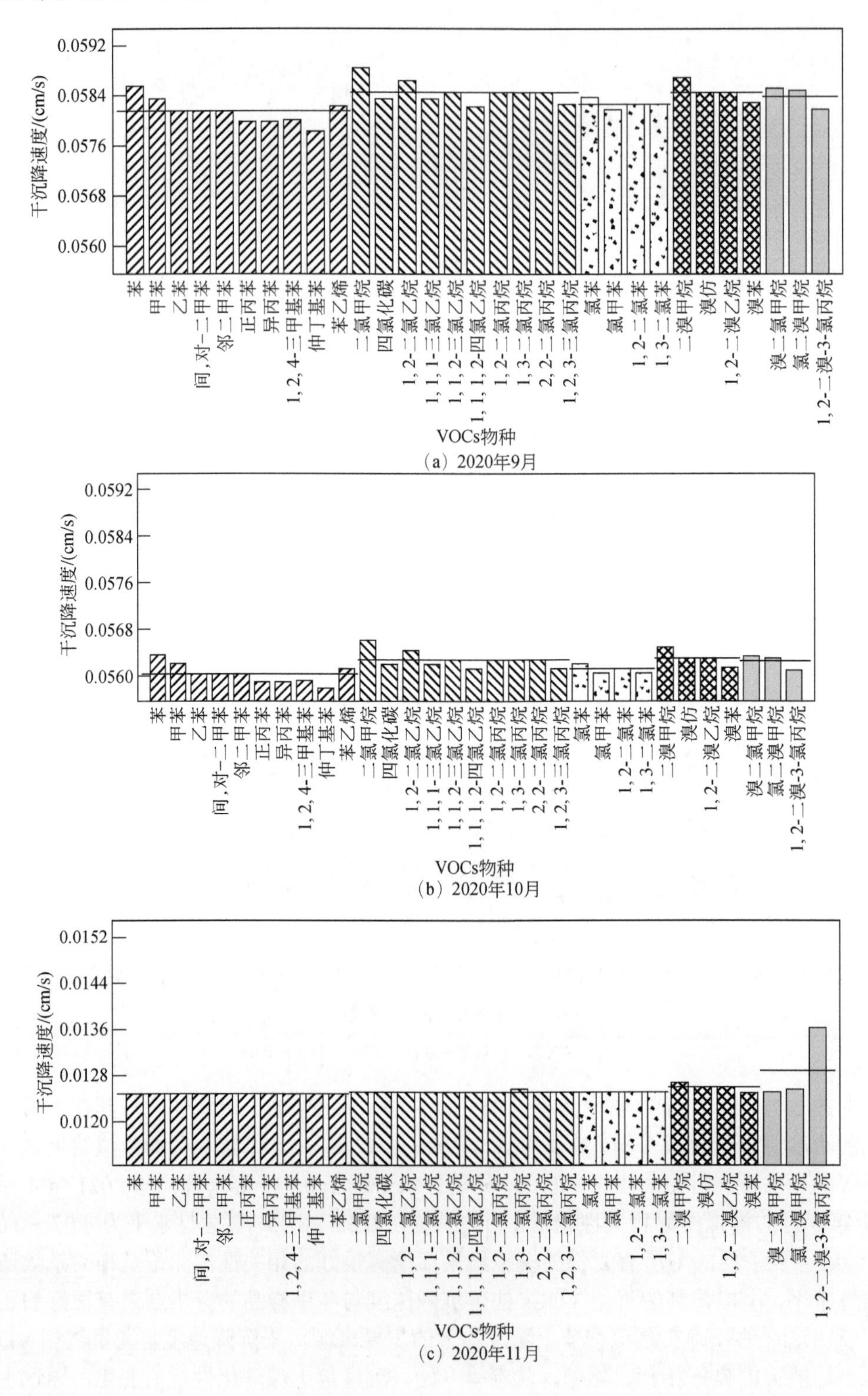

(a) 2020年9月

(b) 2020年10月

(c) 2020年11月

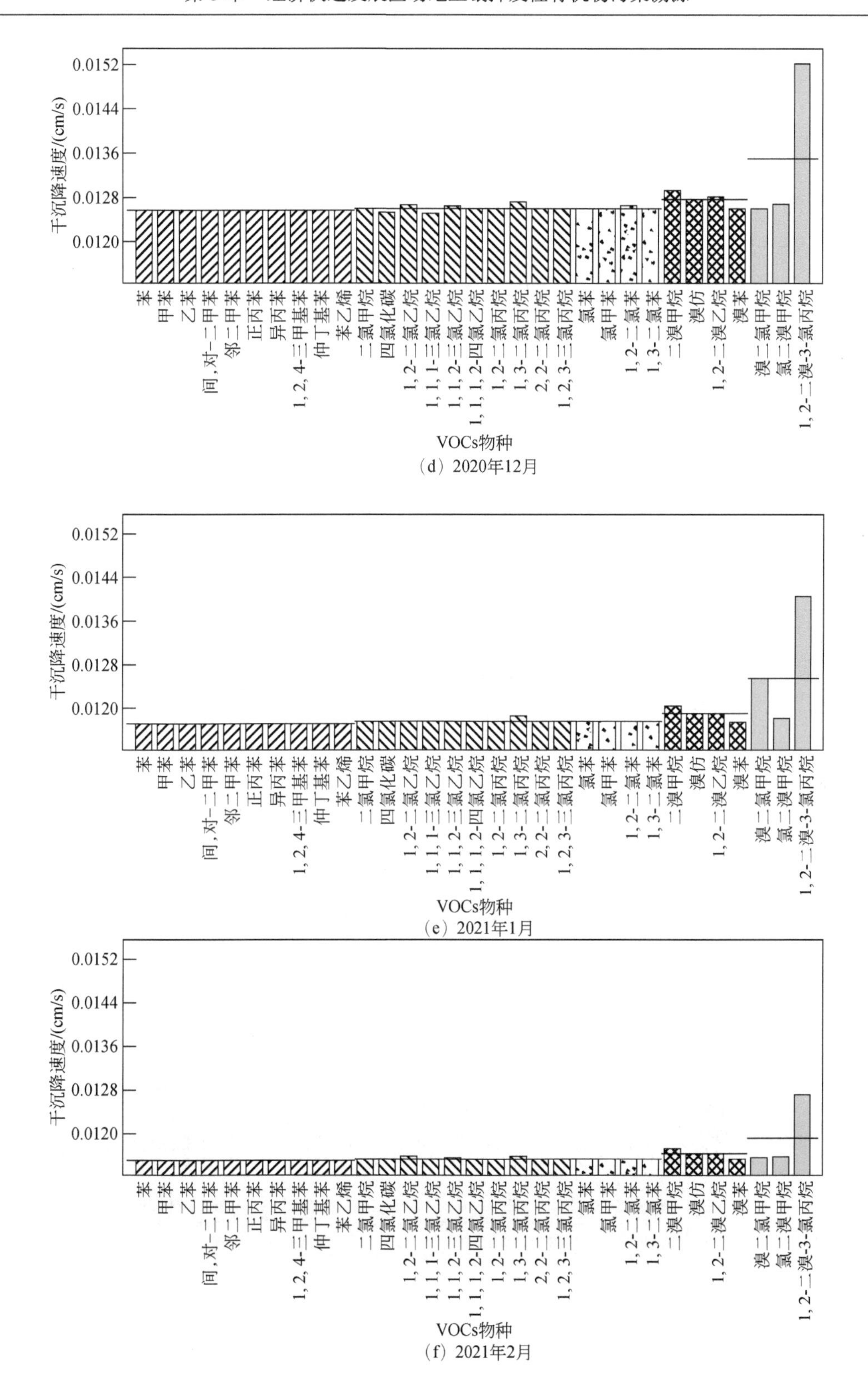

（d）2020年12月

（e）2021年1月

（f）2021年2月

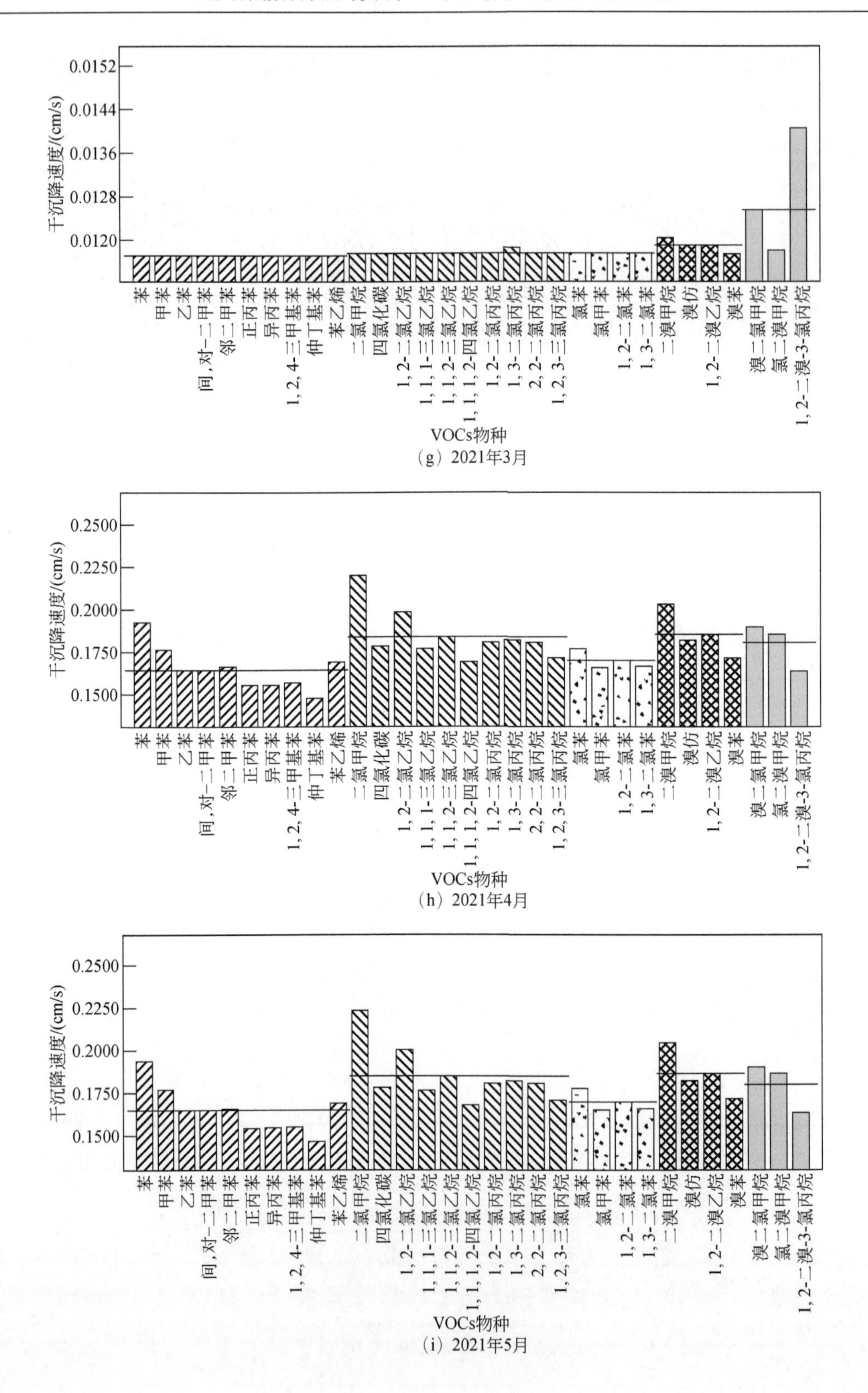

（g）2021年3月

（h）2021年4月

（i）2021年5月

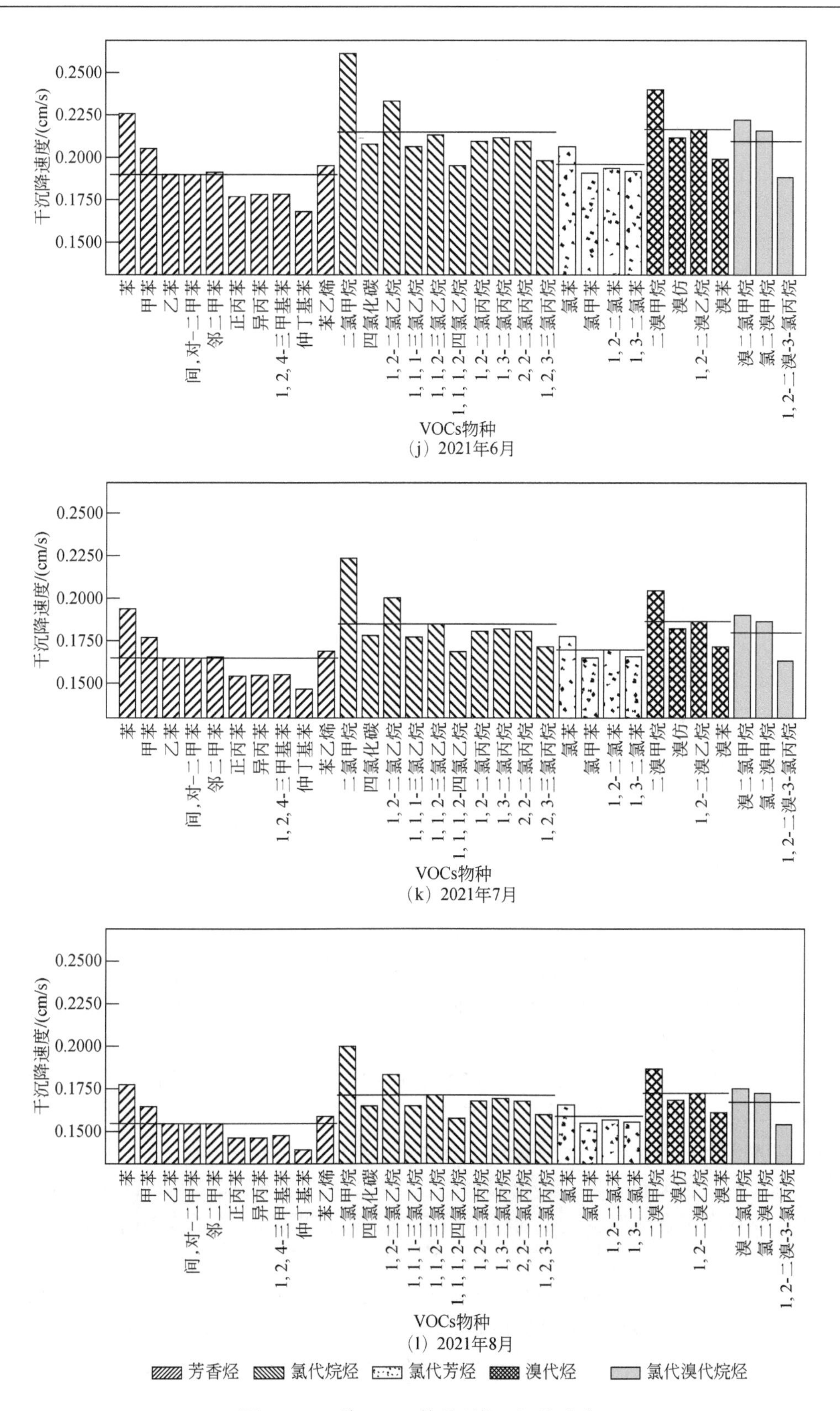

图 5-8　31 种 VOCs 的月平均干沉降速度

在确定主要污染途径后，本研究选择了 15 种浓度相对较高的 VOCs，根据现场采样，系统地构建了五个石化生产区的污染源谱，以实现准确的溯源［图 5-9（a)］。

在地毯厂的源谱中，甲苯、乙苯、邻二甲苯和 1, 2, 4-三甲基苯的浓度分别为 $2.93\mu g/m^3$、$1.21\mu g/m^3$、$1.01\mu g/m^3$ 和 $0.33\mu g/m^3$。在珠海一家化纤厂的有组织排放源中检测到的这些 VOCs 分别为 $26.7\mu g/m^3$、$19.8\mu g/m^3$、$14.3\mu g/m^3$ 和 $3.8\mu g/m^3$。尽管由于采样位置的不同，浓度也有所不同，但它们的趋势相似。最值得注意的是，源谱中的二氯甲烷、1, 2-二氯乙烷和溴二氯甲烷的浓度分别为 $15.25\mu g/m^3$、$7.12\mu g/m^3$ 和 $0.58\mu g/m^3$，在五个来源中的占比平均为 32%、29%和 41%，可以作为特征污染物。

炼油区源谱中芳香烃如甲苯、乙苯、邻二甲苯、异丙苯和 1, 2, 4-三甲基苯，浓度分别为 $2.77\mu g/m^3$、$1.05\mu g/m^3$、$1.19\mu g/m^3$、$0.85\mu g/m^3$ 和 $0.58\mu g/m^3$。氯化烷烃的含量略高，二氯甲烷、四氯化碳、1, 2-二氯乙烷和 1, 1, 2-三氯乙烷的浓度分别为 $11.65\mu g/m^3$、$1.59\mu g/m^3$、$4.45\mu g/m^3$ 和 $0.81\mu g/m^3$。在长三角炼油区的源谱中，这些物质的浓度范围分别为 3.14～$21.78\mu g/m^3$、0.81～$5.62\mu g/m^3$、0.5～$3.51\mu g/m^3$、$0.02\mu g/m^3$、0.10～$0.70\mu g/m^3$、1.58～$11.24\mu g/m^3$、0.16～$3.87\mu g/m^3$、4.22～$6.40\mu g/m^3$ 和 $0.70\mu g/m^3$。构建的源谱与以前的研究很相似。1, 2-二溴乙烷和氯二溴甲烷的占比分别达到 58%和 48%，是特征污染物。

合成橡胶区源谱中的芳香烃、氯代烷烃和氯代芳烃分别在 0.30～$1.63\mu g/m^3$、0.31～$7.48\mu g/m^3$ 和 0.9～$4.56\mu g/m^3$ 范围内变化，与中国橡胶和轮胎厂附近检测到的芳香烃相似。除了 1, 3-二氯苯的比例略高，为 25%，其余的都不突出。这可能与其产量相对较低有关。

相比之下，在两个合成树脂区检测到了较高浓度的芳香烃和氯化芳烃，这与之前的研究结果一致。这些物质可能主要来自生产过程中原材料、溶剂和添加剂的挥发。芳香烃的浓度为 0.65～$5.00\mu g/m^3$，氯化芳烃的浓度为 1.88～$8.89\mu g/m^3$。在合成树脂区 1 的源谱中，乙苯、邻二甲苯、异丙苯、1, 2, 4-三甲基苯、氯苯、氯甲苯和溴二氯甲烷的占比在 21%～43%。在合成树脂区 2 的源谱中，甲苯、乙苯、邻二甲苯、1, 2, 4-三甲基苯、氯苯、氯甲苯、1, 3-二氯苯、1, 1, 2-三氯乙烷和氯二溴甲烷的占比在 25%～44%。

利用 PMF 模型对冬季土壤样品中的 VOCs 进行来源解析，得到的结果如图 5-9（b）所示。因子 1 中二氯甲烷和溴二氯甲烷的占比相对较高，分别为 58%和 38%。这与地毯厂的污染特点相一致，其贡献率为 14.9%。因子 2 中的 1，2-二溴乙烷和氯二溴甲烷的占比分别为 42%和 40%。因此，本书研究认为因子 2 是由炼油区域生产造成的污染，其贡献率为 20.8%。高贡献率可能与相对较高的石油年加工能力有关。因子 3 中 1, 3-二氯苯的占比为 37%。因子 3 是合成橡胶区的污染，其贡献率为 13.6%。因子 4 中乙苯、异丙苯、1, 2, 4-三甲基苯和溴二氯甲烷的质量百分比分别为 20%、21%、20%和 44%。因此，因子 4 代表了合成树脂区 1 的污染，其贡献率为 22.1%。因子 5 中的甲苯、乙苯、邻二甲苯、异丙苯、1, 2, 4-三甲苯、1, 1, 2-三氯乙烷、氯苯、氯甲苯、1, 3-二氯苯和氯二溴甲烷的占比在 27%～35%。这与合成树脂区 2 的污染特征一致，其贡献率为 28.6%。精炼过程中逃逸的 VOCs 主要是烷烃和烯烃。然而，芳香烃和卤代烃是生产化工原料和树脂的主要排放物。因此，尽管合成树脂区的产量并不比炼油区高，但它对土壤样本中的 VOCs 贡献更大。

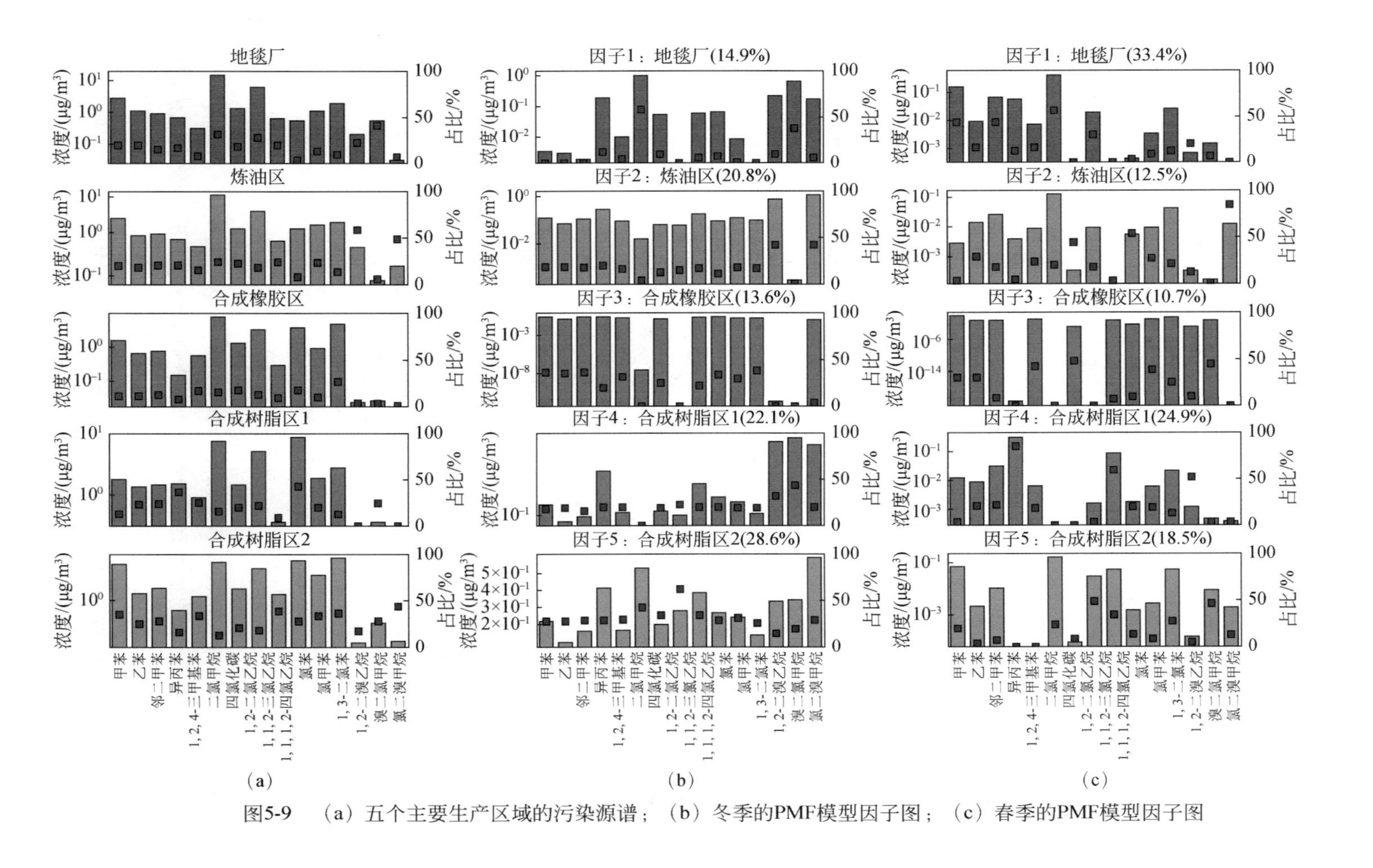

图5-9　（a）五个主要生产区域的污染源谱；（b）冬季的PMF模型因子图；（c）春季的PMF模型因子图

春季样品的 PMF 模型结果如图 5-9（c）所示。因子 1 中二氯甲烷和 1, 2-二氯乙烷的占比较高，分别为 57%和 31%。它代表了地毯厂的污染，其春季贡献率为 33.4%。与其他因子相比，因子 2 中的氯二溴甲烷的占比最高，达到 84%。因此，这个因素被认为是炼油区的污染，其贡献率相对于冬季下降到了 12.5%。因子 3 中的 1, 3-二氯苯的比例达到了 24%。因此因子 3 可能是合成橡胶区的污染特征，其贡献率为 10.7%。因子 4 中的乙苯、邻二甲苯、异丙苯、1, 2, 4-三甲苯、氯苯和氯甲苯的占比从 19%到 85%不等。这与合成树脂区 1 的污染特征相似，贡献率为 24.9%。因子 5 中的 1, 1, 2-三氯乙烷的占比为 33%。它被认为是合成树脂区 2 的污染，贡献率为 18.5%。夏季土壤中的 VOCs 与其干沉降能力完全不相关。因此，不再适合使用本书中构建的源谱进行 PMF 模型源解析。

分析 PMF 模型因子和源谱之间的误差可以表征来源解析的质量。如图 5-10 所示，在冬季，绝对均方根误差为 8.6%～15.3%，平均绝对误差为 6.0%～13.4%。在春季，绝对均方根误差为 16.3%～25.2%，平均绝对误差为 12.1%～18.3%。事实证明，PMF 模型的因子和源谱在冬季匹配得更好。这种差异的本质是温度和降水条件的变化，如上所述。春季降水的相对增加使得湿沉降过程不再可以忽略不计，改变了沉降途径之间的相对强度。VOCs 的干沉降能力和土壤浓度不再符合冬季的准线性关系，不符合 PMF 模型的假设。因此，在春季存在着相对较大的误差。季节性变化也影响了土壤 VOCs 的吸附条件，

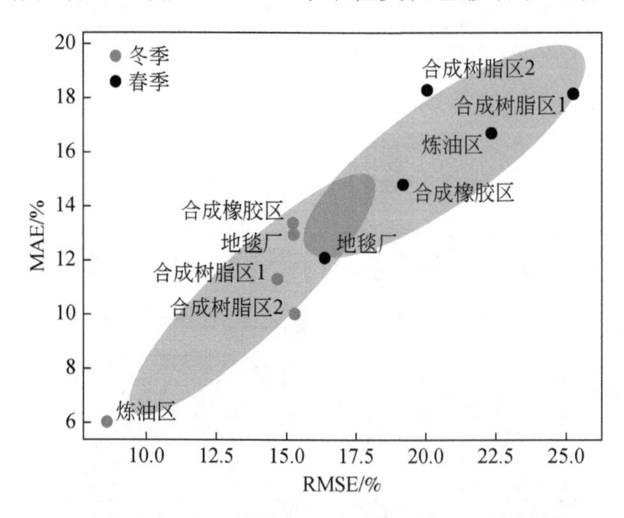

图 5-10　冬季和春季 PMF 模型因子与污染源之间的绝对均方根误差（RMSE）和平均绝对误差（MAE）

进一步恶化了这种准线性关系。贡献率在两个季节之间也有很大变化。在春季，与冬季相比，地毯厂和合成树脂区的贡献有所增加。其根本原因还是由于土壤对 VOCs 的吸附能力的变化，这决定了土壤 VOCs 的浓度。在春季，与其他 VOCs 相比，土壤中的甲苯、异丙苯、二氯甲烷、1, 1, 2-三氯乙烷和 1, 3-二氯苯的浓度变得相对较高。因此，以这些作为特征污染物的污染源的贡献变得相对较高。

5.3　本 章 小 结

VOCs 除溶剂等“跑、冒、滴、漏”污染外，影响范围最大的污染源是工业大气 VOCs 沉降，其中石化行业又是最重要的源之一。石化行业产业链长且结构复杂，本书选取了上游的原油和天然气开采、中游的原油加工以及下游的合成橡胶和树脂行业，根据工业活动和排放系数估算了五个石化子行业的 VOCs 排放量。2008～2019 年我国 5 个石油化工子行业的累计 VOCs 排放量为 1.83×10^7t，原油加工贡献高达 61.5%，其次是原油开采和合成橡胶，经济快速发展区排放量占到全国总量的 41.5%。本书进一步利用阻力模型对区域干沉降进行量化，得出 2019 年经济快速发展区的 VOCs 干沉降总量为 3.90×10^3t，仅占到排放量的 0.33%，主要集中在京津冀中部、长三角、珠三角中南部。

传统的受体模型 PMF 模型由于缺乏准确的污染源谱，无法实现对污染源的精准定义。本章节通过结合干沉降阻力模型、分配系数模型、受体模型，探讨了石化工业园区土壤中 VOCs 的污染特征以及污染途径如何随季节变化，从而影响来源解析。本书建立的干沉降阻力耦合分配系数模型发现 VOCs 通过气相干沉降的通量比颗粒相高 100 倍。在冬季和春季，干沉降能力与土壤中的 VOCs 浓度之间的相关性适中，但在夏季非常弱。春季和冬季不同企业贡献的差异主要是由于污染物吸附能力的变化。由于较低的温度和较少的降雨量，VOCs 更易在冬季土壤中积累。阻力模型与排放清单法、受体模型法相结合，分别应用于区域尺度、园区尺度工业污染物通过大气沉降途径的土壤 VOCs 溯源，实现区域入土通量的估算、园区内不同企业的贡献解析，为区域工业结构优化、企业污染责任认定提供支撑。

参 考 文 献

Harner T，Bidleman T，1998. Octanol-air partition coefficient for describing particle/gas partitioning of aromatic compounds in urban air［J］. Environmental Science and Technology，32（10）：1494-1502.

Hartmann W R，Santana M，Hermoso M，et al.，1991. Diurnal cycles of formic and acetic acids in the northern part of the Guayana shield，Venezuela［J］. Journal of Atmospheric Chemistry，13（1）：63-72.

Magesh N，Tiwari A，Botsa S M，et al.，2021. Hazardous heavy metals in the pristine lacustrine systems of Antarctica：insights from PMF model and ERA techniques［J］. Journal of Hazardous Materials，412：125263.

Meijer S N，Steinnes E，Ockenden W A，et al.，2002 . Influence of environmental variables on the spatial distribution of PCBs in Norwegian and U.K. soils：implications for global cycling［J］. Environmental Science and Technology，36（10）：2146-2153.

Mo Z，Shao M，Lu S，2016. Compilation of a source profile database for hydrocarbon and OVOC emissions in China［J］. Atmospheric Environment，143：209-217.

Nam J J，Thomas G O，Jaward F M，et al.，2008 . PAHs in background soils from Western Europe：influence of atmospheric deposition and soil organic matter［J］. Chemosphere，70（9）：1596-1602.

Nguyen T B，Crounse J D，Teng A P，et al.，2015. Rapid deposition of oxidized biogenic compounds to a temperate forest［J］. Proceedings of the National Academy of Sciences of the United States of America,

112（5）：392-401.

Odabasi M，Ongan O，Cetin E，2005. Quantitative analysis of volatile organic compounds （VOCs） in atmospheric particles［J］. Atmospheric Environmen，39（20）：3763-3770.

Parlin A A，Kondo M，Watanabe N，et al.，2021. Water-enhanced flux changes under dynamic temperatures in the vertical vapor-phase diffusive transport of volatile organic compounds in near-surface soil environments［J］. Sustainability，13（12）：6570.

Pichler N，de Souza F M，dos Santos V F，et al.，2021 . Polycyclic aromatic hydrocarbons （PAHs） in sediments of the amazon coast：Evidence for localized sources in contrast to massive regional biomass burning［J］. Environmental Pollution，268：115958.

Poirot R L，Wishinski P R，Hopke P K，et al.，2001. Comparative application of multiple receptor methods to identify aerosol sources in northern Vermont［J］. Environmental Science and Technology，35（23）：4622-4636.

Rahman K S M，Rahman T，Lakshmanaperumalsamy P，et al. ，2002. Occurrence of crude oil degrading bacteria in gasoline and diesel station soils［J］. Journal of Basic Microbiology，42（4）：284-291.

Rahman K S M，Thahira-Rahman J，Lakshmanaperumalsamy P，et al.，2002 . Towards efficient crude oil degradation by a mixed bacterial consortium［J］. Bioresource Technology，85（3）：257-261.

Rajabi H，Hadi Mosleh M H，Mandal P，et al.，2020. Emissions of volatile organic compounds from crude oil processing：global emission inventory and environmental release［J］. Science of the Total Environment，727：138654.

Shonnard D R，Bell R L，1993. Benzene emissions from a contaminated air-dry soil with fluctuations of soil temperature or relative humidity［J］. Environmental Science and Technology，27（13）：2909-2913.

Song Y，Wang F，Bian Y，et al.，2012. Chlorobenzenes and organochlorinated pesticides in vegetable soils from an industrial site，China［J］. Journal of Environmental Sciences，24（3）：362-368.

Tsai C J，Chen M L，Chang K F，et al.，2009. The pollution characteristics of odor，volatile organochlorinated compounds and polycyclic aromatic hydrocarbons emitted from plastic waste recycling plants［J］. Chemosphere，74（8）：1104-1110.

Wesely M L，1989. Parameterization of surface resistances to gaseous dry deposition in regional-scale numerical models［J］. Atmospheric Environment，23（6）：1293-1304.

Wesely M L，Hicks B B，2000. A review of the current status of knowledge on dry deposition［J］. Atmospheric Environment，34（12-14）：2261-2282.

Zhang Z J，Yan X Y，Gao F L，et al.，2018. Emission and health risk assessment of volatile organic compounds in various processes of a petroleum refinery in the Pearl River Delta，China［J］. Environmental Pollution，238：452-461.

第 6 章　经济快速发展区场地土壤农药污染诊断与评估

6.1　农药母体的可疑物靶向筛查

6.1.1　可疑污染物筛查技术策略

经过 70 余年的快速发展，我国当前已成为世界上最大的农药原药生产国，在世界农药市场上占据主导地位。2011 年我国农药产量达到 265 万 t，进出口量分别达到 79.6 万 t 和 5.3 万 t，进出口额达到 29.1 亿美元。据朱国繁等（2021）报道，2016 年我国农药产量高达 378 万 t，占世界总产量的 1/3 以上。但随着斯德哥尔摩公约的签署，以及“退二进三”等政策的执行，我国的农药化工行业增速放缓，2020 年我国规模以上农药生产企业数目为 693 家，相较于 2010 年减少了 293 家。在农药生产过程中，高浓度且大量的农药原料及有关化合物被投入使用，与此同时也会有多种化合物由于跑冒滴漏、事故、贮存和处理不当等原因而进入环境。此外，随着农药种类的快速发展和变迁，多地出现了大量由于企业关停和场址搬迁等原因遗留下的农药化工场地，这些场地的土壤往往残留有高浓度高毒性的复合农药及相关化合物污染，给生态环境安全和人体健康都带来了较严重的风险隐患。

尽管大部分有机氯农药的农业使用和生产在中国已被禁止，但由于统计数据不完整、农药的持久性特征、生产豁免等原因，我国农化场地土壤中的农药残留污染仍十分严重。关于我国农药化工场地土壤中有机氯农药的研究主要集中在经济发达且农业生产历史悠久的京津冀、长三角和珠三角等地区。北京市东南部两家原有机氯农药生产基地表土中六六六浓度为 1.7×10^2～1.0×10^5mg/kg，滴滴涕检出浓度为 1.1×10^2～4.7×10^5mg/kg，比同时期采集的北京西北部农田土壤样品中高出几个数量级，这是由于生产和储存过程中大量的农药泄漏。北京某典型化工区深层土壤有机氯农药残留浓度较高，原药生产车间和仓库土壤中六六六和滴滴涕浓度最高为其他采样点的 50 倍，也说明了农药的生产和储存是导致农药残留浓度高的主要原因。山东淄博一家农药厂周围地区土壤中有机氯农药的浓度也很高，滴滴涕、六六六和硫丹的检出浓度分别为 0.78～226.71mg/kg、0.25～42.84mg/kg 和 0.08～1.64mg/kg，因此农药生产厂周边地区的土壤污染也不容忽视。Zhang 等（2009）选择了我国东南部一家较新和一家较旧的农药厂作为典型污染场地，并收集了 24 个表土样品，这两个场地中有机氯农药浓度分别达到 0.84mg/kg 和 166mg/kg，较旧农药厂表土中的有机氯农药浓度约为较新场地的 200 倍，这是由于前者农药生产历史较后者长 30 多年。江苏某典型硫丹生产基地土壤中测得硫丹浓度为 0.01～114mg/kg，且在距离该场地 2km 范围内的土壤都受到了源自该场地硫丹泄漏的影响。即使是滴滴涕在我国被全面禁止生产的 5 年后，Liu 等（2015）仍在华东某农药厂土壤中发现了滴滴涕和三氯杀螨醇的广泛存在，最高浓度达 6.1×10^3mg/kg 和 1.4×10^3mg/kg。Wang 等（2010）对江苏溧阳的光华化工厂土壤中灭蚁灵的含量进行了测定，最高检出浓度为 4.3mg/kg。我国西南地区某农药土壤中六六六和滴滴涕浓度在不同采样剖面中均有垂直向下迁移的趋势，检出有机氯农药的最深土层深度达 1100cm。总的来说，目前已对农化场地土壤污染情况进行了一定程度的研究，但迄今为止的研究主要集中在退役场址中的有机氯农药污染，针对其他较为新型的农药，如拟除虫菊酯类、新烟碱类等农药的研究非常少。对于在产和近期退役的农药场地的研究更加匮乏，这些场地在售农药的污染情况和风险仍是未知的，这使得场地监管和政策制定更加困难。

当前常用的污染物筛查方法主要分为三类，分别是靶标筛查、可疑物筛查和非靶标筛查。靶标筛查是最简单，最直接的方法，可以利用目标物标准品获得准确的定性和定量数据，常用于传统环境污染物监测等方面；另外两种筛查方法则都是在没有标准品的情况下进行的，其中可疑物筛查可通过建立目标物清单以获得目标物的相关基础信息，最终可以实现目标物的定性和半定量分析；而非靶标筛查则是在完全没有任何信息的情况下直接对质谱数据进行分析，理论上可以实现样品中所有未知化合物的全面分析，从而实现对完全未知的污染物的探索，但该方法数据处理难度极高，且成功率较低。显然，要想实现全面的污染物分析，仅依靠靶标筛查是远远不够的，需要结合使用可疑物筛查和非靶标筛查。

可疑物筛查是一种使用高分辨质谱数据和可疑目标化合物清单来识别污染物的方法，可实现在不使用参考标准品的情况下对可疑物的鉴定和定量分析，因此对于尚无参考标准品的潜在环境污染物，尤其是转化产物的鉴定是十分有效的。可疑物筛查通常利用可疑目标物的特定化合物信息对目标物进行识别和确认，例如，利用分子式可以计算得到预期前体离子的精确质荷比（m/z），而液质联用中常使用的电喷雾电离（electrospray ionization，ESI）则可以电离形成分子离子峰，如$[M+H]^+$或$[M-H]^-$，因此使用精确质荷比从高分辨全扫描色谱图中提取色谱图，就可以确定可疑物对应的色谱峰及其相关信息，从而能进行进一步的鉴定。可疑目标物数据库的创建是可疑物筛查的基础，自建数据库通常需要包括目标物的分子式、精确质量以及化学结构等基本信息，随着对鉴定准确度要求的提升，简单的精确分子质量已经无法满足鉴定需求，需要使用二级谱图进行置信度更高的比对。通常使用 MassBank、METLIN 等公开质谱数据库获得实验质谱数据，或利用 MetFrag、CFM-ID 等工具实现碎片的理论预测。商用数据库还提供保留时间、碎片离子等信息，利用这些信息可以大大提升鉴定的准确性，并降低假阳性检测。

当前可疑物筛查已在各种环境介质，如水、沉积物、灰尘等中都得到了广泛应用。Moschet 等（2014）利用可疑物筛查在瑞士 5 条中型河流中共检出 100 多种农药母体及 40 种转化产物，远超传统监测计划中涵盖的物质，且如果仅对常见的 30～40 种农药进行常规监测，检出的污染物种类和混合物毒性均会被低估 2 倍以上。Perkons 等（2021）对采集自污水处理厂的进出水样品进行了可疑物筛查，利用德国联邦环境局开发的公开数据库构建了一个包括 600 种化合物的可疑物数据库，这些化合物都具有碎片离子信息且有文献支持，最终在样品中鉴定出 79 种可疑化合物。Alygizakis 等（2018）还针对来自 14 个国家的水环境样品数据开展了回顾性可疑物筛查，在多个样品中鉴定发现了之前未被关注的几种表面活性剂和药物转化产物。进入水体的污染物，尤其是疏水性有机污染物会吸附到沉积物上并长期积累，从而造成复杂的污染，Weiss 等（2011）使用 Orbitrap 质谱仪结合 NIST 数据库在沉积物中鉴定出了包括多环麝香、有机膦酸盐等在内的 9 种有机污染物。Christia 等（2021）也利用可疑物筛查技术在比利时室内灰尘中新发现了 7 种污染物。此外，可疑物筛查在转化产物的鉴定上也发挥了重要作用，可以实现环境中未知转化产物的鉴定和半定量。Kiefer 等（2019）构建了包含 1033 种农药转化产物的数据库，成功在地下水样品中鉴定出 27 种农药转化产物，其中有 13 种从未在之前的研究中被报道，并发现百菌清的一种新的转化产物 R471811 在所有样品中均有检出且最高检出浓度达 2700ng/L，对环境造成了严重威胁。Menger 等（2021）利用 242 种农药转化产物构建了可疑目标物清单，并成功确定了 42 种转化产物，其中有 4 种产物为首次报道。

面对环境中种类繁多性质各异的污染物，有学者结合使用气相色谱法（gas chromatography，GC）和液相色谱法（liquid chromatography，LC），与高分辨质谱法（high resolution mass spectrometry，HRMS）联用以实现更大范围的鉴定。Hernández 等（2015）同时使用了 GC 和超高效液相色谱法（ultra performance liquid chromatography，UPLC）并与四极杆飞行时间质谱仪（quadrupole time of flight mass spectrometry，QTOF）联用，以实现对水中约 2000 种化合物的可疑物筛查。Pitarch 等（2016）同时使用液相色谱-串联四极杆飞行时间质谱仪（liquid chromatography quadrupole time of flight mass spectrometry，LC-QTOF）和气相色谱-串联四极杆飞行时间质谱仪（gas chromatography-tandem quadrupole time of flight mass spectrometry，GC-QTOF）对西班牙地表水和地下水中约 1500 种有机污染物进行可疑物筛查，发现有 10 种化合物的浓度高于 0.1μg/L，其中大部分是农药及其转化产物。Moschet 等（2018）也将二者结合使用实现了灰尘中极性到半极性污染物的筛查，在 38 个灰尘样品中鉴定出 271 种污染物。

在使用各种分析方法对目标物进行身份鉴定的过程中，会使用到不同种类的信息数据，如精确质量、保留时间以及碎片离子信息等，为了给不同程度的置信度进行标准化区分和分级，Schymanski 等（2014）提出了高分辨质谱分析置信度等级标准，该标准将鉴定置信度分为了 5 个等级，等级 1 为置信度最高的等级，随着可使用的鉴定证据的减少，置信度不断递减，最低为等级 5。最初对于未知化合物的分析均从精确质量（等级 5）开始，该等级也是非靶标筛查最基本的置信度。如果能利用相应软件解析其元素组成并进行分子式的分配，则置信度等级可以提升为等级 4。此时如果还有足够的碎片离子信息或其他保留时间数据可用于未知物结构的判定，但无法判断其准确结构，此时置信度则判断为等级 3，该等级可以使用多种证据为一个特征峰推断多个可能的结构，例如去甲基化的转化产物的去甲基位置不明确，或羟基化转化产物的羟基位置通常难以确定，这就导致无法对其进行结构的判定。由于使用了可疑目标物清单，可疑物筛查的置信等级通常为等级 3 及以上。然而，如果通过数据库谱图匹配或发现其他诊断性碎片信息可以排除其他结构的可能性，则置信度可以增至等级 2。对于等级 2a，要求实验数据和数据库的匹配高度一致，还需要使用保留时间进行辅助验证；而对于没有数据库信息的化合物则被划分为等级 2b，这些化合物通常具有诊断性的碎片离子，Gago-Ferrero 等（2015）通过对比发现硫酸二甘醇醚是唯一能够完全解释目标峰二级谱图中所有碎片离子的化合物，且验证保留时间也为合理，因此将其确定为等级 2b。最后，如果能购买到可疑目标物的标准品，并且各级谱图和保留时间均匹配良好，则可判断为最高的等级 1。此置信度分级标准已得到充分的认可，并在有机污染物筛查方面得到了充分的应用。

1. 样品前处理技术

场地可疑污染物的样品前处理技术主要是样品的提取净化，本书改进了一种 QuEChERS（quick，easy，cheap，effective，rugged，safe）方法，用于样品提取和净化。具体步骤如下：准确称量 4g 土壤倒入 50mL 的离心管中，然后加入同位素内标（表 6-1）使其浓度为 50ng/g，涡旋 10s 后静置 5min。加入 10mL 超纯水，浸泡 10min 后，加入 10mL 含 1%乙酸的乙腈，涡旋 2min。再倒入 dSPE 萃取袋（4g 硫酸镁和 1g 氯化钠），立即手摇震荡，避免硫酸镁快速吸水结块。再涡旋 2 分钟后，在 1600g 下离心 5min。将上清液转移到另一个装有 300mg 硫酸镁和 50mg 的 N-丙基乙二胺（primary secondary amine，PSA）填料的离心管中，手摇 15s 后涡旋 2min。在 1600g 下离心 5min 后，将上清液均匀等分转移到两个玻璃试管中使用氮吹仪（Organomation，Massachusetts，USA）氮吹浓缩至近干。最后，将其中一组用甲醇复溶至 1mL 为待测液 1，用 0.22μm 聚四氟乙烯（PTFE）膜过滤后进行超 UPLC-QTOF 及超高效液相色谱-串联质谱仪（ultra performance liquid chromatography-tandem mass spectrometry，UPLC-MS/MS）分析，另一部分则用丙酮复溶至 1mL 为待测液 2，用 0.22μm PTFE 膜过滤后进行 GC-QTOF 及气相色谱-串联质谱仪（gas chromatography-tandem mass spectrometry，GC-MS/MS）分析。

表 6-1　25 种农药标准品和 5 种稳定同位素内标的基本信息

化合物	CAS 号	分子式	类别	$\log_{10} K_{OW}$	厂家
2, 4-D 丁酯	94-80-4	$C_{12}H_{14}C_{12}O_3$	除草剂	4.18	TM Standard
o, p'-滴滴涕	789-02-6	$C_{14}H_9Cl_5$	杀虫剂	6.79	AccuStandard
p, p'-滴滴涕	50-29-3	$C_{14}H_9Cl_5$	杀虫剂	6.91	AccuStandard
α-六六六	319-84-6	$C_6H_6Cl_6$	杀虫剂	3.72	TM Standard
β-六六六	319-85-7	$C_6H_6Cl_6$	杀虫剂	3.72	Dr. Ehrenstorfer
γ-六六六	58-89-9	$C_6H_6Cl_6$	杀虫剂	3.72	Dr. Ehrenstorfer
α-氯丹	5103-71-9	$C_{10}H_6Cl_8$	杀虫剂	5.87	BePure
γ-氯丹	5103-74-2	$C_{10}H_6Cl_8$	杀虫剂	5.87	BePure
阿特拉津	1912-24-9	$C_8H_{14}ClN_5$	除草剂	2.61	AccuStandard
吡虫啉	138261-41-3	$C_9H_{10}ClN_5O_2$	杀虫剂	0.57	AccuStandard
敌百虫	52-68-6	$C_4H_8Cl_3O_4P$	杀虫剂	0.51	AccuStandard
敌敌畏	62-73-7	$C_4H_7Cl_2O_4P$	杀虫剂	1.43	AccuStandard
丁草胺	23184-66-9	$C_{17}H_{26}ClNO_2$	除草剂	4.5	AccuStandard
啶虫脒	135410-20-7	$C_{10}H_{11}ClN_4$	杀虫剂	1.51	AccuStandard
毒死蜱	2921-88-2	$C_9H_{11}Cl_3NO_3PS$	杀虫剂	4.96	AccuStandard

续表

化合物	CAS 号	分子式	类别	$\log_{10}K_{OW}$	厂家
氟虫腈	120068-37-3	$C_{12}H_4Cl_2F_6N_4OS$	杀虫剂	4.00	TM Standard
高效氯氰菊酯	65731-84-2	$C_{22}H_{19}Cl_2NO_3$	杀虫剂	6.60	BePure
甲基硫菌灵	23564-05-8	$C_{12}H_{14}N_4O_4S_2$	杀菌剂	1.40	AccuStandard
甲氰菊酯	39515-41-8	$C_{22}H_{23}NO_3$	杀虫剂	5.70	AccuStandard
乐果	60-51-5	$C_5H_{12}NO_3PS_2$	杀虫剂	0.78	AccuStandard
噻虫啉	111988-49-9	$C_{10}H_9ClN_4S$	杀虫剂	1.26	AccuStandard
噻嗪酮	69327-76-0	$C_{16}H_{23}N_3SO$	杀虫剂	4.30	TM Standard
三环唑	41814-78-2	$C_9H_7N_3S$	杀菌剂	1.70	AccuStandard
乙草胺	34256-82-1	$C_{14}H_{20}ClNO_2$	除草剂	3.03	AccuStandard
异丙威	2631-40-5	$C_{11}H_{15}NO_2$	杀虫剂	2.31	AccuStandard
p，p'-滴滴涕 D_8	93952-18-2	$C_{14}HD_8Cl_5$	内标	—	AccuStandard
阿特拉津 D_5	163165-75-1	$C_8H_9ClD_5N_5$	内标	—	BePure
吡虫啉 D_4	1015855-75-0	$C_9H_6D_4ClN_5O_2$	内标	—	CDN Isotopes
毒死蜱 D_{10}	285138-81-0	$C_9HCl_3D_{10}NO_3PS$	内标	—	BePure
氟虫腈 $^{13}C_4{}^{15}N_2$		$C_8{}^{13}C_4H_4Cl_2F_6{}^{15}N_2OS$	内标	—	BePure

注：—为无数据。

2. 检测技术

建立提取方法后，需要利用检测技术对其准确度进行验证，分别选择了液质联用和气质联用两种方法评估样品提取净化方法的回收率。液质联用部分利用 ACQUITY I-class 超高效液相色谱仪与 Xevo TQ-XS 串联质谱仪（Waters，Milford，MA）联用，其中 LC 方法中色谱柱选择为 CQUITY UPLC BEH C18 柱（2.1×100mm，1.7μm），柱温设置为 45℃，使用水（A）和甲醇（B）作为流动相，并且均加入了体积分数 1%的 1mol/L 乙酸铵（pH=5.0）作添加剂。具体的洗脱梯度（相对于 B）为：0～0.25min，2% B；0.25～12.25min，2% B～99% B；12.25～13min，维持 99% B；13～13.01min，重新平衡至 2% B；13.01～17min，维持 2% B，流速设置为 0.45mL/min，样品进样量设置为 2μL。质谱部分选择 ESI+，数据采集模式为多反应监测（multiple reaction monitoring，MRM）模式，离子对信息见表 6-2，毛细管电压设置为 3.00kV，取样锥孔电压 20V，离子源温度 150℃，脱溶剂温度 500℃，脱溶剂气体流速为 800 L/h，锥气流量 150L/h，碰撞气体为 0.15mL/min 的氩气。

气质联用部分则使用的是 Agilent 8890 气相色谱仪与 7000D Triple Quadrupole 质谱仪串联。GC 方法中使用了 2 根 Agilent 19091S-431UI HP-5ms Ultra Inert（15m，0.25mm，0.25μm）色谱柱串联，具体的升温梯度程序为：0～1min，60℃；1～2.5min，60℃～120℃；2.5～40.5min，120℃～310℃，进样量设置为 1μL，方法中进样口温度设置为 280℃，载气流速为 1.0mL/min，同时添加有 5min 和 310℃的反吹程序。质谱部分利用电子电离源（electron impact，EI），数据采集模式为动态多反应监测（dynamic multiple reaction monitoring，dMRM）模式，离子对信息如表 6-2 所示，传输线温度设置为 280℃，四极杆温度为 150℃，离子源温度为 300℃，电子能量为 70eV。

表 6-2　24 种农药标准品和 5 种稳定同位素内标的离子对信息

农药	LC-MS/MS		GC-MS/MS	
	离子对	碰撞能/eV	离子对	碰撞能/eV
2, 4-D 丁酯	277.03->174.91	14	162.0->63.0	35
	277.03->220.94	6	185.0->155.0	35
o, p'-滴滴涕	—	—	235.0->165.2	20
	—	—	237.0->165.2	20
p, p'-滴滴涕	—	—	235.0->165.2	20
	—	—	237.0->165.2	20
α-六六六	—	—	180.9->145.0	15
	—	—	216.9->181.0	15
β-六六六	—	—	181.0->145.0	15
	—	—	216.9->181.1	15
γ-六六六	—	—	181.0->145.0	15
	—	—	216.9->181.0	15
α-氯丹	—	—	271.8->236.9	15
	—	—	372.8->265.9	15
γ-氯丹	—	—	271.7->236.9	15
	—	—	374.8->265.8	15
阿特拉津	216.10->173.97	18	214.9->58.1	10
	216.10->96.00	24	214.9->200.2	10
吡虫啉	256.06->209.13	12		
	256.06->175.05	22		
敌敌畏	220.97->108.94	16	109.0->79.0	5
	220.97->78.90	26	184.9->93.0	5
丁草胺	312.16->238.12	12	176.1->147.1	10
	312.16->57.04	16	188.1->160.2	10
啶虫脒	223.00->126.00	20	126.0->73.0	30
	223.00->90.07	34	152.0->116.1	30
毒死蜱	349.84->96.83	28	196.9->169.0	20
	349.84->197.86	16	198.9->171.0	20
氟虫腈	436.97->367.93	16	350.8->254.8	15
	436.97->289.99	26	366.8->212.8	15
高效氯氰菊酯	416.10->190.98	12	163.1->91.0	15
	416.10->91.05	44	163.1->127.1	15

续表

农药	LC-MS/MS		GC-MS/MS	
	离子对	碰撞能/eV	离子对	碰撞能/eV
甲基硫菌灵	343.03->150.93	18		
	343.03->311.06	12		
甲氰菊酯	350.16->125.05	14	181.1->152.1	25
	350.16->54.57	38	207.9->181.0	25
乐果	230.03->198.89	10		
	230.03->124.95	22		
噻嗪酮	306.20->106.01	28	104.0->77.0	10
	306.20->57.04	20	104.0->51.0	10
三环唑	190.10->162.99	22	189.0->162.1	10
	190.10->135.93	26	189.0->161.1	10
乙草胺	270.10->224.07	10	146.0->131.1	10
	270.10->148.07	18	174.0->146.1	10
异丙威	194.07->94.97	14	121.0->77.1	20
	194.07->137.05	8	136.0->121.1	20
p，p'-滴滴涕 D_8	—	—	243.0->173.2	20
	—	—	245.0->173.2	20
阿特拉津 D_5	221.16->179.03	16	205.2->127.1	10
	221.16->101.00	26	205.2->104.9	10
吡虫啉 D_4	260.10->213.16	20	—	—
	260.10->179.02	20	—	—
毒死蜱 D_{10}	359.97->98.8	30	324.2->260.0	20
	359.97->198.93	26	326.0->262.0	20
氟虫腈 $^{13}C_4{}^{15}N_2$	442.90->373.93	18	357.1->257.1	15
	442.90->256.91	32	359.1->259.1	15

注：—为方法不适用。

在质谱检测方面，为了能够更精确识别污染物，质谱部分可使用高分辨质谱（HRMS）。针对极性化合物的 LC 方面，选择 Xevo G2-XS QTof 质谱仪串联使用，利用 ESI 离子源在正离子和负离子两种条件下进行数据采集，采集模式为 MS^E，该种数据采集模式下可通过低能和高能两种碰撞能对化合物离子进行碰撞诱导解离，从而获得前体离子以及丰富的碎片离子信息。本书中所使用的低能量通道为 4eV，高能量通道为 10～35eV 的梯度，离子扫描范围 m/z 为 50～1000，并使用氨酸脑啡肽用于质量轴进行的实时校正，在正离子条件下，氨酸脑啡肽参比质量为$[M+H]^+$＝556.2766，负离子条件下为$[M-H]^-$＝554.2615。毛细管电压设置为 1.0kV，取样锥孔电压为 20V，离子源温度为 120℃，脱溶剂温度为 500℃，脱溶剂气体流速为 900L/H。

非极性化合物的分析可使用 Agilent 7250 QTOF 质谱仪。质谱部分使用 EI 离子源，数据通过 MS1 扫描采集，碰撞能为 70eV，离子扫描范围为 *m/z* 为 35～1000。传输线温度设置为 280℃，四极杆温度为 150℃，离子源温度为 300℃，谱图采集速率为 4Hz。

为减少不同实验仪器之间的测量误差，确保实测保留时间（retention time，RT）尽可能接近数据库中对应化合物的保留时间，通过保留时间锁定程序调整目标化合物的实测保留时间，本书研究最终将载气流速调整为 1.05mL/min。保留时间锁定程序的具体方法为：测量参考物质甲基毒死蜱在 5 种不同的氦气流速（0.8mL/min、0.9mL/min、1.0mL/min、1.1mL/min 和 1.2mL/min）下的保留时间，再根据实测结果建立流速与保留时间的线性回归曲线，通过数据库中甲基毒死蜱的参考保留时间（RT=18.111min），计算得到锁定载气流速为 1.05mL/min，并进样验证在该流速下甲基毒死蜱的保留时间偏差在可接受范围内（±0.1min）。此外，在所有样品进样结束后重新测量了甲基毒死蜱的保留时间，以确保进样过程中保留时间的测定没有发生漂移。

3. 可疑物筛查数据库构建

研究目标物为农药及相关化合物，包括常见农药母体、农药降解产物以及农药生产相关原辅料三个部分。针对农药母体的研究已经较为深入全面，当前各大分析仪器公司已推出了针对农药母体的商用数据库，而农药降解产物尚无系统的研究。因此，本书针对这两个部分的目标化合物选择了不同的数据库构建方法。

对于农药母体，本书选择了 Waters UNIFI 1.8 商用数据库和 Agilent GC-QTOF 农药 PCDL B.08.01 数据库进行可疑物筛查数据库的构建。使用了 Waters UNIFI 1.8 商用数据库中包含的 1102 种农药和少量降解产物的基本化合物信息，实测的保留时间、前体离子和碎片离子的准确质量等信息以及 Agilent GC-QTOF 农药 PCDL B.08.01 数据库中包含的以农药为主的 1020 种化合物的相关信息。此外，以上两个数据库实测数据的分析方法均与本书使用的色谱及质谱方法一致，因此二者包含的实测数据可以与本书的实验数据进行直接比较。此外，上述两种商用数据库中均包含少量转化产物及农药生产相关化合物数据，将这些化合物直接与农药母体一同建库分析。

对于无详细实测数据的农药降解产物，本书利用瑞士联邦水科学与技术研究所（Swiss Federal Institute of Aquatic Science and Technology，EAWAG）降解路径预测系统（EAWAG-PPS）使用好氧和厌氧反应对农药的降解路径和降解产物进行预测，并根据预测结果建立包含化合物名称、简化分子线性输入规范（simplified molecular input line entry system，SMILEs）字符串的可疑物列表。化合物的分子式、结构及产物离子利用 MassFragment 算法进行提取和预测，并将所有信息导入 UNIFI 软件集成为预测降解产物数据库。

4. 高分辨质谱数据处理技术

由于液质和气质所使用的仪器不同，因此在数据分析方法上也有较大差异。液质方面，使用 Waters UNIFI 1.8 软件，但由于农药母体、农药代谢产物以及农药生产相关化合物三类数据处理参数阈值具有一定差异。针对农药母体，数据库中具有完备的实测色谱及质谱数据，对目标峰的筛选相对严格。首先将原始液质高分辨数据导入软件后，根据以下参数建立数据处理方法：①质量准确度阈值：质量误差为±5mDa；②保留时间偏差阈值：保留时间误差为±0.2min；③峰强度阈值：绝对响应大于 1000；且相对响应要求在参考和空白中含量低，在未知样品中含量高，即要求目标物峰强度为参比样品中的 3 倍以上，信噪比（S/N）大于 10。正离子模式下选择［M+H］$^+$、［M+Na］$^+$、［$M+NH_4$］$^+$为加和离子，负离子模式下选择［M+H］$^-$、［$M+CH_3COO$］$^-$作为加和离子，将空白土壤基质提取样品作为参比，甲醇作为溶剂空白。完成数据处理方法的建立后利用 UNIFI 软件进行初步数据分析，软件可以自动对数据进行峰检测和峰提取，并与 UNIFI 筛选库中的化合物信息进行比对匹配，若匹配结果在参数设置范围内则对目标峰进行标记以供后续手动筛选。利用 UNIFI 软件完成初步数据处理后，软件会将候选目标化合物相关信息列出以供手动筛选和检查，随后使用更严格的参数对结果进行进一步筛选，根据同位素分布规则，要求对应峰的同位素丰度比（m/z）RMS≤10ppm，同位素分布匹配强度 RMS≤20%，再对二级谱图进行比对，用于排除假阳性检测。最后，将样品数据与 209 个标准品的实测数据进行对比验证，并对检出农药进行置信度分级，具体的分级标准将在后文详细介绍。预测农药转化产物因与农药母体通常具有结构类似的特点，参数方法与农药母体基本一致，但不对保留时间进行限制。而农药生产相关化合物种类较多且结构各异，分析难度较大，预测的保留时间数据也与实际保留时间数据存在一定偏差，为挑选出样品中浓度更高更值得关注的化合物，将保留时间误差调整为±0.75min，响应阈值扩大至 10 000。

气质方面，采用安捷伦 MassHunter 10.0 软件和安捷伦 GC-QTOF 农药 PCDL B.08.01 数据库进行气质高分辨数据分析，可疑物列表中共包含 1020 种化合物。气质部分由于不产生分子离子峰，无法进行拓展的可疑物筛查，因此仅针对数据库已有化合物建立数据分析方法。方法的参数设置与液质有所不同，这主要是由于仪器的原理和分辨率存在差异，具体的参数如表 6-3 所示。同样，在初步获得化合物列表后，各个碎片离子得分和共流出曲线也需要手动检查。最后，使用与液质类似方法来为可疑的候选化合物分配置信等级。

表 6-3　农药母体及转化产物数据处理方法参数

	液质	气质
软件	UNIFI 1.8	MassHunter 10.0
数据库	UNIFI 1.8 数据库 预测降解产物数据库	安捷伦 GC-QTOF 农药 PCDL B.08.01
保留时间误差	±0.1min	±0.2min
精确质量误差	±2mDa/5ppm	±20ppm
响应	＞1250	＞1000
信噪比	＞10	＞10
得分	—	＞70

5. 可疑物筛查置信度分级

可参考 Schymanski 等（2014）建立的置信度分级标准对可疑目标化合物进行置信等级分配，能成功与 209 种标准品实现良好匹配的化合物被标记为等级 1；能与商用数据库中碎片离子、保留时间对应良好的化合标记为等级 2a；若化合物不存在数据库信息，但其同位素丰度比合理且具备匹配的特征离子则标记为等级 2b；最后如果化合物仅能满足碎片离子基本与计算机预测结果一致，则被标记为等级 3，更加具体的化合物置信度手动筛选标准如表 6-4 所示。

表 6-4　置信度分级的手动筛选标准

置信等级	手动筛选标准
等级 1 确定的结构	与参考标准品匹配。
等级 2 可能的结构	①有超过 3 个碎片离子与数据库相匹配，同位素丰度比匹配；保留时间匹配。
	②数据库中没有碎片离子信息但有特征碎片离子匹配；同位素丰度比匹配。
等级 3 初步候选物	有超过 3 个碎片离子与预测碎片离子匹配；同位素丰度比匹配。

6. 定量及半定量分析

可疑目标物的定量及半定量分析均基于 209 种农药标准品混合标样的空白基质梯度加标结果进行的。利用前文描述的提取净化方法对空白土壤进行空白基质的提取，向相同的六份空白基质中以 1ng/g、5ng/g、10ng/g、20ng/g、50ng/g 和 100ng/g 的浓度进行梯度加标，加标后样品使用 UPLC-QTOF 和 GC-QTOF 方法进行数据采集，并使用与前文相同的方法进行数据处理，最终基于响应或峰面积建立基质匹配校准曲线。对于存在标准品的可疑目标物则直接使用建立的校准曲线精确定量，其他农药及农药转化产物则选择结构类似农药的基质匹配校准曲线进行半定量分析。农药合成相关化合物因其化学结构和农药母体差异较大，无法实现校准曲线的替代使用，因此直接使用响应或峰面积进行浓度大小的表征。

7. 质量控制与保证

①为探究前处理方法的提取净化效率，使用 24 种具有不同官能团和理化性质的农药对 QuEChERS 方法的提取效果进行了验证，过程中选择了不同萃取剂和净化剂组合以实现最佳回收率效果，每 10 个样品均设置一组程序空白样品；

②为验证可疑物筛查方法的特异性和准确度，对空白土壤进行了加标浓度分别为 1ng/g、5ng/g、10ng/g、20ng/g、50ng/g 和 100ng/g 的加标回收实验，每个加标梯度均设置三组平行实验；

③进样过程中每个样品均进行 2 次重复进样以确保降低假阳性检测，且每进样 10 次添加 1 次甲醇或正己烷进样以减少样品间的残留问题。

6.1.2　农药母体的可疑物筛查与鉴定

1. 样品采集

本书选择了 2 家在役和 4 家退役农药生产企业作为研究对象，具体采样点位置和深度均通过现场调查后确定。6 家农药生产企业的详细信息如表 6-5 所示，其中场地 1 为农药制剂生产企业，其余 5 家均为农药合成企业或农药合成兼制剂企业。

本书在上述 6 个农药生产场地中共采集土壤样品 18 个。场地 1 和场地 2 的土壤样品均采集于 2019 年，在进行充分的现场调查以及与场地管理人员沟通后确定采样点位如图 6-1 所示，利用 Geoprobe 6712DT 钻机使用快速钻进技术分别从两个场地各采集了 7 个土壤样品，其中采集自场地 1 的样品是采样深度为 0～1m 的混合土壤样品，场地 2 的样品是深度为 0～5m 的混合土壤样品。场地 3～6 的土壤样品均采集于 2018 年，使用挖掘机从这四个退役场地中各收集了一份混合土壤样品，采样深度均为 0～2m。同时于 2020 年在浙江省衢州市采集了森林土壤作为空白对照，用于 QuEChERS 方法提取回收率及可疑物筛查方法准确性的确认。

表 6-5　6 家农药生产企业详细信息

场地	生产历史	主要产品
1	2003 年至今	氯硝柳胺、阿维菌素、吡蚜酮、己唑醇、嘧菌酯、吡虫啉等
2	1989 年至今	毒死蜱、二甲戊乐灵、三唑磷等
3	1958～2000 年	六六六、三氯苯、六氯苯、五氯苯酚等
4	1958～2012 年	多氯苯、乐果等
5	1952～2013 年	敌敌畏、氧化乐果、百草枯、百菌清、辛硫磷和拟除虫菊酯农药等
6	历史未知	产品不详

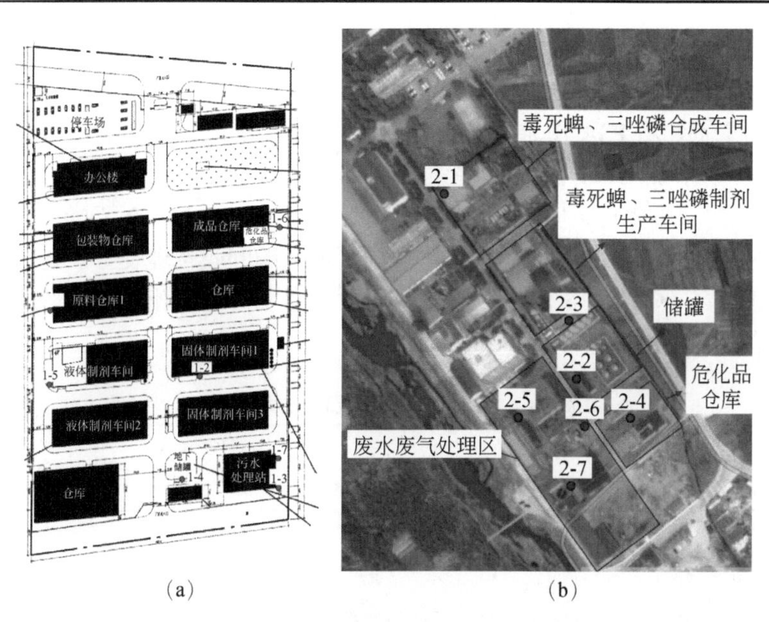

图 6-1　场地 1(a)和场地 2(b)的采样点位分布

上述所有采集的土壤样品均储存在棕色玻璃罐中，利用冰袋冷却，并在 2d 内送回实验室，然后冷冻干燥至少 5d（LABCONCO，Kansas，USA）。冻干后的样品通过 2mm 筛，再使用研钵研磨后过 100 目筛，处理后的土壤样品用棕色玻璃瓶保存在 4°C 冰箱中直至分析。

2. 提取净化方法效率

本书选定了24种官能团各异、极性不同、类型不同的农药（表6-6）作为代表，用于提取净化方法效率的评价。这24种农药涵盖了杀虫剂、除草剂、杀菌剂等最常用的农药，在杀虫剂中包含了有机氯、有机磷、菊酯类、新烟碱类等目前正在广泛使用和在历史上曾经广泛生产使用的品种，其辛醇-水分配系数 $\log_{10} K_{OW}$ 值范围为0.51～6.91，溶解度范围为 4.2×10^{-6}～1.2×10^{5}mg/L，理化性质覆盖范围广，24种农药的理化性质分布见图6-2。因此，这24种农药可以代表我国农药生产历史和现状，将其用作提取净化方法开发的典型农药具有代表性。

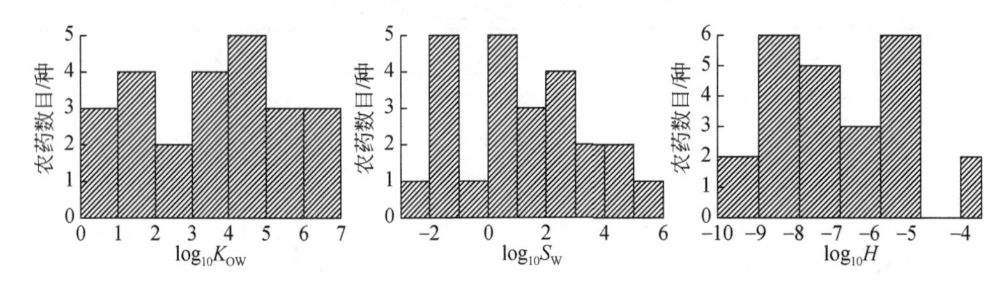

图6-2　实验所用24种农药的理化性质

共设置了四组不同类型的方法：①将乙腈作为萃取剂，将PSA作为净化剂；②萃取前使用等体积水浸泡，其余条件与①相同；③萃取前使用等体积水浸泡，将添加1%乙酸的乙腈作为萃取剂，将PSA作为净化剂；④将C18作为净化剂，其余条件与③一致。

当空白土壤添加50ng/g时，在组别③的条件下，24种农药在LC-MS/MS或GC-MS/MS上的回收率均可实现在60%～140%（表6-6）。2, 4-D丁酯、毒死蜱、甲氰菊酯等农药的回收率都非常接近100%，方法对农药的回收性能良好。此外，毒死蜱、高效氯氰菊酯、丁草胺等15种农药可以在两种仪器上同时检出，交叉验证，能进一步验证了方法的可靠性。

表6-6　24种农药标准品的最优回收率

农药	回收率/%	
	LC-MS/MS	GC-MS/MS
2, 4-D丁酯	99±3	77±6
o, p'-滴滴涕	—	92±3
p, p'-滴滴涕	—	118±7
α-六六六	—	72±6
β-六六六	—	84±7
γ-六六六	—	65±4
α-氯丹	—	89±3
γ-氯丹	—	97±2
阿特拉津	112±5	77±6
吡虫啉	114±7	—

续表

农药	回收率/%	
	LC-MS/MS	GC-MS/MS
敌百虫	115±6	28±6
敌敌畏	75±6	27±6
丁草胺	112 ± 3	109 ± 9
啶虫脒	115 ± 6	137 ± 26
毒死蜱	99 ± 4	91 ± 2
氟虫腈	111 ± 4	104 ± 6
高效氯氰菊酯	85 ± 4	124 ±28
甲基硫菌灵	73 ± 5	—
甲氰菊酯	105 ± 3	144 ± 17
乐果	114 ± 4	75 ± 8
噻嗪酮	117 ± 2	61 ± 5
三环唑	112 ± 3	109 ± 13
乙草胺	106 ± 5	72 ± 4
异丙威	108 ± 5	80 ± 13

注：—为未使用。

3. 可疑物筛查方法效率

本书从 Waters 公司获取了一份包含 209 种农药的混合标准品，并将其梯度加标于空白土壤，用于验证开发的可疑物筛查方法的准确性和灵敏度。加标浓度分别为 1ng/g、5ng/g、10ng/g、20ng/g、50ng/g、100ng/g，以加标浓度为 100ng/mL 的 3 个平行样品为例介绍可疑物筛查方法的具体应用流程。

对于液质高分辨数据，将数据导入 UNIFI 软件后，利用 6.1.1 中的商用数据库和前文的分析方法进行数据处理。经过峰检测和峰提取后，在正离子模式下从添加的 3 个平行样品中共计检测到 7030～7660 个峰，对所有色谱峰进行初步筛选后，共筛选出 167 个可疑目标峰。当应用更严格的参数进行过滤后，可疑化合物的数目减少到了 135～143 个，再对色谱峰峰形、同位素丰度比以及碎片离子谱图等信息进行手动比对以进一步降低假阳性检测。以茚虫威为例，其提取离子色谱图具有完整良好的峰形（图 6-3b），该化合物的实测保留时间为 10.26min，和数据库中提供的保留时间数据（10.27min）非常接近，两者误差仅为 0.01min。检出响应较高的化合物通常具备更清晰的质谱图，其在样品中的检出响应值为 36789～42866，可以在低能量通路的谱图中清晰地观察到其前体离子的同位素峰簇，$[M]^+$：$[M+1]^+$：$[M+2]^+$：$[M+3]^+$的相对响应比值约为 100：25：36：9，与理论值相符（图 6-3c）。此外，高能通道中的碎片离子提供了额外的诊断信息（图 6-3d）。共发现 3 个碎片离子$[C_{10}H_7N_3O_5]^+$、$[C_{13}H_{10}ClN_2O_4]^+$和$[C_{21}H_{14}ClF_3N_3O_6]^+$与数据库一致，其精确质量误差也分别仅为 1.9mDa、0.3mDa 和 1.0mDa，均满足阈值要求。因此基于上述信息，该可疑目标峰的鉴定等级可以被判断为等级 2a（可能的结构）。最后，使用参考标准品的实测数据进行进一步验证（图 6-3d），可发现该目标峰的实测碎片离子图谱与标准品的谱图也十分吻合，除数据库包括的碎片离子外，又包括发现$[C_4H_5N_2O_4]^+$、$[C_{11}H_8NO_2]^+$和$[C_{20}H_{14}ClF_3N_3O_4]^+$在内的共计 6 个特征碎片离子峰与标准品一致，因此该化合物最终的置信等级为等级 1（确定的结构）。最终，对每个可疑化合物进行类似的手动比对流程后，以正离子和负离子模式分别鉴定出 128 种和 6 种农药母体。

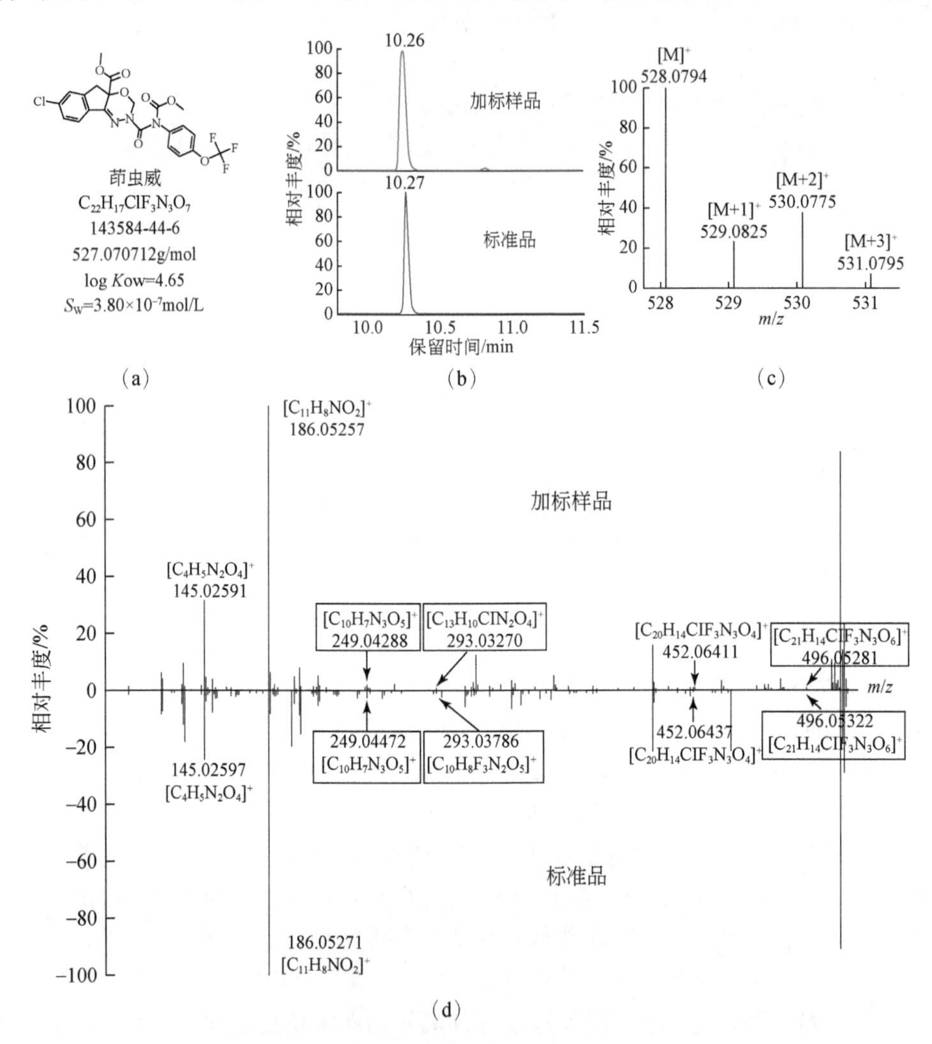

图 6-3　茚虫威的液质鉴定示例

（a）茚虫威的化学结构及基本化学信息；（b）加标样品和标准品的液相色谱提取离子流图；（c）加标样品的前体离子同位素丰度簇；（d）液质高能量通道质谱图，上半部分和下半部分分别代表加标样品和标准品的实测谱图，其中方框标注代表该碎片离子与数据库中一致

对于弱极性污染物则需要通过气相色谱进行分离，并使用 MassHunter 软件进行数据处理。同样的，利用 6.1.1 中的商用数据库和前文的分析方法设置数据分析参数，软件完成数据处理后将自动列出可疑化合物并根据与数据库的匹配程度为每个化合物分配匹配分值，得分低于 70 的可疑化合物会被自动排除。最后在三个平行样品中均筛选出了 80 种可疑化合物，随后根据化合物的共流出曲线和碎片谱图等进行手动检查，同样以茚虫威为例，该可疑化合物各个碎片离子的共流出曲线均拟合良好（图 6-4a），碎片离子质谱图

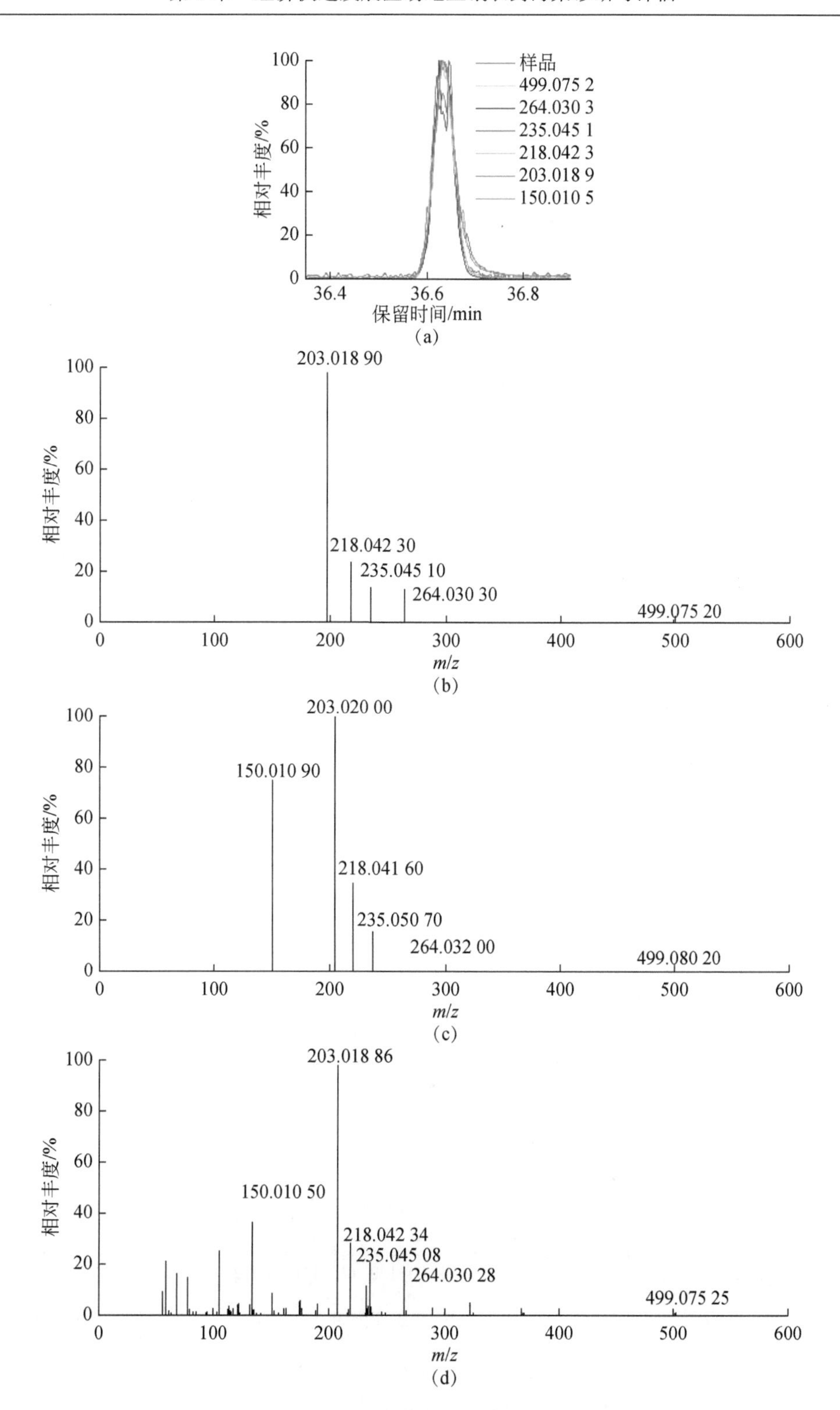

图 6-4　茚虫威的气质鉴定示例

（a）加标样品的气质共流出曲线；（b）加标样品的气质碎片离子质谱图；（c）标准品的气质碎片离子质谱图；（d）数据库的气质碎片离子质谱图

与标准品实测谱图、数据库谱图均具有多个相同的碎片离子，且碎片离子丰度比也均一致，基于上述条件，该化合物的置信等级也被判断为等级 1。最终通过上述方法在平行样品中共鉴定出了 74 种农药，其中有近半数化合物也能同时在液相色谱中检出，进一步增强了鉴定结果的可信度。

此外，气质部分的鉴定假阳性率相对较低，但在数据处理过程中人工检查也是必要的。例如，可疑化合物去乙基另丁津的保留时间等数据均满足数据处理要求，但其加标样品碎片离子质谱图与数据库谱图存在较大差异。在加标样品谱图中发现的碎片离子（m/z=104.00030，m/z=172.04060，m/z=173.05180，m/z=174.04050）与数据库质谱图中的离子相对丰度（图 6-5）差异较大，说明即使选择了严格的参数阈值，仅依靠处理软件进行比对仍会出现假阳性检测的情况。因此，手动检查依然是降低假阳性检测，提高鉴定置信度的关键步骤。

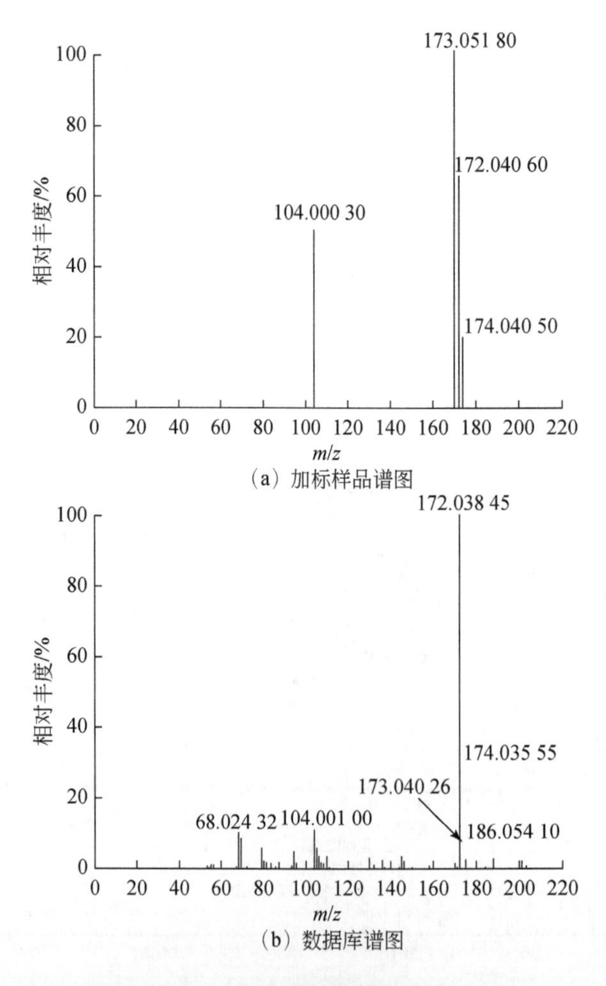

图 6-5　去乙基另丁津的气质碎片离子谱图

完成对各加标梯度样品数据处理后的鉴定结果汇总如图 6-6 所示，可疑物筛查方法验证结果表明，农药检出率与加标浓度呈正相关，各加标浓度中，在 100ng/g 的加标浓度下鉴定准确率最高，达到 78.9%，可实现 209 种加标农药中 165 种农药的准确鉴定，且鉴定置信等级均为等级 1。而假阳性率则和正确检出率的变化趋势相反，当化合物以极痕量的浓度存在于样品中时，检测数据更易受到其他化合物的干扰，在 5ng/g 的加标浓度下共有 159 种化合物无法鉴定，当加标浓度增加至 50ng/g 时，仅有 53 种化合物无法检出。这主要是由于较高浓度的化合通常会具有更高的响应，从而可以有效地减小精确质量误差，并获得更清晰的碎片离子谱图，这两者都可以提高鉴定的准确度。此外，在各加标浓度下，可疑物筛查方法的假阳性率都很低，假阳性鉴定的农药仅为 2～7 种。

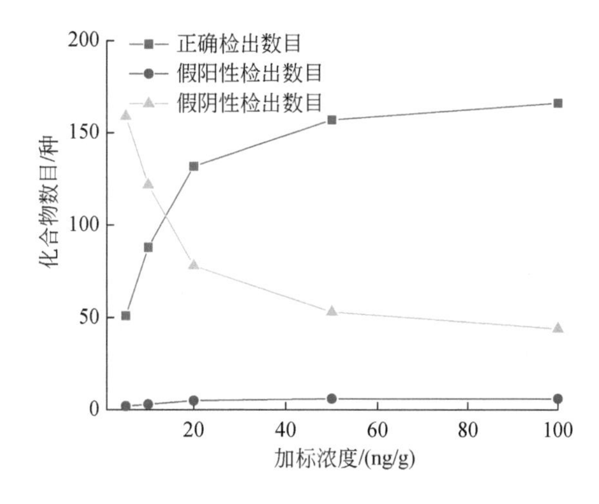

图 6-6　不同加标浓度下可疑物筛查方法的准确度与灵敏度

当前国内外研究人员已利用可疑物筛查方法对废水、灰尘和沉积物等环境介质中的各类化合物进行筛查和鉴定，但方法的准确度和特异性仍未得到彻底的评估。Moschet 等（2014）在针对 76 份地表水样品中 45 种农药进行可疑物筛查时，总体的鉴定成功率为 70%。此外，即使设置了大量筛选条件，鉴定的假阳性率仍高达 30%～50%。Gago-Ferrero 等（2015）在对原水中 173 种新兴极性有机污染物进行可疑物筛查时发现，当加标浓度为 0.05μg/L 时，鉴定假阳性率为 10%。虽然不同仪器和不同基质类型的鉴定结果无法进行直接比较，但本书研究开发的可疑物筛查方法假阳性率明显低于其他类似研究中的结果。这主要是由于本书研究使用的包含准确实验室测量的保留时间以及二级谱图的数据库，可以有效排除干扰化合物，使筛查方法的假阳性率维持在较低水平。

4. 农药母体的可疑物筛查与鉴定

将验证后的可疑物筛查方法应用于采集的土壤样品，在 6 个场地中共鉴定出 212 种农药母体，其中有 88 种农药的置信等级为等级 1，88 种为等级 2a，36 种为等级 3，不同仪器的鉴定具体结果可见表 6-7。在鉴定出的 212 种农药中，能同时被液质和气质两种仪器检出的农药仅有 54 种，说明将液质和气质相结合使用是十分有必要的，可以实现对多种理化性质农药的全面筛查。此外，液质中负离子模式只能检测到 41 种农药，仅占所有检出农药种类的 18.9%，占比明显低于正离子模式。Moschet 等的研究结果也表明能在负离子模式下被检出的化合物种类更少，这是化合物的元素组成导致的，绝大多数的农药均含氮元素，因此农药更容易在正离子模式下实现良好的电离。然而，使用负离子模式进行数据采集仍然是必要的，因为检出的 212 种农药中仍有 20 种农药只能在该模式下检出。

表 6-7　农药母体鉴定数目　（单位：种）

置信等级	LC	GC	LC/GC	合计
等级 1	24	25	39	88
等级 2a	40	33	15	88
等级 3	36	—	—	36
合计	100	58	54	212

在检出的各种农药中，杀虫剂（76 种）的检出频率最高，其次是杀菌剂（64 种）、除草剂（59 种）以及杀螨剂（23 种），且鉴定的置信等级以等级 1 和等级 2a 为主，鉴定置信度均较高，具体种类如图 6-7 所示。检出农药的具体类型也十分丰富，有六六六、滴滴涕、灭蚊灵等经典有机氯农药，毒死蜱、氯唑磷、乙酰甲胺磷等有机磷农药，氯氰菊酯、氟氯氰菊酯等拟除虫菊酯类农药以及吡虫啉、啶虫脒、噻虫啉等新烟碱类农药，阿特拉津、氟吡甲禾灵等除草剂、三环唑、三唑醇等杀菌剂也均有检出，检出农药几乎涵盖了我国农药生产历史的全部种类。

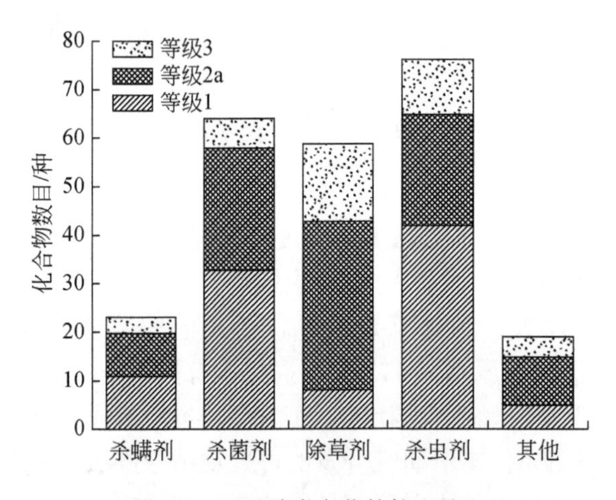

图 6-7　不同种类农药的检出情况

此外，由于农药在场地土壤中的赋存情况因产地、历史、主要产品和生产工艺、废弃物处理和处置、水文地质条件等因素而异，不同农药生产场地土壤中的农药筛查鉴定情况也有着较大差异。建厂时间较晚的现役生产场地土壤中检出农药种类普遍较多，且类别更为丰富，6 个场地检出的农药种类信息见图 6-8。

该场地中国农药信息网站上登记注册的农药活性成分种类仅有 30 种，但该场地土壤中检出的农药种类最终高达 164 种。这主要是由于我国仅要求农药品牌所有商进行农药注册，而代工厂则不受注册限制，因此这一政策也导致了农药生产历史溯源困难的问题。据了解，场地 1 作为代工厂为其他公司加工生产大量本公司未注册产品，这直接导致了最终筛查结果与预期差异较大。同时，草甘膦、双氟磺草胺等 12 种已注册农药在本书研究中未检出，这可能是由于有限的泄漏、广泛的迁移转化和假阴性检测造成的。此外，本书研究在场地 1 土壤样品中还发现了大量新一代杀虫剂——新烟碱类农药的存在，该场地几乎所有样品中均有啶虫脒和吡虫啉浓度检出。该场地不同样品的鉴定结果也存在着一定差异，样品 1-2 和 1-3 检出的农药最多，分别为 92 和 91 种。这两个样品分别采集自污水收集池和处理站附近，因此废水可能是该场地土壤中农药污染的重要来源。相较于场地 1，在场地 2 中检出的农药种类相对较少，且杀虫剂占检测到的农药的近一半，该场地检出的 70 种农药中仅有 8 种登记注册，占比仅为 11.4%，场地 1 和 2 注册农药的检出情况见表 6-8。与场地 1 类似，场地 2 中不同采样点位农药的检出情况差异也十分明显，场地内合成车间附近和仓库附近的土壤污染更为严重，这也与 Aliyeva 等（2013）的研究结果相符。场地 3～6 均为中国首批农药生产工厂，并已全部退役，暂无相关登记数据。这四个已停产场地最明显的特征是有机氯农药的广泛检出，这四个生产历史悠久的场地鉴定结果也与我国 20 世纪 50～70 年代农药产量中有机氯农药约占 80%的事实相一致。

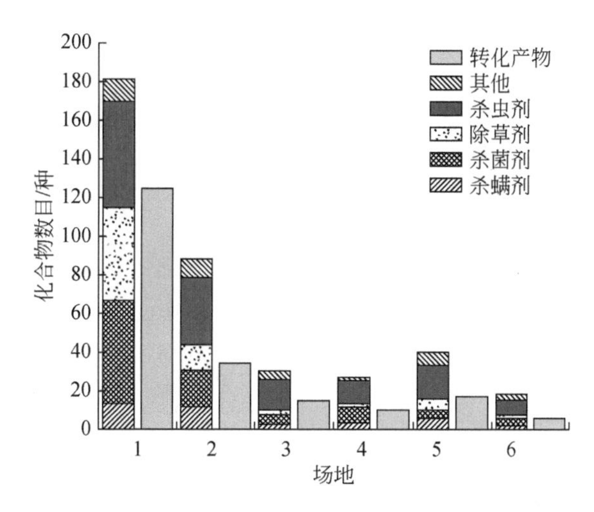

图 6-8　不同场地土壤中农药及其转化产物的检出情况

表 6-8　场地 1 和场地 2 注册农药的鉴定结果

场地 1 注册农药活性成分	CAS 号	是否检出	场地 2 注册农药活性成分	CAS 号	是否检出
2, 4-滴异辛酯	25168-26-7	否	阿维菌素 Bia*	71751-41-2	是
阿维菌素 B1a	71751-41-2	是	吡虫啉	105827-78-9	否
苯醚甲环唑*	119446-68-3	是	吡唑醚菌酯	175013-18-0	否
吡丙醚	95737-68-1	否	苄嘧磺隆*	83055-99-6	否
吡虫啉	105827-78-9	是	草铵膦	77182-82-2	否
吡蚜酮	123312-89-0	是	春雷霉素	6980-18-3	否
草甘膦	1071-83-6	否	呋嗪硫磷*	119-12-0	否
草甘膦铵盐	114370-14-8	否	敌百虫*	52-68-6	否
毒死蜱	2921-88-2	是	啶虫脒	135410-20-7	否
氟虫腈	120068-37-3	是	啶酰菌胺	188425-85-6	否
福美双*	137-26-8	否	毒死蜱	2921-88-2	是
咯菌腈	131341-86-1	是	二甲戊灵	40487-42-1	是

续表

场地 1 注册农药活性成分	CAS 号	是否检出	场地 2 注册农药活性成分	CAS 号	是否检出
己唑醇	79983-71-4	是	氟虫腈*	120068-37-3	是
甲氨基阿维菌素苯甲酸盐 B1a	138511-97-4	是	氟环唑	135319-73-2	否
甲氧虫酰肼	161050-58-4	是	氟菌唑	99387-89-0	否
精甲霜灵	70630-17-0	否	禾草敌*	2212-67-1	否
联苯菊酯	82657-04-3	是	甲基硫菌灵	23564-05-8	否
硫酸铜钙*	7782-63-0	否	螺虫乙酯	203313-25-1	否
螺螨酯*	148477-71-8	否	螺螨酯*	148477-71-8	否
氯氰菊酯*	52315-07-8	是	氯氟吡氧乙酸异辛酯	81406-37-3	否
嘧菌酯	131860-33-8	是	氯氰菊酯	71697-59-1	否
噻虫嗪	153719-23-4	是	嘧菌酯	131860-33-8	是
三环唑	41814-78-2	是	灭多威*	57117-24-5	否
杀螺胺	50-65-7	否	灭锈胺*	55814-41-0	是
双草醚	125401-75-4	否	氰氟虫腙	139968-49-3	否
双氟磺草胺	145701-23-1	否	噻嗪酮*	69327-76-0	是
四聚乙醛	108-62-3	否	三唑磷	24017-47-8	是
戊唑醇*	80443-41-0	是	双氟磺草胺	145701-23-1	否
茚虫威	144171-61-9	是	戊唑醇	80443-41-0	是
唑虫酰胺*	129558-76-5	是	辛硫磷	14816-18-3	否
			乙虫腈	181587-01-9	否
			茚虫威	144171-61-9	是

注：*表示登记证已过期。

5. 农药母体的定量与半定量分析

对所有检出农药进行定量及半定量分析后发现，不同样本之间检出的农药浓度差异较大，检出浓度为 0～1.5×10^5ng/g，部分农药浓度在同一场地的不同样品中的差别可以达到几个数量级，大部分农药平均检出浓度低于 200ng/g（76.9%），少数农药平均浓度超过 1000ng/g（6.1%）。

在场地 1 土壤多个样品中有高浓度的新烟碱类农药检出，啶虫脒和吡虫啉浓度高达几千纳克每克，这两种新烟碱类农药都具有很强的极性，且在水中的溶解度为上千毫克每升，但场地 1 实测的地下水水位仅为 1～2m，因此场地 1 土壤中残留的这两种新烟碱类农药可能对地下水构成威胁。场地 2 中不同采样点位农药的检出情况差异也十分明显，剧毒有机磷杀虫剂毒死蜱的浓度分布在 ND～1.5×10^3ng/g，有机磷农药较短的半衰期是导致这种浓度差异的原因之一。场地 3～6 均检出高浓度有机氯杀虫剂，如六六六（8×10^4～4.7×10^4ng/g）、六氯苯（hexachlorobenzene，HCB，14×10^4～7.6×10^4ng/g）和滴滴涕（4×10^2～6.6×10^2ng/g），定量结果略低于其他研究，但仍远超管控值标准。场地土壤中α-六六六、β-六六六、γ-六六六浓度分别为 ND～4.7×10^4ng/g、ND～4.3×10^4ng/g 和

ND～2.0×10^4ng/g。这三种异构体的最大浓度分别是中国建设用地土壤环境质量标准中规定的管制值的 15.7 倍、4.69 倍和 1.03 倍。

对比这六个建厂时间各异的农药场地，可以发现农药场地土壤中的检出情况存在着一定的规律和趋势。一是随着时间的推移，检出的杀虫剂所占比例下降，而除草剂所占比例上升，这也与我国农药使用的趋势一致。二是农药种类，特别是杀虫剂种类的演变存在一定规律。场地 3～5 以有机氯农药为主，场地 2 检测到有机磷和拟除虫菊酯类农药，而建厂最晚的场地 1 则在十多个采样点位中频繁检出最新的新烟碱类杀虫剂和一些新型除草剂和杀菌剂，这也符合我国农药生产的发展规律。

6.1.3　场地土壤农药污染的生态风险评估

目前常用的污染物环境生态风险评估方法主要有 3 种，分别是：风险商值（risk quotient，RQ）法、物种敏感性分布（species sensitivity distribution，SSD）法和概率生态风险评估（probabilistic ecological risk assessment，PERA）。其中风险商值法对毒理数据的要求较少，且较易操作，能方便快捷说明污染风险程度，已被广泛用于评估环境中污染物潜在生态风险水平。

本书采用风险商值法来评估农药在土壤中的残留对生态系统抗性选择的潜在风险，农药的风险商值按照公式（6-1）计算。由于农药转化产物缺乏完备的毒理学数据，农药生产相关化合物缺少准确的定量数据，因此本书仅针对农药母体进行生态风险评估。

$$RQ = MEC / PNEC_{soil} \tag{6-1}$$

式中，MEC（measured environmental concentration）为环境中实际测得的浓度，ng/g；$PNEC_{soil}$（predicted no effect concentration）指农药在土壤中的预测无效应浓度，ng/g。

当前农药在土壤中毒性数据尚不完备，本书中使用了两种 $PNEC_{soil}$ 值的计算和预测方法，对于有蚯蚓繁殖毒性数据的农药使用公式（6-2）计算土壤中农药的 PNEC 值；没有土壤毒理学数据的农药则使用公式（6-3）利用水体预计无效应浓度（$PNEC_{water}$）估算。

$$PNEC_{soil} = \frac{LC_{50} \text{ or NOEC}}{AF} \tag{6-2}$$

式中，LC_{50}（lethal concentration 50%）为半致死浓度，mg/L，用作急性毒性参考因子；NOEC（no observed effect concentration）为无观察效应浓度，mg/L，用作慢性毒性参考因子。数据均收集自农药特性数据库（pesticide properties database，PPDB）；AF（assessment factor）为评估因子，根据欧洲化学品署（European Chemicals Agency，ECHA）发布的《信息需求与化学品安全评估指南》中给出的 6 类评估因子选择方法对 AF 取值，使用急性毒性试验数据 LC_{50} 计算时，AF 取值为 1000，使用慢性毒性试验数据 NOEC 时，AF 取值为 10。

$$PNEC_{soil} = LowestPNEC_{water} \times 2.6 \times (0.615 + 0.019 \times K_{OC}) \tag{6-3}$$

式中，$PNEC_{water}$ 为水体环境中农药的预测无效应浓度，收集自 NORMAN 数据库中的急性或慢性毒理学实验数据，μg/L；K_{oc} 为土壤/沉积物的有机碳吸附系数，收集自 EPA

CompTox，L/kg。

多种农药的同时存在可能会导致毒性加成作用，当前浓度加和法（concentration addition，CA）已被广泛运用于计算农药的混合风险，本书研究利用该方法评估农化场地中多种农药残留的总风险，即总风险商值，$\sum RQ_{mix}$（公式 6-4），此外还可根据$\sum RQ_{mix}$计算得到每种农药的生态风险贡献率（公式 6-5）。

$$\sum RQ_{mix}=\sum_{i=1}^{n}RQ_i \tag{6-4}$$

$$\%contribution=\frac{RQ_i}{\sum RQ_{mix}} \tag{6-5}$$

式中，RQ_i 为农药 i 的风险商值；n 为农药的数量。

在之前的研究中，共从上述 6 个农化场地土壤中筛查鉴定出 212 种农药，本书研究在此基础上，采用风险商值法对检出农药进行生态风险评估。将风险商值分为 2 个水平：风险商值大于或等于 1 时表明风险不可接受；风险商值小于 1 时则表明风险可接受。

首先从农药特性数据库中收集针对蚯蚓的 LC_{50} 和 NOEC 数据，没有相关毒性数据的农药则从 NORMAN 数据库中收集 $PNEC_{water}$ 数据，再分别利用公式（6-2）、公式（6-3）计算得到农药的 $PNEC_{soil}$。表 6-9 列出了预测无效应浓度较低的 20 种农药，无效应浓度越低表明生物对该化合物越敏感，$PNEC_{soil}$ 最低的农药是氯唑磷（0.005ng/g），一种具有触杀、胃毒和内吸作用的有机磷杀虫剂和杀线虫剂。

表 6-9　部分农药预测无效应浓度

化合物	CAS 号	$PENC_{soil}$ /（ng/g）	化合物	CAS 号	$PENC_{soil}$ /(ng/g)
吡虫啉	138261-41-3	0.044	氯氰菊酯	52315-07-8	0.395
吡氟酰草胺	83164-33-4	0.548	氯唑磷	42509-80-8	0.005
虫螨畏	62610-77-9	0.166	灭草松	25057-89-0	0.323
哒嗪硫磷	119-12-0	0.016	灭菌唑	131983-72-7	0.110
稻丰散	2597-03-7	0.265	噻呋酰胺	130000-40-7	0.344
敌百虫	97-17-6	0.385	三氟氯氰菊酯	68085-85-8	0.180
对硫磷	56-38-2	0.398	水胺硫磷	24353-61-5	0.337
发果	2275-18-5	0.121	辛硫磷	14816-18-3	0.149
甲基嘧啶磷	29232-93-7	0.025	乙硫磷	563-12-2	0.273
甲氧丙净	841-06-5	0.496	治螟磷	3689-24-5	0.085

在各种农药中，场地 1 中检出的新烟碱类农药——吡虫啉的风险商值高达 6.3×10^4，最低风险商值也达到了 4.7×10^3，远远超过了任何现有文献的报道值。Bhandari 等报道了吡虫啉在尼泊尔农业土壤中的风险商值最高为 1.78；Mahai 等发现中国长江地表水中吡虫啉的风险商值中位数仅为 1.2×10^{-4}；据报道，希腊北部河流中吡虫啉的最大风险商值也分别仅为 0.001 和 0.0003。除吡虫啉外，氟氯氰菊酯、六六六等农药也具有较高的风险商值，最高风险商值分别为 1.5×10^4 和 6.9×10^2。氯唑磷作为 $PNEC_{soil}$ 最低的农药，其在各样品中的检出浓度仅为 4～24ng/g，但风险商值最高却达到了 5.3×10^3。因此仅根据检出浓度判断污染程度是远远不够的，需要结合毒理学数据进行全面的生态风险评估。

每个土壤样品中检出风险商值超过 1，即具有不可接受生态风险的农药种类占比至少为 20%，在大多数样品中占比大于 40%，尤其在场地 6 中，共检出农药 14 种，风险商值大于 1 的有 10 种，生态风险不可接受的农药占比高达 64.28%，本书所涉及场地土壤污染严重，具体信息如图 6-9 所示。

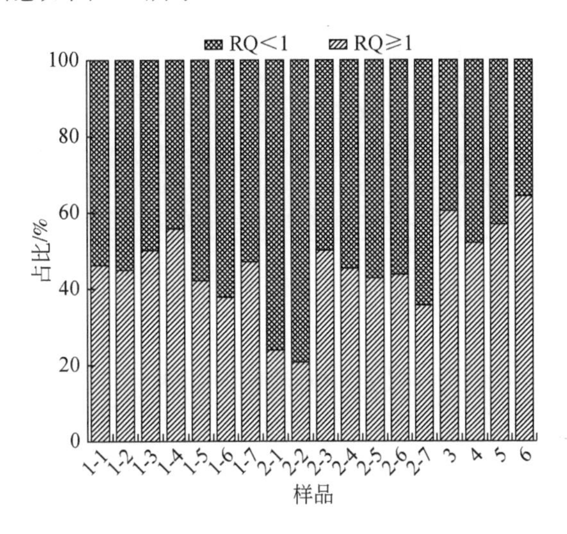

图 6-9　不同样品中检出的有无生态风险农药种类占比

在多种农药残留的总风险方面，18 个土壤样品中总风险商值均远大于 1，在样品 1-3 中高达 8.9×10^4，各样品中的总风险商值可见于表 6-10，说明本书涉及的 6 家农化场地土壤中的农药残留会对土壤生物造成严重负面影响。此外，可发现不同农化场地的总风险商值存在一定差异，整体上呈现出建厂时间较早的场地高于建厂较晚的场地，农药混剂生产场地高于农药合成场地的趋势。这与最初的预期差异较大，人们通常认为农药合成工业会造成更为严重的污染，但本书的研究结果表明农药混剂生产场地实际上更容易造成农药的泄漏和污染，而且由于农药等级管理政策尚不完善，这种泄漏通常是不为人知的。此外，建厂较早的农化场地的主要产品通常为更具持久性的有机氯农药，这类农药可在土壤环境中持续存在数十年，因此会导致该场地土壤中至今仍具有较高的农药残留生态风险。

表 6-10　不同样品的总风险商

样品	$\sum RQ_{mix}$	样品	$\sum RQ_{mix}$	样品	$\sum RQ_{mix}$
1-1	7.4×10^4	2-1	1.1×10^2	3	7.1×10^3
1-2	8.7×10^4	2-2	1.2×10^3	4	1.1×10^4
1-3	8.9×10^4	2-3	1.2×10^3	5	1.7×10^4
1-4	2.1×10^4	2-4	1.9×10^3	6	4.9×10^3
1-5	5.6×10^4	2-5	3.1×10^3		
1-6	5.7×10^3	2-6	2.4×10^3		
1-7	8.3×10^3	2-7	2.0×10^3		

尽管每个土壤样品的混合风险均较高，但不同种类农药的贡献率均有一定差异，不

同样品中贡献率最高的农药及其贡献率值见表 6-11。每个样品中均有几十种农药检出，但每种农药对总风险商值的贡献程度差别较大，在所有样品中只有少数几种甚至只有一种农药对$\sum RQ_{mix}$有着较大影响，贡献率最高的农药比值均超过了 30%，其他多数农药的影响很小或者可以忽略不计，这也与 Vasickova 等（2019）的研究结果一致。场地 1 中不同农药的贡献率相对统一，其中吡虫啉的贡献率在 5 个样品中均为最高。而场地 2 不同样品中农药的贡献程度差异性较大，巴拉松、哒嗪硫磷和氯唑磷均在不同样品中的贡献率占比超过 80%。建厂时间均在 20 世纪 50 年代的场地 3～6 中，贡献率占比最高的均为六氯苯，尤其是在场地 4 中六氯苯贡献率高达 98%，这也与当时我国的农药生产情况相符。

表 6-11　不同样品中风险贡献率最高的农药及其贡献率

样品	农药	贡献率/%	样品	农药	贡献率/%	样品	农药	贡献率/%
1-1	吡虫啉	82	2-1	巴拉松	84	3	六氯苯	68
1-2	吡虫啉	72	2-2	哒嗪硫磷	93	4	六氯苯	98
1-3	吡虫啉	60	2-3	二苯胺	79	5	六氯苯	32
1-4	吡虫啉	31	2-4	氯唑磷	69	6	治螟磷	47
1-5	灭草松	31	2-5	哒嗪硫磷	34			
1-6	氯唑磷	45	2-6	氯氟氰菊酯	53			
1-7	吡虫啉	57	2-7	氯唑磷	91			

农药在新厂址的较高的检出浓度和不可接受的生态风险表明农药生产场地土壤中农药残留的生态风险不容忽视，并需要对其进行针对性管控。应进一步加强农药生产的规范与管理，并加强对现役生产场地的关注，尤其是这些场地中的在用农药及其降解产物。

6.2　农药母体的转化产物筛查

6.2.1　农药转化产物的筛查与鉴定

为了提高农药转化产物鉴定置信度，本书仅针对置信等级较高的农药母体进行转化产物的预测。利用 EAWAG-PPS 针对 176 种置信等级为等级 1（确定的结构）和等级 2a（可能的结构）的农药母体进行微生物转化路径预测，在好氧和厌氧条件下共计生成了 1523 种理论转化产物，并基于此构建了预测转化产物数据库。

根据 6.1.1 中的数据处理流程完成了对农药转化产物的可疑物筛查，共鉴定出 163 种农药降解产物，其中有 25 种是通过使用具有碎片离子和保留时间信息的商用数据库实现鉴定，最终的置信等级较基于预测数据库的鉴定结果更高。总体来看农药转化产物的鉴定置信等级以等级 3 为主，占比高达 60.1%，置信等级为等级 1 的转化产物仅有 6 种，详细的鉴定数目见表 6-12。这主要是大多数预测的转化产物未被纳入商用和公共数据库，如 ChemSpider 和 PubChem 等，因此通常缺乏可用于鉴定的质谱数据，这也导致了使用预测碎片离子在预测数据库中鉴定的转化产物的置信水平低于其母体化合物。

表 6-12　农药降解产物鉴定数目汇总　（单位：种）

等级	数目		
	商用数据库	预测数据库	合计
等级 1	6	—	6
等级 2a	16	—	16
等级 2b	—	43	43
等级 3	3	95	98
合计	25	138	163

检出的 163 种转化产物种氟虫腈亚砜（88.89%）和 p, p'-滴滴伊（77.78%）是检出率最高的两种转化产品，在超过 14 个样品中均被检出。与农药母体类似，转化产物在正离子模式下电离情况更良好，检出率更高，仅有 38 种转化产物在负离子模式下检出。此外，氟虫腈砜和脱硫丙硫菌唑均能同时在液质和气质两种仪器上检出，且二者的鉴定置信等级均较高，分别为等级 1 和等级 2a。吡虫啉、氟虫腈、螺菌环胺、异丙甲草胺等共计 20 种农药母体有 3 种以上的转化产物检出。此外，本书发现甲拌磷亚砜、特丁磷砜等 5 种转化产物的农药母体未检出，这些产物的农药母体绝大部分为有机磷农药，这主要是由于有机磷农药在土壤中易发生微生物降解且降解半衰期较短。

转化产物在不同场地的检出情况同样存在较大差异，建厂较早的农药场地土壤中检出的农药转化产物种类也相对更少，这种趋势与其农药母体的检出结果一致。分别建厂于 2003 年、1989 年和 1958 年的场地 1～3 土壤中检出降解产物的种类数目分别为 123 种、34 种和 15 种（图 6-10），随着建厂时间的提前转化产物的检出种类明显下降。场地 1 中最常见的降解产物为联苯三唑醇-TP2、氟虫腈亚砜和去硝基吡虫啉，这三种转化产物几乎在场地 1 的所有样品中均有检出。在场地 2 各样品间的检出结果差异更大，其中检出的 34 种降解产物中，有 25 种仅在样品 2-5 中检出，该样品采集自废水废气处理区，生产废水的生化处理过程可能是该点位转化产物检出较多的原因之一，该场地检出频率最高的转化产物为氟虫腈亚砜和 p, p'-滴滴伊。在场地 3～6 发现的转化产物很少，主要是滴滴涕的代谢物滴滴滴和滴滴伊。

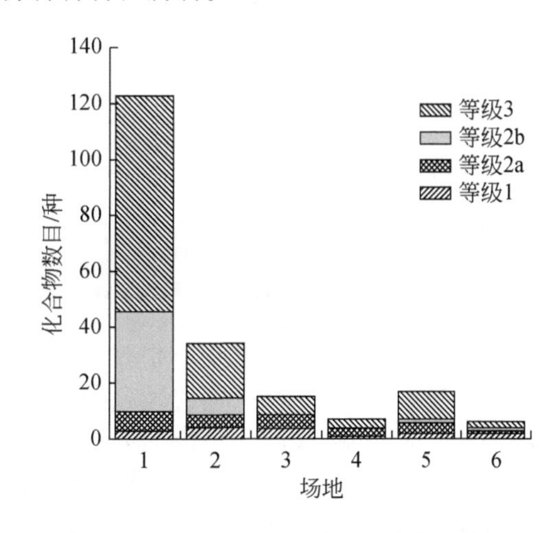

图 6-10　不同场地土壤中农药转化产物的检出情况

6.2.2　农药转化产物的定量与半定量分析

对农药转化产物进行定量与半定量分析后发现，检出产物浓度为 ND～6.6×10^4ng/g，且检出率较高的转化产物在样品中的浓度通常也较高，吡虫啉的主要转化产物去硝基吡虫啉在场地 1 的所有样品中均有检出，其也是检出浓度最高的转化产物，螺环菌胺-TP6 也在 4 个不同场地的样品中检出，浓度均超过 2.0×10^3ng/g。同一农药母体的不同转化产物的检出浓度也存在较大差异，例如在样品 1-7 中，共有 4 种不同的戊唑醇的转化产物检出，其中戊唑醇-TP1 的检出浓度（953ng/g）超过戊唑醇-TP4（7ng/g）的 136 倍。

就不同场地的定量分析结果来看，整体上也呈现出建厂较晚的农药厂转化产物检出浓度更高的趋势。场地 1 中检出浓度超过 1.0×10^3ng/g 的转化产物共有 18 种，约占所有检出转化产物种类的 15%，而其他 5 个已退役场地的转化产物检出浓度基本上都低于这一数值，这与新建在产场地持续的生产活动密切相关。主要生产有机氯农药的退役场地 3～6 土壤中主要农药转化产物滴滴滴和滴滴伊，两种产物检出浓度分别为 59×10^3～2.7×10^3ng/g 和 60～717ng/g。此外，五氯苯胺的检出浓度也较高，最高为 855ng/g。

此外，本书发现转化产物的检出浓度往往高于农药母体，即代谢比（∑TPs/农药母体）往往大于 1。以样品 1-7 为例，在该样品中共检出 23 种农药母体的转化产物，其中有 13 种代谢比大于 1，各种农药的具体代谢比值见于图 6-11。在检出的各种农药中，吡虫啉和氟虫腈的代谢比最高，分别为 373 和 18，说明这两种农药进入土壤环境后会更倾向于以转化产物的形式在土壤中富集。

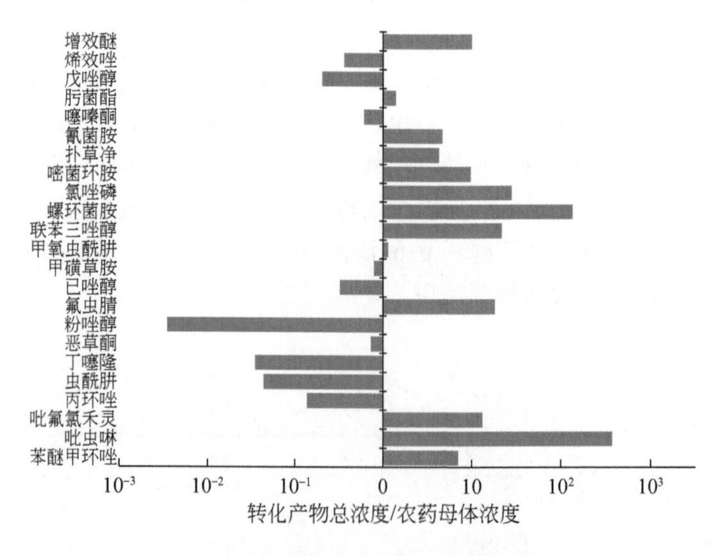

图 6-11　场地 1 中农药母体的代谢比

代谢比通常主要取决于农药母体及其转化产物的相对持久性，而氟虫腈的转化产物比氟虫腈本身更具持久性，这也是导致氟虫腈代谢比较高的主要原因。在好氧条件下，氟虫腈的半衰期为 16.9d，而其主要降解产物氟虫腈砜在 30d 内没有发生进一步降解；在厌氧条件下，氟虫腈的半衰期为 15.7d，并且在 90d 的培养过程中，依然没有观察到其初级转化产物氟虫腈硫化物和次级转化产物氟虫腈砜的进一步降解。有学者同样在地表水和地下水样品中观察到了氟虫腈高代谢比现象，Bexfield 等（2020）报告了美国各地地下水中氟虫腈及其主要转化产物氟虫腈酰胺和氟虫腈亚砜的最大浓度分别为 8.5ng/L、126ng/L 和 4.3ng/L，其代谢比为 15。一项针对越南地表水和饮用水的研究也发现，水环境样品中氟虫腈的浓度为 0.49ng/L，仅为其转化产物浓度（1.58ng/L）的三分之一。吡虫啉及其降解产物的持久性则在不同条件下存在较大差异，难以用于从理论上判断吡虫啉代谢比的大小。Xiong 等（2021）在我国鄱阳湖流域中发现吡虫啉的 3 种主要转化产物（吡虫啉胍、吡虫啉烯烃和吡虫啉脲）的浓度为吡虫啉本身浓度（1109±151）ng/L 的 3 倍。中国饮用水中去硝基吡虫啉和吡虫啉脲的中位浓度也分别被报道为 0.12ng/L 和 0.29ng/L，均低于吡虫啉母体的浓度（0.80ng/L）。但吡虫啉及其转化产物的极性很强（$\log_{10}K_{ow}$=0.57），且具备较好水溶性，对土壤颗粒吸附弱，容易浸出到地下水。因此，在土壤中的迁移也会对吡虫啉的代谢比产生影响。

6.2.3　典型农药转化路径及潜在风险

本书通过文献调研发现，检出的 163 种转化产物中的大多数未被报道（截至 2021 年 2 月），并对吡虫啉和氟虫腈这两种当前广泛使用的内吸性杀虫剂进行了详细的分析。

吡虫啉作为代表性的新烟碱类农药，已在世界范围内广泛使用，但其在环境中的残留对水生和陆生生物，尤其是蜜蜂造成了威胁。目前，已在植物、细菌和人类中鉴定出 12 种降解产物，汇总如图 6-12 所示。其主要降解途径包括硝酸盐还原、氰基水解和氯吡啶基脱氯等。本书共鉴定出 6 个吡虫啉的转化产物，分别为 5-羟基吡虫啉（等级 2a）、去硝基吡虫啉（等级 2a）、吡虫啉脲（等级 2a）、吡虫啉-TP2（等级 3）、吡虫啉-TP4（等级 3）以及吡虫啉-TP5（等级 3）。在这 6 种降解产物中，吡虫啉-TP5 为全新发现的转化产物，其可能是由吡虫啉母体通过羟基化和氯水解形成，在 6-氯烟酸与 6-羟基烟酸的反应中也观察到了类似的转化。此外，转化产物吡虫啉-TP2 的羟基化反应也可能形成吡虫啉-TP5，在尼古丁的微生物降解中也观察到类似的转化途径。

吡虫啉是场地 1 的主要产品之一，因此在多个点位都发现了高浓度的吡虫啉及其转化产物。本书研究新发现的转化产物吡虫啉-TP5 在样品 1-1 和样品 1-2 中均被检出，其检出浓度分别为 7.1×10^3ng/g 和 1.2×10^3ng/g。在这 6 种吡虫啉的降解产物中，去硝基吡虫啉的毒性最强，其生态毒性是吡虫啉母体的 300 倍，而该转化产物同时也是检出最为频繁的产物。且在大多数样品中，去硝基吡虫啉的检出浓度与吡虫啉相当，甚至高于吡虫啉，其最高浓度为 6.6×10^4ng/g（表 6-13）。吡虫啉的其他转化产物的浓度也非常高，例如在场地 1 的所有样品中，这 6 个转化产物的总浓度均在 1.6×10^3ng/g 以上。

另一个例子是氟虫腈，一种曾占据全球杀虫剂市场三分之一份额的内吸性杀虫剂。它的一些代谢物具有生物活性，且会对非目标生物，如授粉昆虫造成危害（蜜蜂和大黄蜂）、蝴蝶、蛾和蚯蚓等。氟虫腈有氧化、还原、脱硫和水解 4 种主要降解转化途径，分别形成氟虫腈砜、氟虫腈亚砜、氟甲腈和氟虫腈酰胺 4 种最常见的转化产物，当前 16 个已知的氟虫腈转化产物如图 6-13 所示。本书共鉴定出 6 种转化产物，即氟虫腈亚砜（等级 1）、氟虫腈砜（等级 1）、氟虫腈-TP2（等级 3）、氟虫腈-TP7（等级 3）、氟虫腈砜-TP3（等级 3）以及氟虫腈砜-TP5（等级 3）。除氟虫腈亚砜和氟虫腈砜外，其他 4 种转化产物均为首次在环境中报道。

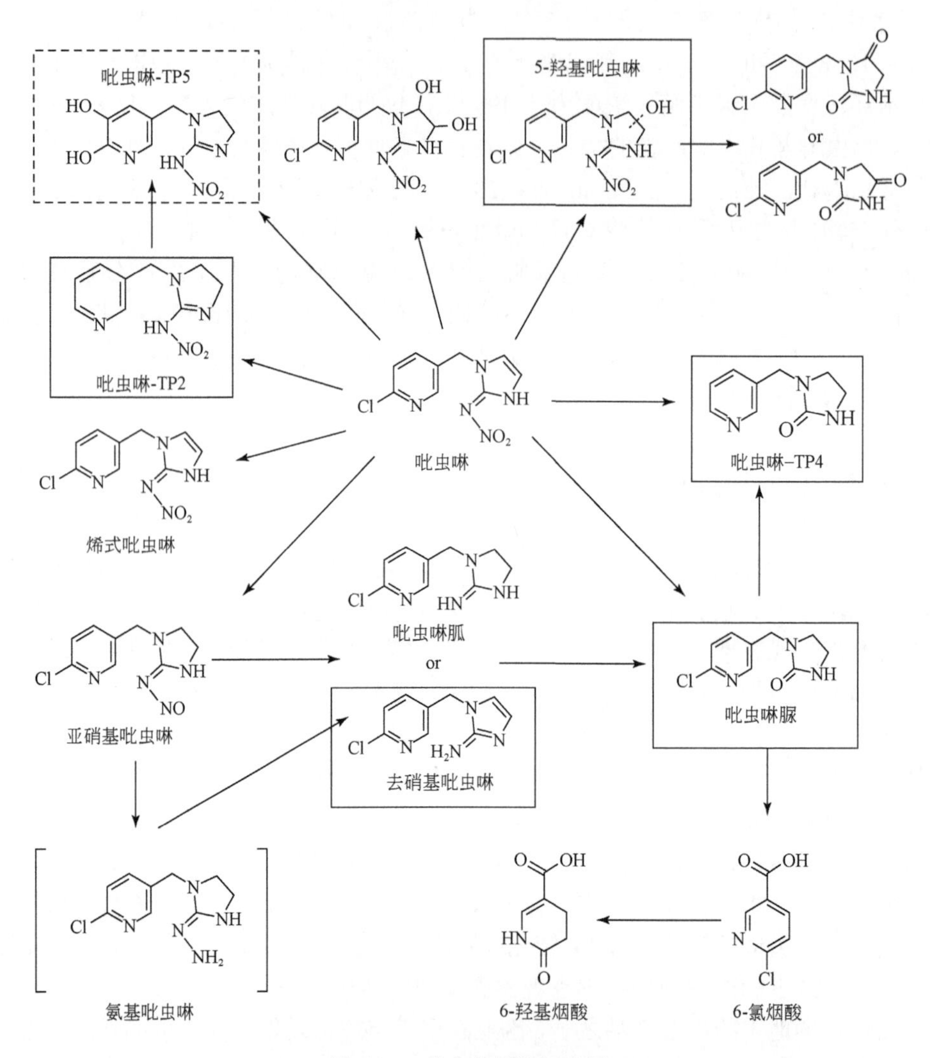

图 6-12　吡虫啉的降解路径

图中实线框代表之前在实际环境中报道过的转化产物，虚线框代表本书研究新发现的转化产物

表 6-13　吡虫啉及其转化产物的浓度

浓度/（ng/g）	1-1	1-2	1-3	1-4	1-5	1-6	1-7
吡虫啉	2 661	2 756	2 318	281	167	ND	205
5-羟基吡虫啉	375	ND	437	ND	ND	ND	ND
去硝基吡虫啉	798	2 504	5 083	34 463	65 946	14 943	65 631
吡虫啉脲	ND	ND	ND	31 105	5 655	563	10 304
吡虫啉-TP2	ND	318	ND	ND	ND	ND	ND
吡虫啉-TP4	ND	5 696	685	522	ND	606	521
吡虫啉-TP5	7 079	ND	ND	ND	1 239	ND	ND
产物总浓度	8 252	8 518	6 205	66 090	72 841	16 113	76 456

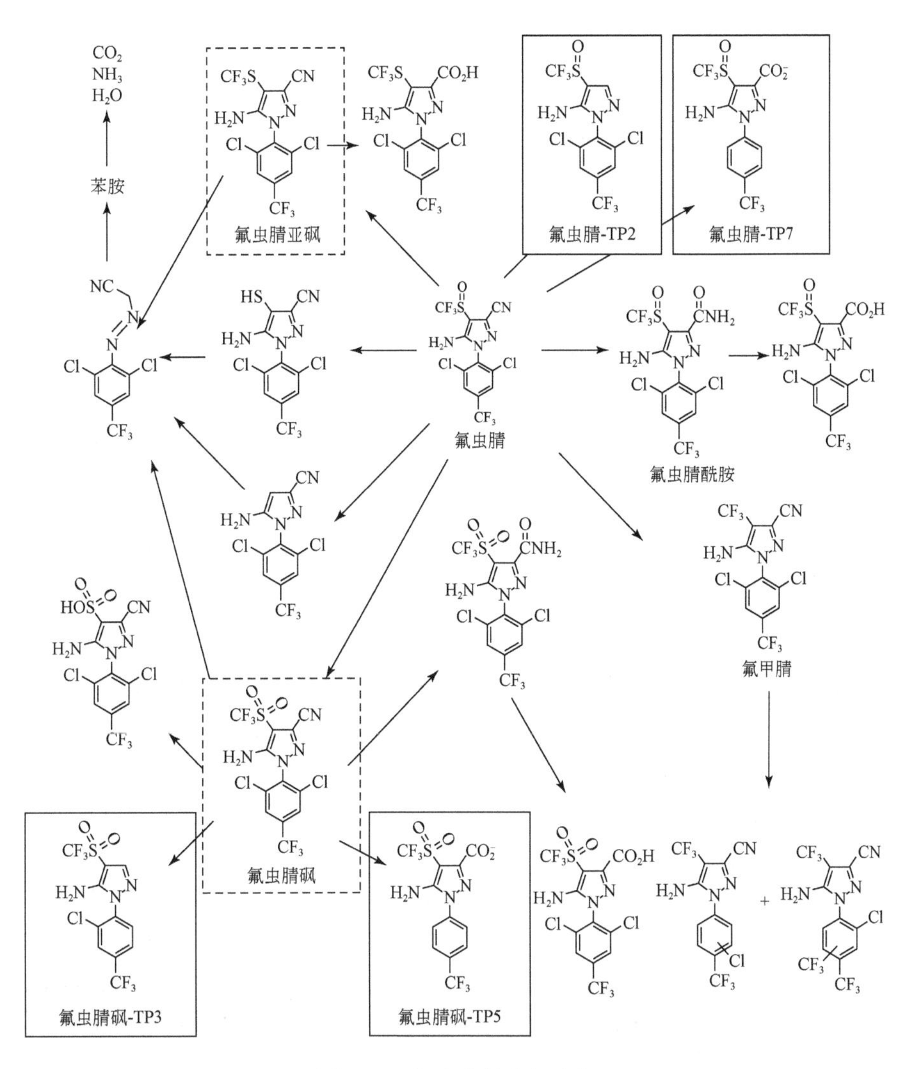

图 6-13 氟虫腈的降解路径

实线框中 4 种产物为本书研究首次报道，虚线框中 2 种产物为前人文献报道并在本书研究中检出，其他产物均为前人文献报道

6.3 本章小结

场地土壤农药母体的筛查研究主要聚焦于退役场地的有机氯农药污染分析，而在产和近期退役场地中新型农药及其转化产物的筛查极其匮乏。通过分析我国农药场地污染特点，梳理污染物筛查方法的发展进程，优化目标物前处理、仪器分析、结果鉴定方案，结合使用 UPLC-QTOF 和 GC-QTOF，开发了土壤中的可疑物筛查方法。优化的可疑物筛查流程可实现各种农药的有效提取和鉴定。24 种代表性农药回收率均在 60%～140%。209 种农药及转化产物加标实验验证可疑物筛查方法准确性与灵敏度，加标浓度 100ng/g 下鉴定准确率最高，达到 78.9%，且鉴定置信等级均为等级 1。该方法可覆盖各类具有较大理化性质差异的化合物。

基于此方法系统地探究了 6 个典型农化场地实际土壤环境中农药母体、农药转化产物及农药生产相关化合物的赋存情况，共鉴定农药母体 212 种，置信等级 1、2 和 3 的检出种类分别为 88 种、88 种和 36 种，其中有 54 种农药能同时在两种仪器上检出，检出农药类别以杀虫剂为主。平均检出浓度低于 200ng/g 的农药占比为 76.9%，6.1%的农药平均浓度超过 1000ng/g。农药母体生态风险评估结果表明所有场地的农药残留均不可接受，样品总风险商最高为 8.9×10^4，新型农药的土壤污染亟须得到重视；通过商用及自建数据库成功鉴定出 163 种农药转化产物，鉴定置信等级以等级 3 为主，建厂较早的农药场地土壤中检出的农药转化产物种类相对更少。转化产物检出浓度为 ND～6.6×10^4ng/g，多数转化产物浓度高于母体，其中吡虫啉和氟虫腈的代谢比高达 373 和 18。土壤中转化产物可能与持续的生产活动密切相关，转化产物丰富的检出种类和极高的检出浓度都强调了实际环境中转化产物研究的必要性。

参 考 文 献

汪光，吕永龙，史雅娟，等，2011. 某化工区土壤有机氯农药来源和垂直分布特征［J］. 环境科学与技术，34（6）：10-15.

中华人民共和国，2007. 中华人民共和国履行《关于持久性有机污染物的斯德哥尔摩公约》国家实施计划［R/OL］. https://www.epd.gov.hk/epd/sites/default/files/epd/tc_chi/international_conventions/pops/files/China_NIP_Ch.pdf.

朱国繁，应蓉蓉，叶茂，等，2021. 我国农药生产场地污染土壤修复技术研究进展［J］. 土壤通报，52（2）：462-473.

朱小龙，魏小芳，陈其思，等，2014. 典型农药生产场地 DDTs 和 HCHs 残留水平及垂直分布特征［J］. 地球与环境，42（4）：489-495.

Aliyeva G，Halsall C，Alasgarova K，et al.，2013. The legacy of persistent organic pollutants in Azerbaijan：an assessment of past use and current contamination［J］. Environmental Science and Pollution Research，20（4）：1993-2008.

Alygizakis N A，Samanipour S，Hollender J，et al.，2018. Exploring the potential of a global emerging contaminant early warning network through the use of retrospective suspect screening with high-resolution mass spectrometry［J］. Environmental Science and Technology，52（9）：5135-5144.

Bexfield L M，Belitz K，Lindsey B D，et al.，2020. Pesticides and pesticide degradates in groundwater used for public supply across the united states：occurrence and human-health context. mass spectrometry［J］. Environmental Science and Technology，55（1）：362-372.

Christia C，Poma G，Caballero-Casero N，et al.，2021. Suspect screening analysis in house dust from Belgium using high resolution mass spectrometry; prioritization list and newly identified chemicals［J］. Chemosphere，263：127817.

Fang Y Y，Nie Z Q，Die Q Q，et al.，2016. Spatial distribution，transport dynamics，and health risks of endosulfan at a contaminated site［J］. Environmental Pollution，216：538-547.

Gago-Ferrero P，Schymanski E L，Bletsou AA，et al.，2015. Extended suspect and non-target strategies to characterize emerging polar organic contaminants in raw wastewater with LC-HRMS/MS［J］. Environmental Science and Technology，49（20）：12333-12341.

Hernández F，Ibáñez M，Portolés T，et al.，2015. Advancing towards universal screening for organic pollutants in waters［J］. Journal of Hazardous Materials，282：86-95.

Kiefer K，Muller A，Singer H，et al.，2019. New relevant pesticide transformation products in groundwater detected using target and suspect screening for agricultural and urban micropollutants with LC-HRMS［J］. Water Research，165：114972.

Liu L，Bai L P，Man C G，et al.，2015. DDT vertical migration and formation of accumulation layer in pesticide-producing sites［J］. Environmental Science and Technology，49（15）：9084-9091.

Menger F，Boström G，Jonsson O，et al.，2021. Identification of pesticide transformation products in surface water using suspect screening combined with national monitoring data［J］. Environmental Science and Technology，55（15）：10343-10353.

Moschet C，Anumol T，Lew BM，et al.，2018. Household dust as a repository of chemical accumulation：new insights from a comprehensive high-resolution mass spectrometric study［J］. Environmental Science and Technology，52（5）：2878-2887.

Moschet C，Wittmer I，Simovic J，et al.，2014. How a complete pesticide screening changes the assessment of surface water quality［J］. Environmental Science and Technology，48（10）：5423-5432.

Perkons I，Rusko J，Zacs D，et al.，2021. Rapid determination of pharmaceuticals in wastewater by direct infusion HRMS using target and suspect screening analysis［J］. Science of the Total Environment，755：142688.

Pitarch E，Cervera M I，Portolés T，et al.，2016. Comprehensive monitoring of organic micro-pollutants in surface and groundwater in the surrounding of a solid-waste treatment plant of Castellón，Spain［J］. Science of the Total Environment，548-549：211-220.

Schymanski E L，Jeon J，Gulde R，et al.，2014. Identifying small molecules via high resolution mass spectrometry：communicating confidence［J］. Environmental Science and Technology，48（4）：2097-2098.

Shi Y J，Lu Y L，Wang T Y，et al.，2009. Comparison of organochlorine pesticides occurrence，origin，and character in agricultural and industrial soils in Beijing［J］. Archives of Environmental Contamination and Toxicology，57（3）：447-455.

Vasickova J，Hvezdova M，Kosubova P，et al.，2019. Ecological risk assessment of pesticide residues in arable soils of the Czech Republic［J］. Chemosphere，216：479-487.

Wang B，Iino F，Yu G，et al.，2010. HRGC/HRMS analysis of mirex in soil of Liyang and preliminary assessment of mirex pollution in China［J］. Chemosphere，79（3）：299-304.

Weiss JM，Simon E，Stroomberg G J，et al.，2011. Identification strategy for unknown pollutants using high-resolution mass spectrometry：androgen-disrupting compounds identified through effect-directed analysis［J］. Analytical And Bioanalytical Chemistry，400（9）：3141-3149.

Xiong J，Tan B，Ma X，et al.，2021. Tracing neonicotinoid insecticides and their transformation products from paddy field to receiving waters using polar organic chemical integrative samplers［J］. Journal of Hazardous Materials，413：125421.

Zhang L F，Dong L，Shi S X，et al.，2009. Organochlorine pesticides contamination in surface soils from two pesticide factories in southeast China［J］. Chemosphere，77（5）：628-633.

Zhao C C，Xie H J，Zhang J，et al.，2013. Spatial distribution of organochlorine pesticides（OCPs）and effect of soil characters：a case study of a pesticide producing factory［J］. Chemosphere，90（9）：2381-2387.

第7章 经济快速发展区场地土壤-地下水污染精准诊断方法

7.1 土壤-地下水污染物迁移过程模拟算法

在许多研究领域，数值模拟已经成为科学方法的重要组成部分。计算机模型在假设检验、科学决策、获取新知识和预测系统功能等许多方面起到了至关重要的作用。在地下水研究中，如何在有限科学知识和观测数据的情况下量化地下水流和污染物运移过程，给人们带来了巨大挑战，需要开展系统的不确定性分析。然而，这个过程需要考虑不同来源的误差，包括模型结构、模型参数、边界条件、初始条件、观测数据等诸多方面。这里采用公式（7-1）来表示对任意地下水系统的观测过程。

$$\tilde{d} = f(m) + \varepsilon \tag{7-1}$$

式中，$\tilde{d}$ 是维度为 $N_d \times 1$ 的观测数据；$f(\cdot)$ 是系统模型；m 是维度为 $N_m \times 1$ 的模型参数；ε 是维度为 $N_d \times 1$ 的观测误差。在贝叶斯框架下，可以将模型参数视为随机变量，采用联合概率密度函数进行描述。在获取观测数据之前，人们对模型参数的认识可以用先验分布 $p(m)$ 来表示；在获取观测数据之后，可以利用贝叶斯原理来开展信息融合，降低对 m 认识的不确定性，从而得到对参数后验分布 $p(m|\tilde{d})$ 的估计，见式（7-2）。

$$p(m|\tilde{d}) = \frac{p(m)\,p(\tilde{d}\mid m)}{p(\tilde{d})} \tag{7-2}$$

式中，$p(\tilde{d}|m) \equiv L(m|\tilde{d})$ 是似然比，表示模型预测结果和观测数据的匹配程度；$p(\tilde{d}) = \int p(\tilde{d}|m)p(m)\mathrm{d}m$ 是一个常数。当观测误差符合正态分布的时候，即 $\varepsilon \sim N(0, \boldsymbol{\Sigma}_d)$，似然比可以表示为公式（7-3）。

$$L(m\mid\tilde{d}) = \frac{1}{(2\pi)^{N_d/2}\left|\boldsymbol{\Sigma}_d\right|^{1/2}} \exp\left\{-\frac{1}{2}\left[\tilde{d} - f(m)\right]^{\mathrm{T}} \boldsymbol{\Sigma}_d^{-1} \left[\tilde{d} - f(m)\right]\right\} \tag{7-3}$$

式中，$\boldsymbol{\Sigma}_d$ 为观测误差的协方差矩阵。在许多场景中，需要考虑非高斯分布的观测误差，这时就需要采用其他形式的似然比函数。

在多数情况下，后验分布 $p(m|\tilde{d})$ 的解析表达式并不存在，这就需要采用数值方法对贝叶斯公式进行求解。在过去的几十年里，MCMC 方法在水文和环境领域得到广泛应用，该方法通过在参数空间上生成一条或多条随机游走的马尔可夫链来探索目标分布（如污染源参数的后验分布），然后采用收敛后的样本对后验进行统计分析。

7.1.1　随机游走梅特罗波利斯算法

最早的 MCMC 方法是由梅特罗波利斯（Metropolis）等在 1953 年提出的随机游走梅特罗波利斯（random walk Metropolis，RWM）算法。其实施过程如下：

①初始时刻，从参数的先验分布中抽取一个随机样本，m_1。

②在第 t（$t>1$）步，从提议分布 $q(m_{t-1},\cdot)$ 中抽取一个随机样本 m_p。

③根据公式（7-4）计算 m_p 的接受概率。

$$\alpha(m_{t-1},m_p)=\min\left\{1,\frac{p(m_p|\tilde{d})}{p(m_{t-1}|\tilde{d})}\right\} \tag{7-4}$$

④从均匀分布 u（0，1）中抽取一个随机样本 u，如果$\alpha>u$，那么链条移动到 m_p，即 $m_t=m_p$；否则，链条停留在原来的位置 m_{t-1}。

⑤重复过程①～④，直到马尔可夫链收敛。

1970 年，黑斯廷斯（Hastings）对 RWM 算法进行了改进，将接受率改为公式（7-5）。

$$\alpha(m_{t-1},m_p)=\min\left\{1,\frac{p(m_p|\tilde{d})q(m_p,m_{t-1})}{p(m_{t-1}|\tilde{d})q(m_{t-1},m_p)}\right\} \tag{7-5}$$

式中，q（m_p，m_{t-1}）和 q（m_{t-1}，m_p）分别为链条从状态 m_p 移动到 m_{t-1} 和链条从状态 m_{t-1} 移动到 m_p 的概率。新方法被称为梅特罗波利斯-黑斯廷斯（Metropolis-Hastings，M-H）算法，它具有非常广泛的适用性，是目前大部分 MCMC 方法的基础。

在实施 MCMC 的过程中，提议分布 $q(\cdot,\cdot)$的尺度和方向在很大程度上决定了 MCMC 算法的效率。当提议分布过于分散的时候，大量的提议样本（m_p）被拒绝；当提议分布过于集中的时候，大部分提议样本被接受，但是每一步的更新都非常微小。上面两种情况都会导致 MCMC 链条向目标分布收敛的速度非常缓慢。针对这个问题，研究者提出了多种提议分布来提高 MCMC 模拟的效率。这些方法包括内核适应（kernel adaptation）、哈密顿动力学（Hamiltonian dynamics）、延迟拒绝（delayed rejection，DR）等。然而，MCMC 在处理高维问题时依然面临着效率低下的不足，这降低了 MCMC 方法在解决复杂问题中的时效性。

7.1.2　延迟拒绝自适应梅特罗波利斯算法

DRAM 算法的全称为延迟拒绝自适应梅特罗波利斯（delayed rejection adaptive Metropolis）算法，由 Haario 等（2006）于 2006 年提出。通过结合两种旨在提高 MCMC 模拟效率的方法，即延迟拒绝（DR）算法和自适应梅特罗波利斯（adaptive Metropolis，AM）算法，DRAM 算法可以对 MCMC 的链条进行全局和局部性的适应，具有较高的效率。

其中，DR 算法是对传统 M-H 算法的一种改进。它的主要思想是，如果从提议分布中抽取的样本被拒绝，DR 算法会基于链条历史和被拒绝的样本重新产生提议分布并从中抽样，然后判断新抽取的样本是否被接受，并重复此过程。这样，DR 算法可以对马尔可夫链进行局部适应，以提高 MCMC 模拟的效率。其实施过程如下。

假设马尔可夫链的当前状态为 m_{t-1}，可以根据之前的链条信息构造合适的提议分布并从中随机抽取样本 $m_{p_1} \sim q_1(m_{t-1}, \bullet)$。那么，样本 m_{p1} 的接受概率为公式（7-6）。

$$\begin{aligned}\alpha_1(m_{t-1}, m_{p_1}) &= \min\left\{1, \frac{p(m_{p1}|\tilde{d})q_1(m_{p_1}, m_{t-1})}{p(m_{t-1}|\tilde{d})q_1(m_{t-1}, m_{p_1})}\right\} \\ &= \min\left\{1, \frac{N_1}{D_1}\right\}\end{aligned} \tag{7-6}$$

如果 m_{p1} 被拒绝了，即 $\alpha_1 < u$，$u \sim U(0,1)$，在标准的 M-H 算法里，会令 $m_t = m_{t-1}$。而在 DR 算法里，则会基于 m_{t-1} 和被拒绝的样本 m_{p_1} 产生新的提议分布 $q_2(m_{t-1}, m_{p1}, \bullet)$ 以及相应的随机样本 m_{p_2}。这时，m_{p_2} 的接受概率为公式（7-7）。

$$\begin{aligned}&\alpha_2\left(m_{t-1}, m_{p_1}, m_{p_2}\right) \\ &= \min\left\{1, \frac{p\left(m_{p_2}|\tilde{d}\right)q_1\left(m_{p_2}, m_{p1}\right)q_2\left(m_{p_2}, m_{p_1}, m_{t-1}\right)\left[1-\alpha_1\left(m_{p_2}, m_{p_1}\right)\right]}{p\left(m_{t-1}|\tilde{d}\right)q_1\left(m_{t-1}, m_{p_1}\right)q_2\left(m_{t-1}, m_{p_1}, m_{p_2}\right)\left[1-\alpha_1\left(m_{t-1}, m_{p_1}\right)\right]}\right\} \\ &= \min\left\{1, \frac{N_2}{D_2}\right\}\end{aligned} \tag{7-7}$$

重复这个过程（最多迭代次数为 M 次，例如 M=3），在第 n 次迭代时样本的接受概率为公式（7-8）。

$$\begin{aligned}&\alpha_n(m_{t-1}, m_{p_1}, \ldots, m_{p_n}) \\ &= \min\left\{1, \frac{p\left(m_{p_n}|\tilde{d}\right)q_1\left(m_{p_n}, m_{p(n-1)}\right)\ldots q_n\left(m_{p_n}, \ldots, m_{p_1}, m_{t-1}\right)}{p\left(m_{t-1}|\tilde{d}\right)q_1\left(m_{t-1}, m_{p_1}\right)\ldots q_n\left(m_{t-1}, m_{p_1}, \ldots, m_{p_n}\right)}\right. \\ &\qquad \left.\frac{\left[1-\alpha_1\left(m_{p_n}, m_{p(n-1)}\right)\right]\ldots\left[1-\alpha_{n-1}\left(m_{p_n}, \ldots, m_{p_1}\right)\right]}{\left[1-\alpha_1\left(m_{t-1}, m_{p_1}\right)\right]\ldots\left[1-\alpha_{n-1}\left(m_{t-1}, m_{p_1}, \ldots, m_{p(n-1)}\right)\right]}\right\} \\ &= \min\left\{1, \frac{N_n}{D_n}\right\}\end{aligned} \tag{7-8}$$

AM 算法的基本原理如下：为提高 MCMC 模拟的效率，可以根据马尔可夫链中被接受的样本自适应地调整提议分布，即 $q\left(m_{t-1}, \bullet\right) = \mathcal{N}\left(m_{t-1}, \beta\boldsymbol{\Sigma}\right)$，其中 β 是一个比例因子，和参数的维度 N_m 有关。对于高斯型的提议分布，β的建议值为 $2.38^2/N_m$；$\boldsymbol{\Sigma} = \mathrm{Cov}(m_0, \cdots, m_{t-1}) + \varphi I$，$\varphi = 10^{-6}$ 是为了避免 $\boldsymbol{\Sigma}$ 变得奇异的一个微小数值，I 是一个 N_m 维的单位矩阵。

将 DR 和 AM 两种算法结合便构成了 DRAM 算法。DRAM 算法在地下水模型参数反演方面有着较为广泛的应用，例如，DRAM 算法曾被用于地下水污染源和渗透系数场的联合估计。DRAM 算法使用的是单条链，它主要适用于参数后验为单峰的情况。在处理参数后验为多峰的问题时，DRAM 算法往往无法得到令人满意的收敛结果。尽管提高提议分布的发散程度可以避免 MCMC 算法过早收敛，但是这种处理会使 MCMC 算法的接受率变得很低。此外，单链 MCMC 算法（如 DRAM）在判断收敛时也会遇到一些困难。实际上，单链 MCMC 算法和局部优化算法类似，它们都容易陷入到局部最优值而失去探索全局的机会。类似于全局优化算法，MCMC 算法也可以采用多条链并行，以提高探索参数后验区间的能力。

7.1.3　差分进化自适应梅特罗波利斯算法

目前已有研究者将 MCMC 算法扩展到多条链，结果表明，多链 MCMC 算法可以处理更加复杂的后验分布，包括拖尾、多峰、参数相关等情况。在水文领域，Vrugt 等（2003）结合 M-H 算法和全局优化算法 SCE-UA，提出一种高效的多链 MCMC 算法，即 SCEM-UA 算法。通过对一种多链 MCMC 算法 DE-MC（differential evolution Markov chain）进行改进，Vrugt 及其合作者进一步提出了差分进化自适应梅特罗波利斯（differential evolution adaptive Metropolis，DREAM）、DREAM$_{(ZS)}$、DREAM$_{(D)}$和 DREAM$_{(ABC)}$等多种新算法。由于效率高，适用性强，DREAM 及其相关算法在水文、环境和生物、地球化学等诸多领域得到广泛应用。DREAM 算法以 DE-MC 算法为基础，同时采用子空间采样和离群链条校正两种技术来提高链条收敛的效率。在差分进化算法基础上，DREAM 利用子空间采样，通过对参数中随机选择的维度进行更新，来产生提议样本，如公式（7-9）所示。

$$\mathrm{d}m_{\mathcal{A}}^{i}=\xi_k+(1_k+\lambda_k)\gamma_{(\delta,k)}\sum_{j=1}^{\delta}(M_{\mathcal{A}}^{a_j}-M_{\mathcal{A}}^{b_j})\text{，}\quad \mathrm{d}m_{\neq\mathcal{A}}^{i}=0 \tag{7-9}$$

式中，i 表示 DREAM 的第 i 条链（共 N 条链）；$\mathcal{A}$ 表示参数 m 的子空间，维度为 $k(k\leqslant N_m)$；δ 表示用来产生 $\mathrm{d}m$ 的链条数量，推荐值为 $\delta=3$；$\boldsymbol{a}$ 和 $\boldsymbol{b}$ 为包含 δ 个样本的向量，从 $\{1,\cdots,i-1,i+1,\cdots,N\}$ 中随机不放回抽取；λ 和 ξ 分别为符合均匀分布 $\mathcal{U}_k(-0.1,0.1)$ 和正态分布 $\mathcal{N}_k(0,10^{-6})$ 的随机样本；$\gamma=\dfrac{2.38}{\sqrt{2\delta k}}$ 为跳跃率；为了提高对后验的探索能力，DREAM 不同链之间可以实现直接跳跃，概率为 $p_{(\gamma=1)}=0.2$；M 为 DREAM 的历史链条。在第 t 个迭代步，DREAM 第 i 条链的提议样本为公式（7-10）。

$$m_p^i=m_{t-1}^i+\mathrm{d}m^i \tag{7-10}$$

然后采用梅特罗波利斯算法来确定是否接受 m_p^i。在 MCMC 运行足够长时间后，可以采用收敛后的样本来估计模型参数的后验概率分布。

7.2　基于自适应机器学习的污染过程模拟

由于 MCMC 理论严谨，适用性强，该方法在地下水污染源识别等领域得到广泛应用。然而，MCMC 模拟通常需要大量调用地下水流和溶质运移耦合模型，才能得到对参数后验的有效估计，这产生了非常高的计算成本。为了提高效率，运行较快但精度略低的替代模型在 MCMC 模拟中得到广泛使用。例如，Zhang 等（2013）在地下水溶质运移模拟和参数反演中使用了自适应稀疏格子插值法来替代计算成本较高的地下水数值模型；对于强非线性地下水溶质运移问题，Liao 等（2016）提出了基于位置、位移和时间转化的混沌多项式展开法来构造精确的替代模型；Zhou 等（2021）则在地下水污染源识别中应用了基于深度学习的数据驱动模型，具有较强的替代能力；Asher 等（2015）系统介绍了地下水模拟领域常用的替代模型构建方法。

在基于替代模型的参数反演中，研究者一般并未考虑替代模型的预测误差。如果可以量化该误差，那么就能同时考虑替代模型与观测过程两部分误差，并将它们反映到参数的后验分布中，得到更合理的分析结果。作为一种机器学习方法，高斯过程（Gaussian process，GP）不仅可以给出系统输出，而且还可以量化系统输出的不确定性，具有理论上的优势。不过，即使在参数反演中考虑替代模型的预测误差，也无法消除替代模型在 MCMC 模拟中引入的偏差。针对这个问题，研究者一般采用的策略是两阶段分析法。其中一种两阶段MCMC方法首先采用基于替代模型的MCMC模拟对参数后验空间进行充分探索，在此基础上，进一步使用基于原始模型的 MCMC 模拟对参数的后验空间进行准确采样。由于这种策略可以避免在远离参数后验的区域产生不必要的计算代价（即原始模型调用），因而可以显著提高 MCMC 模拟的效率。另一种两阶段 MCMC 方法由 Efendiev 等（2005）提出，并被用于复杂地下水模型渗透系数场的反演研究中。在这种策略里，根据 M-H 算法，人们先采用替代模型筛选出被接受的参数样本，然后使用原始模型求出该样本的似然比，并再次根据 M-H 算法判断是否接受该样本，这样可以避免很多不必要的计算成本。然而，无论采用哪种两阶段 MCMC 方法，在地下水污染源识别过程中依然需要大量调用原始模型。

除采用两阶段 MCMC 模拟，还可以通过构造足够精确的替代模型来减少其对 MCMC 模拟引入的偏差。不过，对于高维非线性系统，如果想在参数的先验空间上构造足够精确的替代模型，往往需要大量调用原始模型来产生训练数据。由于参数反演是为了获得参数的后验分布，而后验分布往往只占先验分布很小一部分，如果能在参数的后验空间上构造替代模型，那么就可以利用相对较低的计算代价获得局部精确的替代模型。已有一些研究者采用了类似的思想，尝试在参数的后验空间上构造局部精确的替代模型。例如，Zhang 等先利用优化算法寻找到后验概率密度高的区域，然后利用稀疏格子插值法构造局部精确的替代模型；Li 等（2014）先通过最优化交叉熵（cross entropy）来自适应地寻找和参数后验接近的分布，然后使用混沌多项式展开法在这个分布上构造局部准确的替代模型。然而，在上述研究中，参数反演和替代模型构造是分开进行的，即需要先通过某种方法确定后验的大概位置，然后才能构造局部准确的替代模型。

7.2.1 基于高斯过程的替代模型构建

将机器学习算法 GP 和 MCMC 模拟迭代耦合，通过不断增加接近参数后验的训练数据（基点），来自适应地在参数后验空间上构造局部精确的替代模型，具有更高效率。由于 GP 可以考虑替代模型预测的不确定性，而且它是基于一批原始模型输入输出的基点来构造的，因而具有较高的严密性和灵活性。通过案例研究表明，上述基于自适应 GP 的 MCMC 模拟可以极大地提高地下水污染源识别的效率。

这里采用机器学习算法 GP 来构造替代模型，GP 的基本思想是用高斯随机过程来对原始模型的输入输出关系进行近似，即采用均值函数 $\mu(\cdot)$ 和协方差函数 $k(\cdot,\cdot)$ 来表征替代模型，见公式（7-11）。

$$G(\cdot) \sim \mathcal{N}\left[\mu(\cdot), k(\cdot,\cdot)\right] \tag{7-11}$$

对于任意一组参数 m，替代模型的输出用均值来表示，输出的不确定性用方差来表示。

当有 N 组原始模型输入输出的基点 $B=\{m_B^{(1)},\cdots,m_B^{(N)}\}$ 和 $F(B)=\{f(m_B^{(1)}),\cdots, f(m_B^{(N)})\}$ 时，可以对 GP 进行训练，得到基于这些基点的替代模型——$G_{|B}(\cdot)$。这时，对于任意一组参数 m，$G_{|B}(\cdot)$ 的输出均值和方差分别为公式（7-12）和公式（7-13）。

$$\mu_{|B}(m)=\mu(m)+\boldsymbol{C}_{mB}\boldsymbol{C}_{BB}^{-1}[F(B)-\mu(B)] \tag{7-12}$$

$$\sigma_{|B}^2(m)=k(m,m')-\boldsymbol{C}_{mB}\boldsymbol{C}_{BB}^{-1}\boldsymbol{C}_{Bm} \tag{7-13}$$

式中，$\boldsymbol{C}_{mB}$ 是一个 $1\times N$ 的向量，它的第 i 个元素为 $k(m,m_B^{(i)})$；$\boldsymbol{C}_{BB}$ 是一个 $N\times N$ 的矩阵，它的第 i 行第 j 列的元素为 $k(m_B^{(i)},m_B^{(j)})$；$\boldsymbol{C}_{Bm}$ 是 $\boldsymbol{C}_{mB}$ 的转置。公式（7-12）得到的条件均值即可作为替代模型的输出，公式（7-13）得到的条件方差即可用来量化替代模型输出的不确定性。从公式（7-13）可以看出，因为参数 m 和基点 B 的互相关关系，$G_{|B}(\cdot)$ 输出的不确定性要比 $G(\cdot)$ 小很多，而且 m 距离基点越近，替代模型输出的方差就越小。如果 m 就在基点上，那么替代模型的输出完全等于原始模型的输出，并且替代模型输出的方差为 0。

在给定基点的情况下，影响 GP 效果的因素主要为均值函数 $\mu(\cdot)$ 和协方差函数 $k(\cdot,\cdot)$ 的选择。这里采用了 Rasmussen 等（2010）开发的 GPML（Gaussian process for machine learning）工具包，并采用线性形式的均值函数（公式 7-14）。

$$\mu(m)=a+\sum_{d=1}^{N_m} b_d m_d \tag{7-14}$$

以及平方指数形式的协方差函数（公式 7-15）。

$$k(m,m')=\sigma_0^2 \exp\left[-\frac{1}{2}\sum_{d=1}^{N_m}\left(\frac{m_d-m_d'}{\lambda_d}\right)^2\right] \tag{7-15}$$

这里，m_d 和 m_d' 分别是参数 m 和 m' 的第 d 个元素；a 和 b_d 是均值函数的超参数；σ_0 和 λ_d 是协方差函数的超参数。通过对公式（7-16）的目标函数进行优化，可以得到超参数（这里用 θ 表示）的最优解。

$$\log(y|B,\theta)=\frac{1}{2}\log\left|\boldsymbol{C}_{BB}\right|-\frac{1}{2}y^{\mathrm{T}}\boldsymbol{C}_{BB}^{-1}y-\frac{N}{2}\log 2\pi \tag{7-16}$$

式中，$B=\{m_B^{(1)},\cdots,m_B^{(N)}\}$ 是已有基点，$y=F(B)$ 是相应的原始模型输出。这样，就可以构造出一个基于机器学习算法 GP 的替代模型。

和其他替代模型相比，GP 的优点在于它可以给出预测的不确定性。基于贝叶斯原理，可以在参数反演中同时考虑替代模型误差和观测误差。这时，似然比函数（公式 7-3）中的 $\boldsymbol{\Sigma}_d$ 应当同时代表这两种误差，即 $\boldsymbol{\Sigma}_d=\boldsymbol{\Sigma}_{\mathrm{obs}}+\boldsymbol{\Sigma}_{\mathrm{gp}}$，$\boldsymbol{\Sigma}_{\mathrm{obs}}$ 和 $\boldsymbol{\Sigma}_{\mathrm{gp}}$ 分别表示观测误差和替代模型误差的协方差矩阵。在贝叶斯参数反演中考虑替代模型误差，通常会导致参数后验的不确定性增大，而这个增加的不确定性反映了替代模型的不确定性，这有助于避免在 MCMC 模拟中得到过于自信（over-confident）但有偏差的结果。

7.2.2　基于自适应 GP 的 MCMC 模拟

正如之前提到的，除了可以考虑替代模型输出的不确定性，GP 的另一个优点是可以很方便地增加新的基点，来提高替代模型在参数后验空间上的精度。这样就可以花很小的计算代价（或者说少量的原始模型的调用），来获得非常精确的反演结果。为了实现这个目标，这里将 MCMC 模拟和替代模型构造耦合起来，即先基于当前的替代模型来运行 MCMC，估计出模型参数的后验分布，从这个分布中，随机采集一个参数样本，作为新的基点，来提高替代模型在参数后验空间上的精度。重复这个过程，直到替代模型的精度满足要求，或者满足设定的最大迭代次数。具体实施步骤如下：

①从模型参数的先验分布中随机采集 N 组参数样本，$B=\{m_B^{(1)},\cdots,m_B^{(N)}\}$，并计算出相应的原始模型输出，$F(B)=\{F(m_B^{(1)}),\cdots,F(m_B^{(N)})\}$。

②在构造局部准确的替代模型时，没有必要将全部的基点用于训练 GP 模型。而且，在利用公式（7-16）获得超参数的最优解时，基点越多，所需要的计算量就越大。因而，这里只使用 $Q(Q\leqslant N)$组和观测值最接近的基点来构造替代模型。这里采用公式（7-3）中定义的似然比来度量基点和观测值的接近程度。

③基于构造好的替代模型，可以非常有效地利用 MCMC 算法对模型参数的后验分布进行采样。为了进一步提高效率，将 MCMC 模拟的一些结果，例如链条的最后位置和提议分布的协方差矩阵保存下来，并在下一次 MCMC 模拟中加以利用。

④为了提高替代模型在参数后验空间上的精度，从步骤③中得到的后验样本里随机抽取一组参数样本，并计算出相应的原始模型输出，作为新的基点，和之前的基点一起用于训练新的替代模型。

⑤重复过程②～④，直到满足事先设定的标准（例如，原始模型的最多调用次数）。

7.2.3　地下水污染源参数和渗透系数的联合反演

为了说明上述方法的效果，下面将测试一个地下水污染源参数和渗透系数的联合反演案例。该案例考虑了稳态地下水流和瞬态溶质运移的耦合过程。如图 7-1 所示，二维地下水流场具有不透水的上下边界和定水头（h，L）的左右边界。其中，地下水流的控制方程如公式（7-17）。

$$\frac{\partial}{\partial x_i}\left(K_i\frac{\partial h}{\partial x_i}\right)=0 \tag{7-17}$$

水流速度 v_i,L/T 可以通过求解公式（7-18）获得。

$$v_i=-\frac{K_i}{\theta}\frac{\partial h}{\partial x_i} \tag{7-18}$$

式中，x_i 是相应坐标上的位置，L；K_i 是渗透系数在相应坐标方向上的主分量，L/T；h

是水头，L；θ 是多孔介质孔隙度，无量纲。这里考虑非均质的渗透系数场，取自然对数（$Y=\log K$）后符合下列空间互相关函数（公式 7-19）。

$$C_Y(x_a,y_a;x_b,y_b)=\sigma_Y^2\exp\left(-\frac{|x_a-x_b|}{l_x}-\frac{|y_a-y_b|}{l_y}\right) \tag{7-19}$$

式中，(x_a, y_a)与(x_b, y_b)为流场中任意两点坐标；σ_Y^2 为 Y 场方差；l_x 和 l_y 分别为 x 和 y 方向上的相关长度。为了降低模型复杂度，可以利用 Karhunen-Loève（KL）展开对 Y 场进行参数降维，见公式（7-20）。

$$Y(\boldsymbol{X})\approx\bar{Y}(\boldsymbol{X})+\sum_{i=1}^{N_{\mathrm{KL}}}\sqrt{\tau_i}s_i(\boldsymbol{X})\xi_i \tag{7-20}$$

式中，$\boldsymbol{X}=\{x,y\}$ 表示空间坐标；$\bar{Y}(\boldsymbol{X})$ 表示 Y 场均值；$s_i(\boldsymbol{X})$ 和 τ_i 分别表示空间互相关函数（公式 7-19）的特征函数和特征值；ξ_i 表示标准高斯随机数；N_{KL} 为截取的 KL 项数。这里，$\theta=0.25[-]$，$\sigma_Y^2=0.5$，$\lambda_x=20[\mathrm{L}]$，$\lambda_y=10[\mathrm{L}]$。本书研究采用了 5 项 KL 展开，即 $\{\xi_1,\cdots,\xi_5\}$，来对未知渗透系数场进行描述，可以表征大约 82%的场方差，即：$\sum_{i=1}^{N_{\mathrm{KL}}}\lambda_i/\sum_{i=1}^{\infty}\lambda_i\approx 0.82$。

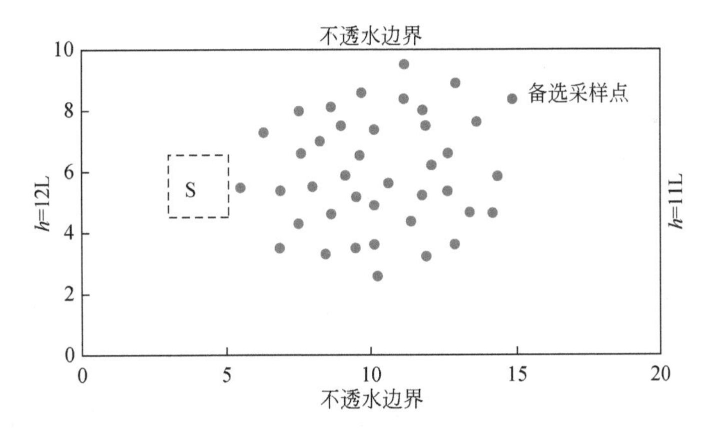

图 7-1　地下水污染源识别案例的流场示意图

在流场的中上游，有一处未知污染源向下游释放污染物，其可能位置在图 7-1 中的虚线方框里。这里采用了 8 个参数来描述该污染源，包括污染源的位置$\{x_s, y_s\}$和不同时间段污染源的释放强度$\{S_{s_1},\cdots,S_{s_6}\}$。二维地下水流中的污染物的迁移可以通过求解公式（7-21）所示的对流-弥散方程得到。

$$\frac{\partial(\theta C)}{\partial t}=\frac{\partial}{\partial x_i}\left(\theta D_{ij}\frac{\partial C}{\partial x_j}\right)-\frac{\partial}{\partial x_i}(\theta v_i C)+q_S C_S \tag{7-21}$$

式中，C 是污染物浓度，$\mathrm{M/L^3}$；t 是时间，T；D_{ij} 是水动力弥散系数，$\mathrm{L^2/T}$；q_S 是污染源在单位体积含水层中的体积流速，$\mathrm{L^3/T}$；C_S 是污染源浓度，$\mathrm{M/L^3}$。在本书研究中，$q_S C_S$ 被视为单一参数，这便是污染源强度 S_s，M/T。D_{ij} 的定义见公式（7-22）。

$$\begin{cases} D_{xx} = \dfrac{1}{\|v\|^2}(\alpha_\mathrm{L} v_x^2 + \alpha_\mathrm{T} v_y^2) \\ D_{yy} = \dfrac{1}{\|v\|^2}\left(\alpha_\mathrm{L} v_y^2 + \alpha_\mathrm{T} v_x^2\right) \\ D_{xy} = D_{yx} = \dfrac{1}{\|v\|^2}(\alpha_\mathrm{L} - \alpha_\mathrm{T}) v_x v_y \end{cases} \tag{7-22}$$

式中，v_x 和 v_y 是孔隙水流速在相应坐标方向上的分量，$\|v\|^2$ 是其大小；α_L 和 α_T 分别是纵向弥散度和横向弥散度，$\alpha_\mathrm{L} = 0.3\mathrm{L}$，$\alpha_\mathrm{T} = 0.03\mathrm{L}$。本书研究中，地下水流和溶质运移方程分别由 MODFLOW 和 MT3DMS 求解。

综上，本案例共有 13 个未知参数，即 5 个 KL 项 $\{\xi_1,\ldots,\xi_5\}$ 和 8 个污染源参数 $\{x_S, y_S, S_{S_1},\ldots,S_{S_6}\}$，其先验分布和真实值如表 7-1 所示。为了估计这 13 个未知参数，在 2T 到 10T 的时间范围内，每 2T 从 40 个备选位置里（图 7-1 中点）选择 2 个最优采样位置，并获得相应的浓度观测值，其观测误差符合均匀分布 $\mathcal{N}(0, 0.01^2)$，最终将获得 10 个采样位置和 30 个浓度观测值。

表 7-1　案例中未知参数的先验分布和真实值

参数	先验分布	真实值
x_S	$\mathcal{U}$（3，5）	3.655
y_S	$\mathcal{U}$（4，6）	5.838
S_{S_1}	$\mathcal{U}$（0，8）	6.190
S_{S_2}	$\mathcal{U}$（0，8）	0.534
S_{S_3}	$\mathcal{U}$（0，8）	0.120
S_{S_4}	$\mathcal{U}$（0，8）	3.475
S_{S_5}	$\mathcal{U}$（0，8）	4.644
S_{S_6}	$\mathcal{U}$（0，8）	0.709
ξ_1	$\mathcal{N}$（0，1）	−0.849
ξ_2	$\mathcal{N}$（0，1）	0.839
ξ_3	$\mathcal{N}$（0，1）	−0.073 9
ξ_4	$\mathcal{N}$（0，1）	−0.284
ξ_5	$\mathcal{N}$（0，1）	−1.212

为有效反演上述 13 个未知参数，本书研究开展了基于自适应 GP 的监测设计和 MCMC 模拟。该方法先从参数的先验分布中随机采集 100 个样本，并在此基础上构造出用于监测设计的替代模型（输出为第一个时刻所有备选采样位置上的浓度）。然后利用该替代模型开展最优采样位置设计，从 40 个备选采样位置中选择 2 个最优位置来获

取观测数据。接着，重新构造一个用于参数反演的替代模型（输出为第一个时刻两个最优采样位置上的浓度）。通过增加 50 个新的基点，可以在参数后验空间上对替代模型的精度进行自适应提高。类似地，在接下来的监测设计和参数反演耦合过程中，每次都增加 50 个新基点。所以，整个过程共产生 350 个基点，即共调用 350 次原始模型。

如图 7-2 所示，地下水污染源识别过程中产生的基点（点）会逐渐向参数的真实值（线）趋近，这说明用这种方法在参数后验空间上构造替代模型是符合预期的。最终将得到在参数后验空间上非常精确的替代模型，而且基于这个替代模型的 MCMC 模拟可以得到对参数后验分布非常准确的估计。为了验证该替代模型在参数后验空间上的精度，这里从 MCMC 链条中随机选取了 200 组后验参数样本，并比较了基于原始模型和替代模型在 10 个最优采样位置上的浓度输出。如图 7-3 所示，通过对两种输出进行线性拟合，得到决定系数（R^2）为 0.9999，非常接近于 1。另外，两种输出之间的均方根误差（RMSE，M/L^3）=0.0022M/L^3 也远小于观测误差的标准差。如果继续在参数后验空间上增加新的基点，则可以进一步提高替代模型在后验上的精度。

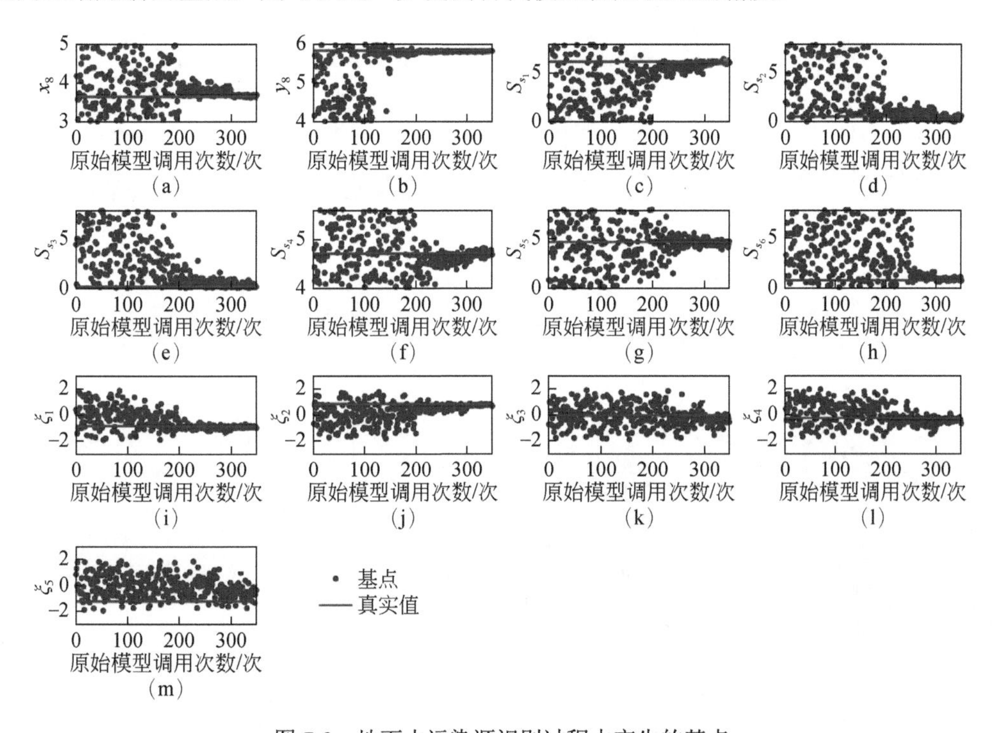

图 7-2　地下水污染源识别过程中产生的基点

为了验证基于自适应 GP 的 MCMC 模拟得到的参数后验估计的可靠性，本书进一步开展了完全基于原始模型的 MCMC 模拟。在模拟的每个阶段（共有 5 个），大约需要调用 70 000 次原始模型来进行最优采样位置设计和参数反演，MCMC 模拟得到的后验样本用于下一个时间步的最优采样位置设计。整个过程大约共需要 350 000 次原始模型的调用，最终得到的 MCMC 样本用来估计模型参数的后验分布。图 7-4 比较了基于自适应 GP（虚线）和原始模型（实线）的 MCMC 模拟得到的后验概率密度函数（PPDF）。从图中可以发现，两种过程得到的结果非常一致，而基于自适应 GP 的 MCMC 模拟所需要的计算量（以原始模型调用次数来计算）仅为基于原始模型的 MCMC 模拟的千分之一左右。

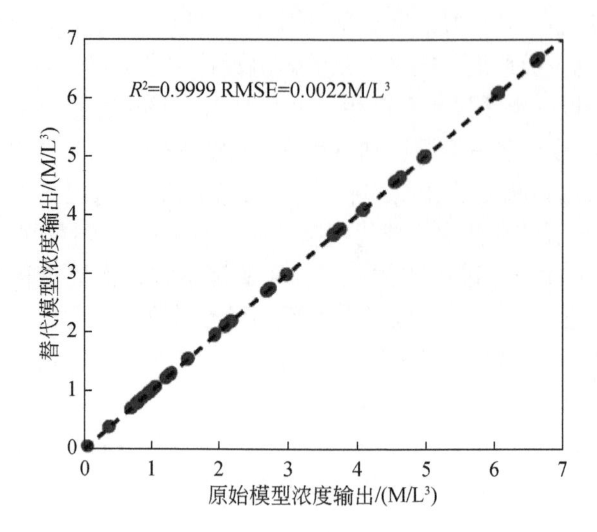

图 7-3　原始模型和替代模型在 10 个最优采样位置上浓度输出的比较

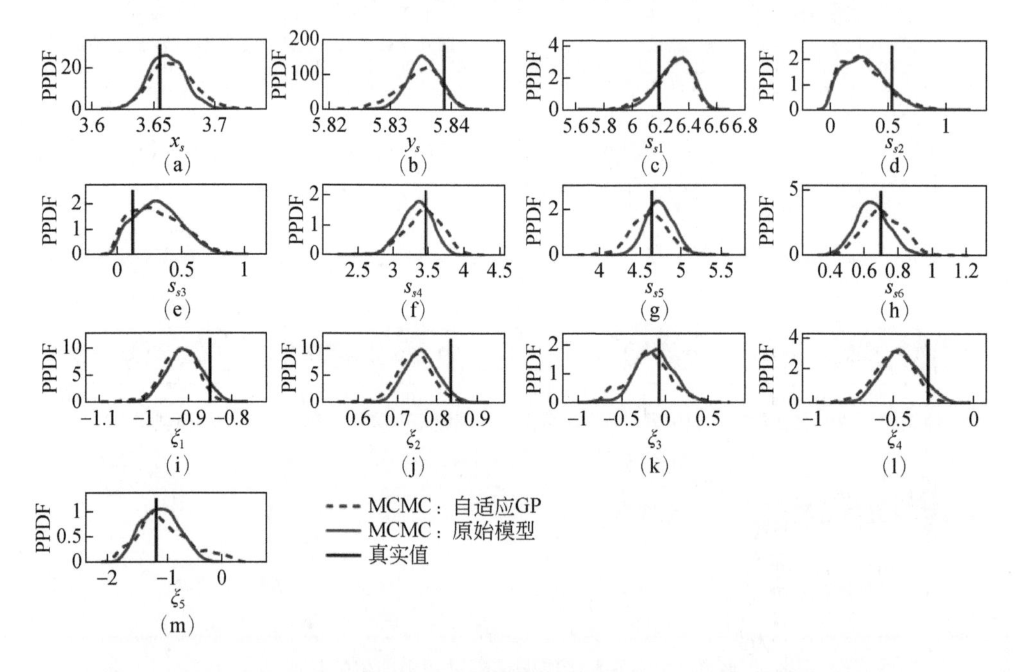

图 7-4　基于自适应 GP（虚线）和原始模型（实线）的 MCMC 模拟得到的后验概率密度函数（PPDF）

为了进一步说明基于自适应 GP 的 MCMC 模拟的效果，图 7-5 比较了基于自适应 GP（蓝点）和原始模型（红点）的 MCMC 模拟得到的后验样本的二元散点图。这里，由于作图空间的限制，将污染源参数和渗透系数参数（5 个 KL 展开项）分别作图。从图中可以看出，两个污染源位置参数间具有明显的负相关，而污染源位置参数和释放强度参数之间的相关性则较弱。有趣的是，两个相邻时刻的污染源释放强度参数往往显示出较为明显的负相关。这可能是由不同参数对模型输出的共同影响导致的。

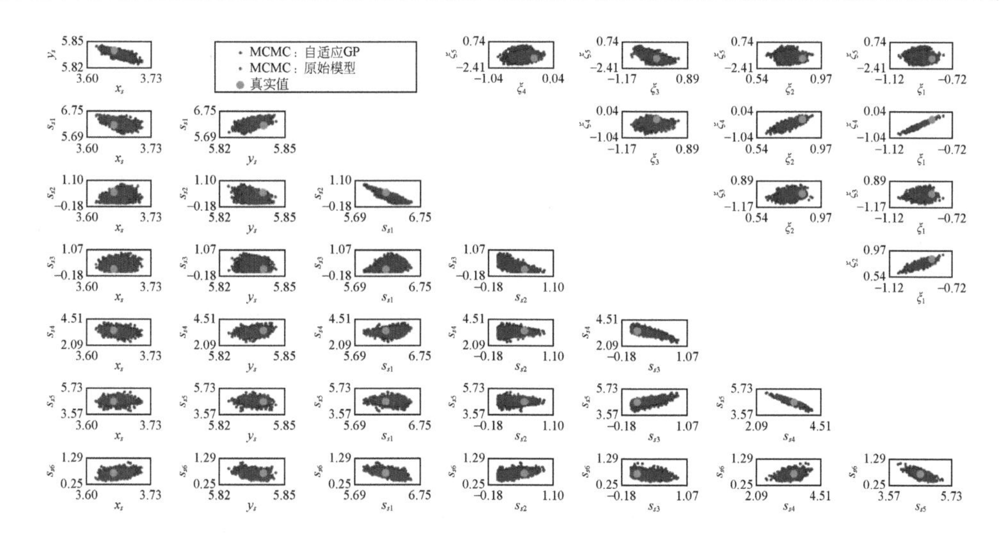

图 7-5　基于自适应 GP（蓝点）和原始模型（红点）的 MCMC 模拟得到的后验样本的二元散点图

彩图见封底二维码

7.3　基于自适应多保真度的污染过程模拟

如前所述，在实施基于 MCMC 算法的地下水污染源识别时，为了获得对后验分布的准确估计，需要对目标分布进行充分采样，其中每个样本都意味着对地下水耦合模型的一次调用。在解决实际问题时，为了充分描述地下水中发生的水流和溶质运移过程，人们往往需要构造复杂耗时的高精度模型，这类模型被称为高保真度模型，记作 f_H。在 MCMC 算法中应用 f_H 将会产生非常高的计算成本，这无法满足人们想要及时高效获得地下水污染源识别结果的决策需求。

为了降低地下水污染源识别的计算成本，人们可以在这个过程中使用计算量较低的替代模型，即低保真度模型 f_L。构建 f_L 的方法包括：①通过插值或回归来构建数据驱动模型；②在数值模型中考虑较少的物理/化学/生物过程；③在求解数值模型的时候设置较低的数值精度；④将高维的模型空间投影到其低维子空间中。其中，第一种方法无须对 f_H 本身进行修改，具有非常强的普适性。然而，在数据同化中使用 f_L 不可避免地会引入误差。为了消除这个误差，可以采用两阶段 MCMC 模拟的策略：第一阶段采用 f_L 高效且充分地探索参数空间，第二阶段利用 f_H 对参数的后验分布进行准确采样。这样可以避免不必要的计算成本，即避免在远离后验的参数空间里大量调用 f_H。不过，两阶段 MCMC 模拟依然需要较多的 f_H 调用。为此，Zhang 等（2016）提出一种自适应地构造数据驱动 f_L（采用 GP）的方法，并将这种方法与 MCMC 模拟结合，用来有效地解决地下水污染源识别问题。在这种方法中，f_L 的构造与 MCMC 模拟迭代耦合起来，不断自适应地提高 f_L 在后验分布中的精度。经过比较，这种自适应 GP-MCMC 方法比两阶段 MCMC 方法具有更高的计算效率和模拟精度。该方法也被多位研究者所借鉴或改进，如 Ju 等（2018）将自适应 GP 构造和迭代集合平滑器算法 IES 结合，有效地反演了饱和与非饱和地下水系统的非均匀渗透系数场；Gong 等（2017）和 Wang 等（2018）提出了更为精巧地增加新的 f_H 训练数据的方法，来自适应地提高 GP 模型在后验分布中的精度。

然而，上述方法并未考虑 f_L 和 f_H 之间的互相关关系，这留下了进一步改进的空间。为了实现这个目的，可以采用多保真度模拟，即基于少量 f_H 的训练数据和较多数量 f_L 的训练数据，利用机器学习的方法，来构建多保真度数据驱动模型，记作 f_M。多保真度模拟可以同时享有低保真度模型的效率和高保真度模型的精度，因而具有明显优势。这里采用 Kennedy 等（2000）提出的方法来构建 f_M，即采用 GP 来严格考虑 f_L 和 f_H 之间的互相关关系。然后，将多保真度模拟和自适应算法结合来逐步提高 f_M 在后验上的精度。上述自适应多保真度的建模方法被先后与 MCMC 和 ESMDA 算法结合，用来解决复杂的地下水模型水力参数和污染源参数的联合反演问题。

7.3.1 基于 GP 的多保真度模拟

在多保真度模拟中，可以采用公式（7-23）所示的线性方程描述高低保真度模型之间的关系。

$$u_H(m) = \rho u_L(m) + \delta(m) \tag{7-23}$$

式中，$u_L(m) \sim \mathrm{GP}[0, k_1(m,m';\phi_1)]$，$\delta(m) \sim \mathrm{GP}[0, k_2(m,m';\phi_2)]$ 是两个独立的高斯过程；$k_i(m,m';\phi_1)$ 是两个高斯过程的协方差函数，ϕ_i 是相应的超参数，$k=1,2$；ρ 是互相关系数；m 和 m' 是参数空间上任意两组参数。然后 u_H 可以用一个新的高斯过程（公式 7-24）来描述。

$$u_H(m) \sim GP[0, k(m,m';\phi)] \tag{7-24}$$

式中，$k(m,m';\phi) = \rho^2 k_1(m,m';\phi_1) + k_2(m,m';\phi_2)$；$\phi = [\phi_1, \phi_2, \rho]$。在此基础上，可以得到公式（7-25）的关系。

$$\begin{bmatrix} u_L(m) \\ u_H(m) \end{bmatrix} \sim GP\left\{0, \begin{bmatrix} k_{LL} & k_{LH} \\ k_{HL} & k_{HH} \end{bmatrix}\right\} \tag{7-25}$$

式中，$k_{LL} = k_1(m,m';\phi_1)$，$k_{LH} = k_{HL}^T = \rho k_1(m,m';\phi_1)$，$k_{HH} = k(m,m';\phi)$。这里采用最常见的协方差函数形式（公式 7-26）。

$$k_i(m,m';\phi_i) = \sigma_i^2 \exp\left[-\frac{1}{2}\sum_{n=1}^{N_m}\frac{(m_n - m_n')^2}{l_{n,i}^2}\right] \tag{7-26}$$

式中，$\phi_1 = [\sigma_i^2, (l_{n,i}^2)_{n=1}^{N_m}]$ 是协方差函数 k_1 和 k_2 的超参数。

在获得 N_L 组 f_L 的训练数据和 N_H 组 f_H 的训练数据时，可以通过寻找公式（7-27）所示的目标函数的最小值来确定超参数 ϕ。

$$\mathcal{O} = -\log p(\boldsymbol{D}|\boldsymbol{M},\phi) = \frac{1}{2}\boldsymbol{D}^T\boldsymbol{K}^{-1}\boldsymbol{D} + \frac{1}{2}\log|\boldsymbol{K}| + \frac{N_L + N_H}{2}\log(2\pi) \tag{7-27}$$

其中：

$$\boldsymbol{K} = \begin{bmatrix} k_{LL}(M_L, M_L) + \sigma_L^2 I_{N_L} & k_{LH}(M_L, M_H) \\ k_{HL}(M_H, M_L) & k_{HH}(M_H, M_H) + \sigma_H^2 I_{N_H} \end{bmatrix} \tag{7-28}$$

$M_L = [m_1, \ldots, m_{N_L}]$ 是低保真度训练数据中的模型参数部分，$D_L = [f_L(m_1), \cdots, f_L(m_{N_L})]$ 是相应的模型输出，$M_H = [m_1, \cdots, m_{N_H}]$ 是高保真度训练数据中的模型参数部分，$D_H = [f_H(m_1), \cdots, f_H(m_{N_H})]$ 是相应的模型输出，$\boldsymbol{M} = [M_L M_H]$，$\boldsymbol{D} = [D_L D_H]$，$\boldsymbol{I}_{N_L}$ 和 $\boldsymbol{I}_{N_H}$ 是

两个大小分别为 N_L 和 N_H 的单位矩阵。

在得到最优超参数 ϕ 后，即训练得到了多保真度模型 f_M，就可以将其用于估计任意一个参数样本点 m^* 上的模型输出（公式 7-29）。

$$f_M(m^*) = u_H(m^*) \mid D \sim \mathcal{N}(\mu_{gp}, \sigma_{gp}^2) \tag{7-29}$$

式中，$\mu_{gp} = aK^{-1}D$ 是均值估计；$\sigma_{gp}^2 = k_{HH}(m^*, m^*) - a\mathrm{K}^{-1}a^{\mathrm{T}}$ 是估计的方差；$a = [k_{HL}(m^*, M_L) k_{HH}(m^*, M_H)]$。

以上仅考虑了两级保真度模型，并且高低保真度模型之间的关系是线性的。此外，根据实际情况，还可以考虑更多级的保真度模型，以及各级模型间的关系为非线性。

7.3.2　自适应多保真度数据同化算法

由于时间和资源等条件的限制，通常情况下，地下水污染源识别过程只能负担得起有限次数 f_H 调用所产生的计算成本。当在整个参数先验空间上构造 f_M 时，如果只有有限数量的高保真度训练数据，f_M 的精度难以得到保证。在基于贝叶斯原理的数据同化中，人们关注的是模型参数的后验分布，所以保证 f_M 在后验区间上的精度最为重要，而无须确保 f_M 在整个参数空间上足够准确。下面将介绍如何自适应地实施多保真度数据同化，并在此过程中逐步提升 f_M 在后验区间上的精度。其实施步骤如下：

①从先验分布中随机抽取 N_L 组参数样本，即 $M_L = [m_1, \ldots, m_{N_L}]$，计算出相应的低保真度模型输出，即 $D_L = [f_L(m_1), \cdots, f_L(m_{N_L})]$。

②从先验分布中随机抽取 N_H 组参数样本，即 $M_H = [m_1, \cdots, m_{N_H}]$，计算出相应的高保真度模型输出，即 $D_H = [f_H(m_1), \cdots, f_H(m_{N_L})]$。这里，$N_H \ll N_L$。

③基于 $[M_L M_H]$ 和 $[D_L D_H]$，利用 GP 构建最初的多保真度模型 f_M^0。

④在第一个迭代步，实施基于 f_M^0 的 MCMC 模拟，得到对后验的估计，$\tilde{p}_0(m \mid \tilde{d})$。

⑤迭代步 $i = 2 : I_{\max}$。

从 $\tilde{p}_{i-1}(m \mid \tilde{d})$ 中随机抽取两个参数样本 m_H^p 和 m_L^p，令 $M_H = [M_H m_H^p]$，$D_H = [D_H f_H(m_H^p)]$，$M_L = [M_L m_L^p]$，$D_L = [D_L f_L(m_L^p)]$。

- 基于 $[M_L M_H]$ 和 $[D_L D_H]$，利用 GP 更新多保真度模型，得到 f_M^i。
- 实施基于 f_M^i 的 MCMC 模拟，得到对后验的估计，$\tilde{p}_i(m \mid \tilde{d})$。
- 结束迭代

⑥得到在后验上足够精确的数据驱动模型 $f_M^{I_{\max}}$，以及对后验的估计 $\tilde{p}_{I_{\max}}(m \mid \tilde{d})$。

7.3.3　基于多保真度模拟的地下水污染源识别

这里将自适应多保真度模型构造与 MCMC 模拟结合得到自适应多保真度 MCMC 算法（AMF-MCMC），用于识别地下水污染物运移的关键参数。本节考虑了地下水和污染物在承压含水层中的运动。如图 7-6 所示，流场具有不透水的上下边界和定水头的左右边界，左右边界的水头值分别为 12L 和 11L。在流场中上游有一个污染源向下游释放污染物，污染源的位置和释放历史未知。同小节 7.2.3 中测试的案例一样，这里使用 8 个参数来描述污染源，即污染源的位置 $\{x_s, y_s\}$ 和不同时刻的释放强度 $\{S_1,\cdots,S_6\}$，这 8 个模型参数的先验分布和真实值见表 7-2。同时，含水层的渗透系数场未知，这里使用 20 个 KL 项（即 20 个标准高斯随机数 $\{\xi_1,\cdots,\xi_{20}\}$）对其进行描述。为了反演这 28 个未知参数，从 15 口监测井（图 7-6 中圆圈）中采集水头和污染物浓度的观测数据，并利用自适应多保真度 MCMC 算法来估计这 28 个参数的后验分布。

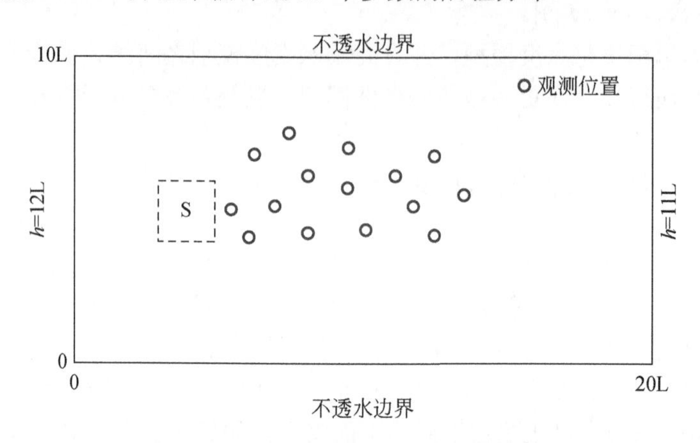

图 7-6　基于多保真度模拟的污染源识别案例流场

表 7-2　案例中未知参数的先验分布和真实值

参数	先验分布	真实值
x_S	$\mathcal{U}$（3，5）	4.033
y_S	$\mathcal{U}$（4，6）	5.405
S_1	$\mathcal{U}$（0，8）	1.229
S_2	$\mathcal{U}$（0，8）	7.628
S_3	$\mathcal{U}$（0，8）	4.327
S_4	$\mathcal{U}$（0，8）	5.438
S_5	$\mathcal{U}$（0，8）	0.293
S_6	$\mathcal{U}$（0，8）	6.474

如图 7-7 所示，基于 f_H 的 MCMC 模拟在调用 24 万次 MODFLOW+MT3DMS 耦合模型后，可以较为准确识别未知的污染源参数；而基于 f_L 的 MCMC 模拟对污染源参数的估计结果非常差，其均值估计显著偏离参数真实值。这里 f_L 是通过人工神经网络训练 2000 组 f_H 的训练数据得到的。而应用上文提出来的 AMF-MCMC 方法，仅仅比 f_L-MCMC 方法增加了 205 组 f_H 的训练数据，就可以得到和 f_H-MCMC 非常一致的结果。这个案例很好地展示了自适应多保真度 MCMC 模拟在地下水污染源识别研究中的效果。

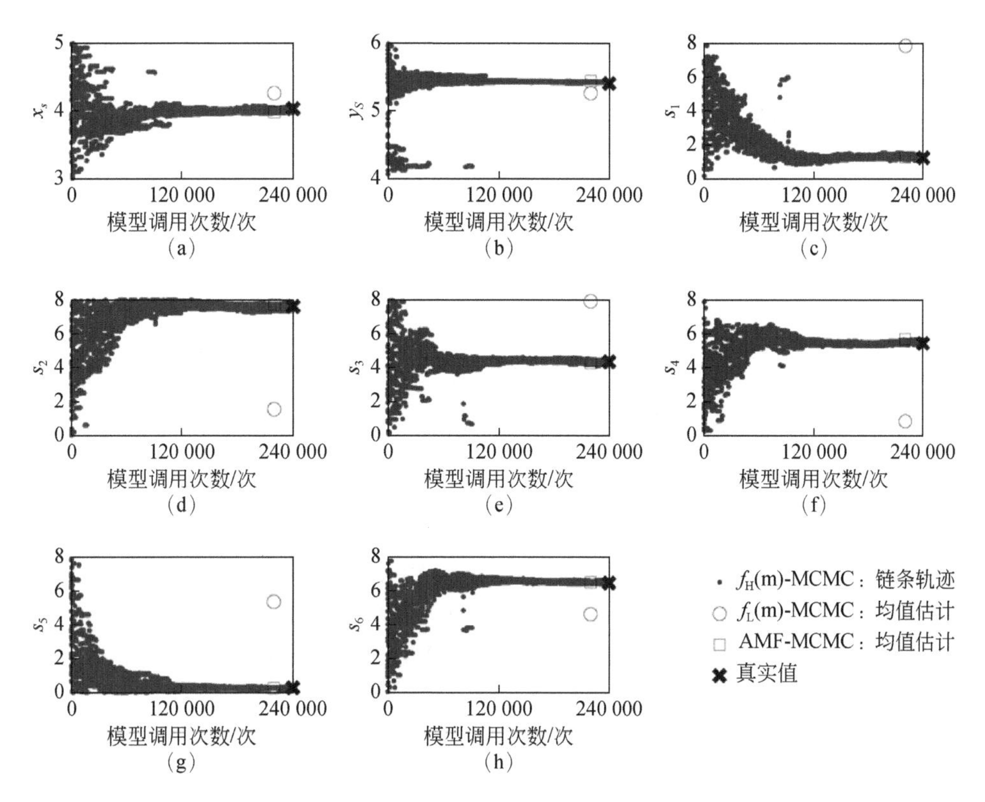

图 7-7　f_H-MCMC、f_L-MCMC 和 AMF-MCMC 对污染源参数的识别结果

7.3.4　非饱和地下水模型参数反演

为了进一步说明 AMF-MCMC 在数据同化时的效率和精度，下面进一步测试非饱和情况下的地下水模型参数反演。非饱和带是污染物从地表进入饱和地下水的关键区域，相关参数对污染物的迁移至关重要。本书考虑了 Nakhaei 等（2014）的单环入渗试验。如图 7-8 所示，流场尺寸为 100cm×200cm，含水量和温度的初始条件分别为 $0.100cm^3/cm^3$ 和 17.5℃。流场具有三种边界条件，即不透水边界条件（两个侧边界和部分上边界）、自由排水边界条件（下边界）、恒定温度（61℃）和含水量（$0.430cm^3/cm^3$）边界条件（部分上边界）。

含水量的时空变化情况通过求解理查兹（Richards）方程［公式（7-30）］获得。

$$\frac{\partial\theta}{\partial t}=\frac{\partial}{\partial x}\left[K(h)\frac{\partial h}{\partial x}\right]+\frac{\partial}{\partial z}\left[K(h)\frac{\partial h}{\partial z}+K(h)\right]\tag{7-30}$$

式中，θ, L^3/L^3 为多孔介质体积含水量；t, T 为时间；x, L 和 z, L 分别为横向和纵向坐标；h, L 为压力水头；$K(h)$, L/T 为导水率，可表示为公式（7-31）。

$$K(h)=K_s S_e^l[1-(1-S_e^{1/m})^m]^2\tag{7-31}$$

式中，K_s，L/T 为饱和导水率；S_e 为有效饱和度，无量纲，表示为公式（7-32）。

$$S_e=\frac{\theta-\theta_r}{\theta_s-\theta_r}=\begin{cases}\dfrac{1}{(1+|\alpha h|^n)^m} & h<0\\ 1 & h\geqslant 0\end{cases}\tag{7-32}$$

式中，θ_r和θ_s分别为残余含水量和饱和含水量，L^3/L^3；l为孔连接系数，无量纲；$\alpha \cdot L^{-1}$、n和$m=\left(1-\frac{1}{n}\right)$为经验参数。

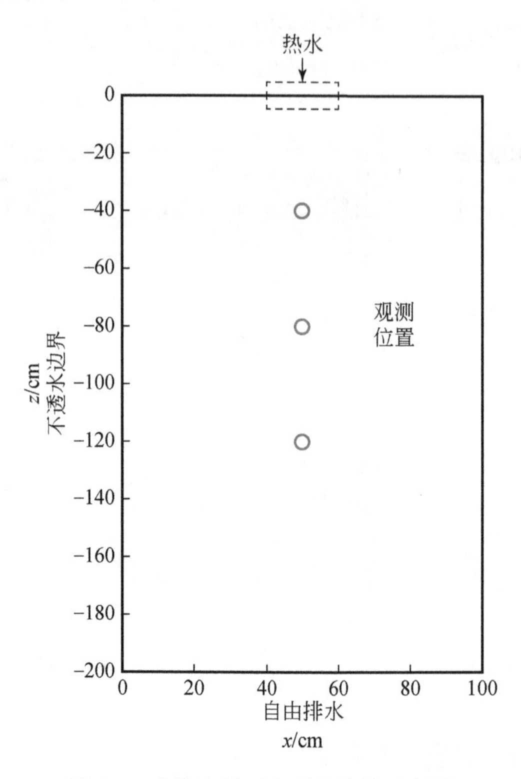

图 7-8　非饱和地下水系统流场示意图

在水分流动基础上，可以进一步对热量的迁移进行模拟，如公式（7-33）。

$$C(\theta)\frac{\partial T}{\partial t}=\frac{\partial}{\partial z}\left[\lambda_{xz}(\theta)\frac{\partial T}{\partial x}\right]-C_w q_z\frac{\partial T}{\partial z} \tag{7-33}$$

式中，$C(\theta)=C_n\theta_n+C_o\theta_o+C_w\theta$是多孔介质的体积热容，M/(L・T²・K)；$C_n$、$C_o$和$C_w$分别为固相、有机相和液相的体积热容，M/(L・T²・K)；θ_n和θ_o分别为固相和有机相的比例，L^3/L^3；T，K为温度；$\lambda_{xz}(\theta)$，ML/(T³・K)为热导率，见公式（7-34）。

$$\lambda_{xz}(\theta)=\lambda_x C_w|q|\delta_{xz}+(\lambda_z-\lambda_x)C_w\frac{q_x q_z}{|q|}+\lambda_0(\theta)\delta_{xz} \tag{7-34}$$

式中，λ_x，L和λ_z，L分别为横向和纵向热弥散度；q，L/T为通量密度，q_x和q_z为其不同方向上的分量；δ_{xz}为Kronecker函数；$\lambda_0(\theta)=b_1+b_2\theta+b_3\theta^{0.5}$为不考虑对流情况下的热通量，$b_1$、$b_2$、$b_3$为经验参数，ML/(T³・K)。上述控制方程采用HYDRUS进行数值求解，总模拟时长为10h。

在本案例中，待估计的模型参数为$\{\alpha, n, K_s, b_1, b_2, b_3\}$其先验分布如表7-3所示，其他参数通过实验等手段获得，如表7-4所示。为了反演上述模型参数，从三个采样位置（图7-8中圆圈所示）上采集水头和温度观测数据，采样时刻为t=1h, ⋯, 10h。其中：水头和温度的观测误差皆符合均值为0的高斯分布，标准差分别为σ_h=1cm和σ_T=0.5℃。

本案例中，高低保真度模型的差别在于模型的空间离散水平，f_H采用了41×41的节点，f_L采用了21×21的节点，其中f_H的单次模型模拟时长大约是f_L的10倍。

表7-3 待估计模型参数的先验范围和真实值

参数	单位	先验范围	真实值
α	cm^{-1}	[0.0190, 0.0930]	0.0387
n	—	[1.360, 2.370]	2.210
K_s	cm/h	[4.828, 11.404]	6.759
b_1	kg·cm/(h^3·K)	[2.179×10^{12}, 4.857×10^{12}]	2.948×10^{12}
b_2	kg·cm/(h^3·K)	[4.778×10^{11}, 2.426×10^{12}]	2.118×10^{12}
b_3	kg·cm/(h^3·K)	[2.174×10^{12}, 5.184×10^{12}]	2.972×10^{12}

表7-4 已知模型参数值

参数	单位	值	参数	单位	值
θ_r	cm^3/cm^3	0.041	l	—	0.500
θ_s	cm^3/cm^3	0.430	C_w	J/(cm^3·K)	4.180
θ_n	cm^3/cm^3	0.600	C_n	J/(cm^3·K)	1.920
θ_o	cm^3/cm^3	0.001	C_o	J/(cm^3·K)	2.510
λ_x	cm	0.200	λ_y	cm	2.000

如图7-9所示，基于高保真度模型的MCMC模拟（共需要16 000次f_H的调用）可以准确识别未知模型参数，而基于低保真度模型的MCMC模拟（共需要160 000次f_L调用）则得到了存在显著偏差的参数估计结果。如图7-10所示，采用自适应多保真度MCMC（AMF-MCMC）模拟（仅需要100次f_H调用和270次f_L调用），就可以得到与高保真度MCMC模拟非常一致的参数后验估计结果。

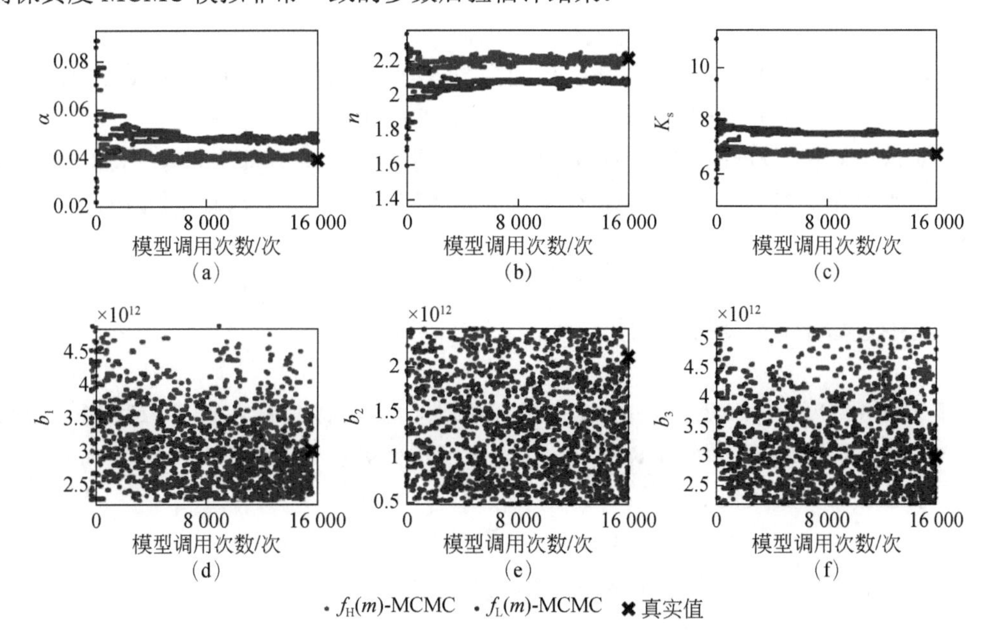

图7-9 f_H-MCMC和f_L-MCMC对模型参数的估计结果

彩图见封底二维码

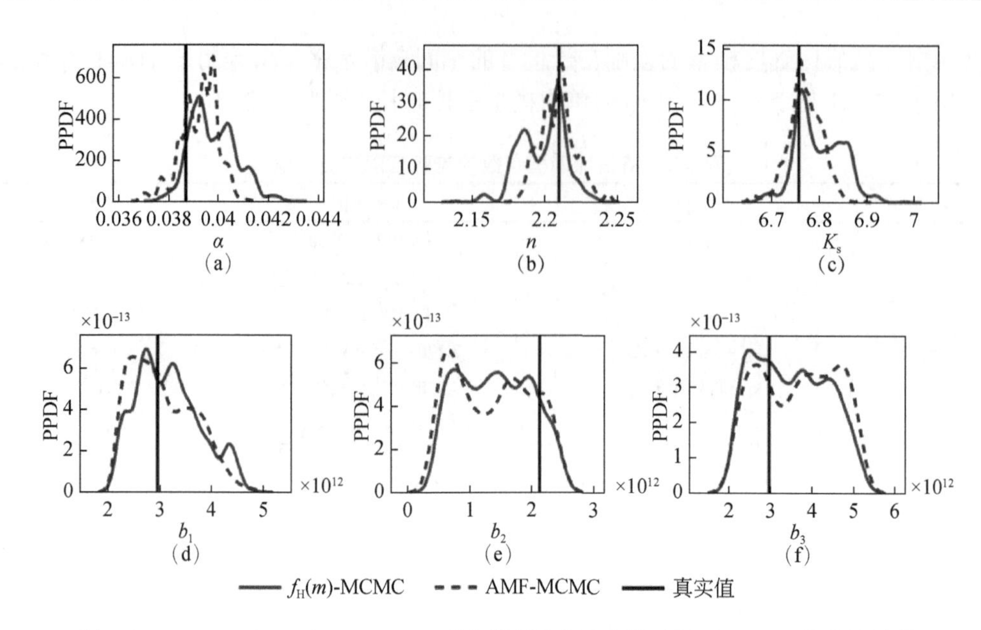

图 7-10 AMF-MCMC 与 f_H-MCMC 对参数后验概率密度函数（PPDF）的估计结果

7.4 基于差分进化自适应的污染过程模拟

在应用 MCMC 开展地下水污染源识别的过程中，提议分布 $q(\cdot)$ 的尺度和方向在很大程度上决定了 MCMC 模拟的效率。当提议分布过于分散时，大量的提议样本被拒绝；当提议分布过于集中时，大部分提议样本被接受，但每一步的更新都非常微小。上述两种情况都会导致 MCMC 链条向目标分布（即污染源等参数的后验分布）收敛的速度非常缓慢，严重影响了地下水污染源识别的时效性。针对这个问题，研究者提出多种提议分布来提高 MCMC 模拟的效率。然而，当需要估计的地下水模型参数数量较大时（如 $N_m>100$），常用的 MCMC 算法，如 DRAM 和 DREAM$_{(ZS)}$ 依然存在效率低下的不足。针对这个问题，Zhang 等（2020）提出一种新型提议分布，即卡尔曼（Kalman）提议分布，来显著提高 MCMC 的模拟效率，并将其应用于复杂地下水污染物迁移模型的参数反演。

7.4.1 DREAM$_{(KZS)}$ 算法原理

本节主要介绍卡尔曼提议分布的基本原理，以及将其嵌入知名 MCMC 算法 DREAM$_{(ZS)}$ 所得到的新算法 DREAM$_{(KZS)}$。在卡尔曼提议分布中，提议样本 m_p 的生成利用了模型输出和观测值之间的距离，如公式（7-35）所示。

$$\begin{aligned} m_p &= m_{t-1} + \boldsymbol{C}_{md}(\boldsymbol{C}_{dd} + \boldsymbol{R})^{-1}[\tilde{d} + \varepsilon_{t-1} - f(m_{t-1})] \\ &= m_{t-1} + \boldsymbol{K}r_{t-1} + \boldsymbol{K}\varepsilon_{t-1} \\ &= m_{t-1} + \Delta m_{t-1} \end{aligned} \tag{7-35}$$

式中，$\boldsymbol{C}_{md}$=Cov(m,d) 是模型参数和输出之间的协方差矩阵，维度为 $N_m \times N_d$；$\boldsymbol{C}_{dd}$=Cov(d,d)

为模型输出自身的协方差矩阵，维度为 $N_d \times N_d$；$\boldsymbol{R}$ 是观测误差的协方差矩阵，其维度与 $\boldsymbol{C}_{dd}$ 相同；ε_{t-1} 是一组观测误差的随机样本；$r_{t-1} = \tilde{d} - f(m_{t-1})$ 是观测数据和模型输出之间的残差；$\boldsymbol{K} = \boldsymbol{C}_{md}(\boldsymbol{C}_{dd} + \boldsymbol{R})^{-1}$ 是卡尔曼增益矩阵。

公式（7-35）由两部分组成，确定性的位移量 $\boldsymbol{K}r_{t-1}$，以及随机性的位移量 $\boldsymbol{K}\varepsilon_{t-1}$。其中 $\boldsymbol{K}r_{t-1}$ 使提议样本 m_p 向参数的“真实值”方向移动，而 $\boldsymbol{K}\varepsilon_{t-1}$ 使算法可以对目标分布的所有可能状态进行采样。由于公式（7-35）总是使马尔可夫链向参数的“真实值”方向移动，这使得 $q(m_{t-1}, m_p) \gg q(m_p, m_{t-1})$。所以，在使用卡尔曼提议分布的时候，必须考虑这种移动的不均衡性。为了解决这个问题，可以采取三种策略：

①采用 M-H 算法，即公式（7-35），来考虑这种不均衡的移动。

②对卡尔曼提议分布进行修饰，使得“向前”移动和“向后”移动的概率相同，即公式（7-36）。

$$m_p = m_{t-1} \pm \Delta m_{t-1} \tag{7-36}$$

其中，选择“+”和“−”的概率相同。

③在采用 RWM 算法，且不对公式（7-35）中描述卡尔曼提议分布进行修改时，可以仅将卡尔曼提议分布的使用限制在“burn-in”阶段（即 MCMC 链条收敛前的探索阶段）。在“burn-in”结束后，采用满足 $q(m_{t-1}, m_p) = q(m_p, m_{t-1})$ 的提议分布。

由于前两种策略会使得相当数量的提议样本被拒绝，这在一定程度上降低了 MCMC 算法的效率。所以 Zhang 等（2020）建议采用第 3 种策略，即将卡尔曼提议分布的使用限制于“burn-in”阶段。接下来将介绍如何将卡尔曼提议分布引入 DREAM$_{(ZS)}$ 算法，得到 DREAM$_{(KZS)}$ 算法。

DREAM$_{(ZS)}$ 是知名 MCMC 算法 DREAM 的拓展，具有更高的效率，适用于探索相对高维、复杂的目标分布，其在水文和环境领域得到了广泛的应用。DREAM$_{(ZS)}$ 算法的实施过程如下：

①初始迭代步 $(t=1)$，从参数先验分布中产生 N 个随机样本，$M_1 = \{m_1^1, \ldots, m_1^{\mathrm{N}}\}$，作为 DREAM$_{(ZS)}$ 中 N 条马尔可夫链的初始样本；从参数先验分布中产生 m_0 $(m_0 \gg N)$ 个随机样本，$Z = \{m^1, \ldots, m^{m_0}\}$。

②在第 t 个迭代步，第 i 条链上的提议样本由平行方向更新（parallel direction method）和斯诺克更新（Snooker method）两种方法分别以概率 p_{P} 和 p_{S} 产生，这里 $p_{\mathrm{P}} + p_{\mathrm{S}} = 1$。其中，平行方向更新通过以下方式产生提议样本的增益向量 $\Delta \boldsymbol{m}^i$，见公式（7-37）。

$$\begin{aligned} \Delta \boldsymbol{m}_{l \in A}^i &= \zeta_k + (1_k + \lambda_k)\gamma_{P(\delta,k)} \sum_{j=1}^{\delta} (\boldsymbol{Z}_l^{a_j} - \boldsymbol{Z}_l^{b_j}) \\ \Delta \boldsymbol{m}_{l \notin A}^i &= 0 \end{aligned} \tag{7-37}$$

而斯诺克更新通过以下方式产生提议样本的增益向量 $\Delta \boldsymbol{m}^i$，见公式（7-38）。

$$\Delta \boldsymbol{m}^i = \zeta_{N_m} + (1+\lambda)\gamma_S (Z_{\perp}^{a_1} - Z_{\perp}^{b_1}) \tag{7-38}$$

随后，计算得到提议样本，$m_p^i = m_{t-1} + \Delta m^i$。

③利用公式（7-4）判断是否接受 m_p^i。对斯诺克更新产生的提议样本，在计算接受率 $\alpha(m_p^i, m_{t-1}^i)$ 的时候，还需要乘上一个系数，见公式（7-39）。

$$\beta = \left(\frac{\| m_p^i - \boldsymbol{Z}^c \|}{\| m_{t-1}^i - \boldsymbol{Z}^c \|} \right)^{N_m - 1} \tag{7-39}$$

④当 mod（t，K）=0 时，将 MCMC 链条上的最新 N 个样本加入到 Z 中。

⑤重复步骤②～④，直到达到预先设定的最大迭代步数。

将卡尔曼提议分布引入 DREAM$_{(ZS)}$ 算法非常简单：将卡尔曼提议分布的应用局限于前 T_K 步。在前 T_K 步，卡尔曼提议分布、平行方向更新和斯诺克更新三种方法的使用概率分别为 p_K、p_P 和 p_S，而且 $p_K + p_P + p_S = 1$。在 T_K 步之后，令 $p_K = 0$，$p_P = p_P / (p_P + p_S)$，$p_S = 1 - p_P$。这就是 DREAM$_{(KZS)}$ 算法。为了检验 DREAM$_{(KZS)}$ 算法的收敛性质，可以采用 Gelman 等（1992）提出的指标，或者直接分析马尔可夫链的迹图。

7.4.2　高维地下水污染源识别

本节比较了 DREAM$_{(ZS)}$ 和 DREAM$_{(KZS)}$ 两种算法在复杂污染源识别问题中的效果。如图 7-11 所示，地下流场具有不透水的上下边界和定水头的左右边界。地下多孔介质的渗透系数场具有空间非均质性，且其自然对数，即 $Y = \ln K$，符合可分离变量形式的互相关关系（公式 7-19）。这里，Y 场的均值为 $\mu_Y = 2$，方差为 $\sigma_Y^2 = 1$，横向和纵向的相关长度（量纲为 L）分别为 $\lambda_x = 10\text{L}$ 和 $\lambda_y = 5\text{L}$。为降低参数维度，采用 100 个 KL 项 $\{\xi_1, \ldots, \xi_{100}\}$ 来描述 Y 场。在流场的上游有一个点源向下游释放污染物。这里污染源强度随时间而变化，并由 6 个参数来描述，即 s_i，M/T，t_i，T。$t_i = (i : i+1)\text{T}$，其中 $i = 1, \ldots, 6$。这样，加上源位置参数 $\{x_s, y_s\}$，共需要 8 个参数来描述污染源。这 8 个污染源参数的先验符合均匀分布，它们的范围如表 7-5 所示。

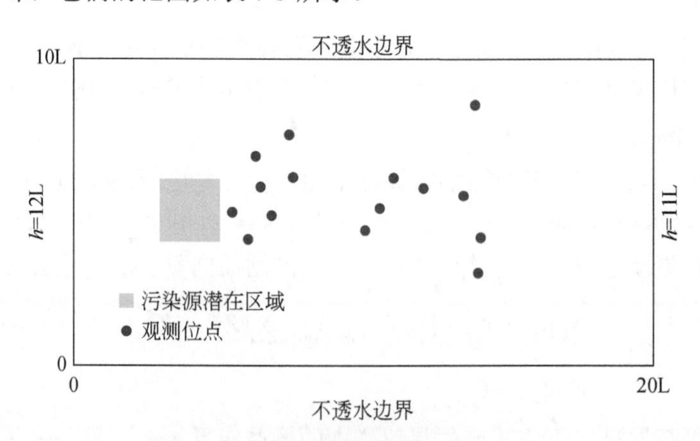

图 7-11　地下流场示意图

为了识别这 108 个未知的模型参数，包括 100 个描述 Y 场的 KL 项和 8 个污染源参数，基于水头和浓度的观测数据［观测位点由图 7-11 中的圆点表示，且观测误差皆符合正态分布 $\mathcal{N}(0, 0.005^2)$］，分别实施了 DREAM$_{(ZS)}$ 和 DREAM$_{(KZS)}$ 算法。在这两种算法中，MCMC 的链条个数都设置为 $N = 20$。在 DREAM$_{(ZS)}$ 算法中，每条链的长度设置为 50 000，而在 DREAM$_{(KZS)}$算法中，每条链的长度设置为 5000，这意味着这两种 MCMC 算法分别需要调用十万和一百万次地下水污染物运移模型。

表 7-5　污染源参数的先验分布和真实值

参数	先验分布	真实值
x_S	$\mathcal{U}$（3，5）	3.52
y_S	$\mathcal{U}$（4，6）	4.44
s_1	$\mathcal{U}$（0，8）	5.69
s_2	$\mathcal{U}$（0，8）	7.88
s_3	$\mathcal{U}$（0，8）	6.31
s_4	$\mathcal{U}$（0，8）	1.49
s_5	$\mathcal{U}$（0，8）	6.87
s_6	$\mathcal{U}$（0，8）	5.55

图 7-12 展示了这两种算法得到的污染源参数的迹图。由此图可知，这两种算法都可以使链条收敛到参数的真实值（“×”）附近，而且，引入卡尔曼提议分布可以极大地提高链条收敛速度。为了更好地展示 DREAM$_{(KZS)}$ 算法的效率优势，图 7-13 展示了指标 $\log[p(m)\mathcal{L}(m|\tilde{d})]$ 随 MCMC 模拟进程的变化。很明显地，DREAM$_{(KZS)}$ 算法可以仅以约 1/10 的计算代价，得到和 DREAM$_{(ZS)}$ 算法（一百万次模型调用）非常接近的结果。这说明，在一个先进的 MCMC 算法 DREAM$_{(ZS)}$ 中引入卡尔曼提议分布，可以使其计算效率进一步提高 10 倍左右。

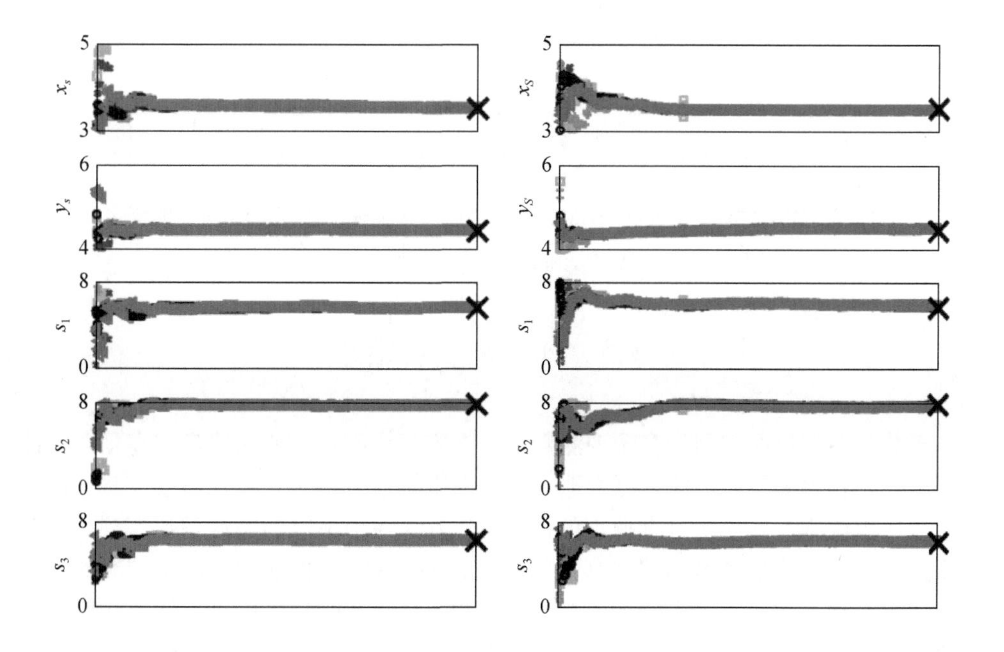

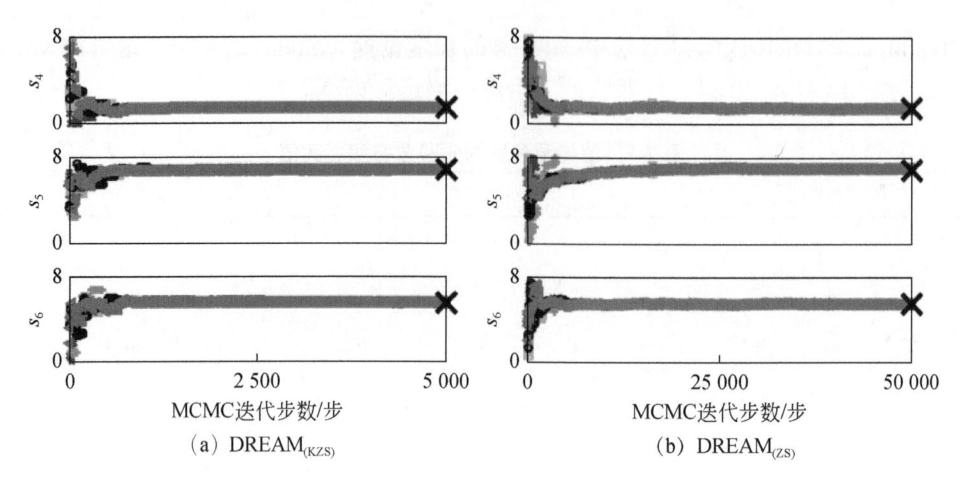

图 7-12　DREAM$_{(KZS)}$ 和 DREAM$_{(ZS)}$ 得到的污染源参数迹图

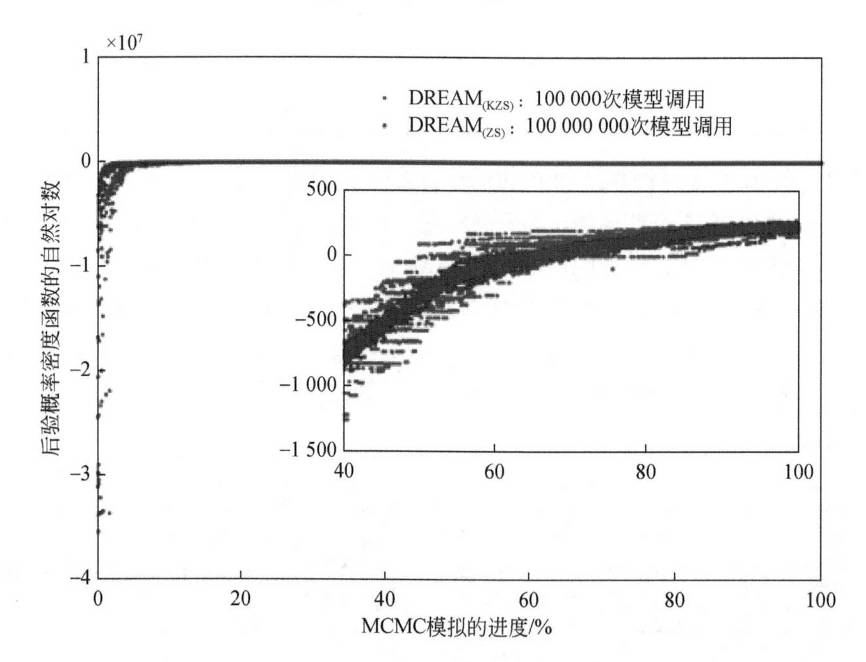

图 7-13　DREAM$_{(KZS)}$ 和 DREAM$_{(ZS)}$ 算法中 $\log[p(m)\mathcal{L}(m|\tilde{d})]$ 随模拟进度的变化

彩图见封底二维码

7.5　本 章 小 结

基于数学模型，通过同化多源观测数据，来有效识别地下水污染源信息，并在此基础上开展模型预测和场景分析，可为地下水资源管理和环境保护提供重要支撑。由于理论严密，适用性强，基于贝叶斯原理的 MCMC 方法在地下水污染源识别等领域得到广泛应用。然而，在未知参数数量较多的情况下，MCMC 模拟通常会产生较高的计算成本。为了提高地下水污染源识别的时效性，可以在 MCMC 模拟中采用低保真度模型，对计算成本较高的地下水流和污染物迁移耦合模型进行替代。为了消除低保真度模型给

MCMC 模拟引入的误差，可以利用高斯过程等机器学习方法来构造多保真度数据驱动模型，并通过与 MCMC 模拟迭代耦合，自适应地提高多保真度模型在后验区间上的精度。此外，由于 MCMC 算法的效率受提议分布的影响较大，通过同时利用模型参数、模型输出、观测数据等多源信息，可以构造更加高效的提议分布，以极大地提高 MCMC 算法本身的效率。本章系统介绍了 MCMC 的基本原理及其在地下水污染源识别等方面的应用，为了提高 MCMC 模拟的效率，进一步介绍了两种策略：自适应多保真度 MCMC 模拟和基于卡尔曼提议分布的新型 MCMC 算法 DREAM $_{(KZS)}$。通过一系列地下水模型污染源和非均匀渗透系数参数的联合反演案例分析，上述策略的有效性得到了充分验证。

然而，即使在估计 108 个参数的案例中，DREAM $_{(KZS)}$ 算法要比基准算法 DREAM $_{(ZS)}$ 的效率提高约 10 倍，上述 MCMC 方法依然难以有效解决真正高维的问题（如未知参数个数超过 1000 的情况）。在这种情况下，可以将目光重新转向 EnKF 及其相关算法（如 ES），这些方法可以较为高效地解决高维参数反演问题。然而，EnKF 及其相关算法在理论上受限于高斯假设，在模型参数、模型状态、观测误差等变量的分布为非高斯分布，如模型参数存在多峰分布、水力参数场为非高斯场时，这些算法便无法得到合理的参数估计结果。

参 考 文 献

Asher M J，Croke B F W，Jakeman A J，et al.，2015. A review of surrogate models and their application to groundwater modeling[J]. Water Resources Research，51（8）：5957-5973.

Efendiev Y，Datta Gupta A，Ginting V，et al.，2005. An efficient two - stage Markov chain Monte Carlo method for dynamic data integration［J］. Water Resources Research，41（12）：12423.

Gelman A，Rubin D B，1992. Inference from iterative simulation using multiple sequences［J］. Statistical Science，7（4）：457-472.

Gong W，Duan Q Y，2017. An adaptive surrogate modeling-based sampling strategy for parameter optimization and distribution estimation（ASMO-PODE）［J］. Environmental Modelling and Software，95：61-75.

Haario H，Laine M，Mira A，et al.，2006. DRAM：efficient adaptive MCMC［J］. Statistics and Computing，16（4）：339-354.

Ju L，Zhang J J，Meng L，et al.，2018. An adaptive Gaussian process-based iterative ensemble smoother for data assimilation［J］. Advances in Water Resources，115：125-135.

Kennedy M C，O'Hagan A，2000. Predicting the output from a complex computer code when fast approximations are available［J］. Biometrika，87（1）：1-13.

Laloy E，Rogiers B，Vrugt J A，et al.，2013. Efficient posterior exploration of a high - dimensional groundwater model from two-stage Markov chain Monte Carlo simulation and polynomial chaos expansion［J］. Water Resources Research，49（5）：2664-2682.

Li J L，Marzouk Y M，2014. Adaptive construction of surrogates for the Bayesian solution of inverse problems［J］. Siam Journal On Scientific Computing，36（3）：A1163-A1186.

Liao Q Z，Zhang D X，2016. Probabilistic collocation method for strongly nonlinear problems：3. Transform by time [J]. Water Resources Research，52（3）：2366-2375.

Metropolis N，Rosenbluth A W，Rosenbluth M N，et al.，1953. Equation of state calculations by fast computing machines [J]. The Journal of Chemical Physics，21（6）：1087-1092.

Nakhaei M，Aimůnek J，2014. Parameter estimation of soil hydraulic and thermal property functions for unsaturated porous media using the HYDRUS-2D code [J]. Journal of Hydrology and Hydromechanics，62（1）：7-15.

Rasmussen C E，Nickisch H，2010. Gaussian processes for machine learning（GPML）toolbox[J]. The Journal of Machine Learning Research，11：3011-3015.

Vrugt J A，Gupta H V，Bouten W，et al.，2003. A Shuffled Complex Evolution Metropolis algorithm for optimization and uncertainty assessment of hydrologic model parameters [J]. Water Resources Research，39（8）：1201.

Wang H Q，Li J L，2018. Adaptive Gaussian process approximation for Bayesian inference with expensive likelihood functions [J]. Neural Computation，30（11）：3072-3094.

Zhang G N，Lu D，Ye M，et al.，2013 . An adaptive sparse - grid high-order stochastic collocation method for Bayesian inference in groundwater reactive transport modeling [J]. Water Resources Research，49（10）：6871-6892.

Zhang J J，Li W X，Zeng L Z，et al.，2016. An adaptive Gaussian process - based method for efficient Bayesian experimental design in groundwater contaminant source identification problems [J]. Water Resources Research，52（8）：5971-5984.

Zhang J，Vrugt J A，Shi X，et al.，2020. Improving simulation efficiency of MCMC for inverse modeling of hydrologic systems with a Kalman-inspired proposal distribution [J]. Water Resources Research，56（3）：e2019WR025474.

Zhang J，Zeng L，Chen C，et al.，2015. Efficient Bayesian experimental design for contaminant source identification [J]. Water Resources Research，51（1）：576-598.

Zhou Z T，Tartakovsky D M，2021. Markov chain Monte Carlo with neural network surrogates：application to contaminant source identification[J]. Stochastic Environmental Research and Risk Assessment，35（3）：639-651.

第 8 章　结论与展望

8.1　结　　论

本书阐述了我国经济快速发展区场地的分布特征、自然特性，通过整理大量的文献资料，掌握了不同区域土壤污染状况，为场地土壤污染溯源提供了重要的数据支撑。总结了传统的排放清单法、受体模型法和扩散模型法，及基于大数据和机器学习等的污染溯源新技术的优缺点，依据不同土壤溯源方法的适用条件，从区域、园区及厂区尺度分别构建了土壤污染物溯源方法。对于区域尺度，克服传统排放清单法及物质流分析不能核算污染物入土通量的难点，打通源—流—汇过程，解析了区域尺度不同行业对重金属及 VOCs 污染贡献。对于园区尺度，采用 PMF 模型、CMB 模型等受体模型方法，基于多介质扩散传输的模拟方法，解析园区不同企业定量贡献。对于厂区尺度，利用传输模型优化污染源谱，量化停产工段的贡献；引入贝叶斯混合模型，实现同位素比值法的定量溯源。

本书分别对重金属、多环芳烃和挥发性有机物开展了污染溯源方法的实证研究。针对重金属，在区域尺度上，利用物质流分析引入废弃物入土环节，真正实现重金属入土通量的核算。在园区尺度，基于气候地理特征，利用传输扩散模型，结合沉降模型，实现园区范围入土通量核算及预测。在厂区尺度，通过地理探测器识别影响重金属分布的驱动因子，对于不同受体点，基于同位素比值-贝叶斯混合模型能够实现污染源的定量解析。

针对多环芳烃，综合考虑了污染来源和化学性质，以及不同物种组合的指纹对结果准确性的影响，分别构建了基于多介质传输模型优化的化学质量平衡溯源方法和基于大气传输与沉降模型耦合的溯源方法，结合逸度模型多介质模拟与机理模型污染物的运移原理，将污染物迁移转运的模拟与实际情况充分结合，应用到污染物多介质迁移转化模拟。通过源谱筛选和优化，可以在不需要 16 种 PAHs 组成源谱的情况下，实现园区和厂区尺度污染源的定性识别和定量评价。

针对挥发性有机物，在区域尺度首先利用排放清单法估算排放量，进一步检测不同类型大型/小型企业环境空气中的 VOCs 的浓度，利用阻力模型对区域干沉降进行量化，实现通过大气沉降途径的土壤 VOCs 溯源，估算区域入土通量，为区域工业结构优化、企业污染责任认定提供支撑。在园区尺度上，传统的受体模型 PMF 模型缺乏准确的污染源谱，通过结合干沉降阻力模型、分配系数模型，探讨了园区土壤中 VOCs 的污染特征以及污染途径如何随季节变化，从而影响来源解析。

针对农药这一特殊污染物，本书开展了在产和退役场地中新型农药及其转化产物的筛查。通过分析我国农药场地污染特点，梳理污染物筛查方法的发展进程，优化目标物前处理、仪器分析、结果鉴定方案，结合使用 UPLC-QTOF 和 GC-QTOF，开发了土壤中的可疑物筛查方法，并利用实际土壤加标实验确认了方法的有效性。基于此方法系统地探究了 6 个典型农化场地实际土壤环境中农药母体、农药转化产物及农药生产相关化合物的赋存情况。农药母体生态风险评估结果表明所有场地的农药残留均不可接受，而多数转化产物的检出浓度更是高于母体，因此新型农药的土壤污染亟须得到重视。

基于贝叶斯原理的 MCMC 方法，通过同化多源观测数据，在 MCMC 模拟中采用低保真度模型替代计算成本较高的地下水流和污染物迁移耦合模型提高模拟的时效性，利用高斯过程等机器学习方法构造多保真度数据驱动模型，并与 MCMC 模拟迭代耦合，自适应地提高多保真度模型的精度，最终实现高效精准地识别地下水污染源信息。

8.2　展　　望

污染场地场景复杂，污染物种类多样、性质不一，为实现污染过程的精细刻画、污染来源的精准追溯，应该加强源汇关系模拟的科学构建、多种溯源方法的联合应用，为土地的安全再利用、绿色修复技术的研发提供先进的理论与方法。

工业场地历史演变过程追踪困难，导致难以确定特征污染物，通过污染物靶标与非靶标识别技术，尤其是发展非靶标高通量筛选技术，构建污染物母体及代谢产物之间的关联关系，实现优控污染物的准确判定，进而解析新污染物的来源。

利用当前先进的信息技术，如大数据、机器学习、数字孪生等，结合传统的迁移扩散模型，模拟在产场地污染物“源—流—汇”全过程，示踪全工艺链条的污染物传输，实现在产场地边生产边管控边治理，提高生产效率，降低修复成本。